厚基础·促应用·强交叉

人工智能人才培养新形态精品教材

机器学习

（慕课版）

庞俊彪　黄庆明　田奇　张宝昌◎主编

Machine Learning

人民邮电出版社

北京

图书在版编目（CIP）数据

机器学习 : 慕课版 / 庞俊彪等主编. -- 北京 : 人民邮电出版社, 2024.5
（人工智能人才培养新形态精品系列）
ISBN 978-7-115-62186-3

Ⅰ. ①机… Ⅱ. ①庞… Ⅲ. ①机器学习 Ⅳ. ①TP181

中国国家版本馆CIP数据核字(2023)第121536号

内容提要

本书是一本面向普通高等院校本科学生、以知识能力培养为目标的机器学习课程教材。为了让尽可能多的读者通过学习本书掌握机器学习的原理和方法，编者将罗列模型公式的传统讲授方式转换为“问题（动机）—猜想—实验—验证”的教学模式。本书共 11 章，第 1～2 章介绍机器学习基础知识；第 3～9 章介绍经典且常用的机器学习方法；第 10～11 章介绍神经网络及深度神经网络相关内容。本书给出相关习题，有的习题作用是帮助读者巩固知识，有的习题作用是引导读者扩展相关知识。读者在学习过程中可以配合使用这些习题，以提升运用知识的能力。

本书适合作为人工智能及相关专业的教材，也适合作为具有类似背景、对机器学习感兴趣的人员的参考书。根据本书的内容结构和各自教学学时的实际情况，对于本科生可考虑一学期讲授前 9～10 章，研究生课程则建议使用全书。此外，本书配有教学课件、教学大纲、教学视频，供相关专业人员使用。

◆ 主　　编　庞俊彪　黄庆明　田　奇　张宝昌
　责任编辑　祝智敏
　责任印制　王　郁　陈　犇

◆ 人民邮电出版社出版发行　　北京市丰台区成寿寺路 11 号
　邮编　100164　　电子邮件　315@ptpress.com.cn
　网址　https://www.ptpress.com.cn
　固安县铭成印刷有限公司印刷

◆ 开本：787×1092　1/16
　印张：17.25　　　　2024 年 5 月第 1 版
　字数：421 千字　　　2024 年 10 月河北第 2 次印刷

定价：69.80 元

读者服务热线：(010)81055256　印装质量热线：(010)81055316
反盗版热线：(010)81055315
广告经营许可证：京东市监广登字 20170147 号

前言

Preface

本书起因

目前人工智能技术已经融入人们生活的各个方面，除了计算机科学与技术和电子工程系研究的传统领域（如计算机视觉、图像处理、自然语言处理等）外，机器学习与光学、材料学、药学、空气动力学等领域的成功结合也让人们对机器学习的应用有了更多的期待。近年来，国内越来越多的高等院校开设了人工智能相关专业，机器学习的各类资源日益丰富，几乎所有工科领域的专家学者都在关注机器学习在自己领域的潜在应用。因此，一个关键的问题是：什么样的教材适合专业基础薄弱的初学者？

我第一次意识到这个问题是在中国科学院大学攻读博士学位期间。当时，中国科学院自动化研究所的黄开竹老师成立了一个机器学习小组，我是小组成员之一。当时，小组以特雷弗·黑斯蒂（Trevor Hastie）等人编写的英文教材 *The Elements of Statistical Learning* 为学习材料。虽然 *The Elements of Statistical Learning* 的内容简洁而深刻，特雷弗·黑斯蒂也从统计学的角度解释了机器学习模型及基本理论，但是，小组成员都普遍感觉 *The Elements of Statistical Learning* 对概念背后的重要假设（猜想）和基本原则（principle）讲解晦涩。事实上，猜想和原则是机器学习应用的重要出发点和思考角度。这让我意识到，需要针对初学者编写一本能分析清楚概念背后猜想和原则的书。该书需要清楚地向读者说明机器学习借用统计学的成果来研究机器学习模型的泛化性、收敛性和有效性。

因此，本书对机器学习模型解决的问题、动机和假设进行详细的讨论，并对模型用到的数学工具进行深入浅出的分析，让读者理解如何运用数学工具来解决问题。

我第二次意识到需要编写一本结合机器学习原理及实现的书是在北京工业大学从事教学活动期间。某天，一名交通工程专业的研究生来请教我：如何将离散变量（如“男”“女”）输入决策树模型中？其实，在理解决策树的基本概念后，我们应该能想到可以用独热编码（如用[0,1]表示“男”，而用[1,0]表示“女”）实现变量的向量化。这件事让我意识到一本教材除了需要将模型的动机和原理讲述清楚外，还需要配置合适的实验帮助读者进行概念的理解，而且配置的实验必须精心设计以帮助读者领会模型的本质和潜在的缺陷；同时，教材还需要引导读者设计实验并分析实验结果。

因此，本书设计了大量的实验，并给出了实验的可视化结果，同时对结果进行了分析、讨论。此外，本书也极力避免将大段的程序代码粘贴在书中，而是对中间结果或最终结果进行呈现和分析以帮助读者理解模型的基本假设和实现原理。

我第三次意识到需要编写一本以“问题（动机）—猜想—实验—验证”为教学模式的书源我所教的一名研究生。该研究生在“机器学习”课堂上非常认真地听讲且考试成绩也很不错，但是，当他进入实验室后，他很难将实际问题和所学方法有效结合。

因此，我意识到，机器学习和C语言在教学上非常类似，在进行课程教学时，应该锻炼学生“看山不是山”的能力，即应该教授学生问题的由来（动机）、解决问题的假设（猜想），由假设引出数学方法化的模型，设计合理的实验来验证猜想。只有这样，学生才可能具有看透问题本质的能力。在随后的机器学习授课中，我用60%的学时讲授基本原理，用40%的学时讲授动机、猜想和实验。事实证明这种教学模式非常适合需要创新性、灵活应用基本方法的机器学习课程教学。

基于以上几点，本书规避对机器学习模型公式的简单罗列，引导学生对问题本源进行思考，对问题给出合理的假设，大胆提出解决问题的直觉猜想，利用数学工具描述猜想并分析其合理性，给出利用数学工具解决问题的技巧，针对问题设计关键实验，观察实验的结果和现象，通过结果和现象验证猜想的可行性和局限性。

本书读者

本书的目标读者是具有高等数学基础和一定编程基础的普通高等学校本科生。第1章将对本书所涉及的重要数学原理进行讲解，而随后各章中的内容渐成基石，模型背后的数学原理和方法也被详细地讲解和分析。

显然，本书的目的不是培养研究人员发表高水平论文、做原创性工作。如同训练足球“菜鸟”，本书训练的是机器学习初学者。编者希望读者在阅读本书和做相应实验后可以打好机器学习的基础，从而更加容易地用机器学习方法解决相关问题。学习本书之前，读者应具有一定的数学基础和编程基础。我们希望本书能成为一些准备攀登“机器学习高峰”的朋友的“领路人”。

为了能满足各层次读者对机器学习基础知识的需要，我们邀请了国内多媒体领域专家、中国科学院大学的黄庆明教授，在学术界和产业界有着丰硕成果的华为技术有限公司的田奇研究员，北京航空航天大学的张宝昌教授共同编写了本书。我们根据高等学校人工智能相关专业本科生的培养要求、学术界和产业界对机器学习基础知识的需求进行本书内容的规划和撰写，使读者能够顺利地从“看山不是山”转变到“看山还是山”，将机器学习基本想法、思路、模型和具体领域成功结合。

本书三大特色

本书第一大特色是遵循“费曼学习原则”，将罗列模型公式的传统讲授方式转换为“问题（动机）—猜想—实验—验证”的教学模式。因此，本书试图让读者更好地理解机器学习的动机，将机器学习看作数据驱动的自然规律发现过程，从而避免读者将机器学习等价为数学公式的堆叠，并将吸引更多专业（如神经科学相关专业、心理学相关专业等）的学生参与到机器学习的研究和应用中。

本书第二大特色是每部分内容都有精心设计的实验。与某些书名包含“入门到实践”的书不同，本书摒弃了大篇幅地粘贴实验代码的内容组织方式，而设计了具有代表性的实验。结合原理清晰、深入浅出的实验，本书能够让初学者理解机器学习模型的本质。本书的所有源代码可以通过网络获得。

本书第三大特色是从统计学的角度对数学公式进行解释。目前，在大部分工科数学课上，老师注重对数学概念的介绍和对学生计算能力的培养，而忽略了对数学概念所描述的物理现象的解释，也缺乏对数学概念建立动机的解释。为了完成从猜想到模型逻辑化的挑战，本书着重对数学公式背后的物理和统计学概念进行深入浅出的讲解，帮助读者建立用数学工具描述猜想的“桥梁”，培养读者的数学抽象思维和计算能力。

本书内容

在逻辑上，本书通篇通过发现“问题”、提出“猜想”的方式进行问题的求解，在猜想中不仅给出对问题的“直觉”猜想，还给出猜想的实现方法和对应的数学描述。

在内容上，本书包括：机器学习引论、概率密度估计、感知机、Logistic 回归、支持向量机、决策树、集成学习、无监督学习、降维分析、神经网络基础、深度神经网络模型。

在实践上，考虑到机器学习初学者的学科背景和应用场景的差异性，本书没有设置专业背景很强的实验。同时，考虑到目前在开源论文和开源网站中已经有大量和机器学习应用场景相关的代码，初学者更需要掌握基本模型的实现原理和关键点。基于以上考虑，本书为每一部分内容都至少配备一个精心设计的实验，读者通过该实验的结果分析能理解机器学习模型的优点和缺点。

此外，在本书内容设计之初，我们就决定将大部分实验的程序代码移至网络，从而帮助读者将精力集中到结果分析和模型的理解上。当然，我们也期望读者（尤其是非信息类专业的学生）能克服编程带来的困扰，实现自己的机器学习模型。

使用方法

我们根据学习目标，将读者分成两类。

（1）想快速使用某个机器学习模型的读者：我们提供了模型的基本数学公式和 scikit-learn 工具包中关键函数的使用说明和例子，从而方便读者快速实验以验证自己的想法。

（2）想弄清机器学习模型基本原理的读者：我们建议此类读者按照顺序阅读本书，尤其关注不依赖第三方平台（例如 PyTorch）的代码实现、实验结果的重现和结果分析。

尽管本书涉及的代码都可下载，实验结果及其分析也在书中直接给出，但仍然强烈建议读者首先理解机器学习模型，然后根据机器学习模型设计实验，这样读者最终才能明白机器学习模型和数学工具之间的关系，而避免陷入将数学等同于机器学习的思维陷阱。若本书的代码有问题可以及时与编者联系，编者的电子邮箱是：junbiao_pang@bjut.edu.cn。

致谢

在编写本书的过程中，编者采纳了同人的意见，参考了大量的学术论文，引用了一些国内外公开发表的论文、图书及网络资料，在此向所有作者致谢！此外，感谢万书宏、王哲焜、霍嫣然、吕龙龙、贾琳琳、吴家琪、邓佳鑫等研究生在图片绘制和实验代码实现等方面提供的协助。

由于编者水平和经验有限，书中难免存在欠妥之处，恳请读者朋友和相关领域的专家学者拨冗批评指正。

庞俊彪

2023 年春

符 号 表

$P(A)$	事件 A 发生的概率
$P(A,B)$	事件 A 和事件 B 发生的联合概率
$P(A\|B)$	事件 B 发生的情况下，事件 A 发生的条件概率
$\mathcal{D}$	数据集合
$\boldsymbol{x}=[x_1,\cdots,x_D]^{\mathrm{T}}$（$\boldsymbol{x}\in\mathbb{R}^{D\times 1}$）	欧氏空间中维度为 D 的样本 $\boldsymbol{x}$
(x_i,y_i)	第 i 个带标签 y_i 的样本 x_i
$f(x;\theta)$	以参数 θ 为变量而以 x 为输入样本的函数
$1(A)$	指示函数，当条件 A 成立时，$1(A)=1$；否则，$1(A)=0$
$\frac{\partial f(x;\theta)}{\partial\theta}$	对函数 $f(x;\theta)$ 求变量 θ 的偏导数
$f'(x)$	对函数 $f(x)$ 求变量 x 的一阶导数
$f''(x)$	对函数 $f(x)$ 求变量 x 的二阶导数
$\\|\boldsymbol{w}\\|_2=\sqrt{w_1^2+\cdots+w_i^2+\cdots+w_D^2}$	对维度为 D 的向量 $\boldsymbol{w}$ 进行 L_2 正则化
$\\|\boldsymbol{w}\\|_1=\|w_1\|+\cdots+\|w_i\|+\cdots+\|w_D\|$	对维度为 D 的向量 $\boldsymbol{w}$ 进行 L_1 正则化
$\langle\boldsymbol{x}_i,\boldsymbol{x}_j\rangle$	向量 $\boldsymbol{x}_i$ 与向量 $\boldsymbol{x}_j$ 之间的内积运算
$H(X)$（$X=\{x_1,\cdots,x_i,\cdots,x_N\}$）	随机变量 X 的熵
$H(X,Y)$	二元随机变量 (X,Y) 的联合熵
$H(Y\|X)$	条件熵
$E_{x\sim\theta}[f(x)]$	求函数 $f(x)$ 对随机变量 x 在分布 $x\sim\theta$ 下的期望；在不引起歧义的情况下，可简写为 $E_\theta[f(x)]$ 或 $[f(x)]$
$\mathcal{N}(\boldsymbol{x},\theta)$	参数为 θ 的高斯分布
$\mathrm{tr}(\boldsymbol{A})$	求矩阵 $\boldsymbol{A}$ 的迹
$\boldsymbol{A}^{\mathrm{T}}$	求矩阵 $\boldsymbol{A}$ 的转置
$[\boldsymbol{a};\boldsymbol{b}]$	将向量 $\boldsymbol{b}$ 串接在相同维度的向量 $\boldsymbol{a}$ 后面形成新的向量
$\Rightarrow$	表示“推导出”或“推理出”

目录

Contents

第1章 机器学习引论

本章讲解机器学习的基本概念和基本思想，并举例说明如何将数学工具应用于机器学习。本章重要知识点如下。

（1）人工智能的基本概念和发展历程。

（2）机器学习与人工智能、统计学、算法和物理学之间的关系。

（3）学习机器学习所需的数学基础知识。

（4）机器学习根据问题分析形成猜想、对猜想进行数学建模、编程实现数学模型、分析模型的验证和结果。

本章学习目标

（1）理解人工智能与机器学习的基本概念；

（2）建立机器学习和数学基础知识之间的联系。

1.1 什么是人工智能

人工智能是当前信息技术中被广泛关注的技术，由社会经济发展目标所引导和计算硬件性能的提升所激发。人工智能的应用领域如图 1-1 所示，其应用涉及语音助手、智能医疗设备、智能汽车、智能监控、智能导购和智能客服等。机器学习作为人工智能的重要分支，在人工智能的发展中发挥重要作用，例如，越来越多的硬件设备配备语音交互系统，通过机器学习技术构建的语音助手能够更自然地完成人机交互。由此可见，人工智能的应用已经深入我们生活的各个方面。

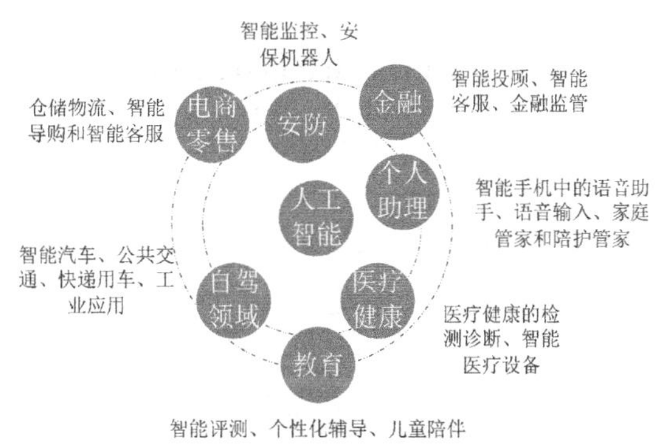

图 1-1　人工智能的应用领域

【问题】什么是人工智能？

【猜想】从字面来看，“人工”一词是人造的意思，而“智能”一词则是指拥有智慧与能力。所以，人工智能的直观含义是“由人工创造而拥有智慧与能力的事物”。

人工智能（artificial intelligence，AI）更严谨的定义为：任何感知环境并采取行动以类似人类的方式实现目标的设备，即一种能够像人类一样进行思考、判断、行动等，能够使用类似人类的方式对外界刺激做出反应的智能机器。拥有智能的机器在各类科幻作品中层出不穷，例如，1968 年上映的电影《2001 太空漫游》、1982 年上映的电影《银翼杀手》和 2001 年上映的《人工智能》都广受影迷的关注。

1.1.1 人工智能发展历程

【问题】人工智能是令人激动和期望的技术，那么人工智能发展的推动因素是什么呢？显然，我们需要先了解人工智能的发展历程。

1．人工智能的诞生

1936 年，年仅 24 岁的英国数学家、逻辑学家艾伦·马西森·图灵（Alan Mathison Turing）在他的论文《理想计算机》中提出了“图灵机”模型。图灵在理论上第一次给出了“智能”应有的架构。图灵机实现了以下几点：

（1）一个类似于人眼和手的读写头，能够读取以及输入信息；

（2）一条无限长的纸带，能够无限地提供信息以及输出结果；

（3）一个类似于大脑的控制器，能够根据不同的问题进行不同的处理。

图灵机强调当加载不同的程序后，能够完成不同的任务从而实现智能。在当时的技术环境下，可以将图灵机看作一种智能化的设备。图灵利用图灵机的思想，设计了用于辅助破译的机器。图灵机是现代计算设备的理论雏形，即存储器、读写头和处理器之间配合才能完成复杂的任务。

图 1-2 所示是 1950 年图灵发表的《计算机和智能》论文的首页。这篇论文在当时产生了广泛且深远的影响，并且第一次将机器与智能关联到一起。

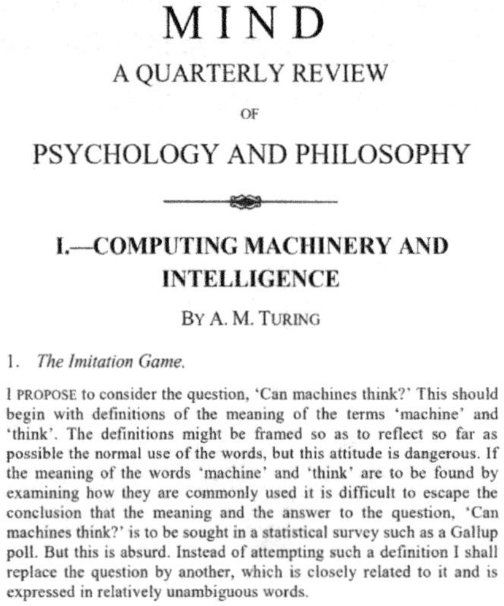

MIND

A QUARTERLY REVIEW

OF

PSYCHOLOGY AND PHILOSOPHY

I.—COMPUTING MACHINERY AND INTELLIGENCE

BY A. M. TURING

1. *The Imitation Game.*

I PROPOSE to consider the question, ‘Can machines think?’ This should begin with definitions of the meaning of the terms ‘machine’ and ‘think’. The definitions might be framed so as to reflect so far as possible the normal use of the words, but this attitude is dangerous. If the meaning of the words ‘machine’ and ‘think’ are to be found by examining how they are commonly used it is difficult to escape the conclusion that the meaning and the answer to the question, ‘Can machines think?’ is to be sought in a statistical survey such as a Gallup poll. But this is absurd. Instead of attempting such a definition I shall replace the question by another, which is closely related to it and is expressed in relatively unambiguous words.

图 1-2　图灵在期刊 *MIND* 上发表的论文的首页

到了 1956 年，在由计算机科学家约翰·麦卡锡（John McCarthy）所组织的达特茅斯会议上，“人工智能”一词首次被采用。这次会议标志着人工智能学科正式诞生。自此，人们开始畅想能够出现一种可以像人类一样思考和工作的机器。

2．初步发展

在达特茅斯会议后，世界各地陆续出现了很多致力于探索人工智能的研究中心，如阿瑟·塞缪尔（Arthur Samuel）和格兰特（Gelernter）所领导的 IBM 公司工程课题研究组；艾伦·纽厄尔（Allen Newell）和赫伯特·西蒙（Herbert Simon）所领导的 Carnegie-RAND 协作组；马文·明斯基（Marvin Minsky）和约翰·麦卡锡在美国麻省理工学院所领导的研究组；等等。

1956 年，阿瑟·塞缪尔所属的 IBM 公司工程课题研究组研发了具有自学习、自组织、自适应能力的西洋跳棋程序。这个西洋跳棋程序可以像一个优秀棋手那样，预测几步下棋。此外，该程序还能学习棋谱。例如，在分析大约 175000 种不同的棋局后，该程序以 48%的准确度对对手的走步进行了预测。这是机器模拟人类学习过程中卓有成就的探索。

1957 年，艾伦·纽厄尔、福肖（Forshaw）和赫伯特·西蒙等人组成的心理学小组编制出一个称为逻辑理论机（the logic theory machine，LTM）的数学定理证明程序，当时该程序证明了伯特兰·罗素（Bertrand Russell）和艾尔弗雷德·怀特黑德（Alfred Whitehead）的《数学原理》一书第 2 章中的 38 个定理（1963 年修订的程序则证明完了该章中的 52 个定理）。后来他们又将人类解题的思维过程归纳为 3 个阶段：（1）想出大致的解题计划；（2）根据记忆中的公理、定理和推理规则组织解题过程；（3）进行方法和目的分析，修正解题计划。1958 年，约翰·麦卡锡建立的行动计划咨询系统以及 1961 年马文·明斯基的论文《走向人工智能的步骤》对人工智能的发展都起到了积极的作用。以上这些成果坚定地鼓舞了研究者们对于开发出智能机器的信心。可以说，这一时期是人工智能的第一个研究高潮期。

20 世纪 60 年代，关于人工智能的研究越来越受到重视。为了揭示智能相关原理和理论，研究者们相继对问题求解、博弈、定理证明、程序设计、计算机视觉（computer vision，CV）、自然语言理解等领域的课题开展了广泛的研究。

3．低潮期

从 20 世纪 70 年代起，人工智能研究者们对其课题的难度未能做出正确判断。此外，对人工智能应用过于乐观的态度使人们对人工智能产生过高的期望。当承诺无法兑现时，对人工智能提供资助的机构对无确定应用方向的人工智能研究逐渐停止了资助。与此同时，理论物理、空气动力学、计算技术、材料科学与技术、通信技术等出现了革命性的发展。与这些学科之间的发展竞赛中，人工智能的理论发展和应用都落于下风。

例如，早在 1966 年，自动语言处理咨询委员会（Automatic Language Processing Advisory Committee，ALPAC）批评机器翻译进展缓慢的报告就预示了这一局面的来临。美国国家研究委员会（National Research Council，NRC）在拨款 2000 万美元后停止了对相关人工智能研究的资助。1973 年著名的数学家、空气动力学家詹姆斯·莱特希尔（James Lighthill）在针对英国人工智能研究状况的报告中批评了人工智能在实现其"宏伟目标"上的完全失败。

此外，当时计算机有限的内存和处理速度都不足以解决任何实际的人工智能问题。例如，1976 年汉斯·莫拉韦克（Hans Moravec）指出，计算机距离真正智能的要求还差上百万倍。他做了一个类比：人工智能需要强大的计算能力（简称算力），就像飞机需要强大动力一样，算力低于一个阈值时是无法实现人工智能的。因此，在诸多因素的叠加下，到了 1974 年，人们已经很难再找到对人工智能项目的资助。

4．再度启航

从 20 世纪 80 年代中期开始，人工智能研究经历了 10 多年的低潮。但是，在这段低潮期内，研究人员针对各个应用领域的核心问题设计出了各类经典算法。这些经典算法为人工智能的再次蓬勃发展打下了坚实的理论基础，也为人工智能的再度启航发挥了关键作用。

1986 年，鲁姆尔哈特（Rumelhart）提出了反向传播（back propagation，BP）算法以解决多层人工神经网络的学习问题。即使到现在，反向传播算法仍然是神经网络学习的主要算法。自此，人工神经网络的研究热潮开始出现。在此期间，很多新的神经元网络模型被提出，并被广泛地应用于模式识别、故障诊断、预测和智能控制等领域。

1986 年，罗斯·昆兰（Ross Quinlan）提出了决策树（decision tree）算法。该算法是一种以树结构（包括二叉树和多叉树）形式进行预测的模型。1997 年，IBM 公司以 IBM 服务器为计算设备研制了"深蓝"智能国际象棋机器人。"深蓝"以 3.5∶2.5 的比分，首次在正式比赛中战胜了人类国际象棋世界冠军加里·卡斯帕罗夫（Garry Kasparov）。这标志着在某些领域，人工智能系统已经超过人类的水平。

5．21 世纪的蓬勃发展

2006 年，杰弗里·欣顿（Geoffrey Hinton）在《科学》杂志上发表的深度学习的里程碑式论文"Reducing the Dimensionality of Data with Neural Networks"中首次提出了深度网络的概念，将其命名为深度学习。在传统训练方法的基础上，杰弗里·欣顿增加了预训练（pre-training）的过程并使用微调（fine-tuning）技术优化参数。通过预训练与微调技术，神经网络学习过程的计算量和训练时间大幅度减少。这一年被认为是"深度学习元年"。

2009 年，美国斯坦福大学教授李飞飞、美国普林斯顿大学教授李凯等华裔学者建立了一个含有约 5000 万幅图像的图像数据集 ImageNet，如图 1-3 所示，并于 2010 年发起了 ImageNet 图像识别竞赛。该数据集被用于测试以物体检测、物体分割和物体识别为核心任务的计算机视觉模型。在历年的 ImageNet 图像识别竞赛中，许多优秀的机器学习算法和计算机视觉技术结合一起。ImageNet 极大地促进了人工智能在计算机视觉领域的发展。

2012 年，研究人员杰夫·迪安（Jeff Dean）和安德鲁·吴（Andrew Ng）从互联网上收集的海量视频中提取了约 1000 万幅未标记的图像，训练一个由 16000 个计算机处理器组成的庞大神经网络。在没有给出任何标记信息的情况下，人工智能通过深度学习算法准确地从中识别出了猫科动物的图像。这种无须人为干预就能学习的模型让人们对其产生强烈兴趣，但是人们又对花费巨大计算代价才得到的神经网络感到失望，毕竟该神经网络只学会了识别猫科动物的图像。

图 1-3　ImageNet 包含超过 80000 个概念并且保证平均提供 1000 幅图像来描述每一个概念

同年，杰弗里·欣顿带领的团队利用英伟达（NIVIDA）公司显卡的并行计算体系结构，在 2 个 GTX 580 3GB 显卡上花费 6 天左右的时间对卷积神经网络（convolutional neural network，CNN）进行训练。杰弗里·欣顿的团队构建的 AlexNet 卷积神经网络在 ImageNet 图像识别竞赛上，以错误率低于第 2 名 10.9%的巨大优势夺得冠军。这一巨大的优势不仅震惊了计算机视觉领域，还让整个人工智能领域都为之沸腾。人们开始对 20 世纪 90 年代发明的各类深度神经网络进行深入研究和验证。此后，深度学习和并行计算设备的结合为机器学习打开了新的大门。

2016 年，DeepMind 团队利用卷积神经网络、递归神经网络、随机搜索等技术创造了用于人机围棋对弈的程序“AlphaGo”。2016 年 AlphaGo 战胜了世界围棋冠军李世石，并在 2017 年战胜了当时的世界围棋冠军柯洁。AlphaGo“称霸”了这个远比国际象棋影响力更为广泛的人类智力运动，也使得人工智能彻底成为全世界瞩目的焦点。

【猜想】自从图灵设计出可实现不同任务的图灵机后，我们发现以下规律。

（1）计算设备的算力飞速提升。从 IBM 公司的商用计算机到使用 NIVIDA 公司的并行计算显卡的计算机，计算设备的算力得到极大提升，这为复杂的计算模型提供了强大的支撑。

（2）从现实世界中采集数据越来越容易。数据量越来越大，从中发现“智能”、发现“规律”成为创造“人工智能”的重要途径。

在这个人工智能发展的新阶段中，机器学习是十分重要的驱动力。

1.1.2　机器学习的定义

机器学习最早的定义由阿瑟·塞缪尔在 1959 年给出：编写计算机程序，使计算机从经验（数据）中学习，最终使人类无须进行烦琐的编程工作。如同图灵机，阿瑟·塞缪尔希望机器学习是一种能自我学会各种编程的机器从而能完成各种不同的任务。

另一位知名的机器学习研究者米切尔（Mitchell）在其所著的 *Machine Learning* 一书中提出了一个更为精确的定义：对于某类任务 T 和性能指标 P，若一个计算机程序在任务 T 中以指标 P 的性能随着经验 E 而自我改善，则我们称该程序在从经验 E 中学习。

米切尔提出的机器学习定义是一个非常有用的形式化体系。我们将这一形式化体系作为模板：机器学习从收集历史数据（经验 E）开始，然后在任务 T 和主观直觉指导下做出决策，最后评价结果（性能指标 P），如图 1-4 所示。

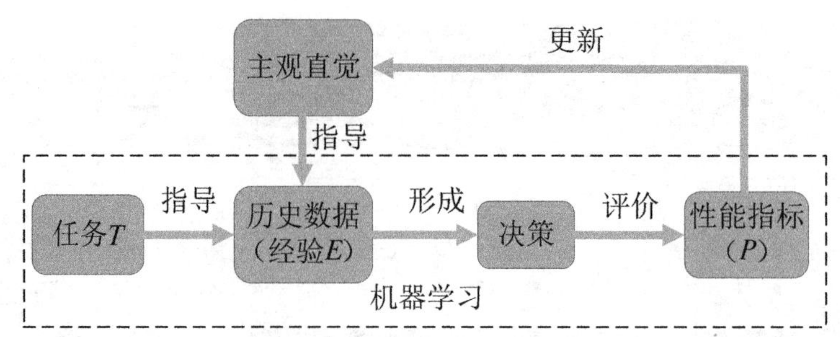

图 1-4　机器学习形式化体系

因此，机器学习的本质是使用计算方法从实际数据中自动“学习”并提取一些规律或关系，并运用这些规律或关系来实现对真实世界中特定事件的决策和预测。这里的规律或关系是我们常说的预测模型，而计算方法是产生预测模型的重要手段。计算方法是机器学习核心的研究内容。

以预测物体自由下落时间为例，基于已经建立的万有引力定律，我们可以计算一个铁质小球从一定高度落下需要多少时间。如果我们从机器学习的角度来看，万有引力定律就是我们需要挖掘的规律或关系，而下落时间则是我们的预测目标。

从米切尔的定义出发，我们还可对这个例子做更清晰的解释：对于预测物体自由下落时间（任务 T）和下落时间准确度（性能指标 P），若一个计算机程序在预测物体自由下落时间这个任务中以下落时间准确度度量性能，且下落时间准确度这一度量值能够随着不同质量的铁质小球从不同高度（经验 E）而自我改善，则我们称该程序在从经验中学习。

1.2 机器学习的工作原理

一个自然的问题是机器怎么进行学习呢？

下面以天文学开普勒第一定律（每一个行星都沿各自的椭圆轨道环绕太阳，而太阳则处在椭圆的一个焦点上）的发现为例来说明机器学习的工作原理。

16 世纪中期，约翰尼斯·开普勒（Johannes Kepler）的老师第谷·布拉赫（Tycho Brahe）通过数十年的观测积累了当时西方天文学界最准、最全的行星运行数据。开普勒利用自己老师的观测数据，通过计算发现火星的轨迹并非正圆。然而，当时所有人都认为火星的轨迹是以太阳为中心的正圆。经过大约 4 年的思考和计算后，开普勒猜测行星的轨迹应该是椭圆。

【问题】我们自然会问这么一个问题，如果只提供第谷记录的数十年间行星运行数据，我们能否让机器像开普勒一样发现行星运行的“规律”呢？或者，给定一些容易观测到的数据，我们能否让机器快速学习到支配这些数据的“规律”呢？

又比如，性别识别本应该从生物学的角度出发，分析一个人的基因是由 2 个“X”染色体组成的还是由 1 个“X”染色体和一个“Y”染色体组成的，如图 1-5（a）所示。但是，我们更愿意用更直观的图片来识别男女，如图 1-5（b）所示。另一个更为关键的问题是，机器学习方法是否能广泛推广？例如，如果我们已经建立了利用图像就能识别男女的方法，我们能不能用其来识别其他物种的性别？具体如图 1-5（c）所示。

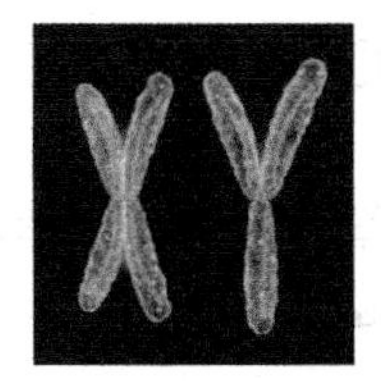

（a）X 和 Y 基因

（b）利用图像识别男女

（c）利用图像识别金丝猴的性别

图 1-5 学习识别性别的“规律”

【猜想】开普勒发现行星轨迹规律的一个重要因素是他拥有第谷记录的数十年间行星的运行数据，并从数据中发现了正确规律来描述物理世界。

我们只需要设计一种能像开普勒从数据中发现规律的模型，就能在短时间内发现规律。理想情况下，只需要改变数据，我们就能从人类性别识别问题上很快学会别的物种的性别识别。所以，机器学习就是指从数据中挖掘出复杂物理世界所掌控的自然规律。

1.2.1 机器学习的分类

【问题】一旦有了合适的数据，机器学习能否像图灵机一样完成各种任务？比如，预测股价、分析基因数据、提高商场销售额、下围棋、研发新药物等。这些任务的形式多种多样，不完全相同。预测股价是指对随时间变化的序列进行预测，下围棋是指让机器从历史的对弈过程中发现规律，而研发新药物是指通过已知分子式和药效的关联关系推测出新药物的化学结构。

【猜想】机器学习根据任务的不同，应该分类进行研究，可以分为监督学习、无监督学习、半监督学习和强化学习等。

监督学习（supervised learning）：有标记指导的学习过程。监督学习最大的特点是所使用的数据是有标记的。监督学习又可以分为分类（classification）和回归（regression）。标记的数据被组织成训练集。训练集 $\left\{\left(x_i, y_i\right)\right\}_{i=1}^{N}$ 的数据包括数据本身 x_i 和标签[1] y_i，其中，i（$i=1,\cdots,N$）为样本的索引，N 为样本的数量。监督学习的目的是找到数据 x_i 和标签 y_i 之间的映射关系。下面以图 1-5 所示的性别识别为例来说明分类任务，我们可以收集图像作为性别的观测值 x_i，而标签（也被称为真值，ground truth）$y_i=\{\text{male},\text{female}\}$。可见，分类的标签为离散值。回归与分类的不同之处在于，回归的标签为连续值。例如，我们在性别识别问题之外，还要求通过对人脸图像的建模实现对年龄的估计。对年龄的估计问题就属于回归问题。

本书的第 3 章到第 7 章将讲述监督学习方法。

无监督学习（unsupervised learning）：与监督学习相反，无监督学习所使用的数据集 $\{x_i\}_{i=1}^{N}$ 不含任何标签。其中，i（$i=1,\cdots,N$）为样本的索引，N 为样本的数量。通过无监督学习希望能发现数据中的潜在关系和规律。例如，对基因数据利用无监督学习手段进行可视化分析；从商场的销售数据中发现啤酒和尿不湿的关联性，从而引导销售人员将啤酒和尿不湿的货架靠近以获得更多营业额。

本书的第 8 章和第 9 章将分别讲述无监督学习方法中的聚类方法和降维方法。

半监督学习（semi-supervised learning）：由于数据的标记会花费大量的人力和时间，半

1 在不引起歧义的情况下，本书中标记和标签都是指对数据的监督信息而会被混合使用。

监督学习同时使用标记数据和未标记数据从而减少训练样本的标记量。由于篇幅有限，本书不对半监督学习进行讲述。

强化学习（reinforcement learning）：与监督学习、无监督学习和半监督学习不同，强化学习是指规律蕴藏在动态交互中，只有在执行多轮交互后，事情发展的规律才能显现。机器被期望从交互过程和结局中学会交互规律。

例如，围棋对弈双方只有对战多步后才能看出输赢的态势。在类似这样的情景下，强化学习无法和监督学习一样直接获得输赢的标签，也不会像无监督学习那样无法得知关于输赢标签的任何信息。所以，可以将强化学习看作从动态环境中收集标记信息的方法。由于篇幅有限，本书也不对强化学习进行讲述。

1.2.2 机器学习专门研究算法

【问题】有了各种数据后，我们期望机器学习能够从数据中学会各种掌控自然现象背后的物理规律并以算法的形式呈现出来。那么，机器学习是不是专门研究算法呢？

【猜想】纵观人工智能的发展历史，我们可以总结出对机器学习的发展起关键推动作用的 5 个方面。

（1）适合机器学习的计算设备。从“深蓝”基于 CPU 集群的并行计算，到 AlexNet 神经网络基于 NIVIDA 显卡的并行架构，计算设备经历了革命性的改变，从而极大地降低了计算成本和功耗。但是，人脑的功耗大约只有 20W，而 NIVIDA 生产的 RTX 系列显卡的功耗高达 250W，我们可以猜想适合机器学习的计算体系结构是机器学习重要的计算基础。

在本书中，我们不对机器学习的硬件计算平台及芯片的指令架构进行讨论。但是，低成本、低功耗的计算体系结构是机器学习得以大规模应用的基础。

（2）大量无偏的数据及其准确标记。自从 ImageNet 数据集出现后，学术界和工业界已经普遍接受大量无偏的数据，目的是确保机器学习模型走出实验室理论研究进入实际应用。随着各类机器学习模型的成熟，高质量标记的数据已经成为保证模型性能的不二法门。目前，专门对数据进行标记的公司已经出现。这类公司的出现说明了标记数据的重要性。例如，在自动驾驶任务中需要对大量街道场景中出现的物体（如人、车、交通标志等）进行标记，还需要进行传感器之间跨模态的协同标记（雷达的测距标记和视觉的语义标记），如图 1-6 所示。

（a）自动驾驶中的语义标记

（b）视觉和雷达的协同标记

图 1-6 自动驾驶任务中的多语义协同标记

在本书中，我们将重点关注数据预处理的动机、原理和方法。我们对数据标记工具设计、数据的标记成本、标记一致性等都不做讨论。我们需要强调的是，大量无偏数据是机器学习得以实际应用的重要门槛。

（3）适合特定任务的算法模型。有了可计算的平台和训练数据后，如何构造适合特定任务的高效算法模型成为机器学习的核心问题。例如，图 1-7 给出了第一个模拟单个神经元的机器学习模型："感知机"的模型设计图和实物。

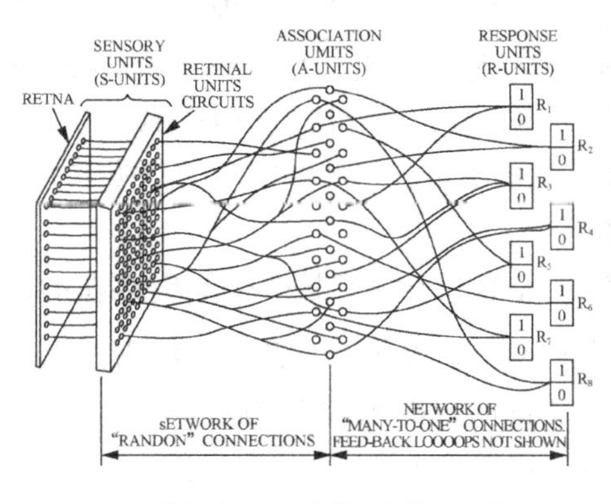

（a）对单个神经元进行模拟的模型设计图

（b）使用电子管器件对单个神经元进行模拟的机器

图 1-7 感知机从设计到实现

可以确定地说，算法模型是机器学习的核心部分。很多算法都是通过理解和模拟人脑的工作原理进行设计的。例如，学者福岛邦彦（Kunihiko Fukushima）根据生物学的成果设计了比感知机更为复杂的学习模型——神经感知机 Neocognitron。在本书中，我们将重点关注各类经典机器学习模型的动机、原理和方法，也将关注这些模型的典型应用。

（4）高效的编程将理论上的模型转化为可执行的程序。随着计算科学的发展，处理器从晶体管到硅基的集成电路，内存地址从 8 位到 64 位，算法从卡片打孔输入而提升为用集成软件开发工具、软件也从卡片输入转换为用集成开发工具完成程序的输入、编译、调试、运行和发布，这极大降低了程序设计的难度。例如，1969 年"阿波罗"登月飞船导航计算机的算力不及我们现在任何一款智能手机的算力。图 1-8（a）给出了用打孔纸带进行二进制程序的编写，而图 1-8（b）则显示了完整的导航程序被存在约 3 个人高度的纸带上。

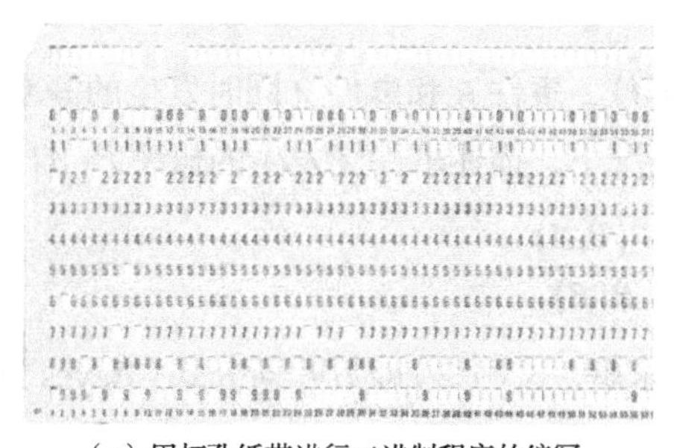

（a）用打孔纸带进行二进制程序的编写

（b）存储导航程序的纸带

图 1-8 将模型转换为可执行的程序

相比卡片输入程序，现在的编程语言和编译技术都极大地简化了计算模型的程序化过程。目前，各种机器学习平台或程序工具包也都降低了对应用者的编程要求，让机器学习的应用者能将更多的精力放在待求解问题上。例如，scikit-learn、TensorFlow、PyTorch 等第三方机器学习开源库都降低了程序设计能力的要求。

在本书中，我们不详细介绍机器学习模型如何用编程语言进行实现。但是，我们将讨论各种模型的时间复杂度和空间复杂度，并强调机器学习模型编程的一般范式，强调编程过程中数值的稳定性。例如，如何避免出现某个数除以 0 的情况（这会导致得到无穷大的数）、如何避免数值的溢出等问题。

我们将以 scikit-learn 和 PyTorch 为典型平台讲解机器学习模型的实现。但是，本书更强调不依赖第三方机器学习平台实现经典的机器学习模型。因此，本书第 2 ~ 10 章的大部分实验和第 11 章的部分实验都不依赖第三方机器学习平台而对算法模型进行编程实现。

（5）高效的优化算子有助于实现对算法模型参数的求解。在后面章节的介绍中，读者会发现几乎所有的算法模型都需要进行参数优化。

机器学习中的“学习”是指从标记的数据 $\{(x_i, y_i)\}_{i=1}^N$ 中学习某个未知但潜在的函数 $f(x_i;\theta)$，满足 $f(x_i;\theta)=y_i$。其中，θ 就是待优化的参数，N 为样本数量，$i=1,\cdots,N$。参数 θ 让模型 $f(x_i;\theta)$ 模拟人类的学习特点，即给定不同的数据 x_i 和相应的经验 y_i 后，模型 $f(x_i;\theta)$ 从数据中学到规律。在不同数据的驱动下，模型 $f(x_i;\theta)$ 既能学会识别图 1-5 中人类的性别，也能识别金丝猴的性别。

因此，机器学习可以理解为以下公式：

$$\text{机器学习}=\text{算力}+\text{数据}+\text{模型}+\text{编程}+\text{优化} \tag{1.1}$$

1.3 如何学习机器学习

【问题】如何才能开启机器学习的旅程？机器学习的基础是什么？

【猜想】首先，我们需要知道预测在数学上是怎么表示的；其次，理解预测与参数优化和优化概念之间的关系，包括凸函数、导数和泰勒展开。

1.3.1 数学基础

1．贝叶斯公式

假设事件 A 发生的概率（可能性）记为 $P(A)$，事件 B 和事件 A 同时发生的概率（联合概率）记为 $P(B,A)$。那么，在事件 B 发生的情况下，描述事件 A 发生的概率 $P(A|B)$ 为：

$$P(A|B)=\frac{P(B,A)}{P(B)} \tag{1.2}$$

式（1.2）中，联合概率密度 $P(B,A)$ 通常比较难求解。式（1.2）即贝叶斯公式（Bayes formula）原型，可进一步转化为：

$$\begin{aligned}P(A|B)&=\frac{P(B,A)}{P(B)}\\&=\frac{\overbrace{P(B|A)}^{\text{证据（evidence）}}\cdot\overbrace{P(A)}^{\text{先验概率（prior probability）}}}{P(B)}\end{aligned} \tag{1.3}$$

式中，$P(B|A)$ 表示事件 A 发生后事件 B 发生的概率。如果事件 B 为因而事件 A 为果，式

（1.3）的作用就是将体现因果关系的后验概率 $P(A|B)$ 转化为证据 $P(B,A)$ 和先验概率[1] $P(A)$ 的乘积关系。

$P(B|A)$ 是事件 A 和事件 B 之间新的证据。式（1.3）告诉我们如何利用新的证据 $P(B|A)$ 去更新以往固定的经验 $P(A)$ 为新的因果关系 $P(A|B)$！

下面以看人脸识别性别的任务为例进行介绍。假设事件 A 表示“出现男性”，我们可以只依靠经验“世界上的男女比例近似相等”推断出 $P(A)=0.5$，即“男性”“女性”出现的概率为 0.5。这种预测方式就是随机判断，我们根本就没有用到“人脸”这种有用的证据！如果我们发现男性“有胡须”（用符号 B 表示这一事件）这一证据的概率 $P(B|A)=0.8$（假设还有 20%男性还处于少年，成年男性必须留胡须），当我们用证据 B“有胡须”去判断性别的时候，式（1.3）自然地将证据 $P(A|B)$ 和先验概率 $P(A)$ 统一进行考虑决策。

在式（1.3）中，概率 $P(A)$ 不考虑任何影响事件 A 的因素。因此，$P(A)$ 被称为事件 A 发生的先验概率（prior probability）。$P(B|A)$ 表示事件 A 发生后，事件 B 发生的概率（probability），也被称为证据（evidence）。$P(A|B)$ 被称为后验概率（posterior probability）。

2．凸/凹函数、导数和泰勒展开

函数根据凹凸性分为 3 种，即凸函数、凹函数、非凸非凹函数，如图 1-9 所示。我们从图 1-9 中可以看到，有了凹凸性后，函数 $f(x)$ 的最小值或最大值会很容易被找到。而如果目标函数为非凸非凹函数，将很容易陷入局部极小值，难以找到全局最优解。所以，在机器学习任务中，目标函数被期望设计为凸/凹函数，从而简化优化过程（目标函数的概念将进一步在第 2 章中进行讲解）。

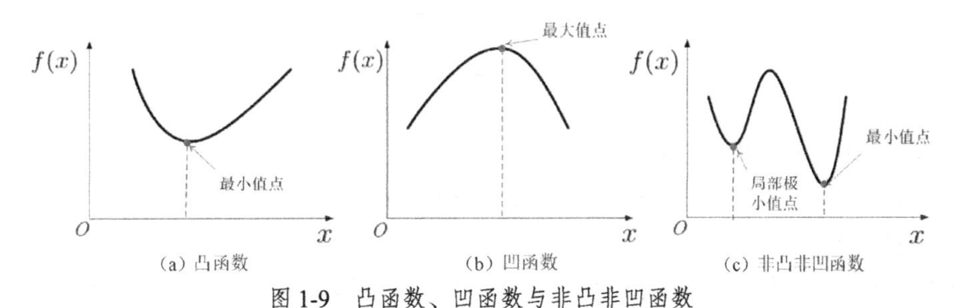

图 1-9　凸函数、凹函数与非凸非凹函数

凸函数

假定函数 $f(x)$ 是定义在某个向量空间 C 上的实值函数，对于向量空间 C 中任意两个点 x_1 和 x_2，即 $\forall x_1,x_2\in C$，有：

$$f\left(\frac{x_1+x_2}{2}\right)\leqslant\frac{f(x_1)+f(x_2)}{2} \tag{1.4}$$

成立，则函数 $f(x)$ 为凸函数。凸函数的几何解释如图 1-10 所示。

1 从数学角度理解机器学习时，先验概率、先验和先验知识（prior knowledge）本质是一致的，后文在不引起误会情况下为了书面表述进行了混用。

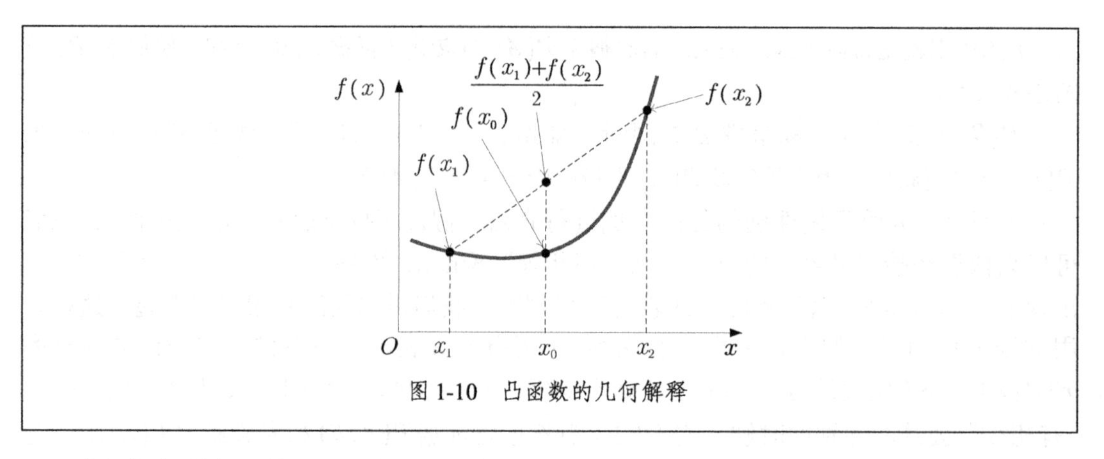

图 1-10　凸函数的几何解释

我们如何判断函数的凹凸性呢？我们一般通过二阶导数来判断函数的凹凸性（导数的含义，将在后面进行讲解）。

以函数 $f(x)=x+\frac{1}{x}$ 为例，我们首先求解函数 $f(x)=x+\frac{1}{x}$ 的一阶导数 $f'(x)$：

$$f'(x)=\left(x+\frac{1}{x}\right)'=1-\frac{1}{x^2} \tag{1.5}$$

而后，求函数 $f(x)=x+\frac{1}{x}$ 的二阶导数 $f''(x)$：

$$\begin{aligned} f''(x)&=\left(1-\frac{1}{x^2}\right)'' \\ &=0-(-2)\frac{1}{x^3} \\ &=\frac{2}{x^3} \end{aligned} \tag{1.6}$$

对导数 $f''(x)$ 分段进行讨论：

当 $x\in(-\infty,0)$ 时，$f''(x)<0$，则 $f(x)$ 在 $(-\infty,0)$ 为凹函数；

当 $x\in(0,+\infty)$ 时，$f''(x)>0$，则 $f(x)$ 在 $(0,+\infty)$ 为凸函数。

导数到底想描述什么物理现象呢？从光滑函数的导数与梯度（见图 1-11），我们可以想到什么呢？

导数

在微积分课程中，导数的定义通常如下所示。

假设函数 $y=f(x)$ 在某点 x_0 的邻域 $U(x_0)$ 内有定义，当自变量 x 在点 x_0 处产生一个增量 Δx（且 $x_0+\Delta x\in U(x_0)$）时，函数的增量表示为 $\Delta y=f(x_0+\Delta x)-f(x_0)$。若 Δy 与自变量增量 Δx 之比的极限在 $\Delta x\to 0$ 时存在，那么，称函数 $y=f(x)$ 在点 x_0 处可导，并称这个极限为函数在 x_0 处的导数[1]，记作 $f'(x_0)$ 或 $\mathrm{d}f(x_0)/\mathrm{d}x$：

---

1 相应地，函数 $f(x,y,\cdots)$ 关于变量 x 的偏导数（partial derivative）记为 f'_x 或 $\partial f/\partial x$。

$$f'(x_0)=\lim_{\Delta x\to 0}\frac{\Delta y}{\Delta x}=\lim_{\Delta x\to 0}\frac{f(x_0+\Delta x)-f(x_0)}{\Delta x} \tag{1.7}$$

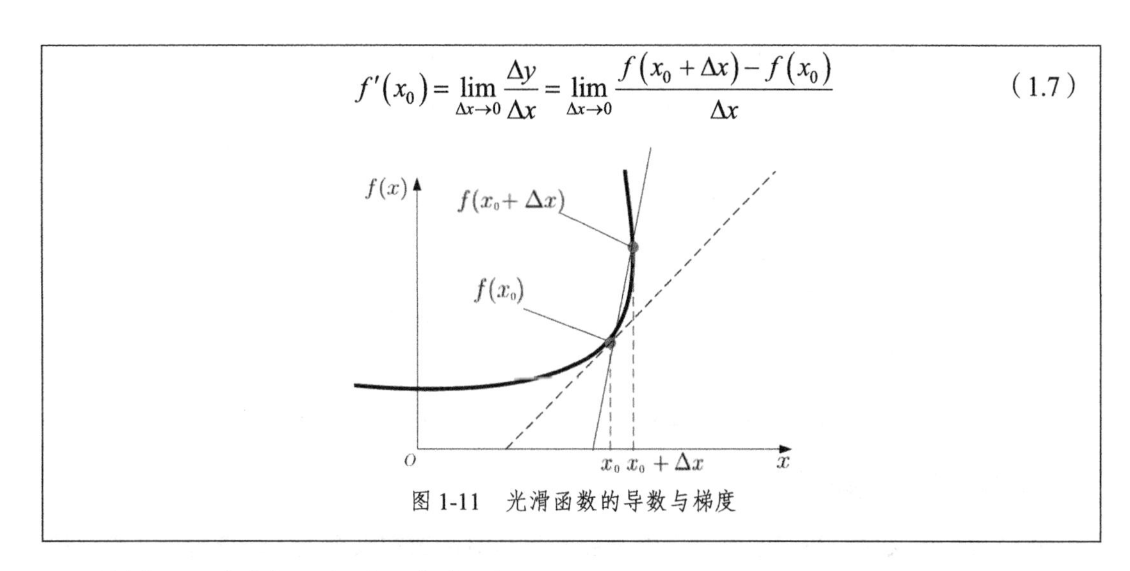

图 1-11 光滑函数的导数与梯度

从图 1-11 中我们至少可以看到两点。

（1）导数描述了在不同点 x 时函数 $f(x)$ 的变化速率。导数 $f'(x)$ 值越大，函数值 $f(x)$ 变化速率越快。这是我们最容易理解的导数含义。

（2）过点 x 的各条“直线”中，以导数为斜率的“直线”是对点 x 附近 $f(x)$ 的最优一阶近似。或者说“导数”就是对函数 $f(x)$ 在局部点范围内的一种刻画和描述。

因此，导数本质上是对函数 $f(x)$ 在各个点 x 处进行逼近的方法！因此，利用二阶导数 $f''(x)$ 可以刻画函数 $f(x)$ 的形状从而有助于判断函数 $f(x)$ 的凹凸性。

泰勒展开

为了能对一个复杂函数 $f(x)$ 进行“任意”精度的近似，泰勒展开利用多阶导数来刻画 $f(x)$。假设 $f(x)$ 在点 x_0 的某个邻域 $U(x_0)$ 内具有 $n+1$ 阶导数，那么对于任意 $x\in U(x_0)$，有：

$$f(x)=f(x_0)+f'(x_0)(x-x_0)+\frac{f''(x_0)}{2!}(x-x_0)^2+\cdots+\frac{f^{(n)}(x_0)}{n!}(x-x_0)^n+\cdots \tag{1.8}$$

由式（1.8）可知，泰勒展开本质上就是指将一个在 $x=x_0$ 处具有 n 阶导数的函数 $f(x)$ 利用 $(x-x_0)$ 的 n 次多项式来逼近，即通过泰勒展开能用简单的多项式函数对复杂光滑函数在局部范围内进行代替，如图 1-12 所示。

显然，通过泰勒展开能将复杂的光滑函数简化为一阶或二阶多项式，从而将一个函数在局部转换为凹函数或凸函数。另外，对于凸/凹函数 $f(x)$，泰勒展开实际上就是在某点 x_0 求解函数 $f(x)$ 的下界/上界。在图 1-12 中，用虚线表示泰勒展开式，总是用实线表示原函数的下界。这样，通过对上界或下界的最小化或最大化可实现对目标函数的优化（具体内容可以参见 8.5 节）。

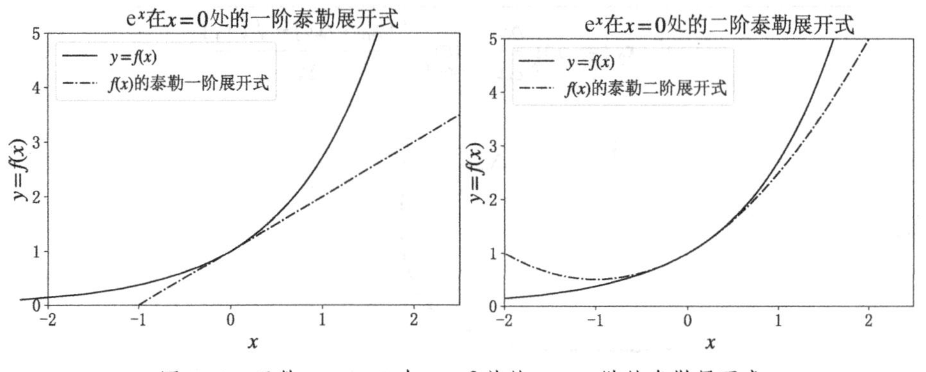

图 1-12　函数 $f(x)=e^x$ 在 $x_0=0$ 处的一、二阶的泰勒展开式

3．基于梯度下降的优化

在导数的定义中，我们已经知道泰勒展开是指对函数在某个点的局部近似，而一阶导数是函数变化最快的方向。如果想计算某个函数的最小值，可以沿着梯度的方向来搜索。

假设待优化的函数为 $f(x)$，在点 x_0 对函数 $f(x)$ 进行一阶泰勒展开：

$$\begin{aligned} f(x) &\approx f(x_0)+(x-x_0)f'(x_0) \\ &\approx f(x_0)+\lambda d f'(x_0) \end{aligned} \tag{1.9}$$

如果想从点 x_0 达到下一个让 $f(x)$ 更小的点 x，我们需要沿着某个方向 d 走一段距离 λ（$\lambda>0$），如图 1-13 所示，即：

$$x=x_0+\lambda d \tag{1.10}$$

式中，λd 可以看作长度为 λ 而且方向为 d 的向量。

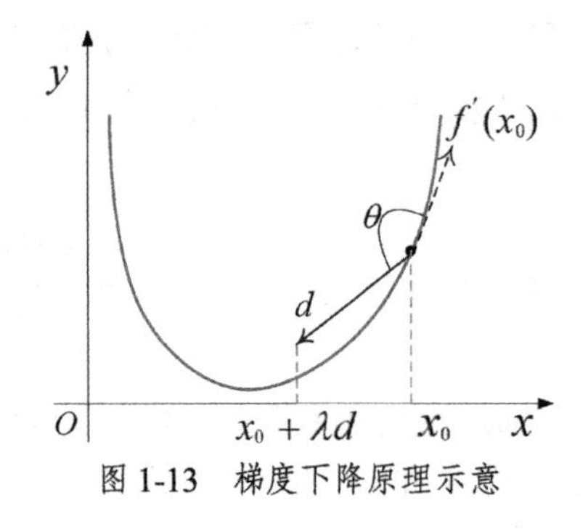

图 1-13　梯度下降原理示意

将式（1.10）代入式（1.9），如果想让 $f(x)$ 最小化，我们需要让差值 $f(x_0+\lambda d)-f(x_0)$ 最大化：

$$\min\left[f(x_0+\lambda d)-f(x_0)\right]\approx\min\left[(\lambda d)f'(x_0)\right] \tag{1.11}$$

式中，对于运算 $\min\left[(\lambda d)f'(x_0)\right]$ 而言，向量 λd 和 $f'(x_0)$ 之间的向量运算为：

$$\lambda d f'(x_0)=\lambda|d|\cdot|f'(x_0)|\cos\theta \tag{1.12}$$

式中，θ 为向量 λd 和 $f'(x_0)$ 之间的夹角。显然，当 $\cos\theta=-1$ 时，式（1.12）获得最小值。$\cos\theta=-1$ 表示两个向量的方向相反，因此，我们可以得出从点 x_0 沿着梯度的负方向寻找最优解：

$$x = x_0 - \lambda \frac{f'(x_0)}{\|f'(x_0)\|_2} \tag{1.13}$$

符号$\|\boldsymbol{a}\|_2$表示向量$\boldsymbol{a}=[a_1,\cdots,a_i,\cdots,a_D]$的$L_2$范数（norm），$\|\boldsymbol{a}\|_2=\sqrt{a_1^2+\cdots+a_i^2+\cdots+a_D^2}$。因此，表达式$-f'(x_0)/\|f'(x_0)\|_2$为导数$f'(x_0)$的方向。我们将参数$\lambda$和表达式$1/\|f'(x_0)\|_2$合并为一个学习率$\tilde{\lambda}$，则式（1.10）简化为：

$$x = x_0 - \tilde{\lambda} f'(x_0) \tag{1.14}$$

式（1.14）就是梯度下降优化方法的迭代公式。我们知道式（1.14）只在点x_0的附近成立，所以，我们需要利用式（1.14）多次迭代：

$$x_{t+1} \leftarrow x_t - \tilde{\lambda} f'(x_t) \tag{1.15}$$

式中，x_{t+1}表示第t次迭代后的解，$0 \leqslant t \leqslant T$，$T$为预先设定的迭代次数。

【实验 1】给定函数$f(\boldsymbol{x})=\|\boldsymbol{x}-\boldsymbol{y}\|_2^2$，其中，$\boldsymbol{x}=[x_1,x_2]^{\mathrm{T}}$，$\boldsymbol{y}=[3.3,2.001]^{\mathrm{T}}$，请用式（1.15）从初始点$\boldsymbol{x}_0=[0,0]^{\mathrm{T}}$开始搜寻最优解。在梯度下降的过程中，请观察不同学习率$\tilde{\lambda}$的设置对结果的影响。

解：如图 1-14 所示，当设置不同学习率时，参数的迭代过程不相同。当学习率被合理设置时，基于梯度下降的优化会快速到达最小值；当学习率过大时，优化的解可能会在最优值附近来回振荡，甚至可能无法收敛；当学习率过小时，基于梯度下降的优化方法需要更多的迭代次数。

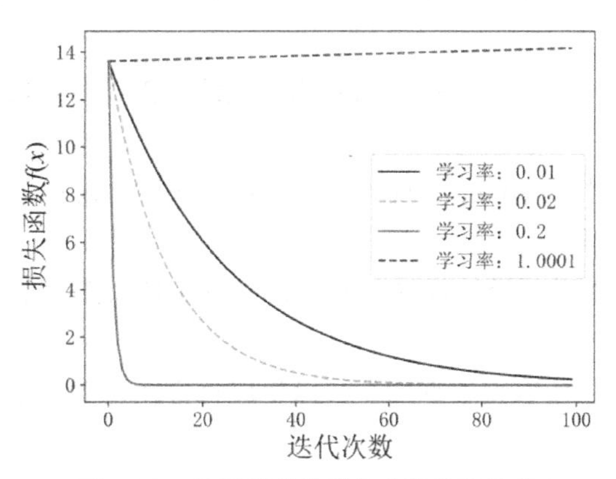

图 1-14　不同学习率下的参数迭代过程

从表 1-1 中的迭代结果可以猜到，当基于梯度下降的优化方法越接近最优解时，式（1.15）的学习率就应该越小以便求解到更接近最优解的值。

表 1-1　不同学习率的迭代次数、收敛点和终止条件

学习率	迭代次数 T	收敛点 $\boldsymbol{x}_T$	终止条件$\|\boldsymbol{x}_T-\boldsymbol{x}_{T-1}\|_2^2$
0.01	273	[3.28672, 1.99294]	1e-5
0.02	144	[3.29076, 1.99540]	1e-5
0.2	15	[3.29845, 2.00006]	1e-5
1.0001	无法收敛	无	

1.3.2 编程能力与实践

原理上，任何计算机编程语言都可以用于对数学模型进行编程实现。随着程序编译技术的不断提高，机器学习对用户的编程能力的要求进一步降低。目前，Python 是机器学习领域应用较为广泛的编程语言，有着众多数据的标准库和第三方类库，且学习资料丰富、技术社区活跃，非常适合初学者进行学习。下面，将对基于 Python 编程进行简要说明（即使 Python 被更易学习的编程语言所取代，我们仍然需要学习编程）。

Python 版本：由于历史沿袭、版本迭代策略等原因，Python 2.x 和 Python 3.x 之间有部分功能是无法兼容的。建议初学者选择高版本，如 Python 3.x。若要结合不同的机器学习库或其他第三方库，请根据库的版本要求来选择 Python 版本。

关注内容：从机器学习的角度看，Python 仅是编程语言，所以只需要掌握 Python 的基础知识和常用语法。但需要重点学习机器学习的一些常用类库，并在实践中逐步掌握 Python 的使用方法和编程环境。

常用的类库包括：OpenCV、PyTorch、NumPy、SciPy、scikit-learn、scikit-image、Matplotlib 等。这些类库可能会在处理不同任务（如计算机视觉、图像处理等）、不同阶段（如预处理、优化等）时有需要。

（1）OpenCV：用于图像处理、分析、机器视觉方面的开源计算机视觉函数库。

（2）PyTorch：基于 Torch 的 Python 开源机器学习库，主要用于使用 GPU 和 CPU 的深度学习应用程序。

（3）NumPy：扩展数值计算程序库，支持大维度数组与矩阵运算，可以提供大量的数学函数。

（4）SciPy：高级科学计算库，提供的功能以统计分析、线性代数计算、微积分计算为主。

（5）scikit-learn：使用 Python 实现的机器学习算法库，可以实现数据预处理、分类、回归、降维、模型选择等。

（6）scikit-image：用于图像处理的开源库，可以实现对图片的几何变换、色彩操作、分析、过滤等操作。

（7）Matplotlib：可视化数据处理库，可以生成直方图、功率谱、条形图、错误图、散点图等。

关键代码重现：在实现机器学习模型的过程中，最首要的不是编程技巧（例如，软件工程思想、利用设计模式等），而是忠实于理论模型或原理进行编程实现。

想要实现机器学习模型，较好的方式是思考经典类库或算法的源代码，理解它们的处理思路和原理，并尝试编程实现核心算法和功能，从而做到知其然亦知其所以然。

本书第 2 章到第 9 章利用 Python 及其 NumPy 和 SciPy 库进行机器学习模型的编程实现，而第 10 章和 11 章利用 PyTorch 实现深度神经网络模型。

【实验 2】用贝叶斯公式作为推理依据实现对已经预处理好的 MNIST 手写字符进行正确识别。MNIST 数据集来自美国国家标准及技术协会（National Institute of Standards and Technology，NIST）。训练集（training set）有 60000 幅由来自不同人手写的“0”到“9”

数字图像构成，而测试集（testing set）有 10000 幅图像[1]。其中，每个样本都是像素值为 0 ~ 255 的灰度图像，如图 1-15 所示。MNIST 数据集可以在本书配套资料中（或利用 scikit-learn 中的 fetch_mldata 命令）进行下载。

解：

（1）**读取并加载数据：**我们先读取 MNIST 数据，再使用 NumPy 和 Matplotlab 中的函数对图像进行可视化观测，如图 1-16 所示，给出字符“7”的一个样本。我们可以看到图中像素值的变化范围为 0 ~ 255。

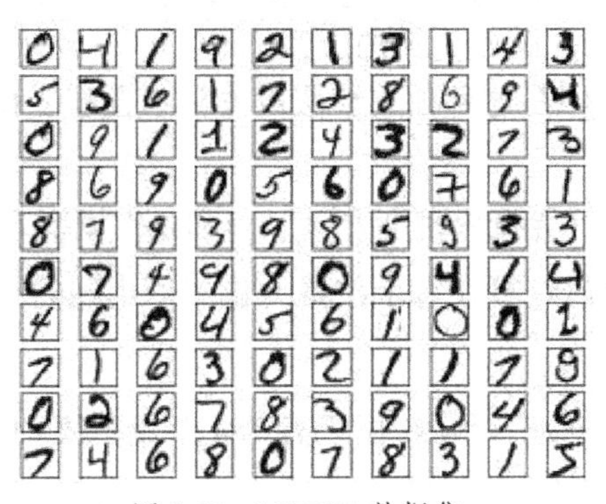

图 1-15　MNIST 数据集

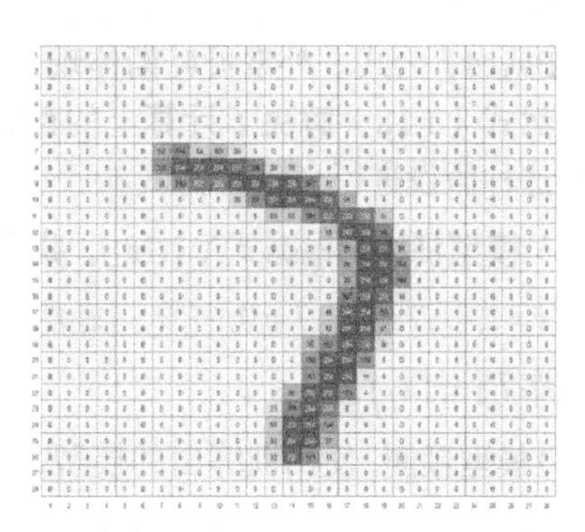

图 1-16　字符“7”的二维数值图像

（2）**特征抽取和模型设计：**假设用标签 $z=\left[0,1,2,3,4,5,6,7,8,9\right]^{\mathrm{T}}$ 表示“0”到“9”类数字，x_i（$x_i \in \mathbb{R}^{784\times1}$）表示第 i 幅图像。预测过程可以用条件概率 $p\left(z_j \mid x_i\right)$（$j=0,\cdots,9$）表示第 i 个图像属于类别 z_j 的概率。哪个类别 z_j 出现的概率越大，那么图像 x_i 就应该属于哪一类，即：

$$\hat{z}_j = \arg\max_j P\left(z_j \mid x_i\right) \tag{1.16}$$

式（1.16）说明的是图像 x_i 更可能属于“0”～“9”中的哪个类别。显然，利用贝叶斯公式有：

$$\begin{aligned} P(z \mid x) &= \frac{P(x \mid z)P(z)}{P(x)} \\ &\propto P(x \mid z)P(z) \end{aligned} \tag{1.17}$$

式（1.17）需要分别建立概率密度 $P(x \mid z)$ 和概率密度 $P(z)$。

【问题】如何建立概率密度 $P(x \mid z)$ 和概率密度 $P(z)$？

【猜想】概率密度 $P(x \mid z)$ 的物理含义是将属于同一类数字的图像提取出来后，图像 x_i 上像素值的分布规律。显然，图像 x_i 是 $28\times28=784$ 维值分布从 0 到 255 的向量。如果我们按照数学上的定义直接建立每个像素之间的联合概率密度分布 $P\left(x_1,x_2,\cdots,x_{784} \mid z\right)$，我们需要建立大小为 $\mathbb{R}^{256\times256\times\cdots\times256}$ 的概率密度“立方表”。同时，计算机需要分配 $\underbrace{256\times256\times\cdots\times256}_{784}$ 个浮点型存储空间，这显然是不可能的！

我们必须对联合概率密度分布 $P\left(x_1,x_2,\cdots,x_{784} \mid z\right)$ 进行简化！将联合概率密度分布

1 关于训练集和测试集的理解可以参考 7.2.3 小节的内容。

$P(x_1,x_2,\cdots,x_{784}|z)$ 转化为条件独立的概率密度分布：

$$P(x_1,x_2,\cdots,x_{784}|z)\approx\prod_{i=1}^{784}P(x_i|z) \tag{1.18}$$

式中，$P(x_i|z)$ 是同一类字符在图像 x_i 上某个位置处像素值的分布。显然，一共有 $28\times28=784$ 个像素位置，而每个位置只需要大小为 $\mathbb{R}^{256\times1}$ 的一维概率密度表 Table_i，$\text{Table}_i\in\mathbb{R}^{256\times1}$，$i=1,\cdots,784$。因此，式（1.18）的计算只需要 784×256 个浮点型存储空间。式（1.18）将联合概率密度分布用条件独立的概率密度分布进行表示，也叫朴素贝叶斯（naive Bayes）公式。朴素贝叶斯体现了机器学习中化繁为简的思路。

虽然式（1.18）解决了计算上的存储问题，但是这种独立性假设非常不合理。我们后面将对这种假设进行合理性测试。

（3）**模型训练**：根据式（1.18），我们只需要计算概率密度 $P(x_i|z_j)$ 和条件概率 $P(z_j)$，其中，$i=1,\cdots,784$，$j=0,\cdots,9$。显然，可以通过计算在每个位置 x_i 像素值出现的频率来估计概率 $P(x_i|z_j)$。

（4）**模型预测**：使用训练出的模型，对测试数据进行预测。由于有 784 个概率值 $P(x_i|z)$（$i=1,\cdots,784$）进行联乘，乘积 $\prod_{i=1}^{784}P(x_i|z)$ 会溢出（小于计算机表示的最小数）！考虑到联合概率密度分布 $P(x_1,x_2,\cdots,x_{784}|z)$ 最终只需要比较大小，我们需要对 $P(x_i|z)$ 的值用 log 函数进行缩放并将乘法运算变为加法运算。因此，式（1.18）变为：

$$P(x_1,x_2,\cdots,x_{784}|z)\approx\sum_{i=1}^{784}\log P(x_i|z) \tag{1.19}$$

（5）**模型评估**：将预测的测试数据结果与测试数据的标签进行对比，从而计算出模型预测的准确度。MNIST 手写数字数据集共有 70000 幅图像，将 60000 幅图像当作训练集，将 10000 幅图像当作测试集，最终得到正确率[1]为 0.8398。

（6）**总结**：在步骤（1）到步骤（5）中，我们可以看到机器学习完全不等于数学，更多的是对数据的观察和分析［体现在步骤（1）］、对问题的理解和抽象［体现在步骤（2）］、对方法的建模和实现［体现在步骤（3）和步骤（4）］，以及对方法的测试、改进和提升（将体现在第 2 章的实验 6）。

知识梳理与拓展

- 人工智能定义：任何感知环境并采取行动以类似人的方式实现其目标的设备，即一种能够像人类一样进行思考、判断、行动等，能够使用类似人类的方式对外界刺激做出反应的智能机器
- 机器学习的定义：对于某类任务 T 和性能指标 P，若一个计算机程序在任务 T 中以指标 P 的性能随着经验 E 而自我改善，我们则称该程序在从经验 E 中学习。机器学习是实现人工智能的途径之一

1 正确率的计算可参考 3.4 节的内容。

- 机器学习的分类：
  - 有监督学习：监督学习是指有标记指导的学习过程。
  - 无监督学习：无监督学习所使用的数据集不含任何标签，例如聚类。
  - 半监督学习：由于标记数据会花费大量的人力和时间，半监督学习同时使用标记数据和未标记数据从而减少训练样本的标记量。
  - 强化学习：规律蕴藏在动态交互中，只有在执行多轮交互后，事情发展的规律才能显现，机器被期望从交互过程和结局中学会交互规律。
- 理解贝叶斯公式中证据、先验、消元的含义；理解贝叶斯公式能表明证据的增加将会带来新的先验知识
- 理解函数变化速度最快的方向推导出一阶基于梯度的优化，而一阶梯度是函数形状在变量局部范围的近似描述
- 对于凹函数而言，理解学习率与梯度下降迭代次数的关系；理解梯度下降过程，并能画出梯度下降中梯度、学习率和优化点的几何关系；理解一阶梯度下降与函数一阶泰勒展开的关系；理解学习率大小与目标函数优化速度之间的关系；对于用一个向量组成的变量而言，理解学习率对于向量不同分量最有解的影响

1.4 本章小结

（1）机器学习的 5 个要素：数据、模型、算力、编程和优化。

机器学习是通过数据驱动来解决问题的工具和策略，在构建机器学习解决方案时，我们需要考虑 5 个要素。其中，数据和算力统称为“约束”，是利用机器学习解决问题的起点。

利用机器学习解决问题主要分为以下 3 步。

① 问题分析。当我们分析一项实际问题时，我们想要达成的目标是什么？我们需要什么样的数据？数据量是否充足而易标注？当我们明确目标并收集好数据后，我们才能进行模型的设计。此外，我们还需考虑算力的问题，需要评估当前场景下算力的情况以便对模型进行调整。

② 模型构建与训练。在完成数据准备与模型设计后，我们就可以进行整体项目的编程实现。一般而言，机器学习项目使用 Python 语言进行编程，而 scikit-learn、PyTorch 等类库提供了大量预定义好的功能与模块使编程的实现十分便捷。在构建并训练好模型后则可以微调模型的学习率、优化器等超参数以提高模型的性能。

③ 改进与优化。通常，机器学习项目的实现都不是一蹴而就的，需要结合模型的评价指标对模型进行持续的改进与优化。优化过程依赖于实施者掌握的机器学习领域的知识和经验。

（2）本书将讨论机器学习的统计学习模型：从给定有限的训练样本出发，我们假设样本是独立同分布的，应用某一评价准则从函数空间中选取一个最优的模型，使它对给定训练数据及未知测试数据在给定评价标准意义下获得最优的预测。

（3）机器学习仅是一个工具，我们应该聚焦于问题的本身。在明确问题的要求与限制

的基础上，我们才能使用机器学习来解决实际问题。只有在理解问题的本质后，我们才能选用恰当的机器学习模型、数据处理手段以及更切合实践的评估标准，能使机器学习真正地产生价值。

1.5 本章习题

1. 函数 $y = x^2 \ln x$ 的导数为（　　）。

A. $y' = 2x\ln x + x$　　B. $y' = x + \ln(x^2)$

C. $y' = x + 2\ln(x)$　　D. $y' = 2x\ln x + \ln(x)$

2. 已知 $f(x) = x^2 + 2xf'(1)$，则 $f'(0) =$（　　）。

A. 0　　B. −4　　C. −2　　D. 2

3. 设 $x, y \in \mathbb{R}^{1\times1}$，向量 $\boldsymbol{a} = [x,1]^{\mathrm{T}}$，向量 $\boldsymbol{b} = [1,y]^{\mathrm{T}}$，向量 $\boldsymbol{c} = [2,-4]^{\mathrm{T}}$，且 $\boldsymbol{a} \perp \boldsymbol{c}$，$\boldsymbol{b} \parallel \boldsymbol{c}$，则 $|\boldsymbol{a}+\boldsymbol{b}| =$（　　）。

A. $\sqrt{5}$　　B. $\sqrt{10}$　　C. $2\sqrt{5}$　　D. 10

4. 已知 $|\boldsymbol{a}| = 6$，$|\boldsymbol{b}| = 3$，$\boldsymbol{a}\cdot\boldsymbol{b} = -12$，则向量 $\boldsymbol{a}$ 在向量 $\boldsymbol{b}$ 方向上投影的长度是（　　）。

A. −4　　B. 4　　C. −2　　D. 2

5. 设随机变量 $X \sim f(x)$，其中 $f(x) = \dfrac{1}{\sqrt{2\pi}}\exp\left[-\dfrac{(x+2)^2}{2}\right]$，且 $P\{X \geqslant c\} = P\{X \leqslant c\}$，则 $c =$__________。

6. 某人投篮，每次命中率为 0.7，现在独立投篮 5 次，恰好命中 4 次的概率是__________。

7. 设某公路上经过的货车与客车的数量之比为 2∶1，货车中途停车修理的概率为 0.02，客车为 0.01，今有一辆汽车中途停车修理，求该汽车是货车的概率。

8. 设某工厂有两个车间生产同型号家用电器，第一车间的次品率为 0.15，第二车间的次品率为 0.12，两个车间的成品都混合堆放在一个仓库，假设第一、二车间生产的成品占比为 2∶3。今有一客户从成品仓库中随机提一台产品，求该产品合格的概率。

9. 盒中有 a 个红球、b 个黑球，今随机地从中取出一个，观察其颜色后放回，并加上同色球 c 个，再从盒中抽取一球，求第二次取出的是黑球的概率。

10. 设函数 $f(x) = ax - \dfrac{b}{x}$，曲线 $y = f(x)$ 在点 $(2, f(2))$ 处的切线方程为 $7x - 4y - 12 = 0$。

（1）求 $f(x)$ 的解析式。

（2）证明：曲线 $y = f(x)$ 上任一点处的切线与直线 $x = 0$ 和直线 $y = x$ 所围成的三角形的面积为定值，并求此定值。

11. 某公司准备经营一种新产品，可采取的行动有：大批、中批和小批生产。市场可能出现的销售状态有：畅销、一般和滞销。如大批生产，在畅销时可获利 100 万元，在一般时可获利 30 万元，在滞销时亏损 60 万元；如中批生产，在 3 种销售状态下可分别获利 50 万元、40 万元和亏损 20 万元；如小批生产，在 3 种销售状态下可分别获利 10 万元、9 万元和亏损 6 万元。预估市场出现畅销、一般和滞销状态的概率分别为 0.3，0.5，0.2。

（1）写出收益矩阵（采取行动 A 下获得收益的矩阵）。

（2）在悲观准则（总是出现坏的销售状态）下，该公司的最优行动是什么？

（3）在乐观准则（总是出现好的销售状态）下，该公司的最优行动是什么？

12. 证明：当 $x \geqslant 0$ 时，利用泰勒展开证明 $\sin x \geqslant x-\frac{1}{6}x^3$ 。

13. 已知函数 $f\left(x\right)=\ln x-\frac{a}{x}$，其中 $a \in \mathbb{R}^1$ 。

（1）当 $a=-1$ 时，判断 $f(x)$ 的单调性；

（2）若 $g(x)=f(x)+ax$ 在其定义域内为减函数，求实数 a 的取值范围。

14. 设平面上有向量 $\boldsymbol{a}=[\cos\alpha,\sin\alpha]$（ $0° \leqslant \alpha < 360°$ ）和向量 $\boldsymbol{b}=\left[-\frac{1}{2},\frac{\sqrt{3}}{2}\right]$。

（1）求证：向量 $\boldsymbol{a}+\boldsymbol{b}$ 与 $\boldsymbol{a}-\boldsymbol{b}$ 垂直。

（2）当向量 $3\boldsymbol{a}+\boldsymbol{b}$ 与 $\boldsymbol{a}-3\boldsymbol{b}$ 的模相等时，求 α 的大小。

15. 针对本章的实验，观察图 1-16 中像素的分布，设计更高效的模型对手写数字进行识别。

第2章 概率密度估计

概率密度估计是贝叶斯公式的基础。概率密度估计可以分为频率学派的概率密度估计和贝叶斯学派的概率密度估计，理解这两个学派的思想有助于我们加深对机器学习的理解。本章重要知识点如下。

（1）频率学派与贝叶斯学派的基本观点。

（2）最大似然估计和最大后验估计。

（3）概率密度的近似估计。

本章学习目标

（1）理解频率学派与贝叶斯学派的动机和出发点；

（2）理解事件发生的规律与似然之间的关系；

（3）掌握机器学习中基于统计学习模型的基本思路。

2.1 频率学派与贝叶斯学派

假设用概率$P(A)$（$0 \leqslant P(A) \leqslant 1$）评估事件$A$发生的可能性，也就是说概率反映了事件发生的可能性。问题是：如何准确地估计概率$P(A)$？

2.1.1 频率学派

【问题】如何对事件A发生的概率$P(A)$进行估计？

【猜想】一个直观想法是，做多次试验或收集多个样本后，我们通过观测事件A重复发生的次数来计算事件A发生的概率$P(A)$。具体来讲，我们需要重复做N次试验，如果其中有N_A次试验事件A发生了，那么事件A发生的概率近似为：

$$P(A)=\frac{N_A}{N} \tag{2.1}$$

生活中的经验告诉我们，式（2.1）的结果通常会随着试验次数N而变化。例如，给定一个质量均匀分布的硬币，我们抛硬币反复试验，只有在大量重复性的试验后，硬币“正面”“反面”出现的频率才会渐渐地稳定在0.5附近，如图2-1所示。

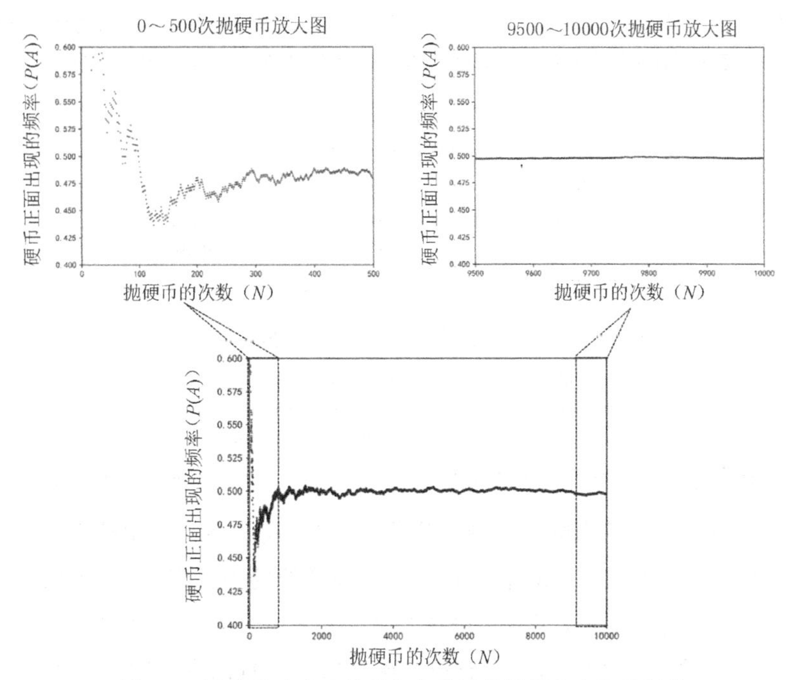

图 2-1 用抛硬币试验说明频率学派估计概率密度的假设

频率学派假设随着 N 逐渐增大，频率 N_A/N 将逐渐稳定在某一数值 p 附近：

$$
\begin{aligned}
P(A) &= \lim_{N\to\infty}\frac{N_A}{N} \\
&= p
\end{aligned}
\tag{2.2}
$$

式中，数值 $p\ (0\leqslant p\leqslant 1)$ 被称为事件 A 在该次试验下发生的概率。

式（2.2）是频率学派对于概率密度估计的解释。显然，频率学派认为事件发生的概率是确定的，但需要大量的试验才能对事件 A 发生的概率进行估计。如何对只可能发生一次的事件估计概率，如估计“今天晚上有雷阵雨”的概率。显然，我们需要用与频率学派不同的角度来理解和计算概率。贝叶斯学派与频率学派不同，认为概率不是一个固定的量而是一个随着不断观察得到证据而更新的变量。

2.1.2 贝叶斯学派

【问题】在缺乏进行多次试验的条件下，频率学派的解释容易出现不合理的偏差。以抛硬币估计出现“正面”和“反面”的概率为例，如果我们重复抛 6 次硬币而且碰巧遇到硬币 6 次都出现“正面”，频率学派会认为硬币出现“正面”的概率为 1。

显然，在“硬币两面的质量分布几乎一样”的假设下，这个结论是不合理的！

【猜想】为了解决这种偶然因素带来的问题，我们首先需要抛弃频率学派认为概率 $P(A)$ 是固定值的假设。相反，我们只有重新假设事件 A 发生的概率 $P(A)$ 是随机变量，才能解释这种偶然出现的情况。其次，我们还需要把“硬币两面的质量分布几乎一样”的知识融入概率密度估计中。

因此，问题的关键是如何将已有的知识融入概率密度估计中。

如果我们想将已有的知识融入概率密度估计中，概率的理解就应该转变为：事件发生的信任度。如图 2-2 所示，贝叶斯学派利用先验分布对观测到的证据（似然分布）进行修正，从而实现在经验和证据之间进行折中，完成对事件发生信任度的估计。

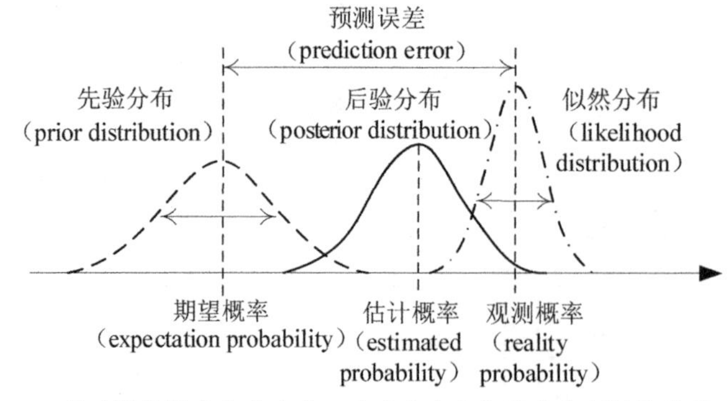

图 2-2　贝叶斯估计中先验分布、后验分布和似然分布之间的关系示意

【实验 1】 假设“硬币两面的质量分布几乎一样”。我们将抛 6 次硬币且出现 6 次“正面”的事件记为 X，则 $P(X)=(0.5)^6$。我们继续抛这枚硬币并将第 7 次硬币出现“正面”的事件记为 A。请分别用频率学派和贝叶斯学派的思想对事件 A 发生的概率进行估计。

解： 根据频率学派的思想，我们会根据“抛 6 次硬币且出现 6 次‘正面’”的事实而估计 $P(A)=6/6=1$。显然，将事件 A 看作固定变量与我们的先验知识“硬币两面的质量分布几乎一样”相矛盾！

根据贝叶斯学派的思想，在事件 X 发生的情况下，事件 A 发生的概率应该理解为事件 A 发生的条件概率 $P(A|X)$：

$$\begin{aligned} P(A|X) &= \frac{P(A,X)}{P(X)} \\ &= \frac{P(A,X)P(A)}{P(X)P(A)} \\ &= P(X|A)\frac{P(A)}{P(X)} \end{aligned} \tag{2.3}$$

式中，概率 $P(X|A)$ 为第 7 次硬币出现“正面”时，前 6 次硬币也出现“正面”的概率。概率 $P(A)$ 表示出现“正面”的先验概率，$P(A)=0.5$。因此，我们需要统计抛 7 次硬币后，第 7 次硬币出现“正面”而前 6 次硬币“正面”“反面”出现不同组合的概率。假设前 6 次硬币的“正面”“反面”出现了以下几种场景，如表 2-1 所示。

表 2-1　不同场景下利用先验知识对概率的修正

场景	前 6 次为 3 正 3 反	前 6 次为 6 正	别的正反情况	$P(A\|X)$
1	0.8	0.01	0.19	$\frac{0.01\times 0.5}{(0.5)^6}=0.32$
2	0.01	0.8	0.19	$\frac{0.8\times 0.5}{(0.5)^6}=25.6$
3	0.6	0.1	0.4	$\frac{0.4\times 0.5}{(0.5)^6}=12.8$

在有先验概率的约束下，如表 2-1 中的“场景 3”所示，我们能断定“前 6 次为 6 正”的概率一定小于 0.1，否则，“第 7 次抛硬币且出现‘正面’”的概率就会不合理。而表 2-1 中的“场景 1”说明“前 6 次为 3 正 3 反”的概率 0.8 与先验知识“硬币两面的质量分布几乎一样”相吻合。因此，“第 7 次抛硬币且出现‘正面’”的概率约为 0.32。

2.2 最大似然估计和最大后验估计

假设驱使事件发生的规律已经体现在数据中。当根据某项任务收集了大量数据后，我们如何才能从数据中提取到隐藏的规律呢？例如，我们需要对不同区域沙子的直径进行建模以便判断沙子的来源地。图 2-3（a）和图 2-3（b）分别给出了某地沙子在 100μm 显微镜下的图像和沙子直径的分布（单位为 100μm）。

（a）放大后的沙子

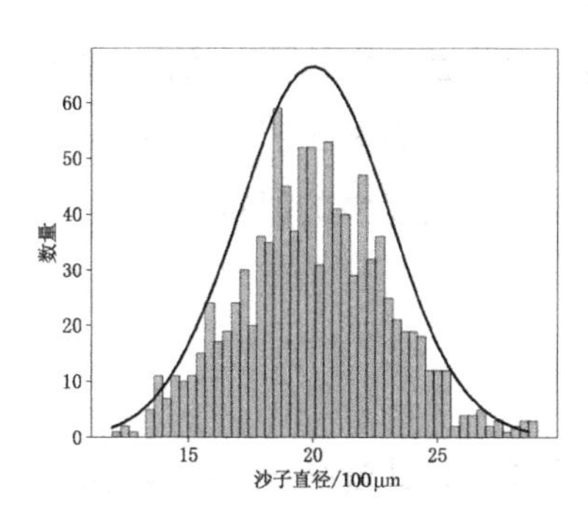

（b）沙子直径的分布

图 2-3　利用沙子的直径判断沙子来源地

我们可观察到图 2-3（b）中沙子的直径分布与高斯分布 $P(x;\theta)$ 相似：

$$P(x;\theta)=\frac{1}{\sqrt{2\pi}\sigma}\exp\left[-\frac{(x-\mu)^2}{2\sigma^2}\right] \tag{2.4}$$

式中，x（$x\in\mathbb{R}^1$）为样本，μ（$\mu\in\mathbb{R}^1$）为均值，σ（$\sigma\in\mathbb{R}^1$）为方差，θ 表示控制概率 $P(x)$ 的参数，$\theta=\{\mu,\sigma\}$。如图 2-4 所示，不同的参数组合 $\theta=\{\mu,\sigma\}$ 将形成不同形态的高斯分布。一个自然的问题是，哪种参数组合才能最好地对数据分布进行表示？

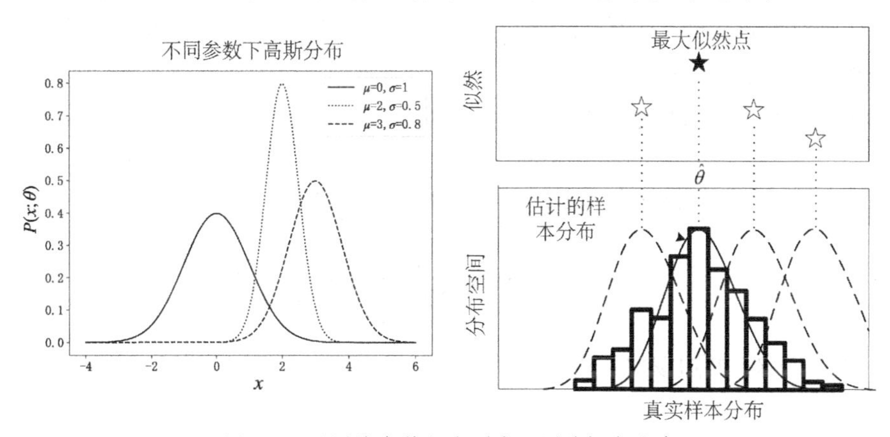

图 2-4　不同的参数组合形成不同的概率分布

2.2.1 最大似然估计

最大似然估计（maximum likelihood estimate）属于频率学派。“似然”是 likelihood 的中文翻译，即“可能性”的意思。最大似然估计（最大可能性的估计）利用已观测到的样本来反推数据最有可能出现的规律。

【问题】 假设数据集 $\mathcal{D}=\{x_i\}_{i=1}^{N}$ 由服从分布为 $P(x;\theta)$ 的样本 x_i 组成，$1\leqslant i\leqslant N$，N 为样本数量。其中，θ 表示概率 $P(x)$ 的参数。最大似然估计如何利用数据集 $\mathcal{D}$ 实现对参数 θ 进行估计呢？

【猜想】 如果我们想要通过数据集 $\mathcal{D}$ 来确定参数 θ，就必须让参数 θ 去“重现”已经观察到的样本 $\mathcal{D}$。一旦参数 θ 具有这种能力，就可以认为概率密度 $P(\mathcal{D};\theta)$ 是样本 x_i 出现规律的建模。频率学派认为，参数 θ 是一个客观存在的固定值并可以通过让样本 x_i 最大重现来估计。这是最大似然估计的核心思想。

假设数据集 $\mathcal{D}=\{x_i\}_{i=1}^{N}$，样本 x_i（$x_i\in\mathcal{D}$）独立同分布，$1\leqslant i\leqslant N$，N 为样本数量。参数 θ 关于数据集 $\mathcal{D}$ 的似然函数为：

$$\begin{aligned} l(\theta) &= P(\mathcal{D};\theta) \\ &= \prod_{i=1}^{N} P(x_i;\theta) \end{aligned} \tag{2.5}$$

最大似然估计就是指寻找能使似然函数 $l(\theta)$ 最大化的参数 $\hat{\theta}$，如图 2-4 所示。式（2.5）的连乘操作容易带来数值溢出问题[1]。为确保数值上的稳定性，我们对式（2.5）两边取对数得到对数似然（log likelihood）函数：

$$\begin{aligned} \ln l(\theta) &= \ln P(\mathcal{D};\theta) \\ &= \sum_{i=1}^{N} \ln P(x_i;\theta) \end{aligned} \tag{2.6}$$

因此，我们将参数 θ 的最大似然估计转换为：

$$\hat{\theta}=\arg\max_{\theta} \ln l(\theta) \tag{2.7}$$

式（2.7）可以通过梯度下降等优化算法进行优化。本小节对优化问题不展开讨论。

【实验 2】 数据集 $\mathcal{D}=\{x_i\}_{i=1}^{N}$，$x_i$（$x_i\in\mathbb{R}^1$）是样本，$1\leqslant i\leqslant N$，$N$ 为样本数量。假设样本 x_i 服从正态分布，即 $x\sim\mathcal{N}(x;\mu,\sigma^2)$，其中，$\mu$ 为均值，σ 为标准差。请用最大似然估计求解参数 μ 和 σ 的最优值。

解：首先，我们计算似然函数：

$$\begin{aligned} l(\mu,\sigma) &= \prod_{i=1}^{N}\frac{1}{\sqrt{2\pi}\sigma}\exp\left[-\frac{(x_i-\mu)^2}{2\sigma^2}\right] \\ &= (2\pi\sigma^2)^{-\frac{N}{2}}\exp\left[\frac{1}{2\sigma^2}\sum_{i=1}^{N}(x_i-\mu)^2\right] \end{aligned} \tag{2.8}$$

我们对式（2.8）两边取对数可得式（2.9）：

1 一些具有自动内存管理功能的编程语言会避免该问题。

$$\ln l(\mu,\sigma)=-\frac{N}{2}\ln(2\pi)-\frac{N}{2}\ln(\sigma^2)-\frac{1}{2\sigma^2}\sum_{i=1}^{N}(x_i-\mu)^2 \tag{2.9}$$

我们对参数μ和σ求偏导数并令其为 0：

$$\begin{aligned}\frac{\partial \ln l(\mu,\sigma)}{\partial \mu}&=\frac{1}{\sigma^2}\sum_{i=1}^{N}(x_i-\mu)=0\\ \frac{\partial \ln l(\mu,\sigma)}{\partial \sigma}&=-\frac{N}{2\sigma^2}+\frac{1}{2\sigma^4}\sum_{i=1}^{N}(x_i-\mu)^2=0\end{aligned} \tag{2.10}$$

联合求解式（2.10）可得：

$$\begin{aligned}\hat{\mu}&=\frac{1}{N}\sum_{i=1}^{N}x_i\\ \hat{\sigma}^2&=\frac{1}{N}\sum_{i=1}^{N}(x_i-\hat{\mu})^2\end{aligned} \tag{2.11}$$

一个问题是：实验 2 的样本也可能服从别的分布！

【实验 3】给定数据集$\mathcal{D}=\{x_i\}_{i=1}^{N}$，样本$x_i$（$x_i\in\mathbb{R}^1$）服从参数为$\lambda$的泊松分布，即$x\sim P(x;\lambda)$（$P(x;\lambda)=\frac{\lambda^x}{x!}\mathrm{e}^{-\lambda}$），$N$为样本数量。如果我们认为样本$x_i$服从高斯分布，请对比估计的样本分布与真实样本分布的差异。

解：如果我们假设数据x_i仍服从高斯分布，由实验 2 中式（2.11）可得以下结果。

（1）当$\lambda=3$时，我们估计的高斯分布参数为$\mu=3.04$，$\sigma=1.76$，如图 2-5（a）所示。

（2）当$\lambda=5$时，我们估计的高斯分布参数为$\mu=5.02$，$\sigma=2.56$，如图 2-5（b）所示。

（3）当$\lambda=7$时，我们估计的高斯分布参数为$\mu=6.99$，$\sigma=2.64$，如图 2-5（c）所示。

（4）当$\lambda=10$时，我们估计的高斯分布参数为$\mu=10.03$，$\sigma=3.13$，如图 2-5（d）所示。

图 2-5 中直方图表示样本的分布而折线图表示估计的高斯分布。由所学的数学知识可知，当泊松分布的λ比较大时（例如本实验中$\lambda=10$），泊松分布与高斯分布非常相似。因此，图 2-5 中的结果说明我们只能选择“最优”而近似的概率模型，但无法选择“完美”的概率模型。

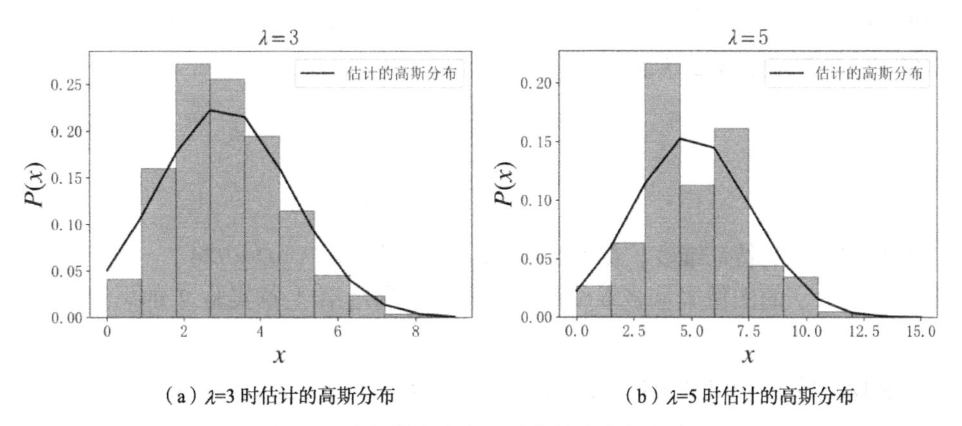

（a）λ=3 时估计的高斯分布　　（b）λ=5 时估计的高斯分布

图 2-5　泊松样本分布以及估计的高斯分布

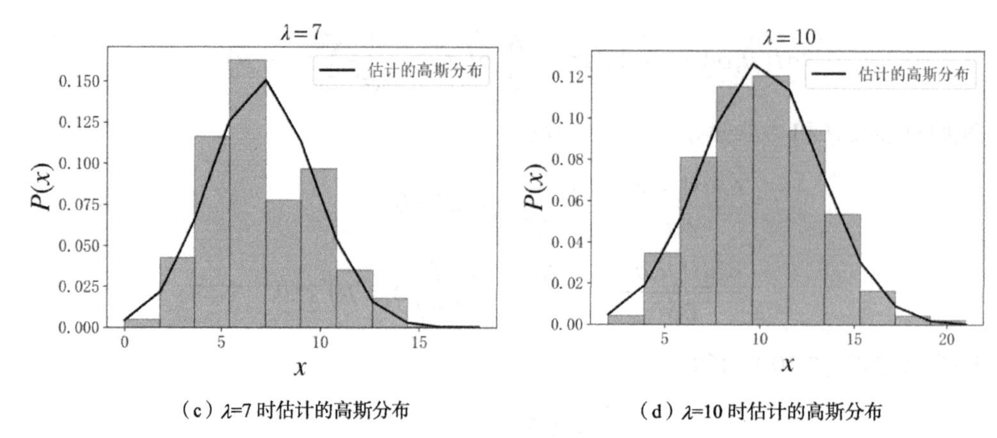

（c）λ=7 时估计的高斯分布　　（d）λ=10 时估计的高斯分布

图 2-5　泊松样本分布以及估计的高斯分布（续）

【实验 4】在第 1 章的实验 2 中，我们忽略图像中像素间的关联性而利用朴素贝叶斯对 MNIST 字符进行识别。我们发现多元正态分布（multivariate normal distribution，也称为多维度高斯分布）能利用协方差矩阵 $\boldsymbol{\Sigma}$ 对像素之间的关联性进行建模，如图 2-6 所示。

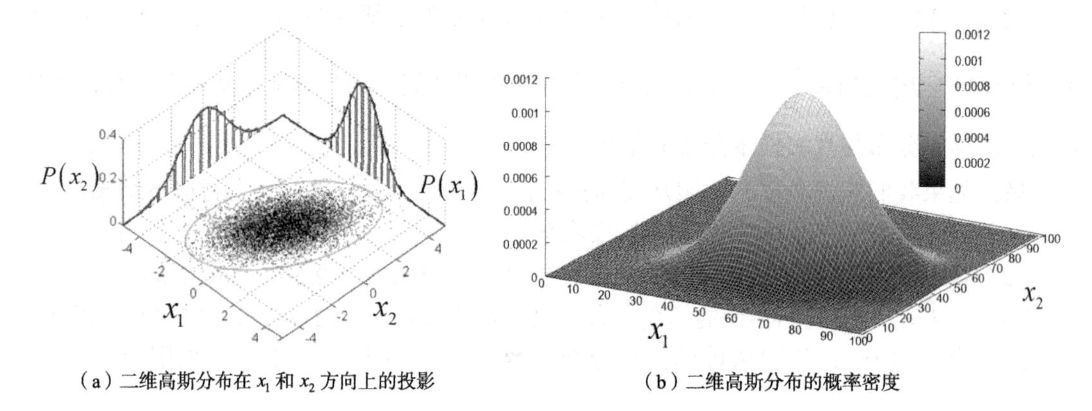

（a）二维高斯分布在 x_1 和 x_2 方向上的投影　　（b）二维高斯分布的概率密度

图 2-6　二维高斯分布的示意

$$P(\boldsymbol{x};\boldsymbol{\mu},\boldsymbol{\Sigma})=\frac{1}{(2\pi)^{\frac{D}{2}}|\boldsymbol{\Sigma}|^{\frac{1}{2}}}\exp\left[-\frac{1}{2}(\boldsymbol{x}-\boldsymbol{\mu})^{\mathrm{T}}\boldsymbol{\Sigma}^{-1}(\boldsymbol{x}-\boldsymbol{\mu})\right] \tag{2.12}$$

式中，向量 $\boldsymbol{x}=[x_1,\cdots,x_D]^{\mathrm{T}}$（$\boldsymbol{x}\in\mathbb{R}^{D\times1}$）表示 28 像素×28 像素大小的图像，参数 $\boldsymbol{\mu}=[\mu_1,\cdots,\mu_D]^{\mathrm{T}}$（$\boldsymbol{\mu}\in\mathbb{R}^{D\times1}$），协方差矩阵 $\boldsymbol{\Sigma}$（$\boldsymbol{\Sigma}\in\mathbb{R}^{D\times D}$）：

$$\boldsymbol{\Sigma}=\begin{bmatrix}\sigma_{11} & \cdots & \sigma_{1D}\\ \vdots & & \vdots\\ \sigma_{D1} & \cdots & \sigma_{DD}\end{bmatrix} \tag{2.13}$$

式中，D 是向量 $\boldsymbol{x}$ 的特征维度。在 MNIST 字符识别问题中，$D=784$。

假设每个数字的图像服从多维度高斯分布。请利用第 1 章实验 2 的思想对字符进行识别。

解：假设标签 $\boldsymbol{z}=[0,1,2,3,4,5,6,7,8,9]^{\mathrm{T}}$ 表示“0”到“9”类数字，$x_i\in\mathbb{R}^{784\times1}$ 表示第 i 幅图像。如果我们需要预测第 i 幅图像的类别，我们需要计算概率 $p(z_j\mid x_i)$（$j=0,\cdots,9$）。

哪个类别 z_j 的概率大，那么图像 x_i 就应该属于第 $\hat{z}_j$ 类。

$$\hat{z}_j = \arg\max_j P\left(z_j \mid x_i\right) \tag{2.14}$$

显然，我们利用贝叶斯公式有：

$$\begin{aligned} P(z \mid \boldsymbol{x}) &= \frac{P(\boldsymbol{x} \mid z) P(z)}{P(\boldsymbol{x})} \\ &\propto P(\boldsymbol{x} \mid z) P(z) \\ &\propto P(\boldsymbol{x}; \boldsymbol{\mu}, \boldsymbol{\Sigma}) P(z) \\ &\propto \frac{P(z)}{(2\pi)^{\frac{D}{2}} |\boldsymbol{\Sigma}|^{\frac{1}{2}}} \exp\left[-\frac{1}{2}(\boldsymbol{x}-\boldsymbol{\mu})^{\mathrm{T}} \boldsymbol{\Sigma}^{-1}(\boldsymbol{x}-\boldsymbol{\mu})\right] \end{aligned} \tag{2.15}$$

不同数字类别的准确率如表 2-2 所示。

表 2-2　不同数字类别的准确率

数字类别	准确率	数字类别	准确率	数字类别	准确率
0	1	4	1	8	0.99
1	0.98	5	0.99	9	0.98
2	1	6	0.98		
3	0.99	7	0.97		

2.2.2　最大后验估计

【问题】 给定数据集 $\mathcal{D} = \{x_i\}_{i=1}^N$ 和概率密度 $P(x;\theta)$ 后，最大似然估计是让每个样本 x_i 最大化重现的概率，即 $\arg\max_\theta \sum_i \ln P(x_i;\theta)$。如何在估计参数 θ 时融入参数 θ 的先验知识同时遵循最大似然估计的准则？

【猜想】 假设数据集 $\mathcal{D} = \{x_i\}_{i=1}^N$ 独立同分布地从概率 $P(x;\theta)$ 中采样生成，$x_i \sim P(x_i;\theta)$。为了能融入参数 θ 的先验知识，我们必须假设参数 θ 是一个随机变量并服从某个概率分布，即 θ 不再是一个固定值而是可以取不同值的变量，$\theta \sim P(\theta)$，因为概率分布 $\theta \sim P(\theta)$ 是一个先验分布，而该分布往往是经验的总结。

根据观察到的数据集 $\mathcal{D}$ 的信息 $P(\mathcal{D} \mid \theta)$，我们使用先验知识 $P(\theta)$ 对概率密度 $P(\mathcal{D} \mid \theta)$ 进行修正。因此，我们对参数 θ 的估计表示为：

$$\begin{aligned} \hat{\theta} &= \arg\max_\theta \ln P(\theta \mid \mathcal{D}) \\ &= \arg\max_\theta \ln \frac{P(\mathcal{D} \mid \theta) P(\theta)}{P(\mathcal{D})} \end{aligned} \tag{2.16}$$

因为参数 θ 的估计与 $P(\mathcal{D})$ 无关，所以式（2.16）中的 $P(\mathcal{D})$ 可以被直接省略。式（2.16）可化简为以下形式：

$$\begin{aligned} \hat{\theta} &= \arg\max_\theta \ln P(\mathcal{D} \mid \theta) P(\theta) \\ &= \arg\max_\theta \left[\ln P(\mathcal{D} \mid \theta) + \ln P(\theta)\right] \\ &= \arg\max_\theta \underbrace{\ln P(\mathcal{D} \mid \theta)}_{\text{取对数后的似然估计}} + \underbrace{\ln P(\theta)}_{\text{取对数后的先验知识}} \end{aligned} \tag{2.17}$$

式（2.17）由最大似然估计和先验知识两部分组成，也被称为最大后验（maximum a posteriori，MAP）估计。

最大后验估计不仅融入参数θ的先验知识$P(\theta)$，而且遵循最大似然估计的准则。最大似然估计和最大后验估计之间的关系如图 2-7 所示。当参数θ的先验知识被认为服从均匀分布时（$P(\theta)=1$），最大后验估计等价于最大似然估计。

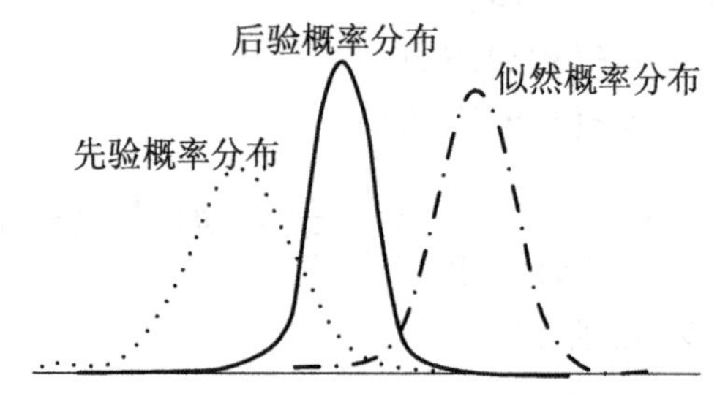

图 2-7 最大似然估计和最大后验估计之间的关系

【实验 5】随机生成 1000 个服从泊松分布的样本x_i（$x_i \in \mathcal{D}$），$1 \leqslant i \leqslant 1000$。假设我们不知道这 1000 个样本$x_i$的真实分布，并认为这些样本服从高斯分布$\mathcal{N}(x;\mu,\sigma)$，而参数$\mu$服从高斯分布$\mathcal{N}(\mu;\mu_1,\sigma_1)$。请利用最大后验估计来估计样本$x_i$的分布。

解：假设$P(x|\theta)$服从高斯分布$\mathcal{N}(\mu,\sigma)$：

$$P(x_i \mid \theta)=\frac{1}{\sqrt{2\pi}\sigma}\exp\left[-\frac{(x_i-\mu)^2}{2\sigma^2}\right] \tag{2.18}$$

式中，参数μ又服从高斯分布$\mathcal{N}(\mu_1,\sigma_1)$：

$$P(\mu \mid \mu_1,\sigma_1)=\frac{1}{\sqrt{2\pi}\sigma_1}\exp\left[-\frac{(\mu-\mu_1)^2}{2\sigma_1^2}\right] \tag{2.19}$$

我们根据式（2.17）有：

$$\begin{aligned} l(\theta) &= \arg\max_{\mu,\sigma}\sum_{i=1}^{N}\ln P(x_i|\ \mu,\sigma)+\ln P(\mu|\ \mu_1,\sigma_1) \\ &= \arg\min_{\mu,\sigma}\sum_{i=1}^{N}\left[\frac{(x_i-\mu)^2}{2\sigma^2}+\ln\sigma\right]+\frac{(\mu-\mu_1)^2}{2\sigma_1^2}+\ln\sigma_1 \end{aligned} \tag{2.20}$$

$$\frac{\partial l(\theta)}{\partial\mu}=\sum_{i=1}^{N}\left(-\frac{x_i-\mu}{\sigma^2}\right)+\frac{\mu-\mu_1}{\sigma_1^2} \tag{2.21}$$

$$\frac{\partial l(\theta)}{\partial\sigma}=\sum_{i=1}^{N}\left(-\frac{(x_i-\mu)^2}{\sigma^3}+\frac{1}{\sigma}\right) \tag{2.22}$$

我们用直方图表示样本的分布而用不同的曲线表示估计的高斯分布，如图 2-8 所示。

当$\mu \sim \mathcal{N}(\mu;-20,5)$时，估计的高斯分布为$\mathcal{N}(x;4.88,2.12)$。

当$\mu \sim \mathcal{N}(\mu;20,5)$时，估计的高斯分布为$\mathcal{N}(x;5.09,2.17)$。

当$\mu \sim \mathcal{N}(\mu;40,5)$时，估计的高斯分布为$\mathcal{N}(x;5.12,2.26)$。

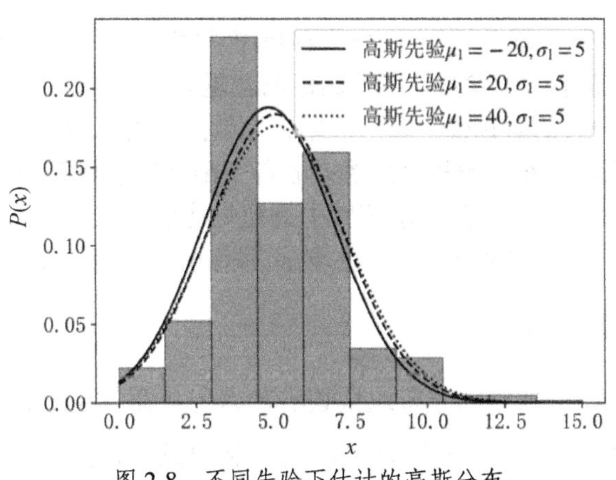

图 2-8　不同先验下估计的高斯分布

2.3 特殊先验分布下的最大后验估计

【问题】最大后验估计比最大似然估计多了参数θ的先验知识$P(\theta)$。因此，先验知识可以看作"正则项"用来修正似然函数中的参数。那么不同的先验知识会对参数θ带来哪些影响？

我们根据两类常见的分布，即高斯分布和拉普拉斯分布，分别进行讨论。

2.3.1 高斯分布先验

假设数据集$\mathcal{D}=\{x_i\}_{i=1}^{N}$独立同分布地从概率$P(x;\theta)$中采样生成，其中，$\theta$为模型参数。如果参数$\theta$服从高斯分布，即$\theta\sim\mathcal{N}(\theta;\mu,\sigma^2)$，利用最大后验估计对参数$\theta$进行估计。

将参数θ的先验分布$\mathcal{N}(\theta;\mu,\sigma^2)$代入式（2.17）中，我们可以得到：

$$
\begin{aligned}
\hat{\theta} &= \arg\max_{\theta} \ln P(\mathcal{D}\mid\theta)+\ln P(\theta) \\
&= \arg\min_{\theta} -\ln P(\mathcal{D}\mid\theta)-\ln P(\theta) \\
&= \arg\min_{\theta} -\ln P(\mathcal{D}\mid\theta)-\frac{1}{\sigma^2}(\theta-\mu)^2
\end{aligned}
\tag{2.23}
$$

当高斯分布中的均值μ和方差σ分别满足$\mu=0$和$\sigma^2=1/\lambda$时，式（2.23）转换为：

$$
\hat{\theta}=\arg\min_{\theta} -\ln P(\mathcal{D}\mid\theta)-\lambda\theta^2 \tag{2.24}
$$

式中，$\ln P(\mathcal{D}\mid\theta)$表示训练集$\mathcal{D}$的似然函数，$\lambda$表示惩罚系数，$\theta^2$表示模型参数$\theta$的先验。$\theta^2$也被称为参数$\theta$的$L_2$正则化。

下面我们讨论L_2正则化对参数θ估计的影响。

【猜想】对比参数配置为$\{\mu=0,\sigma=3\}$和$\{\mu=0,\sigma=1\}$的高斯分布，如图 2-9（a）所示，我们会发现参数配置为$\{\mu=0,\sigma=1\}$的高斯分布会让参数θ的取值更集中在 0 附近。

根据图 2-9（a）中观察到的现象，L_2正则化对参数θ估计的影响为：参数λ越小$\Rightarrow$参

数 λ 对损失函数式（2.24）的惩罚越小 ⇒ 先验概率 $P(\theta)$ 的方差 σ^2 越大 ⇒ 方差 σ^2 控制参数 θ 在 0 附近的机会就越小 ⇒ 参数 θ 取值的范围就越大。

此外，由于高斯分布的对称性，“在 0 附近”就意味着 L_2 正则化强制参数 θ 在各个维度的差异性极小！即高斯分布先验概率对参数 θ 各个维度的信任度趋于一致！如果参数 θ 的各个维度代表不同类型的特征（如自动驾驶中的视觉特征、雷达特征、激光特征等），那么加入高斯先验的模型就意味着对不同类型的特征都有相似的信任度。

2.3.2 拉普拉斯分布先验

假设数据集 $\mathcal{D}=\{x_i\}_{i=1}^{N}$ 独立同分布地从概率 $P(x;\theta)$ 中采样生成，其中，θ 为模型参数。如果参数 θ 服从拉普拉斯分布，即 $\theta \sim P(\theta;b,\mu)$，利用最大后验对参数 θ 进行估计。其中，拉普拉斯分布 $P(\theta;b,\mu)$ 如下：

$$P(\theta;b,\mu)=\frac{1}{2b}\exp\left(-\frac{|\theta-\mu|}{b}\right) \tag{2.25}$$

将拉普拉斯分布公式——式（2.25）代入最大后验估计的公式——式（2.17）可得：

$$\begin{aligned}\hat{\theta}&=\arg\max_{\theta}\ln P(\mathcal{D}\mid\theta)+\ln P(\theta)\\&=\arg\min_{\theta}-\ln P(\mathcal{D}\mid\theta)-\ln P(\theta)\\&=\arg\min_{\theta}-\ln P(\mathcal{D}\mid\theta)-\frac{1}{b}|\theta-\mu|\end{aligned} \tag{2.26}$$

当拉普拉斯分布公式——式（2.25）中 $\mu=0$ 和 $\lambda=1/b$ 时，式（2.26）转换为：

$$\hat{\theta}=\arg\min_{\theta}-\ln P(\mathcal{D}\mid\theta)+\lambda|\theta| \tag{2.27}$$

式中，$\ln P(\mathcal{D}\mid\theta)$ 表示训练集 $\mathcal{D}$ 上的似然函数，λ 表示惩罚系数，$|\theta|$ 表示参数 θ 的先验。$|\theta|$ 也被称为参数 θ 的 L_1 正则化。

下面我们讨论 L_1 正则化对参数 θ 估计的影响。

【猜想】 对比参数配置为 $\{\mu=0,b=3\}$ 和 $\{\mu=0,b=1\}$ 的拉普拉斯分布，如图 2-9（b）所示，我们会发现参数配置为 $\{\mu=0,b=1\}$ 的拉普拉斯分布会让参数 θ 的取值更集中于 0 而且更不相似。因为拉普拉斯分布是典型的“长尾分布”（long tailed distribution），而高斯分布是典型的“短尾分布”（short tailed distribution）。

根据图 2-9（b）中观察到的现象，我们推断出 L_1 正则化对参数 θ 有两方面的影响。

（1）参数 λ 越大 ⇒ 对损失函数式（2.27）的惩罚越大 ⇒ 先验概率 $P(\theta)$ 的参数 b 越小 ⇒ 先验控制参数 θ 在 0 附近的机会就越大 ⇒ 参数 θ 取值的可变范围就越小。

（2）让损失函数最小化的一个极端策略是让 $\lambda|\theta|=0$ 即让参数 θ 的取值为 0。

因此，L_1 正则化让参数 θ 在 0 附近变化更加剧烈，而 L_2 正则化强制参数 θ 在各个维度有更多的机会变为 0。如果参数 θ 的各个维度代表不同类型的特征（如自动驾驶中的视觉特征、雷达特征、激光特征等），那么加入拉普拉斯先验的模型，意味着我们只信任其中的某些特征而另一些特征不再被使用。这表明 L_1 正则化能促进参数的稀疏性。

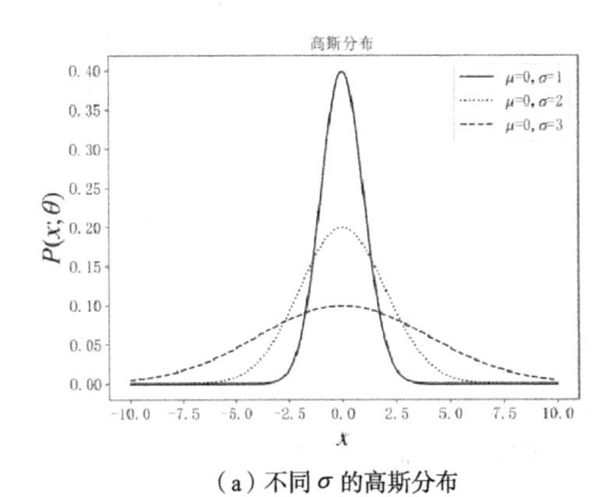

（a）不同 σ 的高斯分布

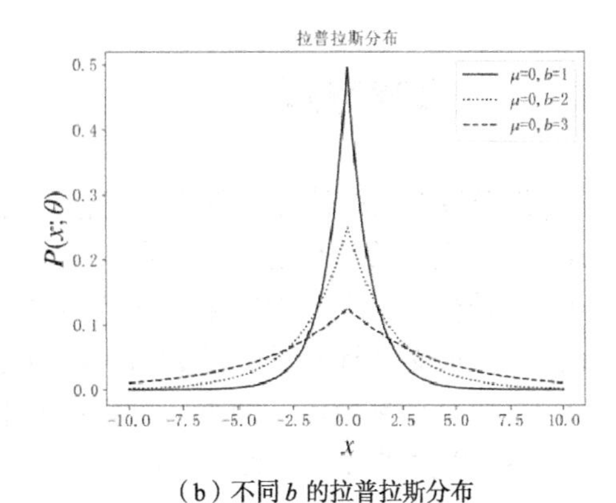

（b）不同 b 的拉普拉斯分布

图 2-9　高斯分布和拉普拉斯分布的比较

知识梳理与拓展

- 频率学派的基本观点：概率是一个固定的值；概率会随着样本数量的增加而逐渐逼近一个真实的固定值；频率学派认为规律完全来源于对似然函数的估计
- 贝叶斯学派的基本观点：概率不是一个固定值而是一个随机变量；先验分布代表对过往知识的理解而似然函数代表从目前收集到的数据中获得到的证据，概率分布应该由先验和事实共同决定
- 最大似然估计的本质是让样本出现的概率最大化，即对数据中蕴含规律建模的成功与否等价于能否让数据最大化重现；在最大似然估计中，我们必须对概率密度的形式提前进行定义，这等价于频率学派认为概率是固定值的问题
- 理解高斯分布中均值和方差的含义；掌握多维高斯分布（多元正态分布）中协方差矩阵是半正定和对称矩阵的含义
- 最大后验估计是融合先验知识的最大似然估计，高斯分布作为先验的参数估计等价于 L_2 正则化
- 先验选择是靠经验选择的过程，不同的先验代表我们对模型参数的不同理解和约束

2.4 本章小结

（1）最大似然估计就是指寻找解释数据的最佳参数，即该参数让训练样本出现的概率最大化。

（2）最大后验估计将参数看作具有先验概率的随机变量。

（3）贝叶斯方法通过先验概率来修正最大似然估计。与最大似然估计相比，最大后验估计在理论上更有说服力。但是，我们在实际中通常使用最大似然估计，因为最大似然估计更容易实现。正则化是最大后验估计的一种特殊形式。

2.5 本章习题

1. 关于最大似然估计，下列论述错误的是（　　）。

A. 与最大后验估计的含义相同

B. 一种模型已定、求解未知参数的方法

C. 最大似然估计是求解参数的一种估计方法

D. 寻找某个参数值，使得已有样本发生的概率最大

2. 关于损失函数与最大后验估计的关系，以下陈述正确的一项为（　　）。

A. 平方损失函数下，后验分布的中位数是所求的最大后验估计

B. 绝对值损失函数下，后验分布的均值是所求的最大后验估计

C. 在 0–1 损失函数下，后验分布的均值是所求的最大后验估计

D. 以上答案都不正确

3. 应用最大似然估计来估计参数的过程包括以下哪些步骤。(　　)

A. 建立似然函数

B. 求似然函数的导数，并让偏导数为 0 后得到含参数的表达式

C. 对似然函数取对数并去除参数无关的项

D. 通过含有参数的表达式，利用优化算法得到参数的解

4. 下列选项关于最大似然估计的说法正确的是（　　）。

（1）最大似然估计的似然函数并不总是存在

（2）最大似然估计的似然函数一直存在

（3）如果最大似然估计的似然函数存在，它总是能求得最优的解

（4）如果最大似然估计的似然函数存在，它不一定能求得最优的解

A.（1）和（4）　　B.（2）和（3）

C.（1）和（3）　　D.（2）和（4）

5. 在线性回归的建模中，假定似然概率和先验概率都服从高斯分布，其中，先验概率服从的高斯分布的方差为 a，似然概率服从的高斯分布的方差为 b，则最大后验估计相当于 L_2 正则化下的平方误差最小问题，则其 L_2 正则化项与（　　）有关。

A. $a+b$　　B. $\frac{a}{b}$　　C. a^2+b^2　　D. $\frac{a^2}{b^2}$

6. 下面关于贝叶斯学派说法正确的是（　　）。

A. 贝叶斯学派的思想是“由因推果”

B. 贝叶斯学派的思想是“执果索因”

C. 可以用最大似然估计实现贝叶斯学派的思想

D. 可以解决无监督学习的问题

7. 请简述概率和似然的区别。

8. 请简述求最大似然估计的一般步骤，并分析哪些是影响最大似然估计的关键步骤。

9. 请简述最大后验估计的一般步骤，并分析哪些是影响最大后验估计的关键步骤。

请查阅概率图模型和变分贝叶斯方法，进一步分析：

（a）先验概率的选择；

（b）建模方法；

（c）参数的优化方法。

10. 请举例说明最大后验估计中先验的作用。

11. 已知有甲、乙两个袋子，其中，甲袋中有 6 个红球、4 个白球，而乙袋中有 8 个红球、6 个白球。求下列事件发生的概率。

（1）随机取一个袋子，再从该袋中随机取一球，该球是红球。

（2）合并甲、乙两个袋子，从中随机取一球，该球是红球。

12. 某工厂有 4 个车间生产某种产品，产量分别占 15%、20%、30%、35%，次品率分别为 5%、4%、3%、2%。假设产品中有一个是次品，求其为第一车间生产的概率。

13. 设总体样本 X 服从参数为 $\dfrac{1}{\theta}$ 的指数分布，$x_1, x_2, \cdots, x_N$ 是一组样本值，求参数 θ 的最大似然估计。

14. 设 θ 是一批产品的不合格率，已知它不是 0.1 就是 0.2，且它的先验分布为：$\pi(0.1) = 0.7$，$\pi(0.2) = 0.3$。假如从这批产品中随机选出 8 个进行检查，发现有 2 个不合格品，求 θ 的最大后验概率分布。

第3章 感知机

感知机（perceptron）是线性二元分类模型，其输入是样本的特征向量，输出是样本的类别标签。感知机是 1957 年由弗兰克·罗森布拉特（Frank Rosenblatt）提出的。本章重要知识点如下。

（1）感知机模型。

（2）感知机损失函数的定义。

（3）感知机原始和对偶形式的学习算法。

（4）分类性能评价指标以及对感知机的扩展。

本章学习目标

（1）掌握损失函数的设计与参数优化方法；

（2）掌握机器学习模型建立的基本思路，即损失函数设计→参数优化过程→机器学习程序编写→程序结果分析，以及编程的关注点；

（3）掌握机器学习模型中的时间复杂度和空间复杂度。

3.1 感知机模型

【问题】受到神经元工作原理（见图 3-1）的启发，我们希望构造一个能够进行模式判断的机器。如果该机器的判断出现错误，我们可以通过改变机器的结构以增强机器学习的能力。

假设训练集 $\mathcal{D}=\left\{\left(\boldsymbol{x}_i, y_i\right)\right\}_{i=1}^N$，$\boldsymbol{x}_i=\left[x_{i1},\cdots,x_{iD}\right]^{\mathrm{T}}$（$\boldsymbol{x}_i \in \mathbb{R}^{D\times 1}$）是由 N 个样本 $\boldsymbol{x}_i$ 及其对应的类别标签 y_i（$y_i \in \{+1,-1\}$）构成的，$i=1,\cdots,N$。该分类问题也被称为二元分类（binary classification）问题。

【猜想】神经元体现了我们对现实事件的判断。如图 3-1（b）所示，首先，我们需要对事件进行观测并提取相关的 D 个证据，即 $\left[x_{i1},\cdots,x_{id},\cdots,x_{iD}\right]$（$1\leqslant d\leqslant D$）。然后，将证据 x_i 综合后形成累加的证据。

如果我们用训练样本 x_i 表示输入，而用标签 y_i 表示对应的输出，输入、输出的函数分别如下：

$$\begin{aligned} g(\boldsymbol{x}) &= \boldsymbol{w}^{\mathrm{T}}\boldsymbol{x}+b \\ y &= \operatorname{sign}\left[g(\boldsymbol{x})\right] \end{aligned} \tag{3.1}$$

式中，$\boldsymbol{w}=\left[w_1,\ldots,w_i,\ldots,w_D\right]^{\mathrm{T}}$（$\boldsymbol{w}\in\mathbb{R}^{D\times1}$）为权重（weight）或者权向量（weight vector），b（$b\in\mathbb{R}^1$）为偏置（bias）。式（3.1）中，$\boldsymbol{w}^{\mathrm{T}}\boldsymbol{x}$ 表示两个向量的乘积，即 $\boldsymbol{w}^{\mathrm{T}}\boldsymbol{x}=\sum_{i=1}^{D}w_ix_i$。sign(·)是符号函数，即：

$$\operatorname{sign}(x)=\begin{cases}+1, & x\geqslant 0\\ -1, & x<0\end{cases} \tag{3.2}$$

式中，当自变量 x 大于或等于 0 时，$\operatorname{sign}(x)$ 取 +1；当自变量 x 小于 0 时，$\operatorname{sign}(x)$ 取 −1。因此，式（3.2）的意义是用 0 点作为二元分类的判别点。我们把式（3.1）称为感知机模型。

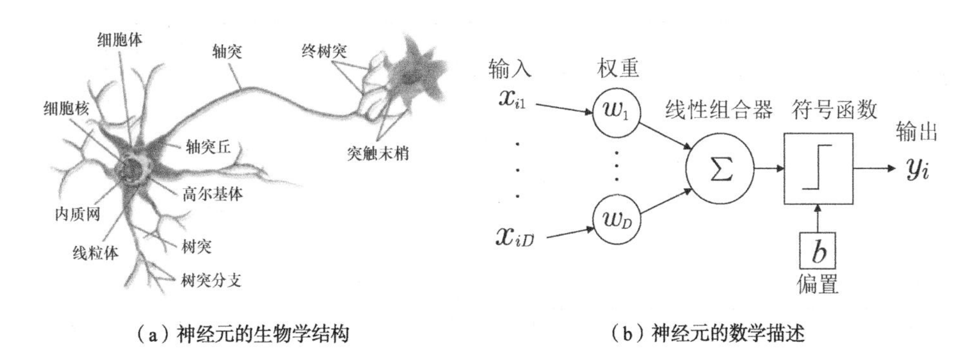

（a）神经元的生物学结构　　（b）神经元的数学描述

图 3-1　神经元工作原理

3.1.1　感知机参数的含义

【问题】对于感知机模型，我们自然会想到以下问题。

（1）为什么 $\boldsymbol{w}^{\mathrm{T}}\boldsymbol{x}$ 可以作为分类证据的收集方法?

（2）偏置 b 的作用是什么?

【猜想】针对第 1 个问题，如果我们先忽略感知机中的偏置 b，线性判别函数将变为 $g(\boldsymbol{x})=\boldsymbol{w}^{\mathrm{T}}\boldsymbol{x}=\sum_{i=1}^{D}w_ix_i$。我们可以看到权重 w_i 就是对各个特征 x_i 的加权系数。如果我们进一步将权重 $\boldsymbol{w}$ 和特征向量 $\boldsymbol{x}$ 看作欧氏空间中的向量，那么向量 $\boldsymbol{w}$ 和 $\boldsymbol{x}$ 之间的余弦相似度为：

$$\cos(\boldsymbol{w},\boldsymbol{x})=\left(\frac{\boldsymbol{w}}{\|\boldsymbol{w}\|_2}\right)^{\mathrm{T}}\left(\frac{\boldsymbol{x}}{\|\boldsymbol{x}\|_2}\right) \tag{3.3}$$

余弦相似度公式——式（3.3）表明这两个向量的相似度受到两个方面即向量方向之间的相似度 $\boldsymbol{w}^{\mathrm{T}}\boldsymbol{x}$；向量模的大小 $\|\boldsymbol{x}\|_2$ 和 $\|\boldsymbol{w}\|_2$ 的影响。

如果我们对向量 $\boldsymbol{x}$ 和权重 $\boldsymbol{w}$ 进行 L_2 归一化处理[1]：

$$\begin{aligned}\boldsymbol{x} &\leftarrow \frac{\boldsymbol{x}}{\|\boldsymbol{x}\|_2}\\ \boldsymbol{w} &\leftarrow \frac{\boldsymbol{w}}{\|\boldsymbol{w}\|_2}\end{aligned} \tag{3.4}$$

1 对于归一化的详细讨论可参考 4.2.1 小节。

那么 $g(\boldsymbol{x})=\boldsymbol{w}^{\mathrm{T}}\boldsymbol{x}$ 就表示 $\boldsymbol{x}$ 和 $\boldsymbol{w}$ 之间在欧氏空间中的相似度。假设训练集 $\mathcal{D}=\{(\boldsymbol{x}_i,y_i)\}_{i=1}^{N}$ 是线性可分的，那么权重 $\boldsymbol{w}$ 的作用就是让正样本 $(x_i,+1)$ 与负样本 $(x_i,-1)$ 之间尽量不相似。因此，如图 3-2（a）所示，$\boldsymbol{w}^{\mathrm{T}}\boldsymbol{x}=0$ 对应特征空间中一个通过坐标原点的分类超平面。根据向量正交的关系，$\boldsymbol{w}$ 就是分类超平面的法向量。

针对第 2 个问题，如果感知机模型中 $g(\boldsymbol{x})$ 没有偏置 b，分类超平面只能通过原点，如图 3-2（a）所示。反之，分类超平面就可以不通过原点而通过偏置 b，如图 3-2（b）所示。因此，偏置 b 的作用就是配合符号函数 $\mathrm{sign}(\boldsymbol{x})$ 将函数 $g(\boldsymbol{x})$ 平移到以 (o,b) 为原点的坐标系中进行分类判断。

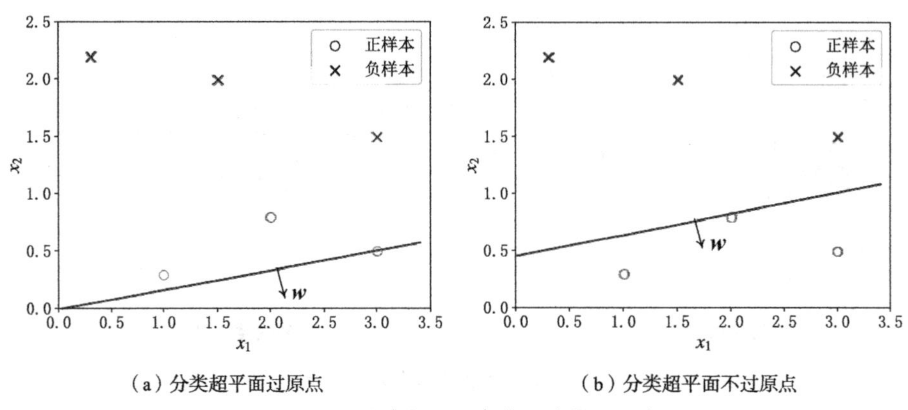

（a）分类超平面过原点　　（b）分类超平面不过原点

图 3-2　分类超平面中偏置的作用示意

3.1.2　感知机的损失函数

【问题】 我们该如何有效学习参数 $\boldsymbol{w}$ 和 b？

一个自然的想法是让被正确分类样本的数量最大化。被正确分类样本的数量可表示为：

$$L(\boldsymbol{w},b)=\sum_{i=1}^{N}\mathrm{sign}\left[g(\boldsymbol{x}_i;\boldsymbol{w},b)\right]y_i \tag{3.5}$$

式中，$g(\boldsymbol{x}_i;\boldsymbol{w},b)$ 表示样本为 x_i 而且参数为 $\boldsymbol{w}$ 和 b 的函数。当样本 x_i 被正确分类时，$\mathrm{sign}\left[g(\boldsymbol{x}_i;\boldsymbol{w},b)\right]y_i=1$；当 x_i 被错误分类时，$\mathrm{sign}\left[g(\boldsymbol{x}_i;\boldsymbol{w},b)\right]y_i=-1$。最大化损失函数[1]即式（3.5）就可以找到最优参数 $\boldsymbol{w}$ 和 b。但是，符号函数 $\mathrm{sign}(\cdot)$ 不光滑和不可导，我们无法利用第 1 章中的梯度下降方法进行参数求解。

【猜想】 我们需要重新定义一个与式（3.5）作用一致的替代损失函数（surrogate loss function）！在 3.1 节的讨论中，我们已经知道“所求的 $\boldsymbol{w}$ 的作用就是让正样本 $(x_i,+1)$ 与负样本 $(\boldsymbol{x}_i,-1)$ 之间尽可能不相似”，也就是说我们只需要让正、负样本尽可能分开也能完成式（3.5）的目标。

对二元分类问题而言，如果函数 $g(\boldsymbol{x};\boldsymbol{w},b)$ 能对样本 $(\boldsymbol{x},y)$ 正确分类，则 $yg(\boldsymbol{x};\boldsymbol{w},b)>0$；如果函数 $g(\boldsymbol{x};\boldsymbol{w},b)$ 对样本 $(\boldsymbol{x},y)$ 错误分类，则 $yg(\boldsymbol{x};\boldsymbol{w},b)<0$。由此可见，

1 在不引起歧义的情况下，代价函数（cost function）、目标函数（objective function）和损失函数（loss function）在本书中会相互混用。

运算 $yg(\boldsymbol{x};\boldsymbol{w},b)$ 并不会改变感知机损失函数即式（3.5）的本质。

假设所有被错误分类（或简记为错分）样本的集合记为 $\mathcal{M}$，则损失函数的替代损失函数为：

$$L(\boldsymbol{w},b)=-\sum_{(\boldsymbol{x}_i,y_i)\in\mathcal{M}} y_i\left(\boldsymbol{w}^{\mathrm{T}}\boldsymbol{x}_i+b\right) \tag{3.6}$$

在损失函数式（3.6）中，如果集合 $\mathcal{M}$ 中没有被错分的样本，则损失函数的值为 0。集合 $\mathcal{M}$ 中被错分的样本越少，损失函数的值就越小。此外，参数 $\boldsymbol{w}$ 和 b 对于损失函数是连续可导的，这意味着我们可以用梯度优化算法求解参数。因为损失函数定义在训练集上，所以损失函数即式（3.6）被称为感知机的经验风险函数（empirical risk function）。

$y\left(\boldsymbol{w}^{\mathrm{T}}\boldsymbol{x}+b\right)$ 表示样本 $(\boldsymbol{x},y)$ 分类正确性及确信度，其值越大表示距离分类超平面越远，分类的确信度越高。因此，$y\left(\boldsymbol{w}^{\mathrm{T}}\boldsymbol{x}+b\right)$ 也表示函数间隔（functional margin)。

3.2 感知机的学习算法

3.2.1 感知机学习算法的原始问题

给定数据集 $\mathcal{D}=\left\{(\boldsymbol{x}_i,y_i)\right\}_{i=1}^{N}$，其中，样本 $\boldsymbol{x}_i\in\mathbb{R}^{D\times 1}$，标签 $y_i\in\{+1,-1\}$，$i=1,\cdots,N$。通过最小化损失函数即（3.6）求解参数 $\boldsymbol{w}$ 和 b：

$$\hat{\boldsymbol{w}},\hat{b}=\arg\min_{\boldsymbol{w},b}-\sum_{(\boldsymbol{x}_i,y_i)\in\mathcal{M}} y_i\left(\boldsymbol{w}^{\mathrm{T}}\boldsymbol{x}_i+b\right) \tag{3.7}$$

式中，$\mathcal{M}$ 是所有被错分样本的集合，$\hat{\boldsymbol{w}}$ 和 $\hat{b}$ 分别为参数 $\boldsymbol{w}$ 和 b 的最优解。

【问题】如何利用第 1 章中的梯度下降方法对式（3.7）进行优化？

小批量梯度下降（min-batch gradient descent）

随机梯度下降每次使用 1 个样本进行优化会造成梯度方向估计的不稳定。小批量梯度下降每次迭代使用数量大于 1 的一小部分样本来近似全部样本的梯度。因此，小批量梯度下降是梯度下降和随机梯度下降的一种折中。

假设每一小批样本数量为 32（$\text{batchsize}=32$），我们用最小批量梯度下降来优化感知机即式（3.7）的权重 $\boldsymbol{w}$：

$$\text{for } i=1,33,65,97,\cdots$$

$$\boldsymbol{w}\leftarrow\boldsymbol{w}+\eta\frac{1}{32}\sum_{k=i}^{(i+32)} y_k\boldsymbol{x}_k$$

其中，i 为样本的索引，k 为一次梯度下降过程中样本 $(\boldsymbol{x}_k,y_k)$ 的索引，η（$\eta>0$）为学习率，又被称为步长。

【猜想】式（3.7）针对的是被错分样本的集合 $\mathcal{M}$。我们可以每次只优化 1 个错分样本，也可以针对所有错分样本进行优化。每次只针对 1 个样本的优化方法就是随机梯度下降

（stochastic gradient descent，SGD）法。当每次更新参数 $\boldsymbol{w}$ 和 b 时，随机梯度下降只使用 1 个样本来调整 $\boldsymbol{w}$ 和 b 。

损失函数即式（3.7）关于参数 $\boldsymbol{w}$ 和 b 的偏导数为：

$$\frac{\partial L(\boldsymbol{w},b)}{\partial \boldsymbol{w}} = -\sum_{(\boldsymbol{x}_i,y_i)\in\mathcal{M}} y_i\boldsymbol{x}_i \tag{3.8}$$

$$\frac{\partial L(\boldsymbol{w},b)}{\partial b} = -\sum_{(\boldsymbol{x}_i,y_i)\in\mathcal{M}} y_i \tag{3.9}$$

因此，按照梯度下降方法，在第 t 次迭代时，参数 $\boldsymbol{w}$ 和 b 的迭代公式为：

$$\boldsymbol{w}_{t+1} \leftarrow \boldsymbol{w}_t + \eta_t \sum_{(\boldsymbol{x}_i,y_i)\in\mathcal{M}} y_i\boldsymbol{x}_i \tag{3.10}$$

$$b_{t+1} \leftarrow b_t + \eta_t \sum_{(\boldsymbol{x}_i,y_i)\in\mathcal{M}} y_i \tag{3.11}$$

假设每次只用 1 个错分样本来计算梯度，则参数 $\boldsymbol{w}$ 和 b 的迭代公式为：

$$\boldsymbol{w}_{t+1} \leftarrow \boldsymbol{w}_t + \eta_t y_i \boldsymbol{x}_i \tag{3.12}$$

$$b_{t+1} \leftarrow b_t + \eta_t y_i \tag{3.13}$$

式中，样本 $(\boldsymbol{x}_i, y_i)\in\mathcal{M}$ 为错分样本。

算法 3.1：感知机的学习算法

输入：数据集 $\mathcal{D}=\{(\boldsymbol{x}_i,y_i)\}_{i=1}^{N}$， $\boldsymbol{x}_i\in\mathbb{R}^{D\times 1}$ ， $y_i\in\{+1,-1\}$ ；学习率 $\eta(\eta>0)$ ；最大迭代次数 T 。

输出：判别函数 $f(\boldsymbol{x})=\text{sign}(\boldsymbol{w}^{\mathrm{T}}\boldsymbol{x}+b)$ 。

（1）初始化 $t=0$ ，并选定参数的初值 $\boldsymbol{w}_0$ 和 b_0 。

（2）在数据集 $\mathcal{D}$ 中随机选取数据 $(\boldsymbol{x}_i,y_i)$ ，如果 $y_i(\boldsymbol{w}^{\mathrm{T}}\boldsymbol{x}_i+b)\leqslant 0$ ，我们进行随机梯度下降优化：

$$\boldsymbol{w}_{t+1} \leftarrow \boldsymbol{w}_t + \eta_t y_i \boldsymbol{x}_i \tag{3.14}$$

$$b_{t+1} \leftarrow b_t + \eta_t y_i \tag{3.15}$$

（3） $t\leftarrow t+1$ ；转至（2），直到没有错分样本或 t 达到预定的迭代次数 T 。

随着算法 3.1 中迭代次数的增大，图 3-3 给出了算法 3.1 在图 3-4 所示的线性可分数据集上函数间隔 $y_i(\boldsymbol{w}^{\mathrm{T}}\boldsymbol{x}_i+b)$ 的变化规律，即函数间隔 $y_i(\boldsymbol{w}^{\mathrm{T}}\boldsymbol{x}_i+b)$ 不断将正、负样本分别“推向”两边。

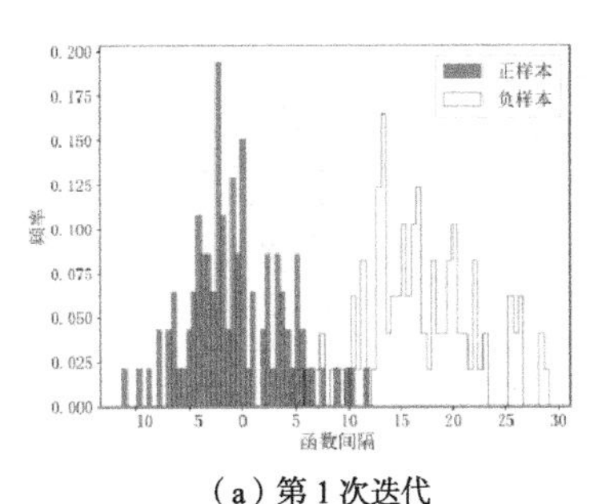

（a）第 1 次迭代

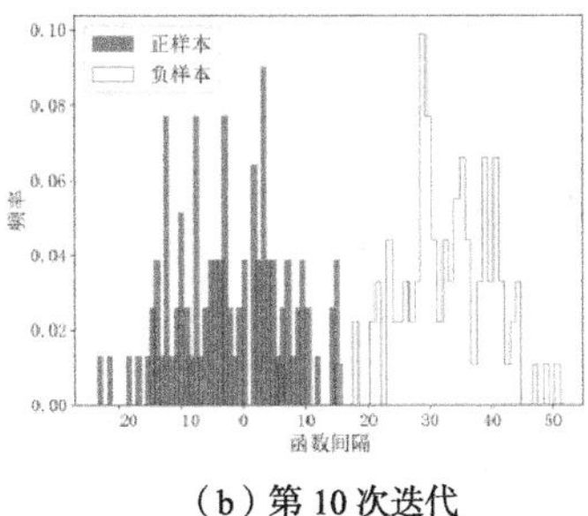

（b）第 10 次迭代

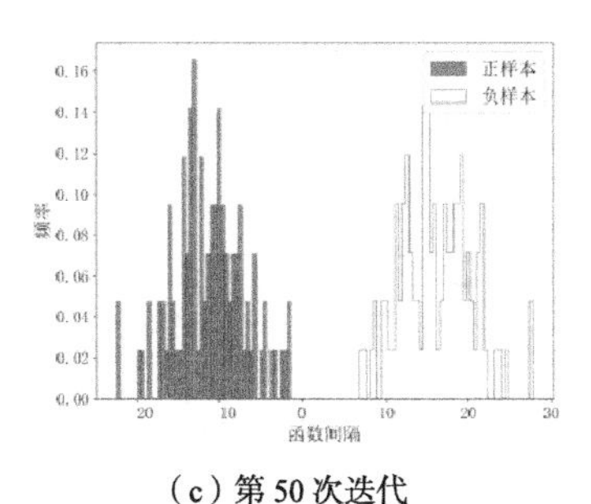

（c）第 50 次迭代

图 3-3　函数间隔的分布随着迭代次数的变化

3.2.2　机器学习算法的一般编程模式

【问题】如果需要我们自己编程实现算法 3.1，我们怎么才能证明算法 3.1 被自己用程序正确地实现了呢？

【猜想】直觉上，如果我们已经忠于数学原理实现了机器学习模型，至少我们可以想到以下两点。

（1）因为我们在最小化某个损失函数，所以损失函数即式（3.7）的值应该随着迭代次数的增大而逐渐减小。

（2）参数 $\boldsymbol{w}$ 和 b 应该逐渐稳定，即算法 3.1 中参数前后两次迭代结果的差异（如 $\|\boldsymbol{w}_t - \boldsymbol{w}_{t-1}\|_2^2$）应该随着迭代次数的增大而逐渐减小。

（1）和（2）两点的作用只是确保机器学习模型在数值上的稳定性。如果机器学习模型的测试结果不如预期，我们该怎么办？至少，我们还需要做到以下两点：

（1）观察参数 $\boldsymbol{w}$ 和 b 的数值是否在合理的变化范围；

（2）研究机器学习模型的假设是否符合数据的真实分布。

【实验 1】假设我们需要解决二元分类问题，如图 3-4 所示。图 3-4（a）所示为线性可分情况，其中，负样本“×”服从分布 $\mathcal{N}\left(\begin{bmatrix}0\\0\end{bmatrix},\begin{bmatrix}0.5,0\\0,0.5\end{bmatrix}\right)$，而正样本“○”服从分布 $\mathcal{N}\left(\begin{bmatrix}3\\3\end{bmatrix},\begin{bmatrix}0.5,0\\0,0.5\end{bmatrix}\right)$。图 3-4（b）所示为线性不可分情况，其中，负样本“×”服从分布 $\mathcal{N}\left(\begin{bmatrix}2.2\\2.2\end{bmatrix},\begin{bmatrix}0.5,0\\0,0.5\end{bmatrix}\right)$，而正样本“○”服从分布 $\mathcal{N}\left(\begin{bmatrix}0\\0\end{bmatrix},\begin{bmatrix}0.5,0\\0,0.5\end{bmatrix}\right)$。请利用感知机算法 3.1 求解图 3-4（b）所示的二元分类问题。

解：随着迭代次数 t 的增大，如图 3-5（a）所示，我们发现损失函数即式（3.7）的值很快就降低到 0，同时，参数 $\boldsymbol{w}$ 前后两次迭代的变化量 $\|\boldsymbol{w}_t - \boldsymbol{w}_{t-1}\|_2^2$ 也稳定下来，如图 3-5（b）所示。图 3-5 说明程序已经正确实现了感知机模型。

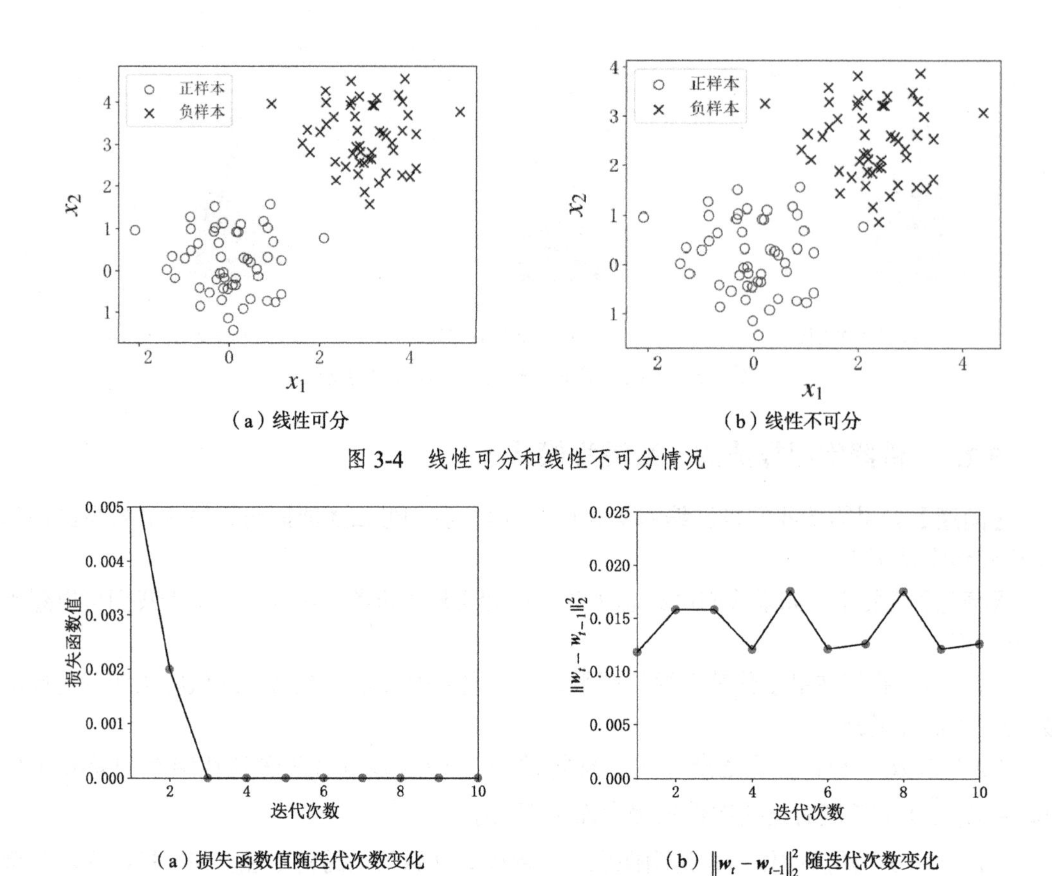

（a）线性可分　　（b）线性不可分

图 3-4　线性可分和线性不可分情况

（a）损失函数值随迭代次数变化　　（b）$\|w_t - w_{t-1}\|_2^2$ 随迭代次数变化

图 3-5　损失函数的值和 $\|w_t - w_{t-1}\|_2^2$ 的值随迭代次数的变化曲线

对于图 3-4（a）所示的线性可分情况，如果我们的初始化参数为 $w_0 = [3,10]^{\mathrm{T}}$ 和 $b_0 = 3$，图 3-6 分别给出算法 3.1 迭代 1 次、迭代 10 次以及迭代 50 次的结果。从图 3-6（b）和图 3-6（c）中可以看出，对于线性可分情况，当样本被完全分类之后，分类超平面将不再发生变化。

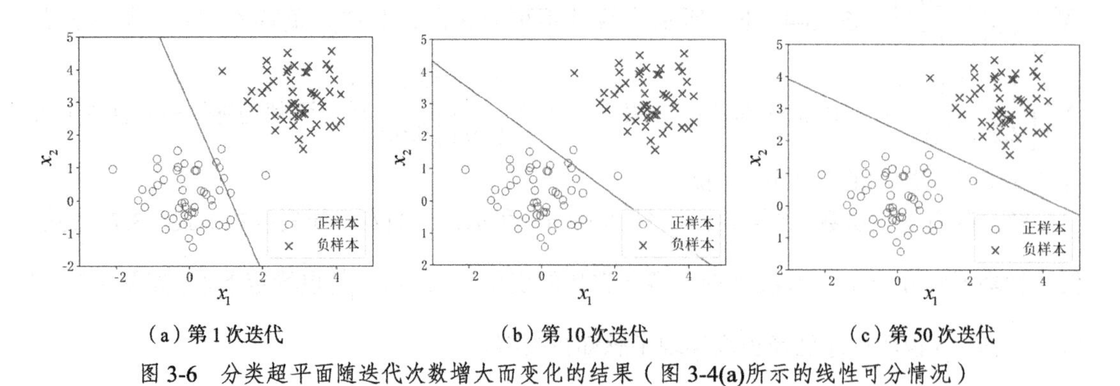

（a）第 1 次迭代　　（b）第 10 次迭代　　（c）第 50 次迭代

图 3-6　分类超平面随迭代次数增大而变化的结果（图 3-4(a)所示的线性可分情况）

接下来，我们改变算法 3.1 中参数的初始值。令参数 $w_0 = [3,1]^{\mathrm{T}}$ 和 $b_0 = 1$，我们会得到另一个稳定的分类结果，如图 3-7 所示。

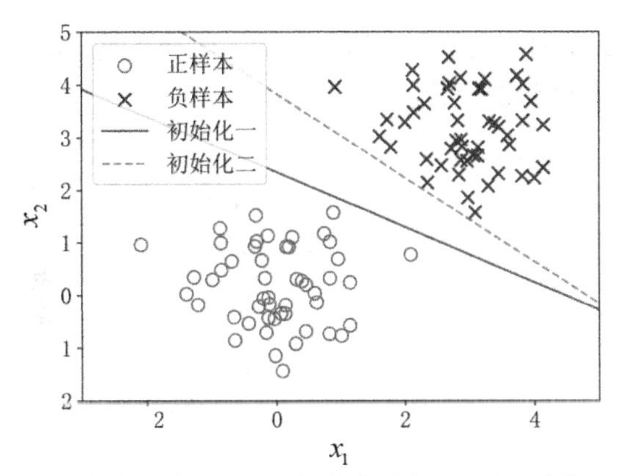

图 3-7　参数 $\boldsymbol{w}$ 和 b 的不同初始值形成不同的分类超平面

从图 3-7 可以看出，当参数 $\boldsymbol{w}$ 和 b 的初始值发生变化时，虽然感知机最终都能完成分类任务，但是不同的初始值会让分类超平面产生变化：

（1）感知机达到完全分类需要的迭代次数会改变，这是参数初始值不同造成的；

（2）样本完全分类后的分类超平面不同，这是可行解空间过大造成的。

对于图 3-4（b）所示的线性不可分情况，如果我们将参数初始化为 $\boldsymbol{w}_0=[3,10]^{\mathrm{T}}$ 和 $b_0=3$，当迭代次数达到一定大小后，分类超平面将在几个易被错分的样本间“跳动”，如图 3-8 所示。

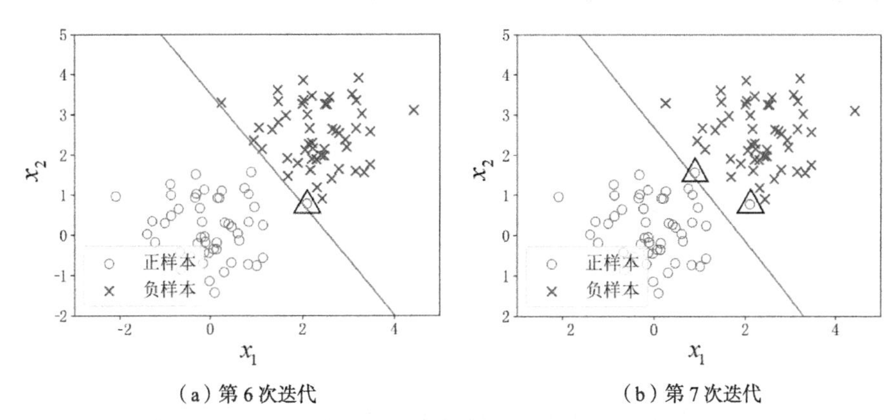

图 3-8　分类超平面随迭代次数增加而变化的结果，带三角形的样本为被错误分类的样本（图 3-4（b）所示的线性不可分问题）

3.3 感知机的改进

【问题】 虽然通过各类指标能帮助我们判断算法是否被正确地编程实现，但是我们该如何快速找到现有算法的缺陷从而提高算法的性能，甚至提出全新的高效算法呢？

【猜想】 我们按照“观察”（发现问题）→“假设”（解决思路）→“实验”（实现思路）→“评估”（评价思路的合理性）的思路来分析。

（1）“观察”：在训练阶段，感知机将最后一个错分样本正确分类后，分类超平面将在错分样本附近不再移动。在测试阶段，一旦有“难样本”落在分类超平面附近，感知机就极易分错。例如，1 个负样本（三角形中的负样本）在分类超平面附近，如图 3-9 所示，感知机就很可能在分类时做出错误分类。

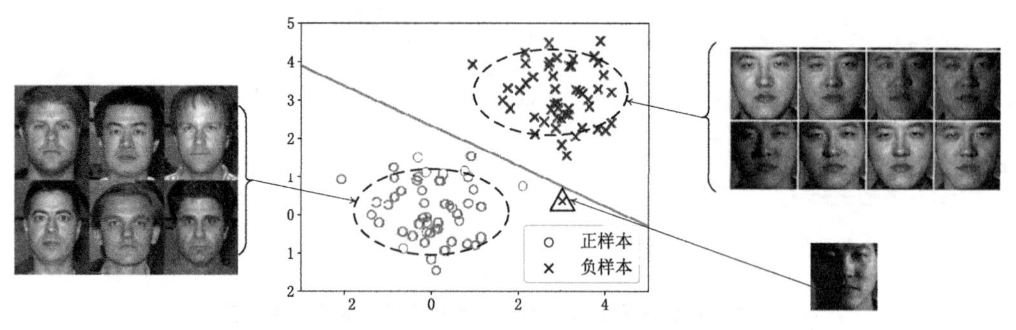

图 3-9　人脸识别问题中不均匀光照造成样本分布不一致

（2）“假设”：即使感知机已经将样本全部正确分类，更合理的分类超平面应该继续向两类样本的中间移动。如图 3-10 所示，虽然这两个分类超平面都可以完成分类任务，但是虚线表示的分类超平面是我们更期望得到的分类超平面。因此，一种自然的想法是：感知机不仅要将全部样本正确分类，还需要有一定的预留量来判断每个样本是否被正确分类，即所有的样本$(\boldsymbol{x}_i, y_i)$需要在满足$y_i\left(\boldsymbol{w}^{\mathrm{T}}\boldsymbol{x}_i+b\right) \geqslant \gamma$（$\gamma>0$）时，$\boldsymbol{x}_i$才被正确分类；否则，样本$\boldsymbol{x}_i$仍被错误分类，其中，参数$\gamma$就是分类的预留量。

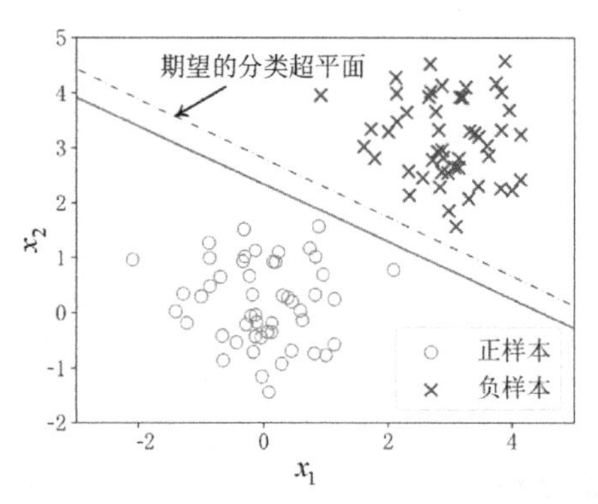

图 3-10　实际分类超平面和期望的分类超平面

（3）“实验”：编程实现上述想法，测试不同预留量γ下分类超平面的分布和性能。

（4）“评估”：根据不同配置下的γ，观察分类超平面的变化规律，从而对模型进行改进。

理论上，我们可以按照（1）~（4）的思路去改进或提出全新的机器学习算法。

【实验 2】将$y_i\left(\boldsymbol{w}^{\mathrm{T}}\boldsymbol{x}_i+b\right) \geqslant \gamma$中的预留量$\gamma$设为 0、0.5、1 后，观察分类超平面的变化规律。

解：将$y_i\left(\boldsymbol{w}^{\mathrm{T}}\boldsymbol{x}_i+b\right) \geqslant \gamma$代入式（3.7）后，用梯度下降方法优化参数将得到图 3-11 所示的结果。随着预留量γ的增大，分类超平面将逐渐位于两类样本的中间。

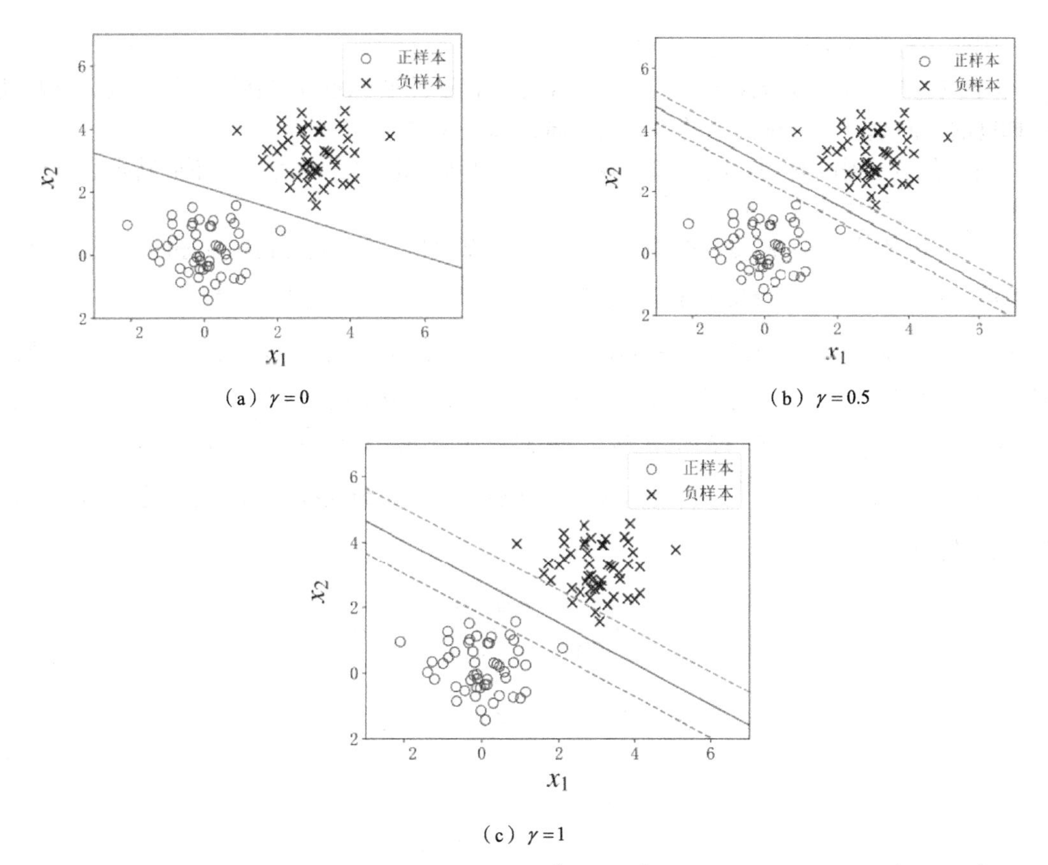

(a) $\gamma=0$ (b) $\gamma=0.5$ (c) $\gamma=1$

图 3-11 感知机使用不同 γ 的分类结果（上方虚线表示 $y_i\left(\boldsymbol{w}^{\mathrm{T}}\boldsymbol{x}_i+b\right)=\gamma$，而下方虚线表示 $y_i\left(\boldsymbol{w}^{\mathrm{T}}\boldsymbol{x}_i+b\right)=-\gamma$）

3.3.1 数据的归一化

【问题】 对样本 $\boldsymbol{x}=\left[x_1,x_2\right]^{\mathrm{T}}$ 而言，假设特征 x_1 的取值范围为 $[0,5]$，而特征 x_2 的取值范围为 $[5,1000]$。这种特征量纲的不一致会对 $\boldsymbol{w}^{\mathrm{T}}\boldsymbol{x}$ 作为分类证据带来哪些影响？

【猜想】 由于 $x_2/x_1=1000/5=200$，因此特征 x_2 的影响力是特征 x_1 影响力的 200 倍。这样特征 x_1 在分类中就几乎不起作用！

另外，在用梯度下降方法对感知机进行优化时，算法的收敛将会很慢！因为，特征 x_1 的作用减小，梯度将主要沿着特征 x_2 的方向进行优化，如图 3-12（a）所示。如果我们将特征进行归一化处理到相同的尺度，梯度下降的迭代过程将会大大提速，如图 3-12（b）所示。

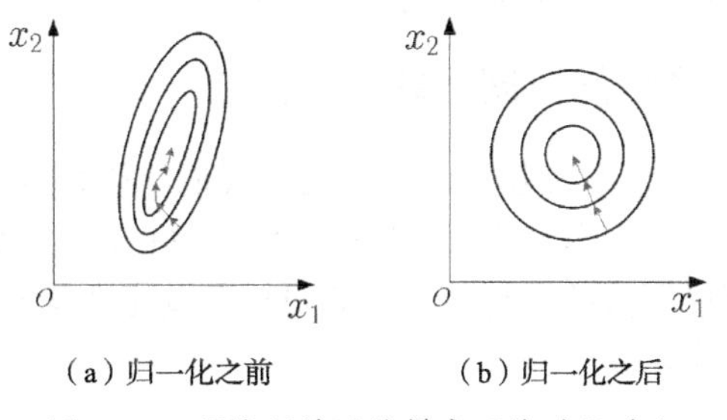

（a）归一化之前 （b）归一化之后

图 3-12 预处理前后的梯度下降过程对比

因此，对数据进行归一化的好处有以下两点。

（1）提升模型的收敛速度。因为归一化之后特征的变化范围将在同一尺度内，这将使得梯度的方向垂直于目标函数的等高线方向，如图 3-12（b）所示。

（2）有助于提高解的精度。如果我们对不同特征用同样的学习率，不同特征之间的量纲不一致将造成解的精度损失。

特征归一化处理一般采用的方式是最小最大线性归一化（min-max normalization）和零均值归一化（z-score normalization）。假定，训练集 $\mathcal{D}=\{\boldsymbol{x}_i\}_{i=1}^{N}$，其中，样本为 $\boldsymbol{x}_i$（$\boldsymbol{x}_i \in \mathbb{R}^{D\times 1}$），$1\leqslant i\leqslant N$。我们将样本 $\boldsymbol{x}_i$ 排列成矩阵形式，$\boldsymbol{X}=[\boldsymbol{x}_1,\cdots,\boldsymbol{x}_i,\cdots,\boldsymbol{x}_N]^{\mathrm{T}}$（$\boldsymbol{X}\in\mathbb{R}^{N\times D}$）。在归一化的过程中，我们将针对样本的每一维特征（矩阵 $\boldsymbol{X}$ 的每一列）进行归一化处理。如图 3-13 所示，以样本的第 d 维特征为例，令 $\boldsymbol{x}^{(d)}$ 为矩阵 $\boldsymbol{X}$ 的第 d（$1\leqslant d\leqslant D$）列，即 $\boldsymbol{x}^{(d)}=\left[x_{1d}^{(d)},\cdots,x_{id}^{(d)},\cdots,x_{Nd}^{(d)}\right]^{\mathrm{T}}$。针对向量 $\boldsymbol{x}^{(d)}$ 分别进行最小最大线性归一化和零均值归一化处理，具体如下。

第 d 维特征

$$\boldsymbol{X}=\begin{bmatrix} x_{11} & \cdots & x_{1d} & \cdots & x_{1D} \\ \vdots & & \vdots & & \vdots \\ x_{i1} & \cdots & x_{id} & \cdots & x_{iD} \\ \vdots & & \vdots & & \vdots \\ x_{N1} & \cdots & x_{Nd} & \cdots & x_{ND} \end{bmatrix}$$

图 3-13　数据矩阵 $\boldsymbol{X}$ 示意

最小最大线性归一化为：

$$x_{id}^{(d)} \leftarrow \frac{x_{id}^{(d)}-\min\left(\boldsymbol{x}^{(d)}\right)}{\max\left(\boldsymbol{x}^{(d)}\right)-\min\left(\boldsymbol{x}^{(d)}\right)} \tag{3.16}$$

式中，$x_{id}^{(d)}$ 为向量 $\boldsymbol{x}^{(d)}$ 的第 i 个取值，$\max\left(\boldsymbol{x}^{(d)}\right)$ 和 $\min\left(\boldsymbol{x}^{(d)}\right)$ 分别为向量 $\boldsymbol{x}^{(d)}$ 中的最大值和最小值。式（3.16）用于实现将样本的第 d 维特征线性缩放到 0 和 1 之间。

零均值归一化为：

$$x_{id} \leftarrow \frac{x_{id}-\mu_d}{\sigma_d} \tag{3.17}$$

式中，x_{id} 为 $\boldsymbol{x}^{(d)}$ 中的第 i 个数据，μ_d 为向量 $\boldsymbol{x}^{(d)}$ 的均值，σ_d 为向量 $\boldsymbol{x}_d$ 的标准差。式（3.17）用于实现将样本的第 d 维特征映射到均值为 0、标准差为 1 的分布上。

3.3.2　感知机学习算法的对偶问题

【问题】算法 3.1 的训练效率与哪些因素有关？我们能否提高算法 3.1 的训练效率？

算法效率分析主要通过分析算法的时间复杂度和空间复杂度来考察算法的时间和空间效率。时间复杂度主要衡量算法的运行速度，空间复杂度主要衡量算法所需要的存储空间。复杂度通常用“O”表示数量级。

假设训练集有 N 个训练样本 $\{(\boldsymbol{x}_i,y_i)\}_{i=1}^{N}$。给定任意样本 $(\boldsymbol{x}_i,y_i)$，算法 3.1 需要判断样

本$(\boldsymbol{x}_i, y_i)$是否被正确分类，所涉及的运算量包括：

（1）从N个样本中找到一个错分样本$(\boldsymbol{x}_i, y_i)$，在最坏情况下，找到一个错分样本的时间复杂度为$O(N)$；

（2）完成输入样本$\boldsymbol{x}$和权重$\boldsymbol{w}$内积，时间复杂度为$O(D)$。

因此，算法 3.1 的最高时间复杂度为$O(ND)$。如果样本的数量N非常大，维度D非常高，那么算法 3.1 训练感知机原始形式的时间复杂度也会很高。如何才能有效地提高感知机的优化效率呢？

【猜想】不失一般性，我们将参数$\boldsymbol{w}$和b初始值设为 0。错分样本$(\boldsymbol{x}_i, y_i)$通过随机梯度进行迭代求解：

$$\boldsymbol{w}_{t+1} \leftarrow \boldsymbol{w}_t + \eta_t y_i \boldsymbol{x}_i \tag{3.18}$$

$$b_{t+1} \leftarrow b_t + \eta_t y_i \tag{3.19}$$

我们对迭代过程即式（3.18）和式（3.19）随着迭代次数t进行展开。

将原始问题的迭代过程式即（3.18）和式（3.19）展开

我们设定一个初始值$\boldsymbol{w}_0 = 0$后，式（3.18）和式（3.19）迭代展开如下：

第 1 次迭代后有：

$$\boldsymbol{w}_1 = \boldsymbol{w}_0 + \eta_0 y_1 \boldsymbol{x}_1 = 0 + \eta_0 y_1 \boldsymbol{x}_1 = \eta_0 y_1 \boldsymbol{x}_1 \tag{3.20}$$

第 2 次迭代后有：

$$\boldsymbol{w}_2 = \boldsymbol{w}_1 + \eta_1 y_2 \boldsymbol{x}_2 = \eta_0 y_1 \boldsymbol{x}_1 + \eta_1 y_2 \boldsymbol{x}_2 \tag{3.21}$$

再看第 3 次迭代：

$$\boldsymbol{w}_3 = \boldsymbol{w}_2 + \eta_2 y_3 \boldsymbol{x}_3 = \boldsymbol{w}_2 + \eta_2 y_3 \boldsymbol{x}_3 = \eta_0 y_1 \boldsymbol{x}_1 + \eta_1 y_2 \boldsymbol{x}_2 + \eta_2 y_3 \boldsymbol{x}_3 \tag{3.22}$$

每一次迭代都会对$\boldsymbol{w}$进行更新，我们使用数学归纳法对式（3.20）、式（3.21）和式（3.22）进行归纳可得：

$$\hat{\boldsymbol{w}} = \sum_{j=1}^{N} \alpha_j y_j \boldsymbol{x}_j \tag{3.23}$$

式（3.23）告诉我们，如果引入中间变量α_j并设置其初始值为 0，$\alpha_j \leftarrow \alpha_j + \eta_i$，其中$j = 1, \cdots, N$。如果我们将每一次迭代的学习率 n_j 固定为η，感知机对偶问题的迭代过程为：

$$\alpha_j \leftarrow \alpha_j + \eta \tag{3.24}$$

$$b \leftarrow b + \eta y_j \tag{3.25}$$

根据式（3.20）到式（3.25）的推导，我们可以看出对偶问题将原始问题中对参数$\boldsymbol{w}$的迭代优化转换为对变量α的迭代。综上所述，我们给出感知机的对偶形式，如算法 3.2 所示。

算法 3.2：感知机的对偶形式

输入：数据集 $\mathcal{D}=\{(\boldsymbol{x}_i,y_i)\}_{i=1}^N$，$\boldsymbol{x}_i\in\mathbb{R}^{D\times 1}$，$y_i\in\{+1,-1\}$；学习率 η；最大迭代次数 T。

输出：判别函数 $f(\boldsymbol{x})=\operatorname{sign}\left(\sum_{j=1}^N \alpha_j y_j \boldsymbol{x}_j^{\mathrm{T}}\boldsymbol{x}+b\right)$。

（1）初始化参数 $\alpha_0=0$，$b_0=0$，$t=0$。

（2）在数据集 $\mathcal{D}$ 中随机选取样本 $(\boldsymbol{x}_i,y_i)$，如果样本 $(\boldsymbol{x}_i,y_i)$ 满足 $y_i\left(\sum_{j=1}^N \alpha_j y_j \boldsymbol{x}_j^{\mathrm{T}}\boldsymbol{x}_i+b\right)\leqslant 0$，则：

$$\alpha_j \leftarrow \alpha_j+\eta \tag{3.26}$$

$$b\leftarrow b+\eta y_j \tag{3.27}$$

（3）$t\leftarrow t+1$；转至（2），直到没有误分点为止或 t 达到预定的迭代次数 T。

感知机的对偶形式即式（3.26）和式（3.27）的意义在于，当样本 $\boldsymbol{x}$ 的特征维度 D 远大于样本个数 N 的时候，将样本 $\boldsymbol{x}_i$ 之间内积提前保存下来形成格拉姆矩阵（Gram matrix）就可以大大地加快感知机的训练速度。

3.4 分类性能评价

对二元分类问题而言，分类器的性能好坏通常使用正确率（accuracy）来评价。对于给定的测试集，正确率为正确分类的样本数与总样本数之比：

$$\operatorname{Accuracy}(\boldsymbol{y},\hat{\boldsymbol{y}})=\frac{1}{N}\sum_{i=1}^N 1(\hat{y}_i=y_i) \tag{3.28}$$

式中，$\hat{\boldsymbol{y}}=[\hat{y}_1,\cdots,\hat{y}_i,\cdots,\hat{y}_N]^{\mathrm{T}}$ 是对测试集样本的预测；$\boldsymbol{y}=[y_1,\cdots,y_i,\cdots,y_N]^{\mathrm{T}}$ 是测试集样本的真值标签；$1(A)$ 为指示函数，当条件 A 满足时，函数输出值为 1，否则，函数输出值为 0。

正确率是评价分类器性能常用的指标。正确率评估了所有类别的样本是否被正确分类。正确率的不足之处在于它并没有区分样本被正确分类的程度。更多的评价指标将在后面的章节中进行介绍。

知识梳理与拓展

- 感知机对单个神经元进行模拟而实现分类。感知机将特征在欧式空间中（或向量空间）通过内积的方式进行证据的积累；偏置 b 与符号函数 $\operatorname{sign}(x)$ 配合实现以 0 为阈值进行分类判断
- 向量空间意味着同一向量中不同维度之间应具有可比性，例如，a 表示身高（m）而 b 表示体重（kg）组成的向量 $[a,b]^{\mathrm{T}}$，其维度之间不具有可比性，因此，需要对 $[a,b]^{\mathrm{T}}$ 向量进行归一化

- 感知机的损失函数是最小化错分样本函数间隔之和；函数间隔表示分类函数在特征空间中对样本的可分性；感知机损失函数所采用替代函数的思想是机器学习的重要策略
- 感知机的学习算法是梯度下降优化的具体应用
- 在梯度下降优化算法中，一次优化迭代用所有的样本的是批梯度下降（batch gradient descent），一次优化迭代用一小部分样本是最小批梯度下降（mini-batch gradient descent），一次优化迭代用一个样本的是随机梯度下降（stochastic gradient descent）
- 掌握利用损失函数、前后参数范数变化、训练集和验证集上的性能指标随着训练迭代次数的变化曲线来观测算法的运行特点从而发现算法的调试错误和改进
- 理解按照“观察”（发现问题），提出“假设”（解决思路），设计“实验”（实现思路），进行“评估”（评价思路的合理性）的思路来分析算法模型
- 最小最大线性归一化只能将特征线性变换到 0–1 的区间，解决特征取值范围的问题
- 零均值归一化将特征变换到均值为 0、标准差为 1 的分布上从而解决特征的对齐问题
- 特征对齐本质是解决将多个不同类型的特征强扭到同一个向量空间带来的不对齐和不可比问题
- 不同的数据和问题会利用到不同的归一化，归一化会影响模型是否能快速收敛到理想的局部最小点；归一化也会影响模型预测的稳定性
- 感知机解的对偶问题是从随机梯度下降的迭代公式展开获得的；感知机解的对偶形式将梯度下降的向量空间转换为样本之间的内乘积空间
- 损失函数、损失函数的梯度和解的最终形式是我们理解模型的三个层次

3.5 本章小结

（1）感知机根据训练集 $\mathcal{D}=\left\{\left(\boldsymbol{x}_i, y_i\right)\right\}_{i=1}^N$（$i=1,\cdots,N$）的分布利用最大化函数间隔的思想学习二元分类模型。

（2）数据的预处理对于提高梯度下降方法的收敛速度和解的精度有着重要作用。

（3）对偶问题和原始问题是同一个优化目标的不同方面。只有在适当的条件下，对偶问题才会优于原始问题。

（4）在最小化损失函数的过程中，如果原本的损失函数不便计算，例如，非凸、不连续时，考虑使用其他数学性能更好的函数来替代目标函数。

3.6 本章习题

1. 感知机工作的正确顺序为（　　）。

A. 随机初始化感知机的权重

B. 从数据集中获取一个样本

C. 如果预测和输出不一致，则调整权重

D. 对一个输入样本，计算输出值

2. 当________的时候，感知机使用对偶形式。

3. 请简述感知机公式——式（3.1）中偏置b的作用。

4. 1969年，马文·明斯基与西摩·佩珀特（Seymour Papert）共同编写了《感知机》一书，在书中他们证明了单层感知机无法解决线性不可分问题，如异或（XOR）问题。如表3-1所示，异或运算的规则为：两个元素相同，则输出0；两个元素相异，则输出1。

表3-1 异或问题

输入	输出
0、0	0
0、1	1
1、0	1
1、1	0

请说明感知机为什么不能解决异或问题。

5. 简述为什么$\boldsymbol{w}^{\mathrm{T}}\boldsymbol{x}$可以作为分类证据的收集方法。

6. 损失函数$L(\boldsymbol{w},b)=\sum_{i=1}^{N}\operatorname{sign}[g(\boldsymbol{x}_i;\boldsymbol{w},b)]y_i$的物理意义是什么？

7. 为什么要使用$L(\boldsymbol{w},b)=-\sum_{\boldsymbol{x}_i\in\mathcal{M}}y_i(\boldsymbol{w}^{\mathrm{T}}\boldsymbol{x}_i+b)$作为式（3.5）的替代损失函数？

8. 分别从准确性和收敛速度方面，以感知机为例，设计实验比较梯度下降和随机梯度下降的优缺点，并总结随机梯度下降的关键影响因素。

9. 在3.1.2小节中，为什么在使用感知机实现分类任务时，要对目标函数即式（3.6）设定一定的预留量？

10. 简述对数据归一化的动机和作用。请查阅相关资料，列举最小最大线性归一化和零均值归一化的应用场景。

11. 简述两种常见数据归一化方法的具体实现步骤和适应情况。

12. 推导感知机原始问题的时间复杂度。

13. 简述为何感知机无法解决线性不可分问题。

14. 证明以下定理：训练集线性可分的充分必要条件是正样本集所构成的凸包（convex hull）与负样本集所构成的凸包互不相交。

15. 如表3-2所示，and函数的规则为：两个元素均为1时，则输出1；在其余情况下输出0。

表3-2 and函数

输入	输出
0、0	0
0、1	0
1、0	0
1、1	1

请设计感知机实现and函数。

16. 如表 3-3 所示，or 函数的规则为：两个元素中至少一个为 1 时，输出 1；两个元素全为 0 时输出 0。

表 3-3　or 函数

输入	输出
0、0	0
0、1	1
1、0	1
1、1	1

请设计感知机实现 or 函数。

17. 为什么感知机的对偶形式可以降低时间复杂度？

18. 思考如何以感知机为基础实现对线性不可分的数据进行分类。

19. 分析最小批量梯度下降和梯度下降方法的异同。

20. 已知 4 个正样本为 $(0,0,0)$ 、$(1,0,0)$ 、$(1,0,1)$ 、$(1,1,0)$ ，而 4 个负样本为 $(0,0,1)$ 、$(0,1,1)$ 、$(0,1,0)$ 、$(1,1,1)$ 。当初始化为 $\boldsymbol{w}=[-1,-2,-2]^{\mathrm{T}}$ 、$b=0$ 时，用感知机算法求判别函数。

第4章 Logistic 回归

本章将对 Logistic 回归的模型形式、目标函数的定义、目标函数的优化求解、分类模型的性能评价指标进行讲解。本章重要知识点如下。

（1）Logistic 函数的物理意义。

（2）Logistic 回归的参数优化问题。

（3）将二元分类的 Logistic 回归扩展到多分类问题。

本章学习目标

掌握将事件发生的证据转化为概率的技巧。

4.1 Logistic 回归的参数估计

4.1.1 Sigmoid 函数的物理含义

假定，训练集 $\mathcal{D}=\left\{\left(\boldsymbol{x}_i, y_i\right)\right\}_{i=1}^N$，样本为 $\boldsymbol{x}_i$（$\boldsymbol{x}_i \in \mathbb{R}^{D\times 1}$），标签为 y_i（$y_i \in \{0,1\}$），$1 \leqslant i \leqslant N$。Logistic 回归建模事件发生（即 $y_i=1$）的概率为[1]：

$$
\begin{aligned}
P\left(y_i=1 \mid \boldsymbol{x}_i\right) &= \sigma\left[z\left(\boldsymbol{x}_i;\boldsymbol{\theta}\right)\right] \\
&= \frac{1}{1+\exp\left[-z\left(\boldsymbol{x}_i;\boldsymbol{\theta}\right)\right]}
\end{aligned} \tag{4.1}
$$

而事件不发生（即 $y_i=0$）的概率为：

$$
\begin{aligned}
P\left(y_i=0 \mid \boldsymbol{x}_i\right) &= 1-P\left(y_i=1 \mid \boldsymbol{x}_i\right) \\
&= 1-\sigma\left[z\left(\boldsymbol{x}_i;\boldsymbol{\theta}\right)\right] \\
&= \frac{1}{1+\exp\left[z\left(\boldsymbol{x}_i;\boldsymbol{\theta}\right)\right]}
\end{aligned} \tag{4.2}
$$

式中，函数 $z\left(\boldsymbol{x}_i;\boldsymbol{\theta}\right)$ 用参数 $\boldsymbol{\theta}$ 来为变量 $\boldsymbol{x}_i$ 出现 $y_i=1$ 的证据建模，函数 $\sigma(x)$ 为 Sigmoid 函数：

1 为了便于读者阅读，本书在不引起歧义的情况下，将指数运算 e^x 表示为函数 exp(x)的形式。

$$\sigma(x)=\frac{1}{1+\exp(-x)} \tag{4.3}$$

式中，变量$x\in\mathbb{R}^1$，$-\infty<x<\infty$。Sigmoid 函数$\sigma(x)$的值随x的变化如图 4-1 所示。

【问题】为什么 Logistic 回归采用 Sigmoid 函数将事件发生的证据转化为概率?

【猜想】我们以细菌数量增长规律的建模来说明 Sigmoid 函数的物理意义。在一个有限的空间中，我们可以假定细菌数量的变化率和细菌的数量成正比。假设$N(t)$表示t时刻有限空间中的细菌总量，则有：

$$\underbrace{\frac{\mathrm{d}N(t)}{\mathrm{d}t}}_{\text{变化率}}=\mathrm{r}\underbrace{N(t)}_{\text{总数}} \tag{4.4}$$

式中，常数 r 表示细菌数量的变化率。解微分方程（4.4）可得：

$$N(t)=N_0\exp(\mathrm{r}t) \tag{4.5}$$

式中，积分常数N_0是细菌数量的初值，即$N_0=N(0)$。当常数$\mathrm{r}>0$时，细菌数量$N(t)$会随着时间t呈现指数型增长，如图 4-2 所示，这种指数型增长方式不符合有限空间这一假设。

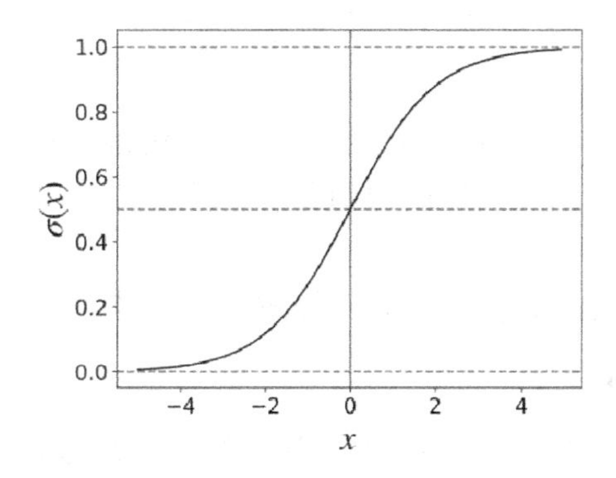

图 4-1 Sigmoid 函数$\sigma(x)$的值随x的变化

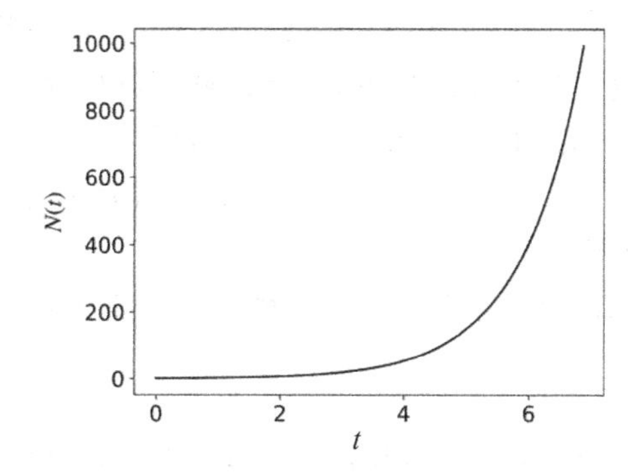

图 4-2 理想情况下细菌数量随时间t的增长趋势

对式（4.4）进行修正，细菌的增长速度还受到有限生存空间的制约：

$$\frac{\mathrm{d}N(t)}{\mathrm{d}t}=\mathrm{r}N(t)\left[1-\frac{N(t)}{K}\right] \tag{4.6}$$

式中，K表示有限空间中细菌的最大数量，即$N(t)$的最大值为K。解微分方程（4.6）得：

$$\frac{K-N(t)}{N(t)}=\exp(\mathrm{c}-\mathrm{r}t) \tag{4.7}$$

设$y=N(t)/K$，即t时刻细菌数量占最大数量K的比例。式（4.7）可变为：

$$\begin{aligned}y&=\frac{N(t)}{K}\\&=\frac{1}{1+\exp(-\mathrm{r}t+\mathrm{c})}\\&=\sigma(\mathrm{r}t-\mathrm{c})\end{aligned} \tag{4.8}$$

式（4.8）说明细菌数量随着时间 t 的占比可用 Sigmoid 函数进行描述！通过 Sigmoid 函数，我们可以将细菌数量映射为概率。从图 4-1 中可以看出，当概率接近 0.5 时，曲线的变化剧烈；而当概率接近 0 或 1 时，曲线的变化趋于平稳。

4.1.2 Logistic 回归模型

我们定义事件发生的比值（ratio）为事件发生概率与不发生概率的比值。在 Logistic 回归模型中，事件发生的比值为：

$$\frac{P\left(y_i=1 \mid \boldsymbol{x}_i\right)}{P\left(y_i=0 \mid \boldsymbol{x}_i\right)}=\exp\left[z\left(\boldsymbol{x}_i;\boldsymbol{\theta}\right)\right] \tag{4.9}$$

对式（4.9）两边取对数得到事件发生的对数比值（log odd）：

$$\ln\frac{P\left(y_i=1 \mid \boldsymbol{x}_i\right)}{P\left(y_i=0 \mid \boldsymbol{x}_i\right)}=z\left(\boldsymbol{x}_i;\boldsymbol{\theta}\right) \tag{4.10}$$

一旦我们确定了概率 $P\left(y_i=1 \mid \boldsymbol{x}_i;\boldsymbol{\theta}\right)$，我们会发现：

若 $P\left(y_i=1 \mid \boldsymbol{x}_i;\boldsymbol{\theta}\right)>P\left(y_i=0 \mid \boldsymbol{x}_i;\boldsymbol{\theta}\right)$，$z\left(\boldsymbol{x}_i;\boldsymbol{\theta}\right)>0$，则 $\boldsymbol{x}_i$ 的类别可判断为 $y_i=1$；

若 $P\left(y_i=1 \mid \boldsymbol{x}_i;\boldsymbol{\theta}\right)\leqslant P\left(y_i=0 \mid \boldsymbol{x}_i;\boldsymbol{\theta}\right)$，$z\left(\boldsymbol{x}_i;\boldsymbol{\theta}\right)\leqslant 0$，则 $\boldsymbol{x}_i$ 的类别可判断为 $y_i=0$。

【问题】如何利用 Logistic 回归进行分类？

【猜想】利用 Sigmoid 函数将变量 $\boldsymbol{x}$（$\boldsymbol{x}\in\mathbb{R}^{D\times1}$）导致事件发生的证据转化为概率 y 后，我们可以用最大似然估计或最大后验估计实现对 Logistic 回归公式即式（4.1）中参数 $\boldsymbol{\theta}$ 的估计。

在 4.1.3 小节中，我们将假设事件发生的证据 $z\left(\boldsymbol{x}_i;\boldsymbol{\theta}\right)$ 与感知机一样为线性模型：

$$z\left(\boldsymbol{x}_i;\boldsymbol{\theta}\right)=\boldsymbol{w}^{\mathrm{T}}\boldsymbol{x}_i+b \tag{4.11}$$

式中，参数 $\boldsymbol{\theta}=\{\boldsymbol{w},b\}$，$\boldsymbol{w}$（$\boldsymbol{w}\in\mathbb{R}^{D\times1}$）为权重向量，$b$（$b\in\mathbb{R}^1$）为偏置，$\boldsymbol{w}^{\mathrm{T}}\boldsymbol{x}_i$ 为向量 $\boldsymbol{w}$ 与 $\boldsymbol{x}_i$ 的内积。显然，用不同方式对事件发生证据 $z\left(\boldsymbol{x}_i;\boldsymbol{\theta}\right)$ 建模将产生不同的模型。

4.1.3 Logistic 回归参数的最大似然估计

【问题】给定线性模型即式（4.11）后，我们如何用 Logistic 回归构建分类器？

【猜想】根据第 2 章的内容，我们先用 Sigmoid 函数建模，将证据转化为概率密度，然后用最大似然估计求解 Logistic 回归参数 $\boldsymbol{\theta}$，如图 4-3 所示。

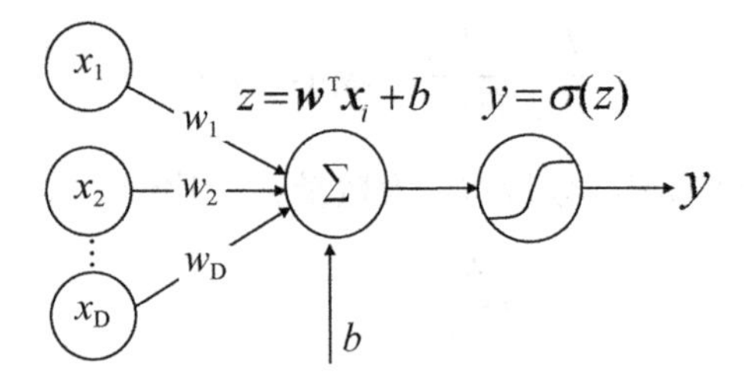

图 4-3 Logistic 回归模型

给定数据集 $\mathcal{D}=\{(\boldsymbol{x}_i,y_i)\}_{i=1}^N$，样本 $\boldsymbol{x}_i$（$\boldsymbol{x}_i\in\mathbb{R}^{D\times1}$），标签 y_i（$y_i\in\{0,1\}$），$1\leqslant i\leqslant N$。样本 $\boldsymbol{x}_i$ 和标签 y_i 之间的条件概率 $P(y_i|\ \boldsymbol{x}_i)$ 可以用伯努利（Bernoulli）分布建模：

$$P(y_i|\ \boldsymbol{x}_i)\sim\text{Bernoulli}(a) \tag{4.12}$$

式中，参数 a（$a\in[0,1]$）是样本 $\boldsymbol{x}_i$ 为正（$y_i=1$）的概率，即：

$$\begin{aligned}P(y_i|\ \boldsymbol{x}_i)&=\begin{cases}a, & y_i=1\\1-a, & y_i=0\end{cases}\\&=a^{y_i}(1-a)^{1-y_i}\end{aligned} \tag{4.13}$$

伯努利分布和二项分布

1. 伯努利分布

对于某个事件，如果只有两种可能的结果，其伯努利分布描述了出现其中一种结果的概率为 a，而出现另一种结果的概率为 $1-a$ 的现象。伯努利分布是一个离散分布，又称为 0-1 分布。

2. 二项分布（又被称为 N 重伯努利分布）

假设某次试验服从伯努利分布（单次随机试验，如随机抛一次硬币的试验），进行了 N 次这样的试验。其二项分布描述了成功的次数为 x，而失败的次数为 $N-x$ 的现象。

$$P(x)=\mathrm{C}_N^x p^x(1-p)^{N-x}=\frac{N!}{x!(N-x)!}p^x(1-p)^{N-x} \tag{4.14}$$

当重复试验次数 $N=1$ 时，二项分布就等同于伯努利分布。

因此，我们利用 Sigmoid 函数 $\sigma(z)=1/(1+\mathrm{e}^{-z})$ 和线性模型 $z(\boldsymbol{x}_i;\boldsymbol{\theta})=\boldsymbol{w}^{\mathrm{T}}\boldsymbol{x}_i+b$ 将样本 $\boldsymbol{x}_i$ 转化为概率：

$$\sigma(z(\boldsymbol{x};\boldsymbol{\theta}))=\frac{1}{1+\exp[-(\boldsymbol{w}^{\mathrm{T}}\boldsymbol{x}+b)]} \tag{4.15}$$

引入中间变量 $\mu=\sigma[z(\boldsymbol{x};\boldsymbol{\theta})]$，根据伯努利分布式即式（4.13）则有[1]：

$$P(y|\ x;\mu)=\mu^y(1-\mu)^{1-y} \tag{4.16}$$

求解式（4.16）的似然函数：

$$\begin{aligned}L(\theta)&=\prod_{i=1}^N P(y_i|\ \boldsymbol{x}_i;\mu_i)\\&=\prod_{i=1}^N \mu_i^{y_i}(1-\mu_i)^{1-y_i}\end{aligned} \tag{4.17}$$

对似然函数即式（4.17）取负对数：

1 本书中，为了简化表达，我们在不引起混淆的情况下将会省略下标。

$$\ln l(\theta) = -\sum_{i=1}^{N} y_i \ln \mu_i + (1-y_i)\ln(1-\mu_i) \tag{4.18}$$

式（4.18）也被称为交叉熵（cross entropy）损失函数。

交叉熵

假设随机变量x由两个概率分布$P(x)$和$Q(x)$进行建模，$P(x)$为其真实的概率分布，而$Q(x)$为估计的概率分布。自然，我们希望概率分布$Q(x)$越接近真实概率分布$P(x)$越好。

我们利用KL散度（Kullback-Leibler divergence）度量两个概率分布$P(x)$和$Q(x)$之间的差异度，记为$\mathrm{KL}(P|Q)$：

$$\begin{aligned}\mathrm{KL}(P|Q) &= \sum_{i=1}^{N} P(x_i)\ln\frac{P(x_i)}{Q(x_i)} \\ &= \underbrace{\sum_{i=1}^{N} P(x_i)\ln P(x_i)}_{\text{信息熵}} - \underbrace{\sum_{i=1}^{N} P(x_i)\ln Q(x_i)}_{\text{交叉熵}}\end{aligned} \tag{4.19}$$

式中，等号右侧第1项表示概率分布$P(x)$的信息熵，第2项表示概率分布$P(x)$和$Q(x)$的交叉熵。

由詹森不等式（Jensen's inequality）可知，如果有$\sum_{i=1}^{N} P(x_i)=1$、$\sum_{i=1}^{N} Q(x_i)=1$，并且概率分布$P(x_i)$和概率分布$Q(x_i)$都满足$P(x_i),Q(x_i)\in(0,1]$，有不等式：

$$-\sum_{i=1}^{N} P(x_i)\ln P(x_i) \leqslant -\sum_{i=1}^{N} P(x_i)\ln Q(x_i) \tag{4.20}$$

当且仅当对$\forall i$，$P(x_i)=Q(x_i)$时，等号成立。可知KL散度总是大于等于0，即$\mathrm{KL}(P|Q)\geqslant 0$。

假设真实的概率分布$P(x)$固定不变，那么概率分布$P(x)$的信息熵也为固定值。这样，最小化分布$P(x)$和$Q(x)$之间的$\mathrm{KL}(P|Q)$等价于：

$$\arg\min_Q \mathrm{KL}(P|Q) = \arg\min_Q \left[-\sum_{i=1}^{N} P(x_i)\ln Q(x_i)\right] \tag{4.21}$$

式（4.21）说明如果概率分布$P(x)$和概率分布$Q(x)$的交叉熵越小，那么概率分布$P(x)$和概率分布$Q(x)$越接近。

对于分类任务，我们需要评估真实标签y_i和预测标签$\hat{y}_i$之间的差距。概率分布$P(x)$可表示样本的真实标签，概率分布$Q(x)$可表示模型所预测的标签。所以，概率分布$P(x)$和概率分布$Q(x)$的$\mathrm{KL}(P|Q)$散度越小，交叉熵$-\sum_{i=1}^{N} P(x_i)\ln Q(x_i)$就越小，交叉熵越小就表明模型预测效果越好。

我们将$y=0$代入式（4.18），我们得到二元分类的目标函数：

$$\begin{aligned}\ln l\left(y_i=0\right)&=-\sum_{i=1}^{N}\ln\left(1-\mu_i\right)\\&=-\sum_{i=1}^{N}\ln\frac{\mathrm{e}^{-z_i}}{1+\mathrm{e}^{-z_i}}\\&=\sum_{i=1}^{N}\ln\left(1+\mathrm{e}^{z_i}\right)\end{aligned}\tag{4.22}$$

式中，$z_i=z\left(\boldsymbol{x}_i;\boldsymbol{\theta}\right)$表示分类的确信度。

如图 4-4 所示，交叉熵是对线性整流函数即线性修正单元（rectified linear unit，ReLU）函数$l(z)=\max\left(0,z\right)$的一种光滑近似。

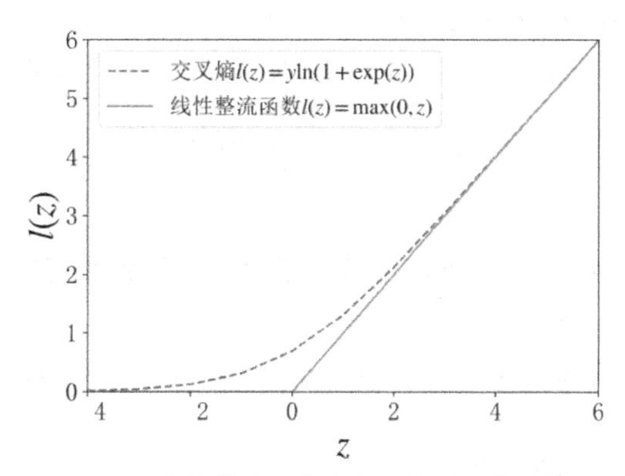

图 4-4　线性整流函数和交叉熵的图像比较

利用随机梯度下降优化目标函数[1]即式（4.22）：

$$\boldsymbol{w}_t=\boldsymbol{w}_{t-1}-\eta\frac{\partial\ln l\left(\boldsymbol{w}_{t-1}\right)}{\partial\boldsymbol{w}_{t-1}}\tag{4.23}$$

式中，η（$\eta\geqslant0$）表示学习率。函数$\ln l(\boldsymbol{w})$对$\boldsymbol{w}$的梯度$\partial\ln l(\boldsymbol{w})/\partial\boldsymbol{w}$为：

$$\begin{aligned}\frac{\partial\ln l\left(\boldsymbol{w}\right)}{\partial\boldsymbol{w}}&=\frac{\partial\ln l\left(\boldsymbol{w}\right)}{\partial\mu}\cdot\frac{\partial\mu}{\partial\boldsymbol{w}}\\&=-\sum_{i=1}^{N}\left[y_i\cdot\frac{1}{\mu_i}-\left(1-y_i\right)\cdot\frac{1}{1-\mu_i}\right]\frac{\partial\mu_i}{\partial\boldsymbol{w}}\\&=-\sum_{i=1}^{N}\left[y_i\cdot\frac{1}{\mu_i}-\left(1-y_i\right)\cdot\frac{1}{1-\mu_i}\right]\mu_i\left(1-\mu_i\right)\boldsymbol{x}_i\\&=-\sum_{i=1}^{N}\left[y_i\cdot\left(1-\mu_i\right)-\left(1-y_i\right)\cdot\mu_i\right]\boldsymbol{x}_i\\&=-\sum_{i=1}^{N}\left(y_i-\mu_i\right)\boldsymbol{x}_i\\&=\sum_{i=1}^{N}\left(\mu_i-y_i\right)\boldsymbol{x}_i\end{aligned}\tag{4.24}$$

1 其实，权重$\boldsymbol{w}$可以进一步表示为增广向量的形式$z(\boldsymbol{x};\boldsymbol{\theta})=\boldsymbol{w}^{\mathrm{T}}\boldsymbol{x}+b=[\boldsymbol{w};b]^{\mathrm{T}}[\boldsymbol{x};1]$。因此，$\boldsymbol{w}\leftarrow\left[\boldsymbol{w};b\right]$、$\boldsymbol{x}\leftarrow\left[\boldsymbol{x};1\right]$。

式（4.24）说明，当变量 μ_i 和 y_i 的值很接近时，梯度 $\partial \ln l(\boldsymbol{w})/\partial \boldsymbol{w}$ 的值接近 0，即此时参数几乎不更新。下面给出 Logistic 回归的学习算法。

算法 4.1：Logistic 回归的学习算法

输入：数据集 $\mathcal{D}=\left\{\left(\boldsymbol{x}_i, y_i\right)\right\}_{i=1}^{N}$，$\boldsymbol{x}_i \in \mathbb{R}^{D\times 1}$，$y_i \in\{0,1\}$；学习率 η（$0<\eta \leqslant 1$）；最大迭代次数 T。

输出：判别函数 $y=\dfrac{1}{1+\exp\left[-\left(\boldsymbol{w}^{\mathrm{T}} \boldsymbol{x}+b\right)\right]}$。

（1）给定参数的初值 $\boldsymbol{w}_0$ 和 b_0，初始化 $t=0$。

（2）当迭代次数 t 小于最大迭代次数 T 时，使用随机梯度下降更新增广形式的权重 $\boldsymbol{w}$：

$$\boldsymbol{w}_t=\boldsymbol{w}_{t-1}-\eta \frac{\partial \ln l\left(\boldsymbol{w}_{t-1}\right)}{\partial \boldsymbol{w}_{t-1}} \tag{4.25}$$

（3）$t \leftarrow t+1$；转至（2），直到没有错分样本或 t 达到预定的迭代次数 T。

【实验 1】假设我们需要解决二元分类问题。负样本“×”服从分布 $\mathcal{N}\left(\begin{bmatrix}0\\0\end{bmatrix},\begin{bmatrix}0.5,0\\0,0.5\end{bmatrix}\right)$，正样本“○”服从分布 $\mathcal{N}\left(\begin{bmatrix}3\\3\end{bmatrix},\begin{bmatrix}0.5,0\\0,0.5\end{bmatrix}\right)$。请分别使用 Sigmoid 函数 $\sigma(x)$ 即式（4.3）和分段线性函数 $f(x)=\begin{cases}0, & x \leqslant 0.5\\ x+0.5, & -0.5<x<0.5\\ 1, & x \geqslant 0.5\end{cases}$ 将证据转化为概率，进行最大似然估计。

解：根据算法 4.1，初始化参数为 $\boldsymbol{w}_0=[0,0]^{\mathrm{T}}$ 和 $b_0=0$，设置学习率 η 为 0.2，迭代次数 T 为 100。Sigmoid 函数 $\sigma(x)$ 和分段线性函数 $f(x)$ 的分类结果如图 4-5（a）所示。如图 4-5（b）所示，函数 $f(x)$ 的收敛速度要快于 Sigmoid 函数 $\sigma(x)$。在相同的迭代次数 T 下，Sigmoid 函数还没有完全收敛时，函数 $f(x)$ 的分类超平面就已将正、负样本分开。

因此，我们进一步对比两个函数的导数，如图 4-5（c）所示。$f(x)$ 的导数值在区域内（−0.5 到 0.5）远大于函数 $\sigma(x)$ 的导数值。因此，$f(x)$ 可以比 Sigmoid 函数 $\sigma(x)$ 更快地收敛到局部最小值。

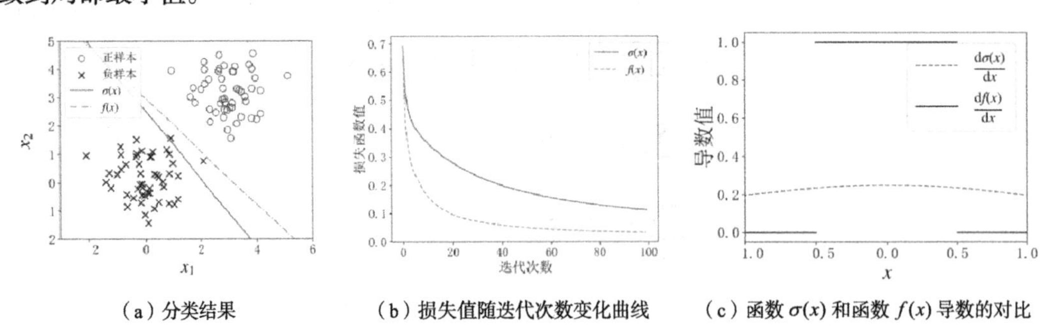

（a）分类结果　（b）损失值随迭代次数变化曲线　（c）函数 $\sigma(x)$ 和函数 $f(x)$ 导数的对比

图 4-5　函数 $\sigma(x)$ 和函数 $f(x)$ 的分类结果对比

【实验 2】如图 4-6 所示，用 scikit-learn 中的 make_circles 和 make_moons 函数生成圆形和月牙形数据。我们定义二元分类问题：$\mathcal{D}=\{(\boldsymbol{x}_i,y_i)\}$，$\boldsymbol{x}_i=[x_1,x_2]^{\mathrm{T}}$，$y_i\in\{0,1\}$。请用 Logistic 回归对相应数据分别进行分类。

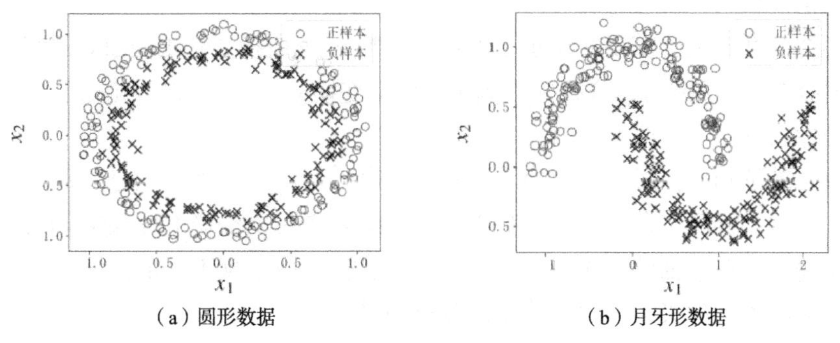

（a）圆形数据　　（b）月牙形数据

图 4-6　圆形和月牙形数据

解：Logistic 回归不能解决非线性分类问题，如图 4-7 所示。因此，我们需要赋予 Logistic 回归非线性能力。

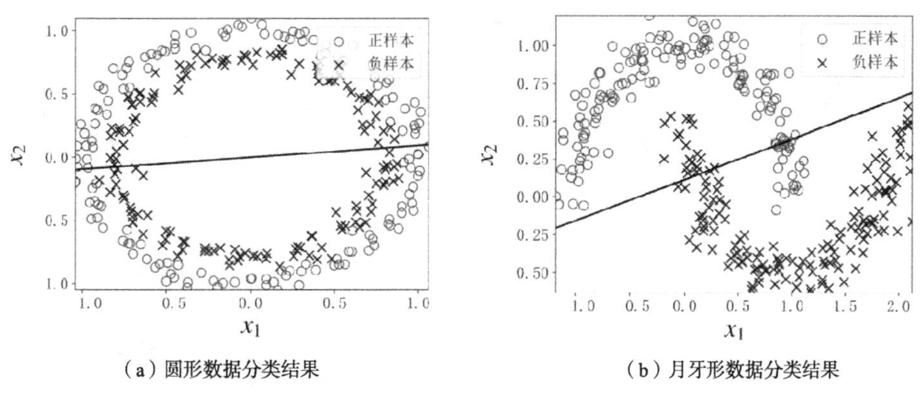

（a）圆形数据分类结果　　（b）月牙形数据分类结果

图 4-7　Logistic 回归的分类结果

【实验 3】请先使用表 4-1 中的非线性变换，再使用线性函数 $z=\boldsymbol{w}^{\mathrm{T}}\boldsymbol{x}_i+b$ 作为分类置信度，最后使用 Logistic 回归对图 4-6 所示的数据进行分类。例如，变换 1 的分类置信度为：$z=w_0+\sum_{i=1}^{2}w_ix_i+b$。

表 4-1　不同的非线性变换

序号	变换前 → 变换后的特征
变换 1	$[x_1,x_2]\to[1,x_1,x_2]$
变换 2	$[x_1,x_2]\to[1,x_1,x_2,x_1\cdot x_2,x_1^2]$
变换 3	$[x_1,x_2]\to[1,x_1,x_2,x_1\cdot x_2,x_1^2,x_2^2]$
变换 4	$[x_1,x_2]\to[1,x_1,x_2,x_1\cdot x_2,x_1^2,x_2^2,x_1^3,x_2^3]$

解：变换 1 是平移变换，没有非线性能力，如图 4-8（a）所示，Logistic 回归的分类超平面仍然是线性的。

有趣的是，如图 4-8（b）所示，变换 2 产生了两个分类超平面！因为变换 2 含有函数 $z = x_1^2$，所以存在两个对称于 $x_1 = 0$ 轴的分类超平面。虽然变换 2 含有非线性变换 x_1^2 和 $x_1 \cdot x_2$，但是这些非线性变换都无法将圆形数据变换到可分的空间中。由此可见增加非线性能力并不是可分的必要条件！

在变换 2 的基础上，变换 3 增加了非线性变换 x_2^2。变换 3 让 Logistic 回归可以很好地将圆形数据分开，如图 4-8（c）所示。因为，特征变换 x_1^2 和 x_2^2 的组合相当于将向量 $\left[x_1, x_2\right]$ 转换到极坐标系下。

在变换 3 的基础上，变换 4 增加了非线性变换 x_1^3、x_2^3。变换 4 的结果和变换 3 几乎一致，如图 4-8（d）所示。对比结果说明非线性变换 x_1^3 和 x_2^3 对分类几乎没有增益。由此可见非线性变换需要针对数据的分布特点才能有效！我们可以猜到不同的问题需要用不同的非线性变换。请读者自行实验月牙形数据并分析结果。

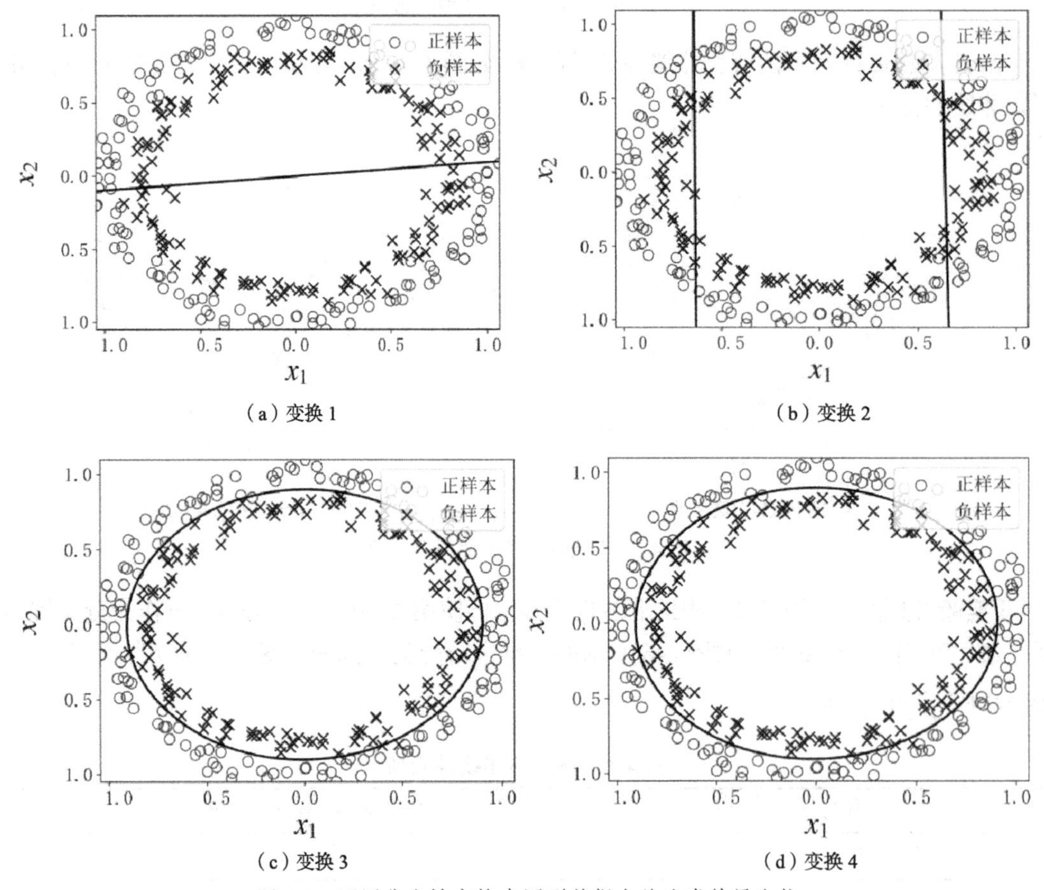

（a）变换 1　　（b）变换 2

（c）变换 3　　（d）变换 4

图 4-8　不同非线性变换在圆形数据上的分类结果比较

4.1.4　Logistic 回归的最大后验估计

【问题】如何对 Logistic 回归进行最大后验估计？

【猜想】我们直接利用第 2 章中的结论，讨论参数 $\boldsymbol{w}$ 在零均值高斯分布先验即式（2.24）和零均值拉普拉斯分布先验即式（2.27）约束下的 Logistic 回归：

$$L(\boldsymbol{w},\lambda)=\ln l(\theta)+\lambda R(\boldsymbol{w}) \tag{4.26}$$

式中，损失函数$\ln l(\theta)$为式（4.18）所示的对数似然函数，λ（$\lambda>0$）为正则化系数，$R(\boldsymbol{w})$为参数$\boldsymbol{w}$的正则化项，正则化项$R(\boldsymbol{w})$又可以进一步划分如下。

（1）L_2正则化对应 2.3.1 小节的高斯分布先验：$R(\boldsymbol{w})=\|\boldsymbol{w}\|_2^2$，其中，$\|\boldsymbol{w}\|_2=\sqrt{w_1^2+\cdots+w_i^2+\cdots+w_D^2}$（$1\leqslant i\leqslant D$）。

（2）L_1正则化对应 2.3.2 小节的拉普拉斯分布先验：$R(\boldsymbol{w})=\|\boldsymbol{w}\|_1$，其中，$\|\boldsymbol{w}\|_1=|w_1|+\cdots+|w_i|+\cdots+|w_D|$（$1\leqslant i\leqslant D$）。

（3）L_1正则化和L_2正则化的混合：$\rho\|\boldsymbol{w}\|_1+(1-\rho)\|\boldsymbol{w}\|_2^2$，其中，$\rho$（$\rho>0$）为混合系数。

因为L_2正则化的 Logistic 回归是光滑函数，所以我们可以使用梯度下降求解参数$\boldsymbol{w}$。而L_1正则化的 Logistic 回归在 0 点处不光滑，我们可以使用多种高效的方法求解参数$\boldsymbol{w}$，例如，加速近端梯度法（accelerate proximal gradient method）、线性化布雷格曼方法（linearized Bregman method），在这里我们不进行详细介绍。

【实验 4】 利用 2.3.2 小节所讨论的L_1正则化的稀疏性，发现实验 3 中对不同数据关联程度最高的特征变换。

解： $\{1,x_1,x_2,x_1\cdot x_2,x_1^2,x_2^2,x_1^3,x_2^3\}$是实验 3 中所用的 8 个特征变换项。我们调用 scikit-learn 中的 Logistic 回归模型，并利用L_1正则化评估不同非线性变换项对分类的重要程度。在给定惩罚项系数$\lambda=0.08$时，非线性变换项x_1^2和x_2^2与圆形数据的关联程度最高，而变换项x_2和x_1^3与月牙形数据的关联程度最高，如图 4-9 所示。

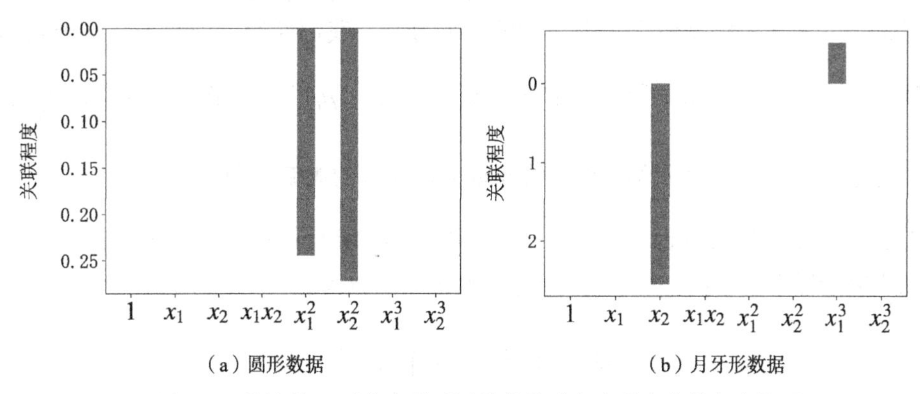

图 4-9　利用L_1正则化发现不同数据关联程度最高的特征变换项

4.2 多类分类和数据不均衡问题

4.2.1 归一化指数函数

多类分类问题需要C个分类器$f_1(\boldsymbol{x}),\cdots,f_c(\boldsymbol{x}),\cdots,f_C(\boldsymbol{x})$判断样本属于每一类的概率。其中，$f_c(\boldsymbol{x})$表示第$c$（$1\leqslant c\leqslant C$）类的二元分类器。在进行类别判定时，如果样本$\boldsymbol{x}$属于第$c$类的概率最大，则该样本属于第$c$类：

$$\hat{c} = \arg\max_c f_c(\boldsymbol{x}) \quad c = 1, 2, \cdots, C \tag{4.27}$$

为了实现式（4.27），一种自然的思路是将多类分类问题转化为多个二元分类问题。对于每一个类别c，该类中的正样本仍然为正样本，而负样本为除该类中的样本外的其他样本。这种思路为一对多（one vs rest，OvR）。利用一对多思路会让负样本数量急剧增长，这将带来样本数量不均衡问题，如图 4-10 所示，而不均衡问题会让分类器忽略样本数量少的类别。

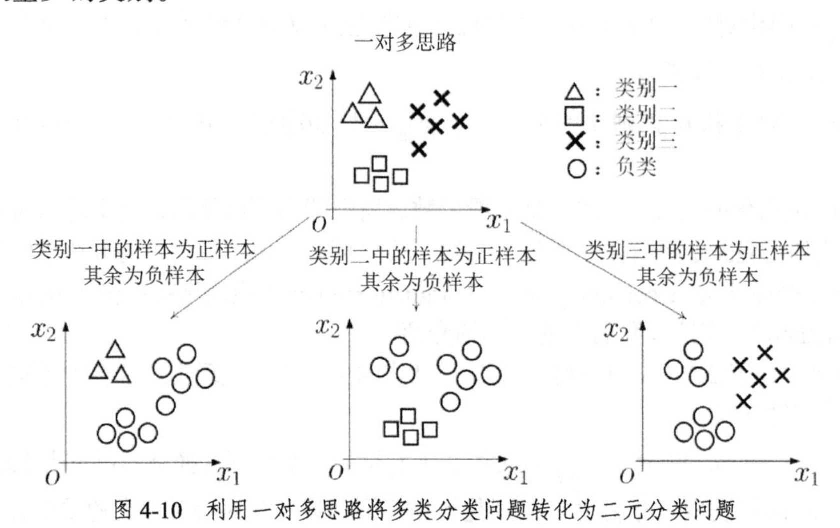

图 4-10　利用一对多思路将多类分类问题转化为二元分类问题

【问题】我们如何实现多类分类而避免样本数量的不均衡问题?

【猜想】Logistic 回归是指将特征$\boldsymbol{x}$转化为概率从而利用最大似然估计求解参数。相比一对多思路，一种新思路是建立多个类别的概率分布。我们使用多项分布（multi-noulli）对后验概率$P(y=c\mid\boldsymbol{x})$建模。假设向量$\boldsymbol{\mu}=[\mu_1,\cdots,\mu_c,\cdots,\mu_C]^{\mathrm{T}}$，其中，$\mu_c \geqslant 0$，$\sum_{c=1}^{C}\mu_c = 1$，该向量中的每一个分量$\mu_c$表示第$c$类中的样本为正样本的概率，即$P(y_c=1)=\mu_c$。

将类别y_c用独热编码进行表示（当$y_c=c$时，第c维元素为 1，其他元素均为 0，如$\boldsymbol{y}=[1,0,0]^{\mathrm{T}}$表示样本属于第一类）。多项分布的概率函数为：

$$\text{Multinoulli}(y, \boldsymbol{\mu}) = \prod_{c=1}^{C} \boldsymbol{\mu}_c^{1(y=c)} \tag{4.28}$$

式中，$1(A)$为指示函数。

接下来，我们通过最大似然估计进行模型建立。假设概率$\mu_c = P(y=c\mid \boldsymbol{x};\boldsymbol{w},b)$通过线性变换再经过归一化指数函数（或称 Softmax 函数）变换得到，且有$\sum_{c=1}^{C}P(y=c\mid \boldsymbol{x};\boldsymbol{w},b)=1$。不失一般性，令参数$b=0$，可得：

$$P\left(y_c=c \mid \boldsymbol{x},\boldsymbol{w},b\right)=\frac{\exp\left(z_c\right)}{\sum_{i=1}^{C}\exp(z_i)}=\frac{\exp\left(\boldsymbol{w}_c^{\mathrm{T}}\boldsymbol{x}\right)}{\sum_{i=1}^{C}\exp\left(\boldsymbol{w}_i^{\mathrm{T}}\boldsymbol{x}\right)} \tag{4.29}$$

式中，归一化指数函数为：

$$\sigma(\boldsymbol{z})==\frac{\exp\left(z_c\right)}{\sum_{i=1}^{C}\exp(z_i)} \tag{4.30}$$

式中，z_c（$z_c\in\mathbb{R}^1$）为分类置信度向量，$z_c=\boldsymbol{w}_c^{\mathrm{T}}\boldsymbol{x}+b$；向量 $\boldsymbol{z}$ 为置信度向量，$\boldsymbol{z}=\left[z_1,\cdots,z_c,\cdots,z_C\right]^{\mathrm{T}}$（$\boldsymbol{z}\in\mathbb{R}^{C\times 1}$），$1\leqslant c\leqslant C$。归一化指数函数可以看作 Sigmoid 函数的推广，该函数将 C 维向量的每个元素转换为 0 到 1 之间的数且使得变换之后的各元素之和为 1。

如果我们用 y_c 表示标签向量 $\boldsymbol{y}=\left[y_1,\cdots,y_c,\cdots,y_C\right]^{\mathrm{T}}$ 中的第 c（$1\leqslant c\leqslant C$）个元素，那么归一化指数函数分类模型的负似然函数为：

$$\begin{aligned}\ln l(\boldsymbol{\mu},\boldsymbol{y})&=-\ln\left[P\left(\boldsymbol{y}\mid \boldsymbol{x},\boldsymbol{w}\right)\right]\\&=-\ln\left(\prod_{c=1}^{C}\mu_c^{y_c}\right)\\&=-\sum_{c=1}^{C}y_c\ln\mu_c\end{aligned} \tag{4.31}$$

式（4.31）就是标签向量 $\boldsymbol{y}$ 和预测向量 $\boldsymbol{\mu}$ 之间的交叉熵。式（4.31）对参数 $\boldsymbol{w}_c$ 的梯度如下：

$$\frac{\partial\ln l(\boldsymbol{\mu},\boldsymbol{y})}{\partial\boldsymbol{w}_c}=\frac{\partial\ln l(\boldsymbol{\mu},\boldsymbol{y})}{\partial\mu_c}\cdot\frac{\partial\mu_c}{\partial\boldsymbol{w}_c} \tag{4.32}$$

式中，等号右侧第 1 项可表示为：

$$\frac{\partial\ln l(\boldsymbol{\mu},\boldsymbol{y})}{\partial\mu_c}=\frac{\partial\left(-\sum_{c=1}^{C}y_c\ln\mu_c\right)}{\partial\mu_c}=-\sum_{c=1}^{C}\frac{y_c}{\mu_c} \tag{4.33}$$

对于第 2 项：

$$\begin{aligned}\frac{\partial\mu_c}{\partial\boldsymbol{w}_c}&=\frac{\sum_{i=1}^{C}\exp\left(\boldsymbol{w}_i^{\mathrm{T}}\boldsymbol{x}\right)}{\partial\boldsymbol{w}_c}=\frac{\sum_{i=1}^{C}\exp\left(\boldsymbol{w}_i^{\mathrm{T}}\boldsymbol{x}\right)\exp\left(\boldsymbol{w}_c^{\mathrm{T}}\boldsymbol{x}\right)}{\sum_{i=1}^{C}\exp\left(\boldsymbol{w}_i^{\mathrm{T}}\boldsymbol{x}\right)^2}\\&=\left[\frac{\exp\left(\boldsymbol{w}_c^{\mathrm{T}}\boldsymbol{x}\right)}{\sum_{i=1}^{C}\exp\left(\boldsymbol{w}_i^{\mathrm{T}}\boldsymbol{x}\right)}\right]\cdot\left[1-\sum_{i=1}^{C}\exp\left(\boldsymbol{w}_i^{\mathrm{T}}\boldsymbol{x}\right)\right]\\&=\boldsymbol{\mu}_c\left(1-\boldsymbol{\mu}_c\right)\end{aligned} \tag{4.34}$$

因此，梯度为：

$$\begin{aligned}\frac{\partial \ln l(\boldsymbol{\mu},\boldsymbol{y})}{\partial \boldsymbol{w}_c}&=\frac{\partial \ln l(\boldsymbol{\mu},\boldsymbol{y})}{\partial \mu_c}\cdot\frac{\partial \mu_c}{\partial \boldsymbol{w}_c}\\&=\left(-\sum_{c=1}^{C}\frac{y_c}{\mu_c}\right)\mu_c(1-\mu_c)\\&=-y_c+\mu_c\sum_{c=1}^{C}y_c\end{aligned}\tag{4.35}$$

4.2.2 数据不均衡分类问题

在多类分类问题中，数据不均衡分类是指不同类别的样本数量极不均衡的现象。数据不均衡分类问题非常常见，例如，在“信用卡风险判断”问题中，出现还款逾期的人通常比按时还款的人少很多。除此之外，现实生活中还有很多数据不均衡分类问题：

（1）磁盘驱动器的故障率大约是1%；

（2）在线广告的转化率在0.1%到0.001%之间；

（3）工厂产品的不良率通常在0.1%左右。

【问题】数据不均衡会给分类器训练带来哪些问题？

【猜想】假设我们用999个正样本和1个负样本构建分类器。我们只需要让分类器将所有类别的样本都判断为正样本，分类器的正确率就能接近100%。因此，数据不均衡会让分类器忽略样本数量少的类别！

解决数据不均衡分类问题的策略可分为两大类：

（1）从数据的角度入手，改变训练集中正、负样本的分布从而降低类别的不均衡程度；

（2）从算法的角度入手，修改算法的损失函数使之能应对数据不均衡分类问题。

从数据的角度考虑，我们可以采用重采样技术以得到正、负样本均衡的训练集。重采样技术通常有过采样和欠采样2种，如图4-11所示。

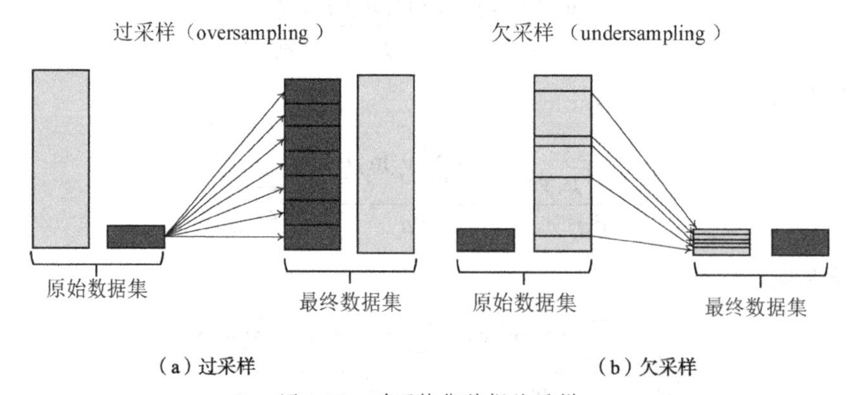

（a）过采样　　（b）欠采样

图4-11　对不均衡数据的采样

（1）过采样是指对小类的样本进行采样来增加小类的样本数量。

（2）欠采样是指对大类的样本进行采样来减少大类的样本数量。

从算法角度考虑，我们可以通过修改现有分类算法以使其适合不均衡数据集。这种方式的主要作用是提高单个分类器的性能。样本不均衡分类问题将在多个问题中呈现，处理手段也不尽相同，由于篇幅有限，我们不对技术细节展开讨论。

4.3 分类性能评价

【问题】正确率不再适合评价针对数据不均衡分类问题的分类器。那么我们该设计什么样的指标来评价分类器呢？

【猜想】我们更应该关注以正样本为对象的评价指标。对二元分类问题而言，我们将要关注的样本作为正样本，而将其他样本作为负样本。我们先定义以下概念。

- N_+（positive）：正样本数量。
- N_-（negative）：负样本数量。
- TP（true positive）：分类器将正样本预测为正类的数量。
- FN（false negative）：分类器将正样本预测为负类的数量。
- FP（false positive）：分类器将负样本预测为正类的数量。
- TN（true negative）：分类器将负样本预测为负类的数量。

根据以上的定义，我们可以得到二元分类问题的混淆矩阵（confusion matrix），如图 4-12 所示。

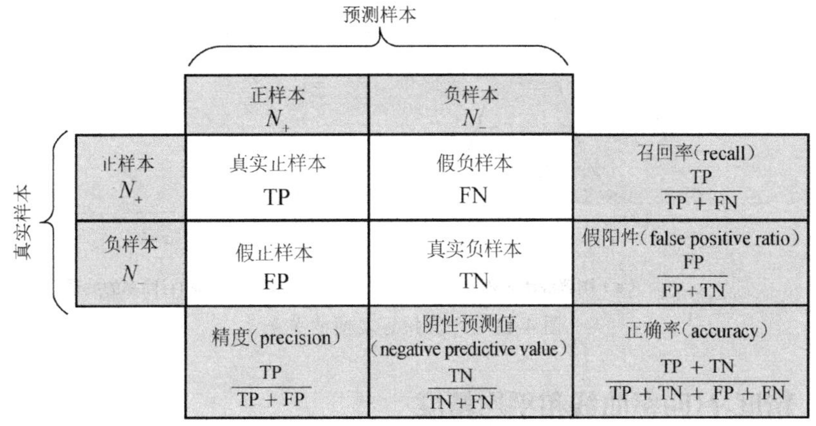

图 4-12　二元分类问题的混淆矩阵

我们定义以下指标。

（1）正确率：

$$\text{Accuracy} = \frac{TP + TN}{TP + TN + FP + FN} \tag{4.36}$$

正确率用于评价被正确分类的样本（TP 和 TN）占所有样本的比例。

（2）错误率：

$$\text{ErrorRate} = \frac{FP + FN}{TP + TN + FP + FN} \tag{4.37}$$

错误率用于评价错误分类的样本占所有样本的比例。

（3）精度（查准率）：

$$\text{Precision} = \frac{TP}{TP + FP} \tag{4.38}$$

精度用于评价所有被分类为正样本的样本中，有多少是真实正样本。

（4）召回率（查全率、真阳率、TRR）：

$$\mathrm{Recall} = \mathrm{TPR} = \frac{\mathrm{TP}}{\mathrm{TP} + \mathrm{FN}} \tag{4.39}$$

召回率用于评价所有真实正样本中，有多少比例的正样本被分类模型准确地分类出来了。

（5）假阳率（FPR）：

$$\mathrm{FPR} = \frac{\mathrm{FP}}{\mathrm{FP} + \mathrm{TN}} \tag{4.40}$$

假阳率用于评价分类结果中多少负样本被分类成了正样本。

这些指标或是用于评价分类器在二元分类任务上的性能（如正确率、错误率），或是用于评价分类器在正类别上的性能（如精度、召回率），或是用于评价分类器在负类别上的性能（如假阳率）。

评价指标之间的关系如图 4-13 所示。

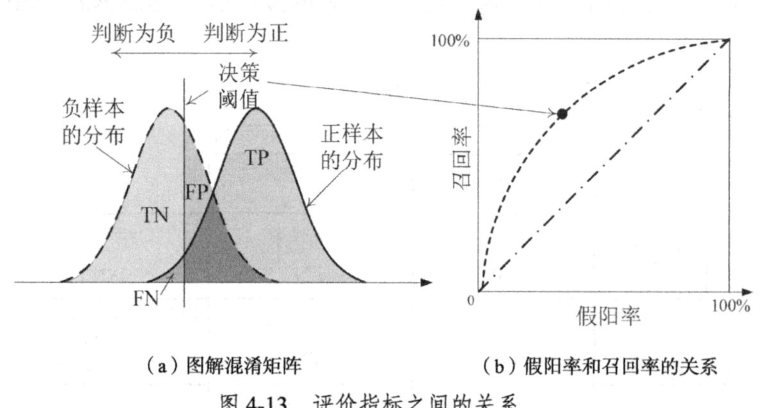

（a）图解混淆矩阵　　（b）假阳率和召回率的关系

图 4-13　评价指标之间的关系

4.3.1　精度-召回率曲线和平均精度

【问题】如果一个分类器精度高而召回率低，而另一个分类器精度低但召回率高，哪个分类器性能更好呢？

【猜想】对二元分类问题而言，如果全部样本分为正类，那么精度为 0 而召回率为 1；如果全部样本分为负类，那么精度为 1 而召回率为 0。在图 4-14 中，横轴为正类的召回率，纵轴为正类的精度。上述两种极端情况就是图 4-14 中的(0,1)、(1,0)两个坐标点。因此，我们需要考虑多个阈值下分类器的平均性能！如果将一个分类器所有阈值下的精度和召回率都画出来，我们将得到精度-召回率曲线（precision-recall curve，P-R 曲线）。

P-R 曲线直观地给出了分类器在各个分类阈值下的精度和召回率。如果分类器 A 的 P-R 曲线将分类器 B 的 P-R 曲线完全包住，我们可以认为：分类器 A 的性能优于分类器 B。如果分类器 A 的 P-R 曲线与分类器 B 的 P-R 曲线产生了交叉，我们将难以通过 P-R 曲线判断两个分类器性能的优劣。

为了判断两个分类器的 P-R 曲线产生交叉时性能的优劣，我们引入 P-R 曲线下的面积作为分类器性能判断依据，即平均精度（average precision，AP）。

$$\mathrm{AP}=\int_0^1 P(R)\mathrm{d}R \tag{4.41}$$

式中，$P(R)$表示当召回率为 R 时分类器的精度。P-R 曲线的形状会因为数据不均衡而发生较大变化，因此平均精度 AP 也可作为有效的性能评价指标。

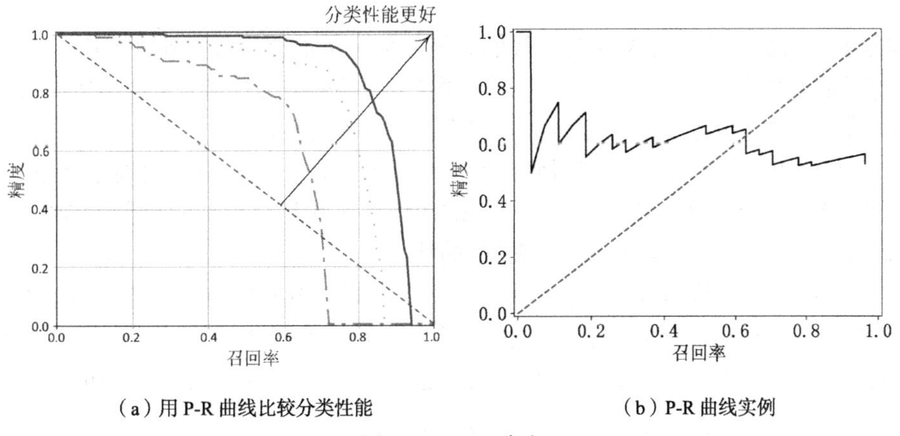

（a）用 P-R 曲线比较分类性能　　（b）P-R 曲线实例

图 4-14　P-R 曲线

【实验 5】假设我们用随机生成的一个序列（np.random.randint()）来表示一个分类器产生的输出，例如，Logistic 回归公式即式（4.11）中的值。请使用 Python 中的 NumPy 库实现对召回率和精度的计算并通过 Matplotlib 对结果进行可视化。

解：我们利用以下代码实现召回率和精度的计算并画出 P-R 曲线（如图 4-14 所示）。此外，我们也可以使用 Python 中的 scikit-learn 库的 precision_recall_curve()函数来快速生成 P-R 曲线。

```
def PR_curve (label,score) :
# 输入:
# label:1*N, N为样本的数量，样本的标签 label∈{1,0}
# score:1*N, N个样本的得分
# 输出:
# Rec:Precison(精度)
# Pre:Recall(召回率)
    pos = np.sum(label== 1)
    pred_sort = np.sort(score)[::-1]  # 从大到小排序
    index = np.argsort(score)[::-1]  # 从大到小排序
    y_sort = label[index]
    Pre = []
    Rec = []
    for i, item in enumerate(pred_sort): # 用每个预测值作为阈值进行分类
        if i == 0:
            Pre.append(1)
            Rec.append(0)
        else:
            Pre.append(np.sum((y_sort[:i] == 1))/i)
            Rec.append(np.sum((y_sort[:i] == 1))/ pos)
return Rec, Pre
```

从 Python 函数 PR_curve(label,score)的实现过程可以看出：P-R 曲线只和样本预测值的排序有关。即使我们将预测值扩大任意倍数而不改变预测值的序列关系，P-R 曲线也不会发生变化。

4.3.2 接受者操作特征曲线和曲线下面积

【问题】针对数据均衡分类问题，我们又该如何定量地评价分类器性能呢？

【猜想】数据均衡分类就意味着必须同时考虑正、负两类的性能。受到 P-R 曲线的启发，我们可以用召回率评价正类的性能而用假阳率评价负类的性能。

对二元分类而言，如果我们想得到分类器的所有性能，我们只需要通过调整分类器的阈值就可以得到一个经过(0,1)、(1,1)坐标点的曲线。这就是分类器的接受者操作特征曲线（receiver operating characteristic curve，ROC 曲线）。

ROC 曲线中 45°虚线为参考线，如图 4-15 所示，即将样本随机分类得到的曲线。此外，图 4-15 给出了正样本和负样本函数间隔的分布和 ROC 曲线之间的对应关系。如果模型的 ROC 曲线越向左上方靠拢，那么模型的性能就越好，也就意味着两个类别越能被正确分类。

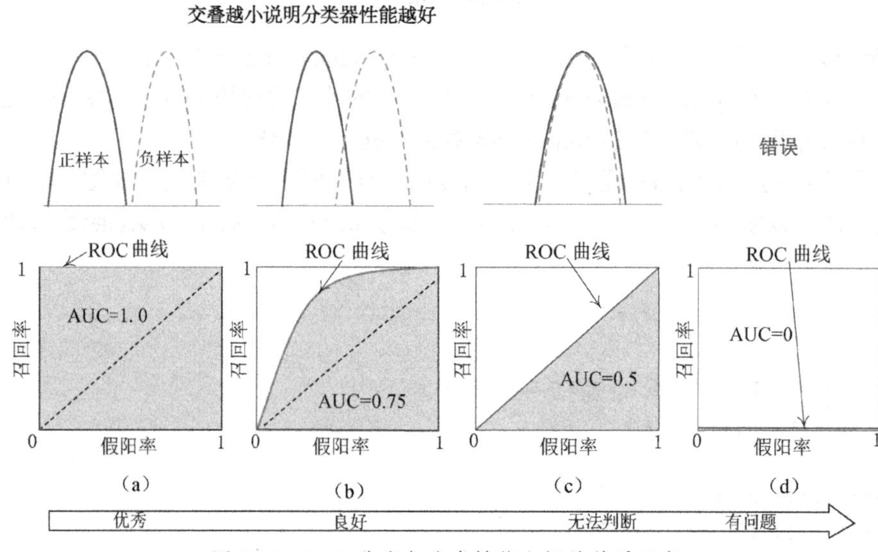

图 4-15 ROC 曲线与分类性能之间的关系示意

下一个问题是，ROC 曲线无法用于定量分析不同模型的性能，我们如何才能对不同的 ROC 曲线进行定量比较呢？

因为 ROC 曲线越往左上方靠拢，模型的预测效果就越好，而曲线下面积（area under curve，AUC）就越大。所以，AUC 可以作为分类器性能的定量评价指标。显然，模型的 AUC 值应大于 0.5（反映到图中即在参考线之上）。

知识梳理与拓展

- 掌握 Sigmoid 函数的导数计算过程，并理解 Sigmoid 函数将证据转换为概率的物理过程

- 与感知机相比，Logistic 回归将证据转换为事件出现的概率后，对二元分类问题用最大似然估计进行参数估计
- Logistic 回归的损失函数等价于交叉熵；Logistic 回归解仍然是关注难分的样本点
- 多类分类问题用一对多思路会带来类别的不平衡问题
- 归一化指数函数（Softmax 函数）将证据转换为多类预测的概率密度
- Softmax 函数的特点是将证据响应大的继续拔高而将响应低的类进行压抑
- 数据不均衡是普遍存在的现实问题，是现实长尾（long tailed）现象的描述；处理数据不均衡有过采样和欠采样两种手段
- 在数据均衡的情况下，准确率能反映系统的性能，但在数据不均衡的情况下，我们需要引入二元分类的混淆矩阵
- 针对样本数量不均衡问题，理解利用混淆矩阵对样本数量少的类的性能评估方法，并掌握平均精度的计算过程

4.4 本章小结

（1）Logistic 回归模型是将事件发生的证据转换为事件发生概率后的最大似然估计，Logistic 回归的多类分类模型可扩展为归一化指数函数模型。

（2）Logistic 回归模型建立在 Sigmoid 函数 $\sigma(z)=1/1+\exp^{(-z)}$ 的基础上，Sigmoid 函数有着明确的物理意义。

（3）Logistic 回归模型是可扩展的模型，对事件发生概率 $z(\boldsymbol{x};\boldsymbol{\theta})$ 可以使用各种合理的方式进行建模。

（4）在多类分类问题中，样本数量的不均衡会对精度带来误导。针对实际应用的需求建议如下。

① 如果我们只关心正样本的分类性能，推荐使用 AP；

② 如果我们同时关心正样本和负样本的分类性能，推荐使用 ROC 曲线和 AUC。

4.5 本章习题

1. 假设 $\boldsymbol{x}\in\mathbb{R}^{D\times1}$ 是事件的观测值，而 $\boldsymbol{y}\in\mathbb{R}^{M\times1}$ 是结果向量，则线性回归表示为 $\boldsymbol{y}=\boldsymbol{w}^{\mathrm{T}}\boldsymbol{x}+\boldsymbol{b}$。其中，$\boldsymbol{w}\in\mathbb{R}^{D\times M}$ 为权重向量，$\boldsymbol{b}\in\mathbb{R}^{M\times1}$ 为偏置向量。事件的观测值 $\boldsymbol{x}$ 可以看作自变量而结果向量 $\boldsymbol{y}$ 可以看作因变量。与线性回归相比，Logistic 回归的不同点在于（　　）。

A. Logistic 回归的因变量为二元分类变量

B. 多重线性回归的因变量为二元分类变量

C. Logistic 回归和多重线性回归的因变量都可为二元分类变量

D. Logistic 回归的因变量必须是二元分类变量

2. Logistic 回归适用于因变量为（　　）的情况。

A. 如 0、1、2 这样的离散变量

B. 有序变量，如 1.2、1.3、1.4

C. 多分类无序变量

D. ABC 均可

3. 下列关于 Logistic 回归的说法不正确的是（　）。

A. Logistic 回归目标函数是最大后验估计

B. Logistic 回归可以预测事件发生的概率大小

C. Logistic 回归可以实现多类分类

D. Logistic 回归目标函数是最大似然估计

4. 假设 $\boldsymbol{x}$（$\boldsymbol{x} \in \mathbb{R}^{D\times 1}$）是事件的观测值而 $y \in \mathbb{R}^1$ 是结果标签，则 $\sum_{i=1}^{N}\left\|\boldsymbol{x}_i^{\mathrm{T}}\boldsymbol{w}-y_i\right\|_2^2+\alpha\|\boldsymbol{w}\|_2^2$ 为岭回归（ridge regression）方法。其中，标量 α（$\alpha > 0$）为正则化系数，$\boldsymbol{w} \in \mathbb{R}^{D\times 1}$ 为权重向量。Logistic 回归和岭回归分析的区别在于（　）。

A. Logistic 回归是设计用来预测事件发生可能性的

B. Logistic 回归可以度量模型拟合程度

C. Logistic 回归可以用来估计回归系数

D. 以上所有

5. 假设我们使用带有 L_1 正则化的 Logistic 回归公式即式（4.26）对二维空间中的坐标点做二元分类。其中，C 是正则化参数，w_1、w_2 分别是特征 x_1、x_2 的权重。当 C 指从 0 增加至非常大的值时，下面选项中正确的是（　）。

A. 首先 w_1 变为 0，接着 w_2 也变为 0

B. 首先 w_2 变为 0，接着 w_1 也变为 0

C. w_1 和 w_2 同时变为 0

D. 即使 C 成为很大的值，w_1 和 w_2 也不会变为 0

6. Logistic 回归分析适用于因变量为（　）的情况。

A. 离散值　　B. 连续值　　C. 服从某种分布的值　　D. 没有特殊要求

7. 以下陈述中正确的是（　）。

A. 对于 Logistic 回归，梯度下降有时会收敛到一个局部最小值，并且无法找到全局最小值

B. Sigmoid 函数值永远不会大于 1

C. 使用线性回归做分类预测总是很有效

D. Logistic 回归只能解决二元分类问题

8. 假设你正在训练一个 Logistic 回归模型。以下陈述中正确的是（　）。

A. 正则化项能让 Logistic 回归在训练集上获得相同或更好的性能

B. 在模型中添加许多新特征有助于防止训练集过度拟合

C. 对于训练集中没有的例子，正则化项可以让模型获得相同或更好的性能

D. 向模型中添加新特征总会在训练集上获得相同或更好的性能

9. 假设利用最大后验估计的 Logistic 回归公式即式（4.26）进行了两次基于 L_2 正则化的 Logistic 回归。其中，正则化系数一次是 $\lambda=0$，而另一次是 $\lambda=1$。求得的参数分别为 $\boldsymbol{w}=[81.47,12.69]$ 和 $\boldsymbol{w}=[13.01,0.91]$。但是我们忘记了 λ 值对应的 $\boldsymbol{w}$ 值。对应于 $\lambda=1$ 的 $\boldsymbol{w}$ 为

(　　)。

A. $\boldsymbol{w}=[81.47,12.69]$

B. $\boldsymbol{w}=[13.01,0.91]$

C. $\boldsymbol{w}=[0.01,3.23]$

D. $\boldsymbol{w}=[0.24,0.35]$

10. Logistic 回归模型属于线性模型还是非线性模型？为什么？

11. 请查阅生成模型（generative model）和判别模型（discriminative model）的定义，判断 Logistic 回归是生成模型还是判别模型，并说明为什么。

12. Logistic 回归有哪些基本假设？

13. 已知线性回归是由 $y=\boldsymbol{w}^{\mathrm{T}}\boldsymbol{x}+b$ 来确定自变量 $\boldsymbol{x}$ 和因变量 y 之间相互依赖关系的一种统计分析方法。Logistic 回归和线性回归有什么区别和联系？

14. Logistic 回归什么时候用最大似然估计？什么时候用最大后验估计？

15. 请结合 Logistic 回归中的实验，分析为什么要正则化？请查阅相关资料，讨论除了 L_1 正则化和 L_2 正则化外的正则化手段。

16. Logistic 回归如何实现多类分类？

17. 简述召回率、假阳率和精度的定义和关系。

18. 证明 Logistic 回归属于指数分布族。

19. Logistic 回归有哪些优缺点？

第5章 支持向量机

支持向量机（support vector machine，SVM），又名支持向量网络，是一种二元分类模型。它的基本思想是在特征空间上定义最大间隔的分类器。本章重要知识点如下。

（1）支持向量机的分类。

（2）特征的非线性变换。

（3）核技巧。

（4）线性不可分支持向量机。

（5）支持向量机的大规模优化问题。

（6）支持向量机在回归任务中的扩展。

本章学习目标

（1）理解为什么机器学习的建模和高效优化应该分开考虑；

（2）理解模型的非线性能力来源于特征的非线性变换。

5.1 线性可分支持向量机

5.1.1 从感知机到支持向量机

感知机通过最小化错分样本数量来优化分类超平面。感知机定义损失函数的策略会存在无穷多个解。如图 5-1 所示，在最上面实线和最下面实线之间的所有分类超平面都可以把正样本和负样本完全分开。但是哪一个分类超平面是最优的（或最为理想的）？

以靠近正、负样本边缘的分类超平面为例，假设该处的样本稍微被扰动一下，感知机就可能产生错误的分类判断。相反，位于中间的分类超平面就“安全”多了，这也体现了古语“君子不立危墙之下”。因此，我们可以猜测位于中间的分类超平面是最优分类超平面。支持向量机的动机就是找到图 5-1 中的最优分类超平面。

我们怎样才能找到图 5-1 中的最优分类超平面呢？根据第 3 章中的实验，虽然我们为感知机增加间隔可将分类超平面推向正、负样本的中间，但是，感知机不能显式地找到“最优”的分类超平面。

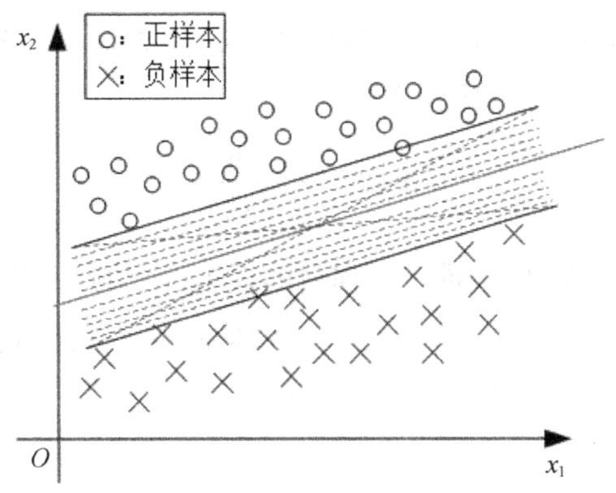

图 5-1　感知机中的分类超平面

【问题】位于“中间”的分类超平面还应遵循哪些原则？

【猜想】假设训练集 $\mathcal{D}=\{(\boldsymbol{x}_i,y_i)\}_{i=1}^N$，样本为 $\boldsymbol{x}_i$（$\boldsymbol{x}_i \in \mathbb{R}^{D\times 1}$），其对应的类别标签为 y_i $(y_i \in \{+1,-1\})$，N 是样本数量，$i=1,\cdots,N$。线性分类器的目标是在特征空间中找到能将两个类别分开的分类超平面：

$$\boldsymbol{w}^{\mathrm{T}}\boldsymbol{x}+b=0 \tag{5.1}$$

式中，$\boldsymbol{w}$（$\boldsymbol{w} \in \mathbb{R}^{D\times 1}$）是分类超平面的法向量，$b$（$b \in \mathbb{R}^{D\times 1}$）是偏置。线性可分意味着存在这样一个分类超平面：分类超平面的每一侧都是同一类样本。也就是说，法向量指向的一侧为正样本而另一侧为负样本，如图 5-2 所示。

一个求解最优分类超平面的思路是：先求出每个样本 $(\boldsymbol{x}_i,y_i)$ 到分类超平面的距离，然后让所有样本[1] $(\boldsymbol{x}_i,y_i)$（$i=1,\cdots,N$）到分类超平面的距离都最远。

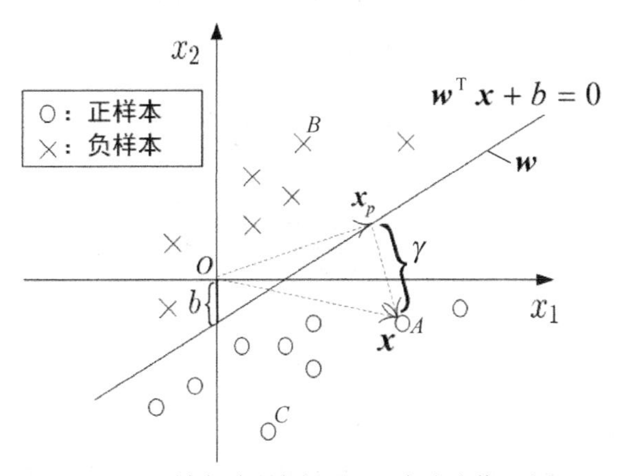

图 5-2　样本到分类超平面距离的计算示意

5.1.2　样本到分类超平面的距离

【问题】如何计算出一个样本 $(\boldsymbol{x}_i,y_i)$ 到分类超平面的距离？

【猜想】对于一个正样本（$\boldsymbol{x},y=1$）（如图 5-2 所示的点 A），我们令其在分类超平面上

1 样本 $\boldsymbol{x}_i$（$\boldsymbol{x}_i \in \mathbb{R}^{D\times 1}$）是欧氏空间中的一个 D 维向量。因此，样本 $\boldsymbol{x}_i$ 也可被看作 D 维空间中的一个点。

的垂直投影为 $\boldsymbol{x}_p$，$\boldsymbol{w}$ 是垂直于分类超平面的法向量，γ 为样本 $\boldsymbol{x}$ 到分类超平面的距离，如图 5-2 所示，我们根据平面几何知识可得：

$$\boldsymbol{x}=\boldsymbol{x}_p+\gamma\frac{\boldsymbol{w}}{\|\boldsymbol{w}\|_2} \tag{5.2}$$

式中，$\|\boldsymbol{w}\|_2$ 表示法向量 $\boldsymbol{w}$ 的 L_2 范数（即向量的模）。因为归一化操作 $\boldsymbol{w}/\|\boldsymbol{w}\|_2$ 将向量 $\boldsymbol{w}$ 变为单位向量，所以向量 $\gamma\boldsymbol{w}/\|\boldsymbol{w}\|_2$ 表示从投影点 $\boldsymbol{x}_p$ 指向点 $\boldsymbol{x}$ 的向量。如图 5-3 所示，向量归一化操作不会改变向量的方向，但会改变向量的模。

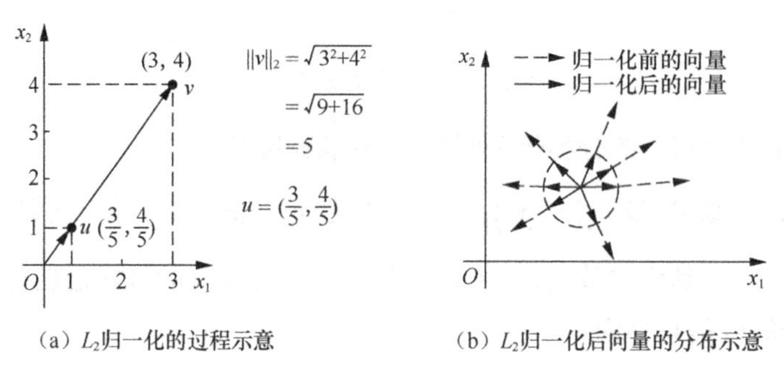

（a）L_2归一化的过程示意　　（b）L_2归一化后向量的分布示意

图 5-3　向量的 L_2 归一化

我们可以根据式（5.2）求解样本 $\boldsymbol{x}$ 到分类超平面的距离 γ。由于 $\boldsymbol{x}_p$ 是分类超平面上的点，所以满足 $f\left(\boldsymbol{x}_p\right)=0$ 即：

$$f\left(\boldsymbol{x}_p\right)=0=\boldsymbol{w}^{\mathrm{T}}\boldsymbol{x}_p+b=0 \tag{5.3}$$

把式（5.2）代入判别函数后，计算点 $\boldsymbol{x}$ 对应的 $f(\boldsymbol{x})$ 为：

$$\begin{aligned}f(\boldsymbol{x})&=\boldsymbol{w}^{\mathrm{T}}\boldsymbol{x}+b\\&=\boldsymbol{w}^{\mathrm{T}}\left(\boldsymbol{x}_p+\gamma\frac{\boldsymbol{w}}{\|\boldsymbol{w}\|_2}\right)+b\\&=\underbrace{\boldsymbol{w}^{\mathrm{T}}\boldsymbol{x}_p+b}_{\boldsymbol{w}^{\mathrm{T}}\boldsymbol{x}_p+b=0}+\boldsymbol{w}^{\mathrm{T}}\gamma\frac{\boldsymbol{w}}{\|\boldsymbol{w}\|_2}\\&=0+\gamma\frac{\|\boldsymbol{w}\|_2^2}{\|\boldsymbol{w}\|_2}\\&=\gamma\|\boldsymbol{w}\|_2\end{aligned} \tag{5.4}$$

因此，一个正样本（$\boldsymbol{x},y=1$）到分类超平面 $\boldsymbol{w}^{\mathrm{T}}\boldsymbol{x}+b=0$ 的距离 γ 可表示为：

$$\gamma=\frac{f\left(\boldsymbol{x}\right)}{\|\boldsymbol{w}\|_2} \tag{5.5}$$

如果样本为负样本（$\boldsymbol{x},y=-1$）（如图 5-2 所示的点 B），我们只需要在 $\boldsymbol{w}/\|\boldsymbol{w}\|_2$ 的方向上乘−1。那么，负样本（$\boldsymbol{x},y=-1$）到分类超平面 $\boldsymbol{w}^{\mathrm{T}}\boldsymbol{x}+b=0$ 的距离为：

$$\gamma=\frac{-f\left(\boldsymbol{x}\right)}{\|\boldsymbol{w}\|_2} \tag{5.6}$$

我们将正样本的距离即式（5.5）和负样本的距离即式（5.6）统一考虑，当样本$(\boldsymbol{x},y)$被分类超平面$\boldsymbol{w}^{\mathrm{T}}\boldsymbol{x}+b=0$正确分类时，样本$(\boldsymbol{x},y)$与分类超平面$(\boldsymbol{w},b)$的距离是：

$$\gamma=\frac{yf\left(\boldsymbol{x}\right)}{\|\boldsymbol{w}\|_2} \tag{5.7}$$

由算法 3.1 可知，$f\left(\boldsymbol{x}_i\right)$的符号与标签$y_i$的符号是否一致表示分类结果是否正确，而乘积$y_i f\left(\boldsymbol{x}_i\right)$的大小表示分类结果的置信度。由此可见，样本$\left(\boldsymbol{x}_i,y_i\right)$到分类超平面的距离即式（5.7）是用法向量的模$\|\boldsymbol{w}\|_2$对分类置信度$y_i f\left(\boldsymbol{x}_i\right)$归一化后的结果。

样本$(\boldsymbol{x},y)$到分类超平面$\boldsymbol{w}^{\mathrm{T}}\boldsymbol{x}+b=0$的距离$\gamma$越大则分类结果的置信度就越高。对于一个包含$N$个样本的数据集$\mathcal{D}=\left\{\left(\boldsymbol{x}_i,y_i\right)\right\}_{i=1}^{N}$（$i=1,\cdots,N$），我们自然将所有样本到分类超平面的距离的和最大化作为目标函数$L\left(\boldsymbol{w},b\right)$：

$$\begin{aligned}L\left(\boldsymbol{w},b\right)&=\sum_{i=1}^{N}\gamma_i\\&=\sum_{i=1}^{N}\frac{y_i f\left(\boldsymbol{x}_i;\boldsymbol{w},b\right)}{\|\boldsymbol{w}\|_2}\end{aligned} \tag{5.8}$$

参考 1.3 节的内容，我们希望利用梯度下降求解最优分类超平面公式即式（5.1）的参数$\boldsymbol{w}$和b。

为了能优化目标函数即式（5.8），我们需要检查目标函数的凹凸性以便确定函数是否有唯一的最优解。因此，我们对式（5.8）求关于参数$\boldsymbol{w}$的二阶偏导数：

$$\frac{\partial^2 L(\boldsymbol{w},b)}{\partial \boldsymbol{w}^2}=\sum_{i=1}^{N}\begin{bmatrix}-\frac{2y_i x_1 w_1+y_i\left(\boldsymbol{w}^{\mathrm{T}}\boldsymbol{x}_i+b\right)}{\|\boldsymbol{w}\|_2^3}+\frac{3w_1^2 y_i\left(\boldsymbol{w}^{\mathrm{T}}\boldsymbol{x}_i+b\right)}{\|\boldsymbol{w}\|_2^5}\\-\frac{2y_i x_2 w_2+y_i\left(\boldsymbol{w}^{\mathrm{T}}\boldsymbol{x}_i+b\right)}{\|\boldsymbol{w}\|_2^3}+\frac{3w_2^2 y_i\left(\boldsymbol{w}^{\mathrm{T}}\boldsymbol{x}_i+b\right)}{\|\boldsymbol{w}\|_2^5}\\\cdots\\\underbrace{-\frac{2y_i x_D w_D+y_i\left(\boldsymbol{w}^{\mathrm{T}}\boldsymbol{x}_i+b\right)}{\|\boldsymbol{w}\|_2^3}}_{\text{第1项}}+\underbrace{\frac{3w_D^2 y_i\left(\boldsymbol{w}^{\mathrm{T}}\boldsymbol{x}_i+b\right)}{\|\boldsymbol{w}\|_2^5}}_{\text{第2项}}\end{bmatrix} \tag{5.9}$$

式（5.9）的第 1 项表达式与第 2 项表达式的相对大小无法确定。因此，权重$\boldsymbol{w}$的二阶导数不一定为负，目标函数即式（5.9）在优化过程中凹凸性会发生变化。

5.1.3 基于最大间隔的目标函数

【问题】我们怎么定义一个替代函数将式（5.8）转换为一个便于优化的凸函数？

【猜想】我们继续观察图 5-2 会发现：没有必要让所有的样本都参与到目标函数的构造中，如距离分类超平面最远的点C。

一个更为合理的思路是：利用“最危险”的样本“最安全”的思想来保证式（5.9）的成立。因此，我们定义间隔（margin）为所有样本到分类超平面的最小距离：

$$\hat{\gamma}=\min_i\left(\gamma_i\right),i=1,\cdots,N \tag{5.10}$$

式中，γ_i是样本$(\boldsymbol{x}_i,y_i)$到分类超平面$\boldsymbol{w}^{\mathrm{T}}\boldsymbol{x}+b=0$的距离。$\hat{\gamma}$又被称为函数$f(\boldsymbol{x})$的几何间隔，也被认为是“最危险”的样本到分类超平面的距离。

最大化最小距离即式（5.10）就能得到最优分类超平面的参数$\hat{\boldsymbol{\theta}}=\left\{\hat{\boldsymbol{w}},\hat{b}\right\}$：

$$\hat{\boldsymbol{w}},\hat{b}=\arg\max_{\boldsymbol{w},b}\min_i\left(\gamma_i\right) \tag{5.11}$$

式（5.11）也意味着我们只需要先找到最小的几何间隔$\hat{\gamma}$，然后让所有样本的几何间隔γ_i不小于$\hat{\gamma}$：

$$\begin{aligned}&\max_{w,b}\quad \hat{\gamma}\\&\text{s.t.}\quad\quad \gamma_i\geqslant\hat{\gamma},\quad i=1,\cdots,N\end{aligned} \tag{5.12}$$

显然，式（5.12）和式（5.9）是等价的。式（5.12）的作用是转化为一个带约束的凸优化问题。

5.1.4 支持向量与间隔最大化

根据式（5.7），我们将式（5.12）中的几何间隔$\hat{\gamma}$转化为函数间隔$\tilde{\gamma}$：

$$\begin{aligned}&\max_{w,b}\frac{\tilde{\gamma}}{\|\boldsymbol{w}\|_2}\\&\text{s.t. } y_i\left(\boldsymbol{w}^{\mathrm{T}}\boldsymbol{x}_i+b\right)\geqslant\tilde{\gamma},\ i=1,\cdots,N\end{aligned} \tag{5.13}$$

【问题】式（5.13）中的函数间隔$\tilde{\gamma}$该如何确定呢？

【猜想】在4.3.1小节中，计算曲线下面积的实验告诉我们，不改变样本间函数间隔的序列关系而用一个大于0的值α放大或缩小函数间隔：

$$yf\left(\boldsymbol{x}\right)\leftarrow\alpha yf\left(\boldsymbol{x}\right) \tag{5.14}$$

分类模型$f\left(\boldsymbol{x}\right)$的分类能力并没有被改变，即函数间隔$\tilde{\gamma}$可以取任意的正数！

由于标签$y\in\{-1,1\}$，我们令距离分类超平面最近的样本满足：$f\left(\boldsymbol{x}\right)=1$或$f\left(\boldsymbol{x}\right)=-1$，即我们设置函数间隔$\tilde{\gamma}$=1。因此，分类超平面优化问题即式（5.13）转化为：

$$\begin{aligned}&\min_{w,b}\frac{1}{2}\|\boldsymbol{w}\|_2^2\\&\text{s.t. } y_i\left(\boldsymbol{w}^{\mathrm{T}}\boldsymbol{x}_i+b\right)\geqslant 1,i=1,2,\cdots,N\end{aligned} \tag{5.15}$$

式（5.15）是线性可分支持向量机。在数学上，支持向量机是一个有N个约束的二次凸优化问题。

假设式（5.15）中的等号约束成立，如图5-4所示，满足等号约束的正、负样本将分别对应于两个分类超平面：

$$H_1:\boldsymbol{w}^{\mathrm{T}}\boldsymbol{x}_i+b=1\quad\text{正样本点}$$
$$H_2:\boldsymbol{w}^{\mathrm{T}}\boldsymbol{x}_i+b=-1\quad\text{负样本点}$$

两个分类超平面 H_1 和 H_2 之间的距离就是正、负样本到分类超平面的最短距离之和：

$$\text{几何间隔}=\frac{1}{\|\boldsymbol{w}\|_2}+\frac{1}{\|\boldsymbol{w}\|_2} \tag{5.16}$$

如图 5-5 所示，式（5.15）中的约束 $y_i\left(\boldsymbol{w}^{\mathrm{T}}\boldsymbol{x}_i+b\right)\geqslant 1$ 可以表示为合页损失（hinge loss）：

$$\max\left[0,1-y\left(\boldsymbol{w}^{\mathrm{T}}\boldsymbol{x}+b\right)\right]\Rightarrow\max\left[0,1-yf\left(\boldsymbol{x}\right)\right]$$

式（5.15）中的约束也是第 3 章实验 2 中带预留量感知机的损失，而 $\min_{\boldsymbol{w}}\frac{1}{2}\|\boldsymbol{w}\|_2^2$ 相当于第 2 章的最大后验估计中对参数 $\boldsymbol{w}$ 施加零均值的高斯分布先验。

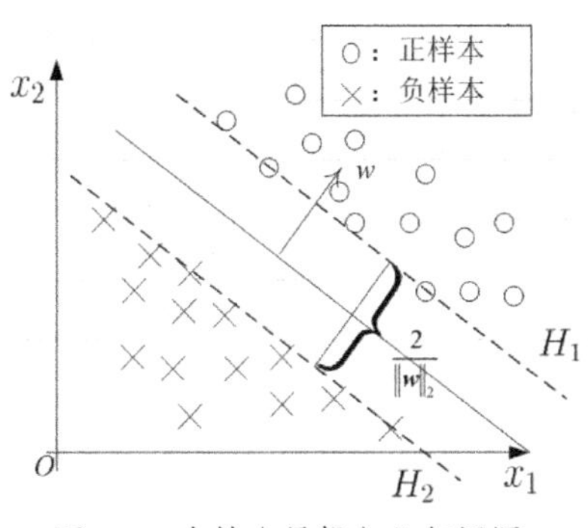

图 5-4　支持向量机与几何间隔

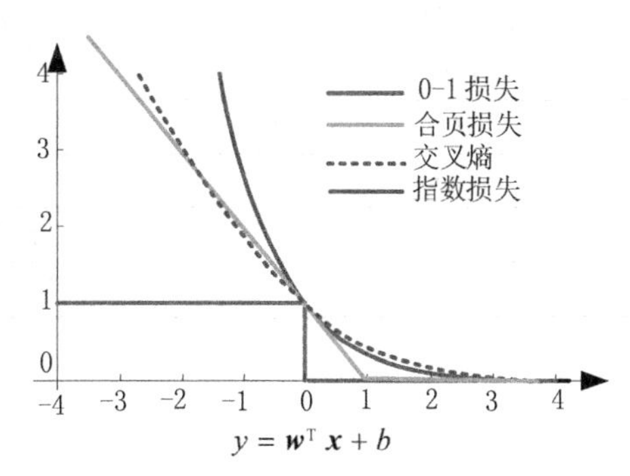

图 5-5　常用分类损失函数之间的关系

支持向量机可以被抽象为更一般的形式：

$$\min_f\Omega(f)+C\sum_{i=1}^{N}l\left[f\left(\boldsymbol{x}_i\right),y_i\right] \tag{5.17}$$

式中，第 1 项中的 $\Omega(f)$ 为结构风险（structural risk），用于描述模型的性质（如支持向量机对参数 $\boldsymbol{w}$ 施加零均值的高斯分布先验）；第 2 项中的 $l\left[f\left(\boldsymbol{x}_i\right),y_i\right]$ 为经验风险（empiric risk），用于描述模型与训练数据的契合程度（如支持向量机要求几何间隔最大）。参数 C（$C>0$）是对二者的折中，即我们既想模型满足某种性质又想模型能很好地解释训练数据。从正则化角度来讲，式（5.17）中的 $\Omega(f)$ 称为正则化项，C 称为惩罚参数，C 越大对错分的惩罚越大。下面给出线性可分支持向量机学习算法。

算法 5.1：线性可分支持向量机学习算法

输入：线性可分训练集 $\mathcal{D}=\left\{\left(\boldsymbol{x}_i,y_i\right)\right\}_{i=1}^{N}$，$\boldsymbol{x}_i\in\mathbb{R}^{D\times 1}$，$y_i\in\{+1,-1\}$，$i=1,\cdots,N$。

输出：判别函数 $f\left(\boldsymbol{x}\right)=\operatorname{sign}\left(\hat{\boldsymbol{w}}^{\mathrm{T}}\boldsymbol{x}+\hat{b}\right)$。

利用优化算法求解带约束的二次凸优化问题即式（5.15），获得最优解 $\hat{\boldsymbol{w}}$ 和 $\hat{b}$。

【实验 1】我们随机生成服从高斯分布的两类样本。其中，正样本“○”服从分布 $\mathcal{N}\left(\begin{bmatrix}0\\0\end{bmatrix},\begin{bmatrix}1,0\\0,1\end{bmatrix}\right)$，而负样本“×”服从分布 $\mathcal{N}\left(\begin{bmatrix}4\\4\end{bmatrix},\begin{bmatrix}1,0\\0,1\end{bmatrix}\right)$。利用工具包（SciPy）实现线性可分支持向量机学习算法。

解：我们用优化包 scipy.optimize 中的 minimize 函数对式(5.15)进行优化。利用 minimize 函数可求解带约束条件的极值问题，参数说明如表 5-1 所示。如图 5-6 所示，最优分类超平面距离正、负样本都是最远的。

表 5-1 参数说明

参数名称	说明	类型
fun	待优化函数	callable
x0	进行迭代的初值	tuple
method	求解极值问题的方法	string
constrains	约束条件	dictionary
bound	变量的上下界	list

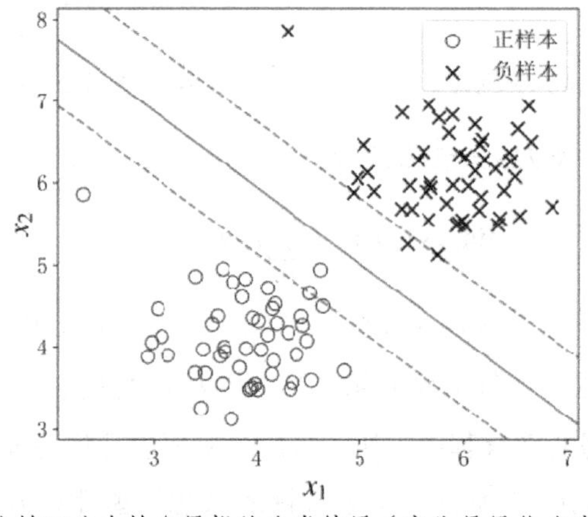

图 5-6 线性可分支持向量机的分类结果（实线是最优分类超平面）

5.1.5 线性支持向量机的对偶算法

线性支持向量机的目标函数即式（5.15）表示的是一个二次凸优化问题。虽然利用现有的优化算法可以求解式（5.15），但是每个样本都会构成一个复杂的不等式约束。多个复杂的不等式约束将导致式（5.15）在优化时非常耗时。因此，我们需要探寻式（5.15）的高效求解方法。

在 3.3.2 小节，感知机的对偶优化算法揭示了对偶表示能够对优化问题进行转换。因此，我们期望对偶表示能将复杂的不等式约束进行化简。

拉格朗日乘子法与 Karush-Kuhn-Tucker（KKT）条件

利用 KKT 条件能将最优化问题的不等式约束进行转换。假设带约束的优化问题表示如下：

$$\begin{aligned} &\min\ f(\boldsymbol{x}) \\ &\text{s.t.}\ \ h_j(\boldsymbol{x})=0,\quad j=1,\cdots,M \\ &\qquad g_k(\boldsymbol{x})\leqslant 0,\quad k=1,\cdots,N \end{aligned} \tag{5.18}$$

式中，变量 $\boldsymbol{x}$（$\boldsymbol{x}\in\mathbb{R}^{D\times 1}$）是维度为 D 的待优化向量，函数 $f(\boldsymbol{x})$ 为待优化的目标函数，而函数 $h_j(\boldsymbol{x})$ 为等式约束，函数 $g_k(\boldsymbol{x})$ 为不等式约束。

拉格朗日乘子法定义不等式约束下的拉格朗日函数为：

$$L(\boldsymbol{x},\boldsymbol{\lambda},\boldsymbol{\mu})=f(\boldsymbol{x})+\sum_{j=1}^{M}\lambda_j h_j(\boldsymbol{x})+\sum_{k=1}^{N}\mu_k g_k(\boldsymbol{x}) \tag{5.19}$$

式中，$f(\boldsymbol{x})$ 是原目标函数，λ_j 是对应等式约束的拉格朗日乘子，$h_j(\boldsymbol{x})$ 是第 j 个等式约束条件，μ_k 是对应不等式约束的拉格朗日乘子，$g_k(\boldsymbol{x})$ 是不等式约束。拉格朗日乘子法将引入拉格朗日乘子 $\boldsymbol{\lambda}=\{\lambda_1,\cdots,\lambda_M\}$ 和 $\boldsymbol{\mu}=\{\mu_1,\cdots,\mu_N\}$。

式（5.19）的最优解满足下述 KKT 条件：

（a）$\left.\dfrac{\partial L(\boldsymbol{x},\boldsymbol{\lambda},\boldsymbol{\mu})}{\partial \boldsymbol{x}}\right|_{x=\hat{x}}=0$；

（b）$\lambda_j\neq 0$，$j=1,\cdots,M$；

（c）$u_k\geqslant 0$，$k=1,\cdots,N$；

（d）$\mu_k g_k(\hat{\boldsymbol{x}})=0$，$k=1,\cdots,N$；

（e）$h_j(\hat{\boldsymbol{x}})=0$，$j=1,\cdots,M$；

（f）$g_k(\hat{\boldsymbol{x}})\leqslant 0$，$k=1,\cdots,N$。

其中，变量 $\hat{\boldsymbol{x}}$ 表示拉格朗日函数即式（5.19）的局部最优解，条件（a）是拉格朗日函数取极值时的一个必要条件，条件（b）和条件（c）是拉格朗日乘子约束，条件（d）是互补松弛条件，条件（e）和条件（f）是原约束条件。可见，我们可以利用拉格朗日乘子法构造式（5.18）的对偶问题（dual problem）。

【问题】我们根据 KKT 条件怎么将线性支持向量机的原始问题转换为对偶问题呢？

【猜想】根据拉格朗日乘子法构造拉格朗日函数：

$$\begin{aligned} &L(\boldsymbol{w},b,\boldsymbol{\alpha})=\frac{1}{2}\|\boldsymbol{w}\|_2^2-\sum_{i=1}^{N}\alpha_i\left[y_i\left(\boldsymbol{w}^{\mathrm{T}}\boldsymbol{x}_i+b\right)-1\right] \\ &\text{s.t.}\ \ \alpha_i\geqslant 0,\ i=1,\cdots,N \\ &\qquad y_i\left(\boldsymbol{w}^{\mathrm{T}}\boldsymbol{x}_i+b\right)-1\geqslant 0, i=1,\cdots,N \end{aligned} \tag{5.20}$$

式中，向量 $\boldsymbol{\alpha}=[\alpha_1,\cdots,\alpha_i,\cdots,\alpha_N]$，$\alpha_i$ 为不等式约束的拉格朗日乘子（Lagrange multiplier）。

对比原问题即式（5.15）和拉格朗日函数即式（5.20），我们发现线性不等式约束 $y_i\left(\boldsymbol{w}^{\mathrm{T}}\boldsymbol{x}_i+b\right)-1\geqslant 0$ 已经变成简单的不等式约束 $\alpha_i\geqslant 0$。拉格朗日函数即式（5.20）意味着对偶问题将会有机会降低原始问题的计算复杂度。

给定一组参数 $\boldsymbol{w}$ 和 b，如果式（5.15）的约束条件不满足，有：

$$\max_{\boldsymbol{\alpha}} L(\boldsymbol{w},b,\boldsymbol{\alpha})=+\infty \tag{5.21}$$

目标函数即式（5.20）无穷大显然不合理。如果式（5.15）的约束条件被满足，式（5.20）会产生无意义的解 $\max_{\boldsymbol{\alpha}} L(\boldsymbol{w},b,\boldsymbol{\alpha})=\|\boldsymbol{w}\|_2^2/2$。因此，将式（5.20）转化为：

$$\begin{gathered}L(\boldsymbol{w},b,\boldsymbol{\alpha})=\frac{1}{2}\|\boldsymbol{w}\|_2^2-\sum_{i=1}^{N}\alpha_i\left[y_i\left(\boldsymbol{w}^{\mathrm{T}}\boldsymbol{x}_i+b\right)-1\right]\\ \text{s.t.}\ \ \alpha_i\geqslant 0,\ i=1,\cdots,N\end{gathered} \tag{5.22}$$

最终，优化问题即式（5.20）可转换为：

$$\min_{\boldsymbol{w},b}\max_{\boldsymbol{\alpha}} L(\boldsymbol{w},b,\boldsymbol{\alpha}) \tag{5.23}$$

它与式（5.15）所求问题是完全等价的。根据拉格朗日对偶性，原始问题即式（5.15）的对偶问题为：

$$\max_{\boldsymbol{\alpha}}\min_{\boldsymbol{w},b} L(\boldsymbol{w},b,\boldsymbol{\alpha}) \tag{5.24}$$

为了求得对偶问题即式（5.24）的解，我们需要先求得 $L(\boldsymbol{w},b,\boldsymbol{\alpha})$ 关于 $\boldsymbol{w}$ 和 b 的极小值，再求得关于 $\boldsymbol{\alpha}$ 的极大值。

（1）$\min_{\boldsymbol{w},b} L(\boldsymbol{w},b,\boldsymbol{\alpha})$：我们将拉格朗日函数分别对 $\boldsymbol{w}$ 和 b 求偏导，并令其为 0，则

$$\frac{\partial L(\boldsymbol{w},b,\boldsymbol{\alpha})}{\partial \boldsymbol{w}}=\boldsymbol{w}-\sum_{i=1}^{N}\alpha_i y_i\boldsymbol{x}_i=0\Rightarrow \boldsymbol{w}=\sum_{i=1}^{N}\alpha_i y_i\boldsymbol{x}_i \tag{5.25}$$

$$\frac{\partial L(\boldsymbol{w},b,\boldsymbol{\alpha})}{\partial b}=-\sum_{i=1}^{N}\alpha_i y_i=0\Rightarrow \sum_{i=1}^{N}\alpha_i y_i=0 \tag{5.26}$$

我们将式（5.25）和式（5.26）代入 $L(\boldsymbol{w},b,\boldsymbol{\alpha})$ 得：

$$\begin{aligned}\mathcal{L}(\boldsymbol{w},b,\boldsymbol{\alpha})&=\frac{1}{2}\|\boldsymbol{w}\|_2^2-\sum_{i=1}^{N}\alpha_i\left[y_i\left(\boldsymbol{w}^{\mathrm{T}}\boldsymbol{x}_i+b\right)-1\right]\\&=\frac{1}{2}\sum_{i=1}^{N}\alpha_i y_i\boldsymbol{x}_i^{\mathrm{T}}\sum_{j=1}^{N}\alpha_j y_j\boldsymbol{x}_j-\sum_{i=1}^{N}\alpha_i y_i\boldsymbol{x}_i^{\mathrm{T}}\sum_{j=1}^{N}\alpha_j y_j\boldsymbol{x}_j-b\sum_{i=1}^{N}\alpha_i y_i+\sum_{i=1}^{N}\alpha_i\\&=-\frac{1}{2}\sum_{i=1}^{N}\alpha_i y_i\boldsymbol{x}_i^{\mathrm{T}}\sum_{j=1}^{N}\alpha_j y_j\boldsymbol{x}_j+\sum_{i=1}^{N}\alpha_i\\&=\sum_{i=1}^{N}\alpha_i-\frac{1}{2}\sum_{i,j=1}^{N}y_i y_j\alpha_j\alpha_i\boldsymbol{x}_i^{\mathrm{T}}\boldsymbol{x}_j\end{aligned} \tag{5.27}$$

将式（5.27）代入式（5.24）中，$\min_{\boldsymbol{w},b} L(\boldsymbol{w},b,\boldsymbol{\alpha})$ 可化简为：

$$\min_{w,b} L(\boldsymbol{w},b,\boldsymbol{\alpha}) = -\frac{1}{2}\sum_{i=1}^{N}\sum_{j=1}^{N}\alpha_i\alpha_j y_i y_j \boldsymbol{x}_i^{\mathrm{T}}\boldsymbol{x}_j + \sum_{i=1}^{N}\alpha_i \tag{5.28}$$

（2）求 $\max_{\alpha} \mathcal{L}(\boldsymbol{w},b,\boldsymbol{\alpha})$：对式（5.27）求极大值等价于对式（5.28）取负数后求极小值。

$$\begin{aligned}\max_{\alpha}\min_{w,b} \mathcal{L}(\boldsymbol{w},b,\boldsymbol{\alpha}) &= \max_{\alpha} -\frac{1}{2}\sum_{i=1}^{N}\sum_{j=1}^{N}\alpha_i\alpha_j y_i y_j \boldsymbol{x}_i^{\mathrm{T}}\boldsymbol{x}_j + \sum_{i=1}^{N}\alpha_i \\ &= \min_{\alpha} \frac{1}{2}\sum_{i=1}^{N}\sum_{j=1}^{N}\alpha_i\alpha_j y_i y_j \boldsymbol{x}_i^{\mathrm{T}}\boldsymbol{x}_j - \sum_{i=1}^{N}\alpha_i\end{aligned} \tag{5.29}$$

因此，拉格朗日乘子 $\boldsymbol{\alpha}$ 的最优解满足：

$$\begin{aligned}&\min_{\alpha} \frac{1}{2}\sum_{i=1}^{N}\sum_{j=1}^{N}\alpha_i\alpha_j y_i y_j \boldsymbol{x}_i^{\mathrm{T}}\boldsymbol{x}_j - \sum_{i=1}^{N}\alpha_i \\ &\text{s.t. } \sum_{i=1}^{N}\alpha_i y_i = 0 \\ &\qquad \alpha_i \geqslant 0,\ i = 1,\cdots,N\end{aligned} \tag{5.30}$$

假设我们已经求得式（5.30）的最优解 $\hat{\alpha}_i$（$1\leqslant i\leqslant N$）。我们可根据式（5.14）求得最优权重 $\hat{\boldsymbol{w}}$：

$$\hat{\boldsymbol{w}} = \sum_{i=1}^{N}\hat{\alpha}_i y_i \boldsymbol{x}_i \tag{5.31}$$

式中，$\hat{\alpha}_i$（$\hat{\alpha}_i \in \mathbb{R}^1$）为对偶问题即式（5.30）的最优解。由于，$\hat{\alpha}_i \in \mathbb{R}^1$ 和 $y_i \in \{-1,+1\}$，因此 $\sum_{i=1}^{N}\hat{\alpha}_i y_i \boldsymbol{x}_i$ 可以用一个向量表示。例如，一个支持向量机有 2 个样本，$\hat{\alpha}_1 = 0.1$，$\hat{\alpha}_2 = 0.2$，$y_1 = 1$，$y_2 = -1$，$\boldsymbol{x}_1 = [0.1, 0.2]^{\mathrm{T}}$，$\boldsymbol{x}_1 = [0.3, 0.4]^{\mathrm{T}}$，那么 $\hat{\boldsymbol{w}} = [-0.05, -0.06]^{\mathrm{T}}$。

另外，我们可以通过反证法断定至少有一个 $\hat{\alpha}_j$（$1\leqslant j\leqslant N$）满足 $\hat{\alpha}_j > 0$。假设这样的 $\hat{\alpha}_j$ 不存在，那么 $\hat{\alpha}_j$ 将全部为 0，这将导致 $\hat{\boldsymbol{w}} = 0$，即 $2/\|\boldsymbol{w}\|_2 = \infty$，显然这是不合理的结论。因此，至少有一个 $\hat{\alpha}_j$ 满足 $\hat{\alpha}_j > 0$。

我们再根据原始问题的 KKT 条件：

$$\begin{cases}\alpha_i \geqslant 0, & i = 1,\cdots,N \quad \text{(a)} \\ y_i\left(\boldsymbol{w}^{\mathrm{T}}\boldsymbol{x}_i + b\right) - 1 \geqslant 0, & i = 1,\cdots,N \quad \text{(b)} \\ \alpha_i\left[y_i\left(\boldsymbol{w}^{\mathrm{T}}\boldsymbol{x}_i + b\right) - 1\right] = 0, & i = 1,\cdots,N \quad \text{(c)}\end{cases} \tag{5.32}$$

加上至少有一个 $\hat{\alpha}_j > 0$ 的条件，我们可以认为至少存在一个 j 使得条件（b）中的等号成立，即 $y_i\left(\boldsymbol{w}^{\mathrm{T}}\boldsymbol{x}_i + b\right) - 1 = 0$。因此，最优偏置 $\hat{b}$ 为：

$$\begin{aligned}\hat{b} &= \frac{1}{y_j} - \hat{\boldsymbol{w}}^{\mathrm{T}}\boldsymbol{x}_j \\ &= y_j - \hat{\boldsymbol{w}}^{\mathrm{T}}\boldsymbol{x}_j \\ &= y_j - \sum_{i=1}^{N}\hat{\alpha}_i y_i \boldsymbol{x}_j^{\mathrm{T}}\boldsymbol{x}_i\end{aligned} \tag{5.33}$$

在式（5.33）中，因为$y_i \in \{1,-1\}$，所以$1/y_i=y_i$。综合式（5.31）和式（5.33），我们通过拉格朗日乘子$\hat{\alpha}_j$来获得线性可分支持向量机的解：

$$\begin{aligned} f(\boldsymbol{x}) &= \hat{\boldsymbol{w}}^{\mathrm{T}}\boldsymbol{x}+b \\ &= \left(\sum_{i=1}^{N}\hat{\alpha}_i y_i \boldsymbol{x}_i\right)^{\mathrm{T}}\boldsymbol{x}+\hat{b} \\ &= \sum_{i=1}^{N}\hat{\alpha}_i y_i \boldsymbol{x}_i^{\mathrm{T}}\boldsymbol{x}+\hat{b} \end{aligned} \tag{5.34}$$

则线性可分支持向量机的判别函数为：

$$f(\boldsymbol{x}) = \operatorname{sign}\left(\sum_{i=1}^{N}\hat{\alpha}_i y_i \boldsymbol{x}_i^{\mathrm{T}}\boldsymbol{x}+\hat{b}\right) \tag{5.35}$$

当对一个测试样本$\boldsymbol{x}$进行分类时，式（5.35）揭示判别函数$f(\boldsymbol{x})$需要计算所有训练样本$\boldsymbol{x}_i$与测试样本之间的内积$\boldsymbol{x}_i^{\mathrm{T}}\boldsymbol{x}$。下面给出线性可分支持向量机的对偶学习算法。

算法 5.2：线性可分支持向量机的对偶学习算法

输入：线性可分训练集$\mathcal{D}=\{(\boldsymbol{x}_i,y_i)\}_{i=1}^{N}$，$\boldsymbol{x}_i \in \mathbb{R}^{D\times 1}$，$y_i \in \{+1,-1\}$，$i=1,\cdots,N$。

输出：判别函数$f(\boldsymbol{x})=\operatorname{sign}(\hat{\boldsymbol{w}}^{\mathrm{T}}\boldsymbol{x}+\hat{b})$。

（1）利用优化算法求解带约束的二次凸优化问题即式（5.30）。

（2）按照式（5.31）和式（5.33）求最优解$\hat{\boldsymbol{w}}$和$\hat{b}$。

【实验 2】我们随机生成服从高斯分布的两类样本。其中，正样本“○”服从分布$\mathcal{N}\left(\begin{bmatrix}0\\0\end{bmatrix},\begin{bmatrix}1,0\\0,1\end{bmatrix}\right)$，负样本“×”服从分布$\mathcal{N}\left(\begin{bmatrix}4\\4\end{bmatrix},\begin{bmatrix}1,0\\0,1\end{bmatrix}\right)$。利用优化工具包（SciPy）实现算法 5.2，并利用该算法对 MNIST 手写体字符中的“1”和“7”这两类字符进行分类，同时比较不同数据规模时算法 5.1 和算法 5.2 的效率。

解：我们比较对偶问题即式（5.30）与原始问题即式（5.15）在不同数据规模时的时间消耗，如图 5-7 所示。对偶问题的优化效率要高于原始问题的；此外，数据规模越大，对偶问题的优化越有优势。

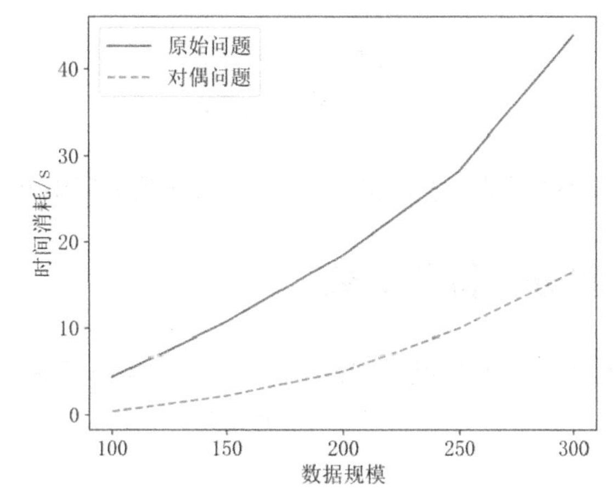

图 5-7 对偶问题与原始问题优化效率对比

5.1.6 稀疏的支持向量

【问题】 是否所有的样本最终都参与判别函数即式（5.35）的构建?

【猜想】 根据线性支持向量机 KKT 条件中的互补约束条件 $\alpha_i\left[y_i\left(\boldsymbol{w}^{\mathrm{T}}\boldsymbol{x}_i+b\right)-1\right]=0$，训练样本$\left(\boldsymbol{x}_i,y_i\right)$被分为两类。

（1）非支持向量样本（简称为非支持向量）：到超平面距离大于 1 的样本，即满足约束 $y_i\left(\boldsymbol{w}^{\mathrm{T}}\boldsymbol{x}_i+b\right)-1>0$ 的样本。若要满足 KKT 的互补约束条件，则拉格朗日乘子 α_i 满足 $\alpha_i=0$，如图 5-8 所示。非支持向量对分类函数即式（5.34）没有任何贡献。

（2）支持向量样本（简称为支持向量）：到超平面距离等于 1 的样本，即 $y_i\left(\boldsymbol{w}^{\mathrm{T}}\boldsymbol{x}_i+b\right)-1=0$ 的样本。若要满足 KKT 的互补约束条件，则拉格朗日乘子 α_i 满足 $\alpha_i>0$，如图 5-8 所示。只有位于超平面上的样本才能成为支持向量从而直接参与判别函数即式（5.34）的计算。与所有样本相比，支持向量的数量极为稀少，因此称之为稀疏的支持向量。

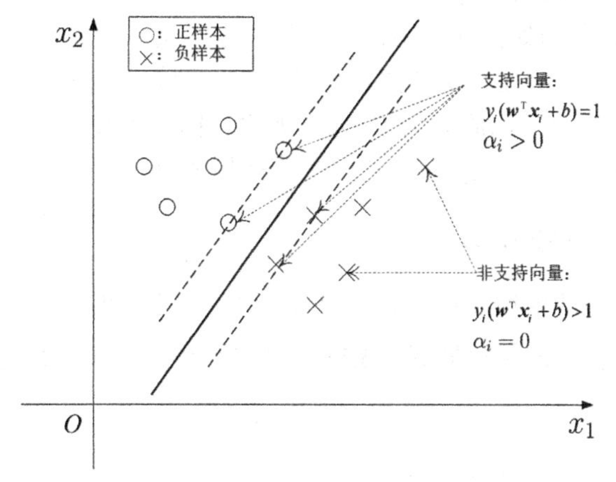

图 5-8 线性支持向量机中支持向量和非支持向量的分布示意

只有支持向量可构成判别函数，而非支持向量对于判别函数没有任何作用。所以，式（5.20）被称为支持向量机的对偶形式。同时，判别函数即式（5.35）中的参数 $\hat{\boldsymbol{w}}$ 和 $\hat{b}$ 可以化简为以下形式：

$$\hat{\boldsymbol{w}}=\sum_{i\in \mathrm{SV}}\hat{\alpha}_i y_i \boldsymbol{x}_i$$
$$\hat{b}=y_j-\sum_{i\in \mathrm{SV}}\hat{\alpha}_i y_i \boldsymbol{x}_j^{\mathrm{T}}\boldsymbol{x}_i \tag{5.36}$$

式中，α_i为支持向量的拉格朗日乘子，SV为支持向量在数据集中索引的集合。

5.2 线性不可分支持向量机

我们常常会遇到线性不可分的问题，如图 5-9 所示，我们无法在样本空间中找到合适的分类超平面将正样本“○”和负样本“×”完全分类。

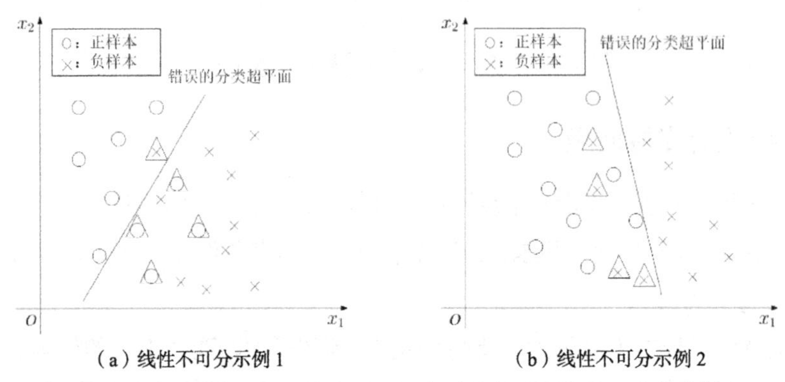

（a）线性不可分示例 1　　（b）线性不可分示例 2

图 5-9 线性不可分示例。其中，用三角形框标识出被错误分类的样本

【问题】采用什么样的方式才能将图 5-9 中的正、负样本分开？我们有两种方式。

（1）用曲线将正样本和负样本分开。曲线意味着非线性分类超平面，我们将在 5.3 节讲解非线性可分支持向量机。

（2）用直线将正样本和负样本分开，但我们只允许最少量的样本被错误分类。这就是线性不可分支持向量机的动机。

对于第 2 种方式，我们如何让被错误分类的样本数量最少呢？

【猜想】我们只需要降低被错误分类样本的要求。例如，在考试中，正常的及格分数为 60 分。假设甲同学为 20 分，乙同学为 55 分。如果乙同学进步较大而且老师希望将乙同学也归为及格一类，可行的策略是老师给乙同学额外加 5 分。

5.2.1 软间隔与错分样本

【问题】如何允许线性支持向量机容忍最少量不可分样本呢？

【猜想】线性可分支持向量机即式（5.15）要求所有被正确分类的样本$\left(\boldsymbol{x}_i,y_i\right)$满足：

$$y_i\left(\boldsymbol{w}^{\mathrm{T}}\boldsymbol{x}_i+b\right)\geqslant 1 \tag{5.37}$$

因此，线性不可分的样本$\left(\boldsymbol{x}^*,y^*\right)$会有$y^*\left(\boldsymbol{w}^{\mathrm{T}}\boldsymbol{x}^*+b\right)\leqslant 1$的性质。我们需要对这些线性不可分的样本$\left(\boldsymbol{x}^*,y^*\right)$进行“提分”。但是，问题的关键是：我们需要先找到这些线性不可分的样本！

我们为每个样本$\left(\boldsymbol{x}_i,y_i\right)$都引入松弛变量$\xi_i$（$\xi_i\geqslant 0$）作为是否需要被“提分”的指示值，

即我们让函数间隔即式（5.37）加上松弛变量ξ_i后的数值应大于或等于 1：

$$y_i\left(\boldsymbol{w}^{\mathrm{T}}\boldsymbol{x}_i+b\right)\geqslant 1-\xi_i, i=1,\cdots,N \tag{5.38}$$

（1）当$\xi_i=0$时，式（5.38）等价于$y_i\left(\boldsymbol{w}^{\mathrm{T}}\boldsymbol{x}_i+b\right)\geqslant 1$，说明样本$\left(\boldsymbol{x}_i,y_i\right)$是线性可分的；

（2）当$\xi_i>0$时，式（5.38）等价于$y_i\left(\boldsymbol{w}^{\mathrm{T}}\boldsymbol{x}_i+b\right)<1$，说明样本$\left(\boldsymbol{x}_i,y_i\right)$是线性不可分的。式（5.38）对函数间隔用“提分”的策略让正、负样本线性可分。因此，式（5.38）被称为“软间隔”（soft margin）。软间隔示意如图 5-10 所示。

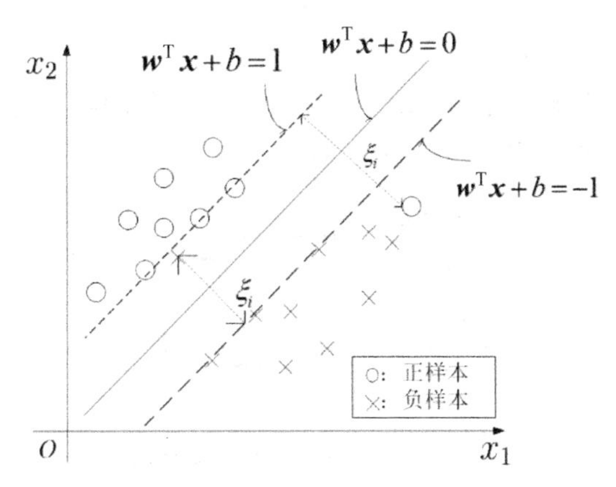

图 5-10　软间隔示意

虽然式（5.38）已经解决了如何容忍线性不可分样本的问题，但是，我们还没有解决让错分样本最少的问题！毕竟，我们希望被“提分”样本的数量越少越好。线性不可分支持向量机希望“提分项”ξ_i的总和越小越好：

$$\begin{aligned}&\min_{\boldsymbol{w},b,\xi}\quad \frac{1}{2}\|\boldsymbol{w}\|_2^2+C\sum_{i=1}^{N}\xi_i\\&\text{s.t.}\quad y_i\left(\boldsymbol{w}^{\mathrm{T}}\boldsymbol{x}_i+b\right)\geqslant 1-\xi_i,\quad i=1,\cdots,N\\&\qquad \xi_i\geqslant 0,\quad i=1,\cdots,N\end{aligned} \tag{5.39}$$

式中，标量C（$C>0$）为惩罚因子。带松弛变量的约束$y_i\left(\boldsymbol{w}^{\mathrm{T}}\boldsymbol{x}_i+b\right)\geqslant 1-\xi_i$用于实现“提分”，而最小化$\sum_{i=1}^{N}\xi_i$项要求不可分样本尽可能少。式（5.39）是线性不可分（或软间隔）支持向量机的原始形式。当C取有限值时，式（5.39）允许一些样本不满足约束$y_i\left(\boldsymbol{w}^{\mathrm{T}}\boldsymbol{x}_i+b\right)\geqslant 1$，（$i=1,\cdots,N$）；当$C$取正无穷时意味着$\xi_i=0$，式（5.39）就变成了“硬间隔”（hard margin）支持向量机即式（5.15）。

5.2.2　线性不可分支持向量机的对偶算法

【问题】线性不可分支持向量机即式（5.39）的对偶问题是什么形式?

【猜想】和式（5.30）同理，我们用拉格朗日乘子法将其转换为对偶问题。式（5.39）对应的拉格朗日函数为：

$$L(\boldsymbol{w},b,\boldsymbol{\xi},\boldsymbol{\alpha},\boldsymbol{\beta})=\frac{1}{2}\|\boldsymbol{w}\|_2^2+C\sum_{i=1}^{N}\xi_i-\sum_{i=1}^{N}\alpha_i\left[y_i\left(\boldsymbol{w}^{\mathrm{T}}\boldsymbol{x}_i+b\right)-1+\xi_i\right]-\sum_{i=1}^{N}\beta_i\xi_i \tag{5.40}$$

式中，向量 $\boldsymbol{\xi}=[\xi_1,\cdots,\xi_i,\cdots,\xi_N]$，向量 $\boldsymbol{\alpha}=[\alpha_1,\cdots,\alpha_i,\cdots,\alpha_N]$（$0\leqslant\alpha_i$），向量 $\boldsymbol{\beta}=[\beta_1,\cdots,\beta_i,\cdots,\beta_N]$（$0\leqslant\beta_i$），它们分别为拉格朗日乘子。式（5.40）的对偶问题为：

$$\begin{aligned}&\max_{\boldsymbol{\alpha},\boldsymbol{\beta}}\min_{\boldsymbol{w},b,\boldsymbol{\xi}} L(\boldsymbol{w},b,\boldsymbol{\xi},\boldsymbol{\alpha},\boldsymbol{\beta})\\ &\qquad\text{s.t.}\ 0\leqslant\alpha_i,\quad i=1,\cdots,N\\ &\qquad\quad 0\leqslant\beta_i,\quad i=1,\cdots,N\end{aligned} \tag{5.41}$$

（1）求 $\min_{\boldsymbol{w},b,\boldsymbol{\xi}} L(\boldsymbol{w},b,\boldsymbol{\xi},\boldsymbol{\alpha},\boldsymbol{\beta})$。

$\min_{\boldsymbol{w},b,\boldsymbol{\xi}} L(\boldsymbol{w},b,\boldsymbol{\xi},\boldsymbol{\alpha},\boldsymbol{\beta})$ 对参数 $\{\boldsymbol{w},b,\boldsymbol{\xi}\}$ 的优化属于无约束优化。让目标函数即式（5.41）分别对参数 $\{\boldsymbol{w},b,\boldsymbol{\xi}\}$ 求一阶导数，并令其为 0：

$$\frac{\partial L(\boldsymbol{w},b,\boldsymbol{\xi})}{\partial \boldsymbol{w}}=0\Rightarrow \boldsymbol{w}=\sum_{i=1}^{N}\alpha_i y_i\boldsymbol{x}_i \tag{5.42}$$

$$\frac{\partial L(\boldsymbol{w},b,\boldsymbol{\xi})}{\partial b}=0\Rightarrow \sum_{i=1}^{N}\alpha_i y_i=0 \tag{5.43}$$

$$\frac{\partial L(\boldsymbol{w},b,\boldsymbol{\xi})}{\partial \boldsymbol{\xi}}=0\Rightarrow \beta_i=C-\alpha_i \tag{5.44}$$

式中，松弛变量 ξ_i 已经从式（5.42）、式（5.43）和式（5.44）中消失。式（5.44）建立了对偶变量 β_i 和 α_i 的关系。在式（5.42）中，权重 $\boldsymbol{w}$ 解的形式与线性支持向量机一致。将式（5.42）代入式（5.40）中可得：

$$\begin{aligned}L(\boldsymbol{w},b,\boldsymbol{\xi},\boldsymbol{\alpha},\boldsymbol{\beta})&=\frac{1}{2}\|\boldsymbol{w}\|_2^2+C\sum_{i=1}^{N}\xi_i-\sum_{i=1}^{N}\alpha_i\left[y_i\left(\boldsymbol{w}^{\mathrm{T}}\boldsymbol{x}_i+b\right)-1+\xi_i\right]-\sum_{i=1}^{N}\beta_i\xi_i\\ &=\frac{1}{2}\|\boldsymbol{w}\|_2^2-\sum_{i=1}^{N}\alpha_i\left[y_i\left(\boldsymbol{w}^{\mathrm{T}}\boldsymbol{x}_i+b\right)-1+\xi_i\right]+\sum_{i=1}^{N}\alpha_i\xi_i=\frac{1}{2}\|\boldsymbol{w}\|_2^2-\sum_{i=1}^{N}\alpha_i\left[y_i\left(\boldsymbol{w}^{\mathrm{T}}\boldsymbol{x}_i+b\right)-1\right]\\ &=\frac{1}{2}\boldsymbol{w}^{\mathrm{T}}\boldsymbol{w}-\sum_{i=1}^{N}\alpha_i y_i\boldsymbol{w}^{\mathrm{T}}\boldsymbol{x}_i-\sum_{i=1}^{N}\alpha_i y_i b+\sum_{i=1}^{N}\alpha_i\\ &=\frac{1}{2}\sum_{i=1}^{N}\sum_{j=1}^{N}\alpha_i\alpha_j y_i y_j\boldsymbol{x}_i^{\mathrm{T}}\boldsymbol{x}_j-\sum_{i=1}^{N}\sum_{j=1}^{N}\alpha_i\alpha_j y_i y_j\boldsymbol{x}_i^{\mathrm{T}}\boldsymbol{x}_j-b\sum_{i=1}^{N}\alpha_i y_i+\sum_{i=1}^{N}\alpha_i\\ &=\sum_{i=1}^{N}\alpha_i-\frac{1}{2}\sum_{i=1}^{N}\sum_{j=1}^{N}\alpha_i\alpha_j y_i y_j\boldsymbol{x}_i^{\mathrm{T}}\boldsymbol{x}_j\end{aligned} \tag{5.45}$$

在式（5.45）中，松弛变量 ξ_i 的对偶变量 β_i 被消去了。线性不可分支持向量机的对偶问题即式（5.44）与线性可分支持向量机的对偶问题即式（5.29）一致！

（2）求 $\max_{\alpha,\beta} L(\boldsymbol{w},b,\varepsilon,\boldsymbol{\alpha},\boldsymbol{\beta})$。

由 KKT 条件公式即式（5.44）的 $\beta_i=C-\alpha_i$（$0\leqslant\beta_i$）可以推出 $0\leqslant\alpha_i\leqslant C$。式（5.45）化简为：

$$\max_{\boldsymbol{\alpha}}\left(\sum_{i=1}^{N}\alpha_i-\frac{1}{2}\sum_{i=1}^{N}\sum_{j=1}^{N}\alpha_i\alpha_j y_i y_j \boldsymbol{x}_i^{\mathrm{T}}\boldsymbol{x}_j\right)$$
$$\text{s.t.}\ \sum_{i=1}^{N}\alpha_i y_i=0,\qquad(5.46)$$
$$0\leqslant\alpha_i\leqslant C,\quad i=1,\cdots,N$$

线性不可分支持向量机即式（5.46）与线性可分支持向量机的对偶问题即式（5.30）相比，差别是对偶变量 $\boldsymbol{\alpha}$ 的约束不同：线性不可分支持向量机即式（5.46）是 $0\leqslant\alpha_i\leqslant C$ 而线性可分支持向量机即式（5.30）是 $0\leqslant\alpha_i$ 。

假设我们已经求得了拉格朗日乘子 α_i 的最优解 $\hat{\alpha}_i$ 。我们根据式（5.42）求得最优权重 $\hat{\boldsymbol{w}}$ 为：

$$\hat{\boldsymbol{w}}=\sum_{i=1}^{N}\hat{\alpha}_i y_i \boldsymbol{x}_i\qquad(5.47)$$

显然，权重 $\hat{\boldsymbol{w}}$ 解的形式与线性支持向量机的权重即式（5.31）完全一致！再根据 KKT 条件，可得：

$$\begin{cases}0\leqslant\alpha_i,0\leqslant\beta_i, & i=1,\cdots,N\quad(\text{a})\\ \xi_i\leqslant y_i\left(\boldsymbol{w}^{\mathrm{T}}\boldsymbol{x}_i+b\right)-1, & i=1,\cdots,N\quad(\text{b})\\ \alpha_i\left[y_i\left(\boldsymbol{w}^{\mathrm{T}}\boldsymbol{x}_i+b\right)-1+\xi_i\right]=0, & i=1,\cdots,N\quad(\text{c})\\ \beta_i\xi_i=0, & i=1,\cdots,N\quad(\text{d})\end{cases}\qquad(5.48)$$

我们可得线性不可分支持向量机的解：

$$\hat{\boldsymbol{w}}=\sum_{i\in\mathrm{SV}}\hat{\alpha}_i y_i \boldsymbol{x}_{\mathrm{i}}$$
$$\hat{b}=y_i-\sum_{i\in\mathrm{SV}}\hat{\alpha}_i y_i \boldsymbol{x}_i^{\mathrm{T}}x_i\qquad(5.49)$$

式中，SV 表示支持向量索引的集合。下一个很自然的问题是：线性不可分支持向量机是否也是稀疏的？

根据 KKT 条件式即式（5.48）中条件（c）可知，任意样本 $(\boldsymbol{x}_i,y_i)$ 可以分为两类。

（1）**非支持向量**：满足约束 $y_i\left(\boldsymbol{w}^{\mathrm{T}}\boldsymbol{x}_i+b\right)>1$ 的样本，其拉格朗日乘子 α_i 和 ξ_i 分别满足约束 $\alpha_i=0$ 和 $\xi_i=0$ 。非支持向量对分类超平面的构建没有任何作用。

（2）**支持向量**：满足约束 $y_i\left(\boldsymbol{w}^{\mathrm{T}}\boldsymbol{x}_i+b\right)=1-\xi_i$ 的样本，其拉格朗日乘子 α_i 满足约束 $\alpha_i>0$ 。如图 5-11 所示，支持向量又可以进一步细分为：

① 若 $0<\alpha_i<C$ ，则由 KKT 条件可知，样本满足 $y_i\left(\boldsymbol{w}^{\mathrm{T}}\boldsymbol{x}_i+b\right)=1$ ，即样本刚好在最大间隔的分类超平面上，这类样本对分类超平面的构建具有重要作用且可以被正确分类；

② 若 $\alpha_i=C$ 、 $0<\xi_i\leqslant 1$ ，则样本 $(\boldsymbol{x}_i,y_i)$ 落在最大间隔的内部，而且样本满足 $y_i\left(\boldsymbol{w}^{\mathrm{T}}\boldsymbol{x}_i+b\right)=1-\xi_i\geqslant 0$ ，所以，这类样本对分类超平面的构建具有重要作用且可以被正确分类；

③若 $\alpha_i=C$ 、 $\xi_i>1$ ，则样本 $(\boldsymbol{x}_i,y_i)$ 落在最大间隔边界的外部，样本满足

$y_i\left(\boldsymbol{w}^{\mathrm{T}}\boldsymbol{x}_i+b\right)=1-\xi_i<0$，所以，这类样本对分类超平面的构建具有重要作用但不可被正确分类。

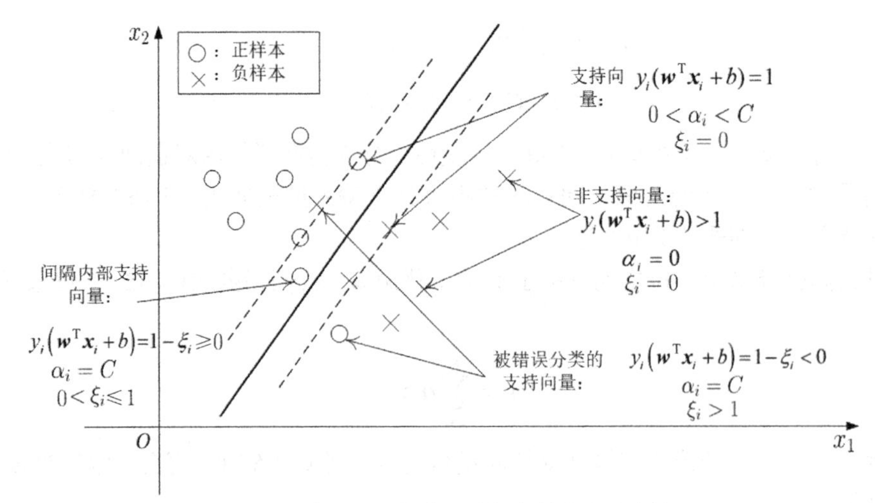

图 5-11　线性不可分支持向量机中样本的分类情况

下面给出线性不可分支持向量机的对偶学习算法。

算法 5.3：线性不可分支持向量机的对偶学习算法

输入：训练集 $\mathcal{D}=\left\{\left(\boldsymbol{x}_i,y_i\right)\right\}_{i=1}^{N}$，$\boldsymbol{x}_i\in\mathbb{R}^{D\times1}$，$y_i\in\{+1,-1\}$，$i=1,\cdots,N$。

输出：模型 $f(\boldsymbol{x})=\operatorname{sign}\left(\hat{\boldsymbol{w}}^{\mathrm{T}}\boldsymbol{x}+\hat{b}\right)$。

（1）选择惩罚参数 C（$C>0$）。

（2）利用优化算法求解带约束的二次凸优化问题即式（5.46）。

（3）按照式（5.49）求最优解 $\hat{\boldsymbol{w}}$ 和 $\hat{b}$。

【实验 3】我们随机生成服从高斯分布的两类样本。其中，正样本“○”服从分布 $\mathcal{N}\left(\begin{bmatrix}0\\0\end{bmatrix},\begin{bmatrix}1,0\\0,1\end{bmatrix}\right)$，负样本“×”服从分布 $\mathcal{N}\left(\begin{bmatrix}1\\1\end{bmatrix},\begin{bmatrix}1,0\\0,1\end{bmatrix}\right)$。请实现线性不可分支持向量机的对偶学习算法，并可视化不同 C 值对分类超平面的影响。

解：如图 5-12 所示，当 C 值趋于无穷大时，线性不可分样本（样本的松弛项 $\xi_i>0$）的损失值也将趋于无穷大，线性不可分支持向量机不允许出现错分样本。因此，线性不可分支持向量机就转变成硬间隔支持向量机。当 C 值趋于 0 时，线性不可分支持向量机对所有的错分样本都没有惩罚，支持向量机将不再关注分类是否正确，而只要求几何间隔越大越好。

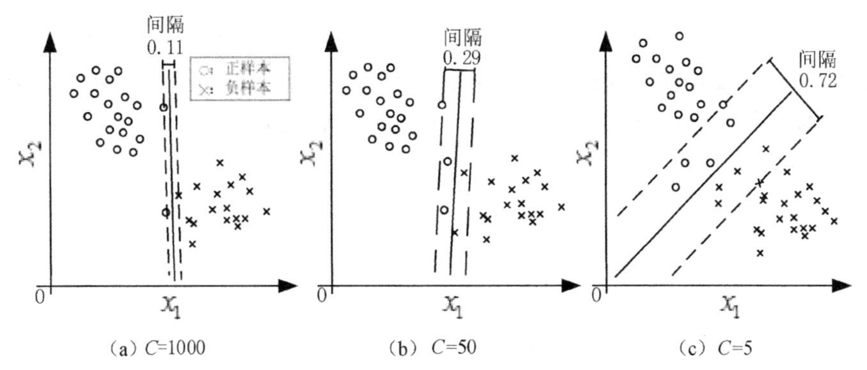

（a）C=1000　　（b）C=50　　（c）C=5

图 5-12　C 值越大使支持向量机在训练集上性能越好，相应的几何间隔将越小，而支持向量机就越倾向于过度拟合

5.3 非线性支持向量机

如何将线性支持向量机推广到非线性可分问题呢？在第 4 章，我们利用非线性变换赋予了 Logistic 回归非线性分类能力。因此，一个自然的想法是：我们对样本 $\boldsymbol{x}$ 进行合适的非线性变换！图 5-13（a）给出了两类样本的分布，一类为正样本“○”，而另一类为负样本“×”。显然，在图 5-13（a）所示的二维平面上，我们不可能找到一条直线将两类样本完全分开。

我们用变换 $\phi\left(\boldsymbol{x}_i\right)$ 将二维数据 $\boldsymbol{x}=\left[x_1,x_2\right]^{\mathrm{T}}$ 变换到三维空间 $\left(z_1,z_2,z_3\right)$：

$$\begin{aligned}\phi\left(\boldsymbol{x}_i\right)&=\left[x_1,x_2,x_1^2+x_2^2\right]^{\mathrm{T}}\\&=\left[z_1,z_2,z_3\right]^{\mathrm{T}}\end{aligned}\tag{5.50}$$

式中，z_3 为样本 $\left(x_1,x_2\right)$ 到原点 $(0,0)$ 的距离。如图 5-13（b）所示，当加入变换 $z_3=x_1^2+x_2^2$ 后，我们用三维空间中的一个平面能将两类样本分开。

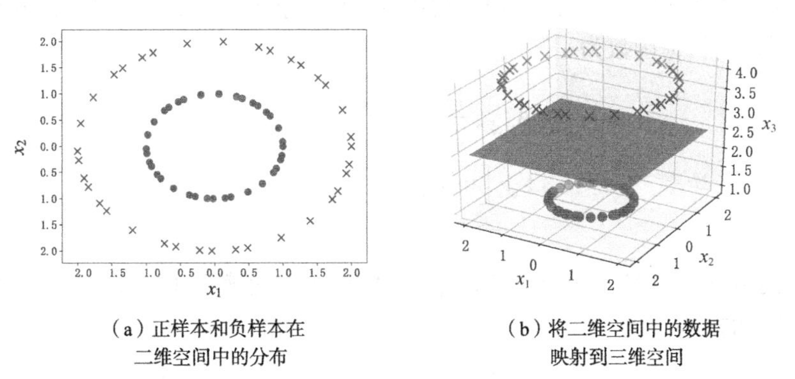

（a）正样本和负样本在二维空间中的分布　　（b）将二维空间中的数据映射到三维空间

图 5-13　将二维样本用特定函数映射到可分的三维空间

【问题】 对于不同的分类问题，我们用什么样的非线性变换才能将数据映射到线性可分空间中？

【猜想】 不同的分类问题需要使用不同的非线性变换。例如，非线性变换 1 $\left(z_1,z_2,z_3\right)\leftarrow\left(x,y,x^3+y^3\right)$ 的结果如图 5-14（a）所示，非线性变换 2 的结果 $\left(z_1,z_2,z_3\right)\leftarrow\left(x^3+y,y,x^3+y^3\right)$

如图 5-14（b）所示，非线性变换 3 的结果$\left(z_1,z_2,z_3\right)\leftarrow\left(x^3+y,y^3+x,x^3+y^3\right)$如图 5-14（c）所示。但是，图 5-14 中的非线性变换都无法将样本映射到线性可分的空间中。因此，对特定分布的数据而言，合适的非线性变换才是非线性可分的关键。

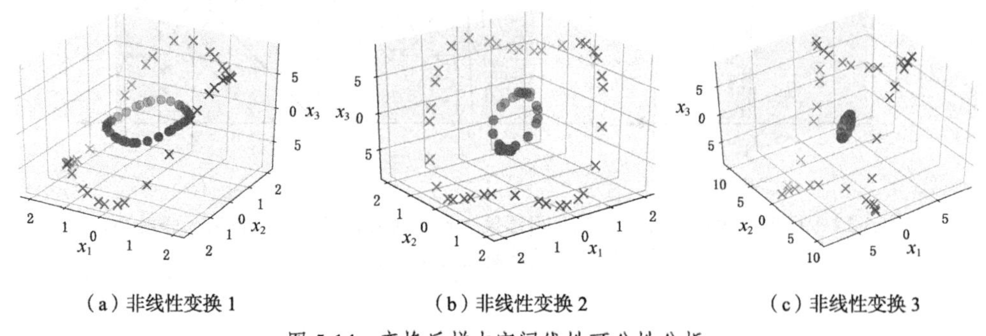

（a）非线性变换 1　　（b）非线性变换 2　　（c）非线性变换 3

图 5-14　变换后样本空间线性可分性分析

5.3.1　线性可分支持向量机的非线性化

【问题】既然非线性变换有可能将样本映射到线性可分空间，我们怎么利用非线性变换实现非线性可分支持向量机呢？

【猜想】参照第 4 章中的实验 3 实现 Logistic 回归的非线性能力，想法可分为两步（见图 5-13）：

第 1 步，我们使用非线性变换将样本映射到线性可分的新的特征空间$\mathcal{H}$中；

第 2 步，在新空间中，我们使用线性可分支持向量机获得分类超平面。

假设有一个非线性变换$\phi(\boldsymbol{x})$能将样本$\boldsymbol{x}$（$\boldsymbol{x}\in\mathbb{R}^{D\times1}$）映射到新的特征空间$\mathcal{H}$。在新的特征空间$\mathcal{H}$中，函数$f(\boldsymbol{x})=\boldsymbol{w}^{\mathrm{T}}\boldsymbol{x}+b$转变为：

$$f(\boldsymbol{x})=\boldsymbol{w}^{\mathrm{T}}\phi(\boldsymbol{x})+b \tag{5.51}$$

然后，在新的特征空间$\mathcal{H}$中，我们利用线性不可分支持向量机即式（5.39）。因此，非线性支持向量机的目标函数为：

$$\begin{aligned}&\min_{\boldsymbol{w},\xi,b}\frac{1}{2}\|\boldsymbol{w}\|_2^2+C\sum_{i=1}^{N}\xi_i\\&\text{s.t. } y_i\left[\boldsymbol{w}^{\mathrm{T}}\phi(\boldsymbol{x}_i)+b\right]\geqslant1-\xi_i,\\&\quad\ \xi_i\geqslant0,\qquad i=1,\cdots,N\end{aligned} \tag{5.52}$$

依循 5.2.2 小节中线性不可分支持向量机对偶问题的求解过程，我们按照 KKT 条件化简得式（5.52）的对偶问题：

$$\begin{aligned}&\max_{\boldsymbol{\alpha}}\sum_{i=1}^{N}\alpha_i-\frac{1}{2}\sum_{i=1}^{N}\sum_{j=1}^{N}\alpha_i\alpha_jy_iy_j\left\langle\phi(\boldsymbol{x}_i),\phi(\boldsymbol{x}_j)\right\rangle\\&\text{s.t. }\sum_{i=1}^{N}\alpha_iy_i=0\\&\quad\ 0\leqslant\alpha_i\leqslant C,\quad i=1,\cdots,N\end{aligned} \tag{5.53}$$

式中，运算$\left\langle\phi\left(\boldsymbol{x}_i\right),\phi\left(\boldsymbol{x}_j\right)\right\rangle$表示映射后特征向量$\phi\left(\boldsymbol{x}_i\right)$和$\phi\left(\boldsymbol{x}_j\right)$之间的内积。我们通过式（5.53）计算出拉格朗日乘子α_i，便能求出最优权重参数$\boldsymbol{w}$和偏置b，从而得到判别函数：

$$\begin{aligned}f(\boldsymbol{x})&=\left[\sum_{i=1}^{N}\alpha_i y_i\phi\left(\boldsymbol{x}_i\right)\right]^{\mathrm{T}}\phi\left(\boldsymbol{x}\right)+b\\&=\sum_{i=1}^{N}\alpha_i y_i\phi^{\mathrm{T}}\left(\boldsymbol{x}_i\right)\phi\left(\boldsymbol{x}\right)+b\\&=\sum_{i=1}^{N}\alpha_i y_i\left\langle\phi\left(\boldsymbol{x}_i\right),\phi\left(\boldsymbol{x}\right)\right\rangle+b\\&=\sum_{i\in\mathrm{SV}}\alpha_i y_i\left\langle\phi\left(\boldsymbol{x}_i\right),\phi\left(\boldsymbol{x}\right)\right\rangle+b\end{aligned}\tag{5.54}$$

式中，$\boldsymbol{x}_i$表示训练样本，$\boldsymbol{x}$表示测试样本，SV表示支持向量索引的集合。

式（5.54）说明，我们将原始特征$\boldsymbol{x}_i$和$\boldsymbol{x}_j$之间的内积换成映射后特征之间的内积$\left\langle\phi\left(\boldsymbol{x}_i\right),\phi\left(\boldsymbol{x}_j\right)\right\rangle$就完成了模型的非线性化。在预测时，非线性支持向量机需要计算支持向量$\boldsymbol{x}_i$（$i\in\mathrm{SV}$）和测试样本$\boldsymbol{x}$变换后向量之间的内积$\left\langle\phi\left(\boldsymbol{x}_i\right),\phi\left(\boldsymbol{x}_j\right)\right\rangle$。

在预测时，非线性支持向量机的时间复杂度为$O(|\mathrm{SV}|)$，其中，$|\mathrm{SV}|$表示支持向量的数量。与非线性支持向量机的解不同，线性可分支持向量机中的权重$\boldsymbol{w}$最终表示成1个由拉格朗日乘子α_i加权的向量。因此，线性支持向量机的时间复杂度为$O(1)$，其中，1表示1个加权的向量与1个测试样本之间的向量内积。

5.3.2 核技巧与计算复杂度

虽然用非线性变换可以将特征映射到线性可分的空间$\mathcal{H}$，但是，我们并不知道用哪种非线性变换能将特征映射到线性可分空间$\mathcal{H}$。比如，用$\left(z_1,z_2,z_3\right)\leftarrow\left(x_1,x_2,x_1^2+x_2^2\right)$和$\left(z_1,z_2,z_3\right)\leftarrow\left(\sqrt{2}xy,x^2,y^2\right)$都能将图5-14中的数据映射到高维可分的空间$\mathcal{H}$中，而用变换$\left(z_1,z_2,z_3\right)\leftarrow\left(x^3+y,y^3+x,x^3+y^3\right)$却不行。

一种解决问题的思路是将特征用尽可能多的非线性变换映射到高维空间$\mathcal{H}$中，甚至是无穷维的空间中。理想的情况下，我们期望在无穷种非线性变换中总能在一个维度的空间中将样本完全分开！

【问题】将特征$\boldsymbol{x}$（$\boldsymbol{x}\in\mathbb{R}^{D\times1}$）映射到高维甚至无穷维空间$\mathcal{H}$的过程中，我们必须面对计算复杂度问题：如果我们先将样本$\boldsymbol{x}_i$和$\boldsymbol{x}_j$映射到高维空间$\phi(\boldsymbol{x})$中再计算内积$\left\langle\phi\left(\boldsymbol{x}_i\right),\phi\left(\boldsymbol{x}_j\right)\right\rangle$会消耗大量的计算资源。例如，变换$\left(z_1,z_2,z_3\right)\leftarrow\left(x,y,x^2+y^2\right)$需要5次乘法运算，而变换$\left(z_1,z_2,z_3\right)\leftarrow\left(\sqrt{2}xy,x^2,y^2\right)$需要6次乘法运算。此外，大量样本的特征变换和内积计算会造成算法5.3无法用于解决实际问题。

【猜想】我们观察到在支持向量机的对偶问题中，无论是目标函数即式（5.53）还是分类函数即式（5.54），都只需知道内积$\left\langle\phi\left(\boldsymbol{x}_i\right),\phi\left(\boldsymbol{x}_j\right)\right\rangle$的值而不需要具体知道非线性变换$\phi(\boldsymbol{x})$。一个大胆的猜想是我们能找到一些特殊的函数$K\left(\boldsymbol{x}_i,\boldsymbol{x}_j\right)$实现低维空间中样本$\boldsymbol{x}_i$和

$\boldsymbol{x}_j$ 的运算结果等于非线性变换后 $\langle\phi(\boldsymbol{x}_i),\phi(\boldsymbol{x}_j)\rangle$ 的结果，即 $K(\boldsymbol{x}_i,\boldsymbol{x}_j)=\langle\phi(\boldsymbol{x}_i),\phi(\boldsymbol{x}_j)\rangle$。

下面我们将用例子来证实这一猜想。在二维空间中我们定义特征 $\boldsymbol{x}=[x_1,x_2]^{\mathrm{T}}$，假设我们通过变换 $\phi(\boldsymbol{x})$ 将 $\boldsymbol{x}$ 从二维空间映射到三维空间：

$$\phi(\boldsymbol{x})\leftarrow\left(x_1^2,x_2^2,\sqrt{2}x_1x_2\right) \tag{5.55}$$

我们计算两个样本 $\boldsymbol{x}_i$ 和 $\boldsymbol{x}_j$ 变换后的内积 $\langle\phi(\boldsymbol{x}_i),\phi(\boldsymbol{x}_j)\rangle$：

$$\begin{aligned}\langle\phi(\boldsymbol{x}_i),\phi(\boldsymbol{x}_j)\rangle&=\left[x_{i1}^2,x_{i2}^2,\sqrt{2}x_{i1}x_{i2}\right]\left[x_{j1}^2,x_{j2}^2,\sqrt{2}x_{j1}x_{j2}\right]^{\mathrm{T}}\\&=x_{i1}^2x_{j1}^2+x_{i2}^2x_{j2}^2+2x_{i1}x_{i2}x_{j1}x_{j2}\end{aligned} \tag{5.56}$$

由式（5.56）可知，我们将样本映射到三维空间后再做内积的乘法运算次数是 9。我们直接在二维空间上计算样本 $\boldsymbol{x}_i$ 和 $\boldsymbol{x}_j$ 间的内积为：

$$\begin{aligned}\langle\boldsymbol{x}_i,\boldsymbol{x}_j\rangle&=\left[x_{i1}^2,x_{i2}^2\right]\left[x_{j1}^2,x_{j2}^2\right]^{\mathrm{T}}\\&=\left(x_{i1}x_{j1}+x_{i2}x_{j2}\right)^2\\&=x_{i1}^2x_{j1}^2+x_{i2}^2x_{j2}^2+2x_{i1}x_{i2}x_{j1}x_{j2}\end{aligned} \tag{5.57}$$

式（5.57）与式（5.56）的结果一致！这意味着我们找到了一个函数 $K(\boldsymbol{x}_i,\boldsymbol{x}_j)$ 使样本在二维空间中的内积等价于三维空间中的内积。此外，式（5.57）的乘法运算次数仅为 3。因此，式（5.57）大大节省了计算资源！实际上，随着我们将 $\boldsymbol{x}$ 映射到越高维空间 $\mathcal{H}$ 中，在低维空间中计算内积节省的计算资源越多。例如，当我们用变换 $\phi(\boldsymbol{x})\leftarrow\left(1,\sqrt{x_1},\sqrt{x_2},x_1^2,x_2^2,\sqrt{2}x_1x_2\right)$ 将 $\boldsymbol{x}$ 映射到六维空间中时：

$$\begin{aligned}\langle\phi(\boldsymbol{x}_i),\phi(\boldsymbol{x}_j)\rangle&=\left[1,\sqrt{2}x_{i1},\sqrt{2}x_{i2},x_{i1}^2,x_{i2}^2,\sqrt{2}x_{i1}x_{i2}\right]\left[1,\sqrt{2}x_{j1},\sqrt{2}x_{j2},x_{j1}^2,x_{j2}^2,\sqrt{2}x_{j1}x_{j2}\right]^{\mathrm{T}}\\&=1+2x_{i1}x_{j1}+2x_{i2}x_{j2}+x_{i1}^2x_{j1}^2+x_{i2}^2x_{j2}^2+2x_{i1}x_{i2}x_{j1}x_{j2}\end{aligned} \tag{5.58}$$

由式（5.58）可知，我们将向量 $\boldsymbol{x}$ 映射到六维空间后再做内积的乘法运算次数是 16。相反，如果我们直接在二维空间中用函数 $K(\boldsymbol{x}_i,\boldsymbol{x}_j)=\left(1+\langle\boldsymbol{x}_i,\boldsymbol{x}_j\rangle\right)^2$ 可求得相同的内积结果：

$$\begin{aligned}\left(1+\langle\boldsymbol{x}_i,\boldsymbol{x}_j\rangle\right)^2&=\left(1+x_{i1}x_{j1}+x_{i2}x_{j2}\right)^2\\&=1+2x_{i1}x_{j1}+2x_{i2}x_{j2}+x_{i1}^2x_{j1}^2+x_{i2}^2x_{j2}^2+2x_{i1}x_{i2}x_{j1}x_{j2}\end{aligned} \tag{5.59}$$

式（5.59）的乘法运算次数仅是 3。式（5.59）与式（5.58）相比，运算效率提高了 $16/3\approx5$ 倍。

综合式（5.55）到式（5.59）的过程，我们假设 $\phi(\boldsymbol{x})$ 是一个从低维空间 $\mathcal{X}$ 到高维空间 $\mathcal{H}$ 的变换，并存在函数 $K(\boldsymbol{x}_i,\boldsymbol{x}_j)$ 对于任意样本 $\boldsymbol{x}_i$ 和 $\boldsymbol{x}_j$（$\boldsymbol{x}_i,\boldsymbol{x}_j\in\mathbb{R}^{D\times1}$）满足：

$$K(\boldsymbol{x}_i,\boldsymbol{x}_j)=\langle\phi(\boldsymbol{x}_i),\phi(\boldsymbol{x}_j)\rangle \tag{5.60}$$

满足式（5.60）的函数 $K(\boldsymbol{x}_i,\boldsymbol{x}_j)$ 被称为核函数（kernel function）。式（5.60）意味着在低维空间中的变换 $K(\boldsymbol{x}_i,\boldsymbol{x}_j)$ 等价于高维空间 $\mathcal{H}$ 中的内积结果。式（5.60）就是所谓的核技巧（kernel trick）。下面给出非线性支持向量机的对偶学习算法。

算法 5.4：非线性支持向量机的对偶学习算法

输入：训练集 $\mathcal{D}=\{(\boldsymbol{x}_i, y_i)\}_{i=1}^N$， $\boldsymbol{x}_i \in \mathbb{R}^{D\times 1}$， $y_i \in \{+1,-1\}$， $i=1,\cdots,N$。

输出：判别函数 $f(\boldsymbol{x})=\text{sign}\left[\sum_{i=1}^N \alpha_i y_i K(\boldsymbol{x}_i,\boldsymbol{x})+b\right]$。

（1）选取适当的核函数 $K(\boldsymbol{x}_i,\boldsymbol{x}_j)$ 和惩罚参数 C（ $C>0$ ）。

（2）利用优化算法求解带约束的二次凸优化问题即式（5.53）。

（3）按照式（5.54）求得判别函数 $f(\boldsymbol{x})$。

常用的核函数有：

（1）多项式核函数 $K(\boldsymbol{x}_i,\boldsymbol{x}_j)=(\boldsymbol{x}_i^{\mathrm{T}}\boldsymbol{x}_j+1)^p$，其中，参数 p（ $p>0$ ）描述了高维空间 $\mathcal{H}$ 的复杂度；

（2）高斯核函数 $K(\boldsymbol{x}_i,\boldsymbol{x}_j)=\exp\left(-\frac{\|\boldsymbol{x}_i-\boldsymbol{x}_j\|_2^2}{2\delta^2}\right)$，其中，参数 δ 描述了非线性变换的程度。

【实验 4】假设“×”与“○”分别表示样本空间中的两类样本，其分布如图 5-15 所示。显然，利用线性支持向量机无法将这两类样本分开，请利用核函数实现非线性支持向量机。

解：我们使用高斯核函数将二维样本映射到三维空间中，代码如下。

```
r = np.exp( -( X[:,0] ** 2 + X[:,1] ** 2)) #将二维样本映射到三维空间的表达式
from mpl_toolkits import mplot3d
#可视化高斯三维样本
def plot_3D( elev=30, azim=30):
    ax = plt.subplot( projection='3d')
    ax.scatter3D( X[:,0], X[:,1], r, c=y, s=50, cmap='spring')
    ax.view_init( elev=elev, azim=azim)
    ax.set_xlabel('x')
    ax.set_ylabel('y')
    ax.set_zlabel('r')
interact( plot_3D, elev=[-90, 90], azip=( -180, 180));
```

当样本在二维空间无法用一个分类超平面正确分类时（见图 5-15），我们将样本映射到三维空间中（见图 5-16）。我们使用高斯核函数的支持向量机即式（5.54）得到分类结果，如图 5-17 所示。

```
#导入具有高斯核函数的支持向量机
clf=SVC(kernel='rbf',C=1.0,degree=3,gamma='scale',coef0=0.0,shrinking=True,proba
bility=False, tol=0.001, cache_size=200, class_weight=None,verbose=False,max_iter=-1)
#导入训练数据
clf.fit(X, y)
plt.scatter(X[:,0],X[:,1], c=y, s=50,cmap='spring')
#可视化分类超平面以及支持向量
plot_svc_decision_function(clf)
plt.scatter(clf.support_vectors_[:,0], clf.support_vectors_[:,1],
            s=200,facecolors='none');
```

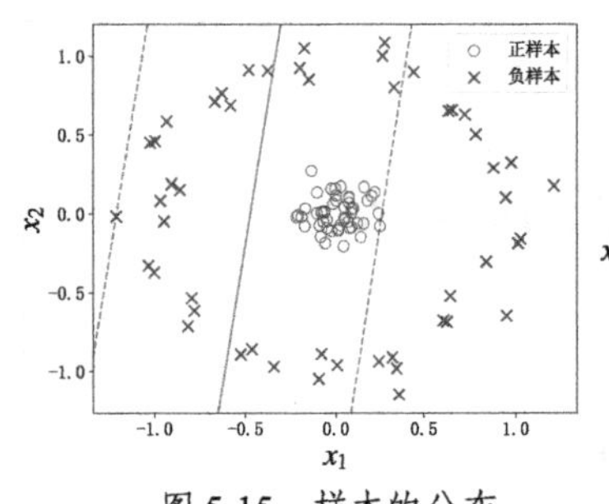

图 5-15 样本的分布

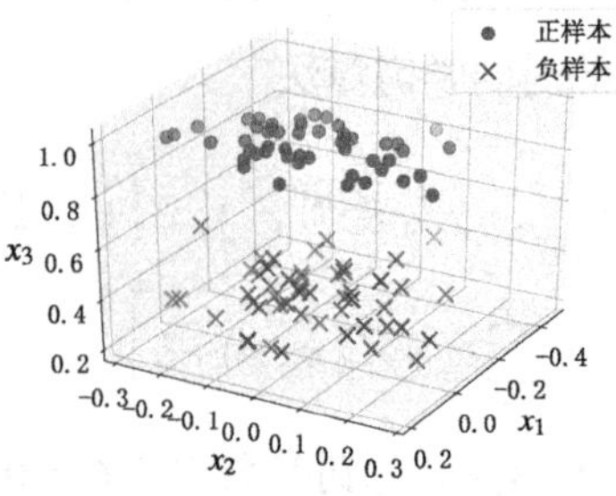

图 5-16 使用高斯核函数对样本进行变换

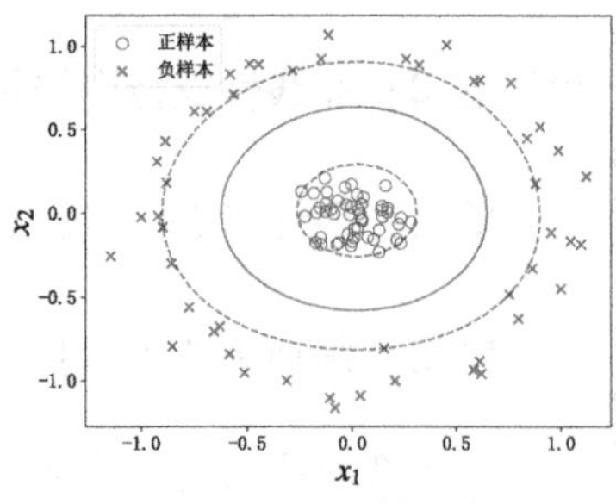

图 5-17 非线性支持向量机分类结果

5.4 支持向量机的优化求解

5.4.1 非线性支持向量机与序列最小化优化算法

非线性支持向量机的对偶问题仍是一个二次凸优化问题：

$$\begin{aligned} \max_{\alpha} \quad & \sum_{i=1}^{N}\alpha_i-\frac{1}{2}\sum_{i=1}^{N}\sum_{j=1}^{N}\alpha_i\alpha_j y_i y_j\left\langle\phi\left(\boldsymbol{x}_i\right),\phi\left(\boldsymbol{x}_j\right)\right\rangle \\ \text{s.t.} \quad & 0\leqslant\alpha_i\leqslant C,\quad i=1,\cdots,N \\ & \sum_{i=1}^{N}\alpha_i y_i=0 \end{aligned} \tag{5.61}$$

式（5.61）中变量 α_i 的规模与训练样本 N 一样。这将导致式（5.61）在样本数量大时，带约束的二次凸优化时间开销过大。

约翰 · 普拉特（John Platt）于 1998 年提出序列最小化优化（sequential minimal optimization，SMO）算法。他把对偶问题中有 N 个参数的二次凸优化问题分解成多个二次凸优化子问题，让每个子问题只求解两个样本的参数，从而加快训练速度。我们在这里不对序列最小化优化算法进行详细讲解。

虽然可以使用支持向量机的序列最小化优化算法解决优化问题，但是非线性支持向量机解的复杂度与支持向量的数量成正比。因此，当面对大量样本的分类问题时，大家更愿意用线性支持向量机。针对大规模样本的情况，如何优化线性支持向量机是大家所面临的实际问题。

5.4.2 线性支持向量机与原始估计次梯度算法

支持向量机的原始估计次梯度算法（primal estimated sub-gradient solver for SVM，Pegasos）是一种通过次梯度[1]下降求解式（5.15）的算法。原始估计次梯度算法所需的迭代次数取决于所预设的迭代次数。因此，原始估计次梯度算法适用于利用大规模数据对支持向量机的训练。

假设训练集 $\mathcal{D}=\left\{\left(\boldsymbol{x}_i,y_i\right)\right\}_{i=1}^{N}$，样本为 $\boldsymbol{x}_i$（$\boldsymbol{x}_i\in\mathbb{R}^{D\times1}$），标签为 y_i（$y_i\in\left\{+1,-1\right\}$），

1 读者可以简单地将次梯度理解为对非光滑函数求梯度的一种方法。

$i=1,\cdots,N$ 。线性支持向量机即式（5.15）可进一步表示为：

$$\min L(\boldsymbol{w})=\frac{\lambda}{2}\|\boldsymbol{w}\|_2^2+\frac{1}{N}\sum_{i=1}^{N}l\left(\boldsymbol{w};\left(\boldsymbol{x}_i,y_i\right)\right) \tag{5.62}$$

式中，$\boldsymbol{w}$ 是线性判别函数 $f(\boldsymbol{x})=\boldsymbol{w}^{\mathrm{T}}\boldsymbol{x}+b$ 的权重[1]，λ（$\lambda\geqslant 0$）是 L_2 正则化项 $\|\boldsymbol{w}\|_2^2$ 的系数，损失函数 $l\left(\boldsymbol{w};(\boldsymbol{x},y)\right)$ 为合页损失函数，即 $l\left[\boldsymbol{w};(\boldsymbol{x},y)\right]=\max\left[0,1-y\left(\boldsymbol{w}^{\mathrm{T}}\boldsymbol{x}+b\right)\right]$。

我们首先将权重 $\boldsymbol{w}$ 随机初始化，然后从训练集中有放回[2]地随机选取一个训练样本 $\left(\boldsymbol{x}_{i_t},y_{i_t}\right)$，其中，$i_t$（$1\leqslant i_t\leqslant N$）是第 t 次迭代训练样本的索引。

我们对式（5.62）求权重 $\boldsymbol{w}$ 的梯度：

$$\nabla_{t+1}=\lambda\boldsymbol{w}_t-\alpha_t y_{i_t}\boldsymbol{x}_{i_t} \tag{5.63}$$

式中，

$$\alpha_t=\begin{cases}1, & y_{i_t}\boldsymbol{w}_t^{\mathrm{T}}\boldsymbol{x}_{i_t}+b<1\\ 0, & 其他\end{cases} \tag{5.64}$$

因此，我们可以通过式（5.65）对权重 $\boldsymbol{w}$ 进行更新：

$$\boldsymbol{w}_{t+1}\leftarrow\boldsymbol{w}_t-\eta_t\nabla_{t+1} \tag{5.65}$$

式中，学习率为 $\eta_t=1/\lambda t$ 。将式（5.63）代入式（5.65）后，我们可得：

$$\boldsymbol{w}_{t+1}\leftarrow\left(1-\frac{1}{t}\right)\boldsymbol{w}_t+\eta_t\alpha_t y_{i_t}\boldsymbol{x}_{i_t} \tag{5.66}$$

迭代式（5.66）从训练集中均匀随机选取一个训练样本进行更新，直到完成预先设定的 T 次迭代。下面给出线性支持向量机的原始估计次梯度算法。

算法 5.5：线性支持向量机的原始估计次梯度算法

输入：训练集 $\mathcal{D}=\left\{\left(\boldsymbol{x}_i,y_i\right)\right\}_{i=1}^{N}$，$\boldsymbol{x}_i\in\mathbb{R}^{D\times 1}$，$y_i\in\{+1,-1\}$，$i=1,\cdots,N$；学习率 η（$\eta>0$）；正则化系数 λ；迭代次数 T 。

输出：模型 $f(\boldsymbol{x})=\operatorname{sign}\left(\hat{\boldsymbol{w}}^{\mathrm{T}}\boldsymbol{x}+\hat{b}\right)$。

（1）随机初始化 $\boldsymbol{w}_0$ 和 b_0，并更新增广形式的权重 $\boldsymbol{w}_0\leftarrow\left[\boldsymbol{w}_0;b_0\right]$ 和样本 $\boldsymbol{x}\leftarrow[\boldsymbol{x};1]$。

（2）每次迭代 $t=1,2,\cdots,T$；

随机选择一个样本 $\left(\boldsymbol{x}_{i_t},y_{i_t}\right)$，并令 $\eta_t=1/\lambda t$；

如果 $y_{i_t}\boldsymbol{w}_t^{\mathrm{T}}\boldsymbol{x}_{i_t}+b<1$，则更新式（5.66）；

如果 $y_{i_t}\boldsymbol{w}_t^{\mathrm{T}}\boldsymbol{x}_{i_t}+b\geqslant 1$，$\boldsymbol{w}_{t+1}\leftarrow(1-1/t)\boldsymbol{w}_t$。

（3）从增广矩阵 $\boldsymbol{w}_T$ 中获得最优权重 $\hat{\boldsymbol{w}}$ 和 $\hat{b}$。

---

1 其实，权重 $\boldsymbol{w}$ 和偏置 b 已被表示为增广向量的形式 $f(\boldsymbol{x})=\boldsymbol{w}^{\mathrm{T}}\boldsymbol{x}+b=[\boldsymbol{w};b]^{\mathrm{T}}[\boldsymbol{x};1]$。因此，$\boldsymbol{w}\leftarrow[\boldsymbol{w};b]$，$\boldsymbol{x}\leftarrow[\boldsymbol{x};1]$。

2 “有放回”是指样本用于训练后再放回训练集中。有放回采样的统计特性可以参见 7.3.3 小节。

【实验 5】我们随机生成服从高斯分布的两类样本。其中，正样本“○”服从分布 $\mathcal{N}\left(\begin{bmatrix}-4\\-4\end{bmatrix},\begin{bmatrix}1,0\\0,1\end{bmatrix}\right)$，负样本“×”服从分布 $\mathcal{N}\left(\begin{bmatrix}4\\4\end{bmatrix},\begin{bmatrix}1,0\\0,1\end{bmatrix}\right)$。请分别使用原始估计次梯度算法以及 scikit-learn 包中的 LinearSVC 算法（线性可分支持向量机）对数据进行分类并比较训练效率。

解：在迭代相同次数的情况下，原始估计次梯度算法与 LinearSVC 算法的运行时间对比如表 5-2 所示，从中可以看出原始估计次梯度算法的运行时间远远少于 LinearSVC 算法的运行时间。

表 5-2　原始估计次梯度算法与 LinearSVC 算法的运行时间对比

算法	样本数量	迭代次数	准确率	运行时间
LinearSVC 算法	1000	1000	100%	38.3s
原始估计次梯度算法	1000	1000	100%	0.24s

5.5 支持向量回归

支持向量机通过最大化间隔找到分类超平面，使得样本“安全”地分布在分类超平面的两侧，如图 5-18 所示。

【问题】我们能不能将支持向量机的思想从分类问题扩展到有噪声的回归问题呢？

【猜想】给定带标签的样本 $(\boldsymbol{x}_i, y_i)$，在设计回归问题的损失函数时，传统回归模型当且仅当函数 $f(\boldsymbol{x}_i)$ 输出值与标签 y_i 完全相同时，损失函数的值才为 0。事实上，我们期望回归模型能在一个极小的范围内容忍噪声样本。

假设我们能容忍 $f(\boldsymbol{x})$ 与 y 之间最多有 ϵ 的偏差，即仅当 $f(\boldsymbol{x})$ 与 y 之间的差别大于 ϵ 时才计算损失，如图 5-19 所示。容忍 ϵ 的偏差相当于以回归超平面 $f(\boldsymbol{x})$ 为中心构建一个 2ϵ 大小的间隔带，如果训练样本落入此间隔带，我们就认为回归模型预测正确。

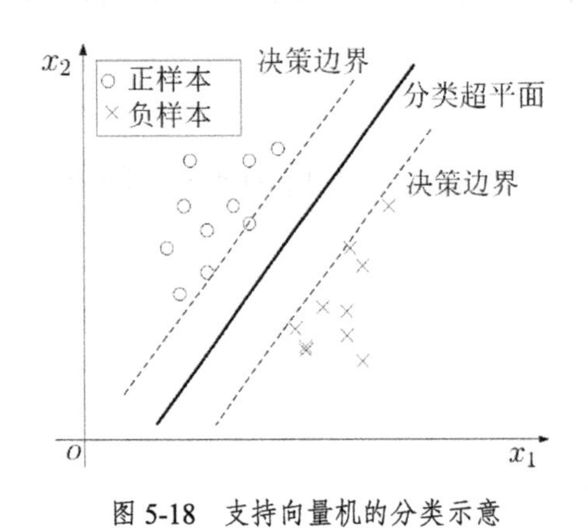

图 5-18　支持向量机的分类示意

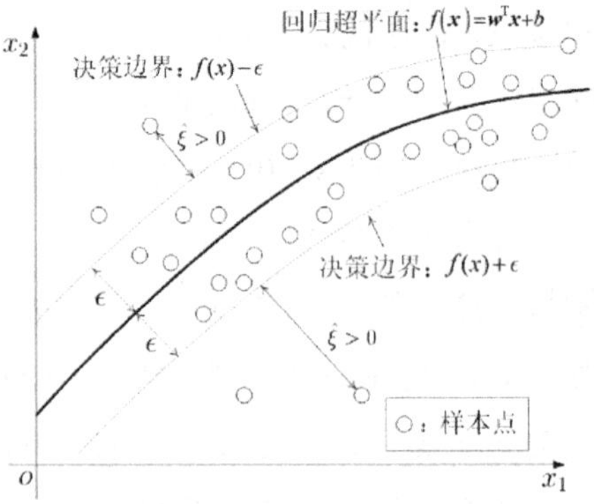

图 5-19　支持向量回归的示意

因此，回归模型的约束条件是让样本都尽量拟合在以回归超平面 $y_i = \boldsymbol{w}^{\mathrm{T}}\boldsymbol{x}_i + b$ 为中心的一个 2ϵ 大小的间隔带内：

（1）如果$\left|y_i-\boldsymbol{w}^{\mathrm{T}}\boldsymbol{x}_i-b\right|\leqslant\epsilon$，则回归模型完全没有损失；

（2）如果$\left|y_i-\boldsymbol{w}^{\mathrm{T}}\boldsymbol{x}_i-b\right|>\epsilon$，则回归模型的损失为$\left|y_i-\boldsymbol{w}^{\mathrm{T}}\boldsymbol{x}_i-b\right|-\epsilon$。

支持向量回归（support vector regression，SVR）的目标函数为：

$$
\begin{aligned}
&\min_{\boldsymbol{w},b}\frac{1}{2}\|\boldsymbol{w}\|_2^2\\
&\text{s.t.}\ \left|y_i-\boldsymbol{w}^{\mathrm{T}}\boldsymbol{x}_i-b\right|\leqslant\epsilon,\quad i=1,\cdots,N
\end{aligned}
\tag{5.67}
$$

事实上，并不是所有的噪声样本$(\boldsymbol{x}_i,y_i)$都落在2ϵ大小的间隔带内。因此，我们采用支持向量机中的软间隔思想应对极端噪声样本。支持向量回归即式（5.67）为每个标记样本$(\boldsymbol{x}_i,y_i)$加入松弛变量ξ_i（$\xi_i\geqslant0$，$i=1,\cdots,N$）。式（5.67）中的约束条件为绝对值不等式$\left|y_i-\boldsymbol{w}^{\mathrm{T}}\boldsymbol{x}_i-b\right|\leqslant\epsilon$，所以间隔两侧的松弛程度不同。我们引入两类松弛变量ξ_i和$\hat{\xi}_i$（$\xi_i\geqslant0$，$\hat{\xi}_i\geqslant0$，$i=1,\cdots,N$）来表示间隔两侧的松弛程度：

$$
\begin{aligned}
&\min_{\boldsymbol{w},b}\frac{1}{2}\|\boldsymbol{w}\|_2^2+C\sum_{i=1}^{N}\left(\xi_i+\hat{\xi}_i\right)\\
&\text{s.t.}\, f\left(\boldsymbol{x}_i\right)-y_i\leqslant\epsilon+\xi_i,\quad i=1,\cdots,N\\
&\quad y_i-f\left(\boldsymbol{x}_i\right)\leqslant\epsilon+\hat{\xi}_i,\quad i=1,\cdots,N\\
&\quad 0\leqslant\xi_i,0\leqslant\hat{\xi}_i,\quad i=1,\cdots,N
\end{aligned}
\tag{5.68}
$$

知识梳理与拓展

- 理解样本点到分类超平面的距离是点到面的垂直距离，理解向量空间中一个向量的方向和长度的定义
- 线性支持向量机对分类的理解是找一些分类“最坏”的向量，然后再让这些“最坏”情况下的向量具有最坏的分类性能
- 合页损失是0–1损失的上界，线性支持向量机是一种带L_2正则化的合页损失
- 线性可分支持向量机的对偶问题是将复杂的不等式约束转化为简单而易于求解的不等式约束
- KKT条件是求解带不等式约束优化问题的标准求解思路，KKT条件能转换求解问题但不能保证转换后的对偶问题一定比原问题更易于求解
- 理解支持向量的定义，能从支持向量机的对偶形式中推断出支持向量机只含有稀疏的支持向量
- 掌握利用软间隔的方法将不可分支持向量机转换为可分的支持向量机的思路
- 掌握线性不可分支持向量机的对偶求解过程
- 线性不可分支持向量机的支持向量可分为：间隔内支持向量，位于决策面的支持向量，和被误分的支持向量
- 线性模型转换为非线性模型的本质是依靠对特征的非线性变换
- 核技巧是一类特殊的非线性核函数，该函数能减少将低维的特征变换到高维空间进行内积的计算量；针对某类数据（问题）的非线性分类能力，我们需要不同的非线

性变换

- 序列最小化优化算法是利用优化策略中的活动集（active set）方法；原始估计次梯度算法是利用随机梯度下降对线性可分支持向量机的求解
- 支持向量回归是利用间隔的思路，让回归样本点都尽量拟合在以回归超平面为中心的间隔内

5.6 本章小结

（1）数据分布完全是线性可分的情形较少。实际上，利用线性可分支持向量机或线性不可分支持向量机都能取得不错的结果。对于不可分的样本，我们通过引入松弛变量 ξ_i 得到线性不可分支持向量机。

（2）由于高斯核函数的泰勒展开是一个无穷级数，所以，利用高斯核函数可实现将样本映射到由无穷项多项式构成的高维空间。此外，核函数会让支持向量机得到一个非线性的分类超平面。但是，我们不能直接知道哪个核函数是较好的选择。我们可以利用一些策略（例如交叉验证）来确定最优的核函数。

（3）序列最小化优化算法把对偶问题中有 N 个约束的二次凸优化问题分解成多个二次凸优化子问题，并通过启发式的方法加速问题求解。原始估计次梯度算法只针对线性支持向量机进行高效求解。

5.7 本章习题

1. 支持向量机中核技巧的作用包括（　　）。

A. 将样本的低维特征映射到高维空间

B. 将样本的高维特征映射到低维空间

C. 防止过拟合

D. 减少计算量

2. 支持向量机中的分类错误率与（　　）呈正相关。

A. 分类超平面与支持向量的距离

B. 支持向量机对新数据的预测准确度

C. 支持向量机中的松弛变量

D. 支持向量与非支持向量的最小距离

3. 若式（5.39）中参数 C 被设为无穷，下列说法中正确的是（　　）。

A. 只要最佳分类超平面存在，它就能将所有数据正确分类

B. 软间隔支持向量机（非线性可分支持向量机）将正确分类数据

C. 在如此高的误分类惩罚下，存在软间隔分类超平面

D. 以上都不对

4. 怎样理解线性可分支持向量机具有“硬间隔”。（　　）

A. 支持向量机只允许极小误差

B. 支持向量机允许分类时出现一定范围的误差

C. 支持向量机无法找出一个决策边界使得训练集上的分类误差为 0

D. 以上都不对

5. 假设针对高斯核函数 $K(\boldsymbol{x},z)=\exp\left(-\frac{\|\boldsymbol{x}-\boldsymbol{z}\|_2^2}{2\delta^2}\right)$，你选取了高方差 δ 的超参数，这表示（　　）。

A. 建模时，支持向量会包括距离分类超平面更远的点

B. 建模时，支持向量会包括距离分类超平面近的点

C. 支持向量受到影响

D. 以上都不对

6. 支持向量机即式（5.39）中的代价参数 C 表示（　　）。

A. 交叉验证的次数

B. 用到的核函数的权重

C. 在分类准确性和模型复杂度之间的权衡

D. 以上都不对

7. 在支持向量机即式（5.39）中，若 C 趋于无穷，以下说法正确的是（　　）。

A. 数据仍可正确分类

B. 数据无法正确分类

C. 不确定

D. 以上都不对

8. 有两个样本，第一个为正样本，是点 $(0,-1)$；第二个为负样本，是点 $(2,3)$。根据这两个样本组成的训练集构建一个线性支持向量机分类器的分类面方程式是（　　）。

A. $2x+y=4$

B. $x+2y=5$

C. $x+2y=3$

D. $2x-y=0$

9. 关于支持向量机即式（5.39），下列说法错误的是（　　）。

A. L_2 正则化项的作用是最大化分类间隔，使得分类器拥有更强的泛化能力

B. 合页损失函数的作用是最小化经验分类错误

C. 分类间隔为 $1/\|\boldsymbol{w}\|_2$，$\|\boldsymbol{w}\|_2$ 代表向量的模

D. 当参数 C 越小时，分类间隔越大，分类错误越多，趋于欠学习

10. 下列关于 Logistic 回归和支持向量机的说法中不正确的是（　　）。

A. Logistic 回归目标函数是最小化后验概率

B. Logistic 回归可以用于预测事件发生概率的大小

C. 支持向量机的目标是使结构风险最小化

D. 支持向量机可以有效避免模型过拟合

11. 判断下列说法的正确性。

（1）在支持向量机模型训练好后，我们抛弃非支持向量的样本也能对新样本进行分类。（　　）

（2）支持向量机对标记错误的样本也可能正确分类。(　　)

12. 为什么要将求解支持向量机的原始问题转换为对偶问题？设计实验进行验证分析。

13. 支持向量机为什么采用间隔最大化作为目标函数？目标函数即式（5.15）与本书3.3节中带间隔感知机有什么异同？

14. 请讨论如何将支持向量机进行扩展以处理多分类问题。

15. 支持向量机的基本思想是什么？什么是支持向量？

16. 使用核函数映射到高维空间一定是线性可分的吗？

17. 为什么说支持向量机对缺失数据敏感？

18. 请讨论支持向量机和 Logistic 回归的异同点。

19. 请讨论支持向量机中不同核函数之间的异同点。

第6章 决策树

决策树的决策过程呈现出“倒”树状结构。逻辑上，决策过程可以认为是一系列 if-else-then 规则的集合。因此，不同类型的属性能被决策树轻易地进行多因素综合决策。例如，是否接受一个工作，我们可以用“薪水”“通勤时间”“午休时间”3 种完全不同的特征进行联合决策。本章重要知识点如下。

（1）决策树的特征选择原则以及决策树 ID3 和 C4.5 算法的思想。

（2）使用分类回归树实现回归的方法。

（3）决策树的剪枝原则。

本章学习目标

（1）理解剪枝操作中用假设检验确定阈值的思想；

（2）掌握机器学习中信息量与分类的关系；

（3）掌握用近似计算对复杂运算进行加速的思路。

6.1 决策过程与决策树

决策树采用“分而治之”的分类决策策略。下面用“银行贷款风险评估”来说明决策树的基本思想。银行希望能通过个人信息（包括“职业”“年龄”“收入”“学历”）建立一个预测贷款是否有风险的模型，个人信息和贷款风险历史数据如表 6-1 所示。

表 6-1　个人信息和贷款风险历史数据

职业	年龄	收入/元	学历	贷款是否有风险
农民	28	5000	高中	是
工人	36	5500	高中	否
工人	42	2800	初中	是
白领	45	3300	小学	是
白领	25	10000	本科	是
白领	32	8000	硕士	否
白领	28	13000	博士	是
农民	21	4000	本科	否
农民	22	3200	小学	否
工人	33	3000	高中	是

注：表中数据不具有任何实际的意义。

显然，我们要综合所有的属性去判断贷款是否有风险。使用第 3 章介绍的感知机和第 4 章介绍的 Logistic 回归时，需要将属性空间转化成向量空间进行分类。例如，将表 6-1 中“28，5000，高中”这个特征转化成向量$[28,5000,011]$，其中，独热编码“011”表示“高中”。但是，对向量$[28,5000,011]$进行有效归一化是非常困难的，因为“年龄”“收入”“学历”量纲之间的差异非常大。此外，我们想让模型的决策过程是可解释的。比如，银行需要根据数据确认以下问题：“‘年龄’属性重要还是‘收入’属性重要？”“在什么情况下‘年龄’属性更重要？”等。

【问题】我们能不能灵活地利用多种属性去做决策和判断?

人们做决策的逻辑是每次只选择一个属性进行判断。如果我们不能立刻得出结论，我们就会继续选择其他属性进行联合判断，直到能“肯定地”做出决策。下面我们分析 A 和 B 两位经理对于贷款风险判断的决策过程。

A 经理的决策过程：先根据客户的“职业”进行判断，如果不能立即得出结论，再根据“年龄”进行判断，这样以此类推直到得出结论为止，如图 6-1（a）所示。B 经理的决策过程：先根据客户的“年龄”进行判断，如果不能得出结论，再根据“收入”进行判断，这样以此类推直到得出结论为止，如图 6-1（b）所示。

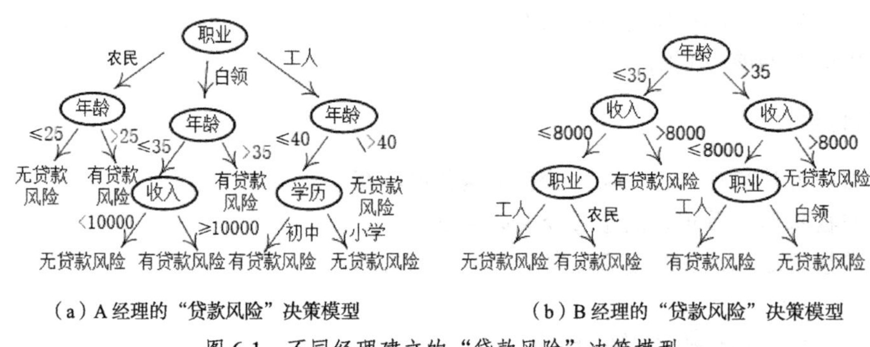

（a）A 经理的“贷款风险”决策模型　　（b）B 经理的“贷款风险”决策模型

图 6-1　不同经理建立的“贷款风险”决策模型

【猜想】从图 6-1 中我们可以得到以下 3 个直观猜想。

（1）每个节点都代表着具有相同属性的训练集合，如“职业”节点、“学历”节点等。

（2）决策过程可以用一种叫树（tree）的结构来描述，如图 6-2 所示。树是由“节点”和“有向边”构成的不存在环的结构。其中，子节点由父节点根据某一规则分裂而来，而子节点作为新的父节点继续分裂。根节点是没有父节点的节点，而叶节点是没有子节点的节点。树又可以分解为子树，由节点及其所有后裔组成的子图称为树的子树。

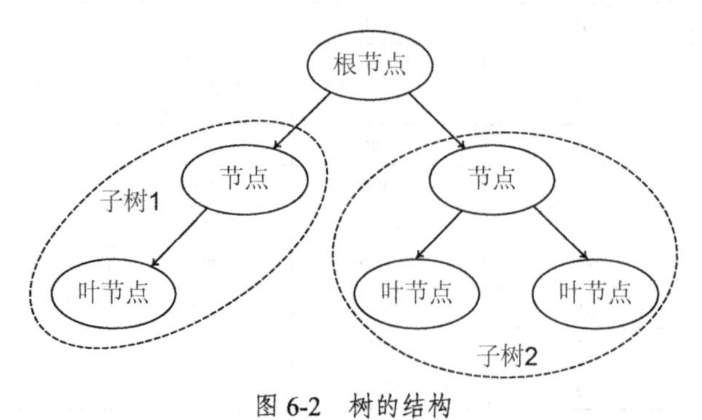

图 6-2　树的结构

（3）决策过程从根节点开始，首先评价预测样本的属性，并按照其属性值选择输出分支，然后递归地到达相应的叶节点，最后将叶节点的类别标签作为预测结果。

决策树就是指从根节点开始，对预测样本的某一属性进行测试，并根据测试结果将样本递归地分配到相应的子节点进行更精细的评估，直到叶节点，从而实现分类或回归。

6.2 建立决策树的基本原则

【问题】图 6-1 所示的两个完全不同的决策过程暗示了以下 2 个问题。

（1）用什么属性来分裂节点？例如，A 经理用“职业”作为根节点，而 B 经理用“年龄”作为根节点。用哪种属性分裂节点更为合理呢？

（2）如何让一些节点变为叶节点？极端的情况下，每个叶节点只含有一个样本。显然，这是不太好的。

【猜想】为了回答上述 2 个问题，如图 6-3 所示，我们给出一个用不同属性构造决策树的过程。

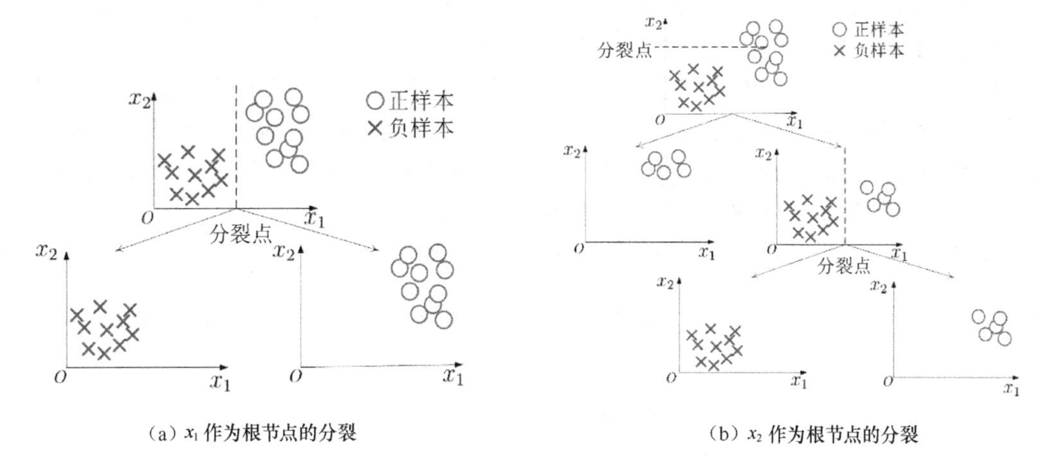

（a）x_1 作为根节点的分裂　　（b）x_2 作为根节点的分裂

图 6-3　用不同属性构造不同效率的决策树

图 6-3（a）所示的决策树仅分裂 1 次就能正确决策，而图 6-3（b）所示的决策树需要分裂 2 次后才能正确决策。因此，图 6-3（a）所示的决策树比图 6-3（b）所示的决策树更简单、有效。因此，我们猜想分裂后各子节点内的类别标签应该尽可能“纯”，即节点内的样本尽可能属于同一类别。下面给出决策树基本构造算法。

算法 6.1：决策树基本构造算法

输入：训练集 $\mathcal{D}=\left\{\left(\boldsymbol{x}_i, y_i\right)\right\}_{i=1}^{N}$，其中，$\boldsymbol{x}_i \in \mathbb{R}^{M\times 1}$（$\boldsymbol{x}_i$ 是由 M 个属性值构成的向量，M 个属性构成的属性集 $\mathcal{A}=\left\{A_1, A_2, \cdots, A_M\right\}$），$y_i \in \{1, \cdots, K\}$，$i=1,\cdots,N$。

输出：决策树 T。

（1）构建根节点：将训练集 $\mathcal{D}$ 放在根节点，并将该节点加入节点列表。

（2）生成叶节点。

① 从节点列表中挑选出 1 个节点：

a. 尝试用属性集 $\mathcal{A}$ 中的每个属性对选出的节点进行分裂，并计算分裂后的“纯度”；

b. 从 a 步骤中选择一个分裂后“纯度”提升最快的属性 A^*，然后按照属性 A^* 将训练集划分成若干子集 $\mathcal{D}_m$，最后将子集 $\mathcal{D}_m$ 当作子节点 $\mathcal{D}_m$ 加入节点列表，其中，$1 \leqslant m \leqslant |A_m|$；

c. 重复 a、b 两个步骤，若节点列表中某个节点 $\mathcal{D}_m$ 内的类别标签已经足够一致，则将该节点作为最终叶节点并移出节点列表。

② 如果节点列表为空，算法结束。

6.2.1 “纯度”与特征选择

由算法 6.1 可知，构造决策树的关键在于“纯度”的计算。如果在算法 6.1 的 b 步骤得到“纯度”提升最快的节点分裂策略，算法 6.1 就会“贪心”地构造出最优决策树。

【问题】我们如何定义一组样本的“纯度”呢?

【猜想】与“纯度”相反的概念是“混乱度”。熵（entropy）是描述系统混乱度的数学概念。熵最早用于度量热力学系统中分子运动的无序程度。在 1948 年，香农（Snannon）引入了信息熵（information entropy），将其定义为随机变量不确定性的度量，即一个随机变量越确定，它的信息熵就越低，反之，它的信息熵就越高。

假设 $\boldsymbol{X}$ 是一个取有限值的离散随机变量，$\boldsymbol{X}=\{x_1,\cdots,x_i,\cdots,x_N\}$。$\boldsymbol{X}$ 的概率分布 $P(\boldsymbol{X}=x_i)=P(x_i)=p_i$（$i$=1,⋯,$N$）满足 $\sum_{i=1}^{N} p_i = 1$。那么，随机变量 $\boldsymbol{X}$ 的信息熵为：

$$H(\boldsymbol{X}) = -\sum_{i=1}^{N} p_i \log_2 p_i \tag{6.1}$$

在式（6.1）中，若 $p_i=0$，则 $0\log_2 0=0$。由定义可知，信息熵只依赖于随机变量 $\boldsymbol{X}$ 的分布而与 $\boldsymbol{X}$ 的取值无关。假设随机变量 $\boldsymbol{X}$ 的概率分布为伯努利分布，图 6-4 给出了随机变量 $\boldsymbol{X}$ 的信息熵随着概率 $P(x)$ 从 0 变化到 1 的规律。

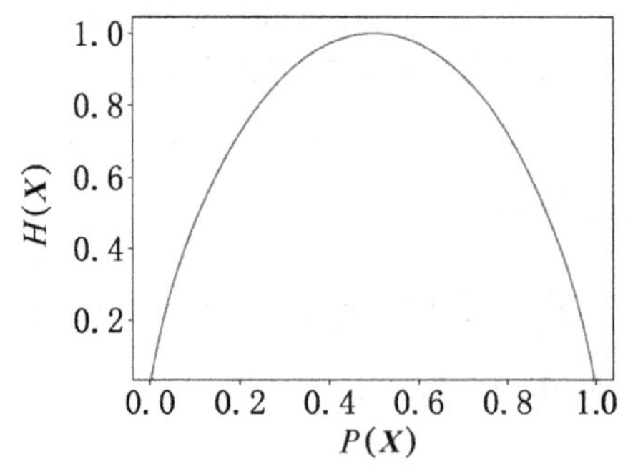

图 6-4 伯努利分布时信息熵和概率的关系

当概率 $P(\boldsymbol{X})=0$ 或 $P(\boldsymbol{X})=1$ 时，随机变量 $\boldsymbol{X}$ 的信息熵 $H(\boldsymbol{X})=0$，即随机变量 $\boldsymbol{X}$ 完全没有不确定性，如图 6-4 所示。概率 $P(\boldsymbol{X})=0$ 或 $P(\boldsymbol{X})=1$ 表示事件已经确定性地不发生或

者发生。当概率 $P(\boldsymbol{X})=0.5$ 时，随机变量 $\boldsymbol{X}$ 的信息熵最大，随机变量 $\boldsymbol{X}$ 具有最大的不确定性，也说明事件的结局会有多种可能性。当概率 $P(\boldsymbol{X})=0.5$ 时，信息熵 $H(\boldsymbol{X})$ 的值为：

$$H(\boldsymbol{X})=-\left(\frac{1}{2}\log_2\frac{1}{2}+\frac{1}{2}\log_2\frac{1}{2}\right)=\log_2 2=1 \tag{6.2}$$

由单随机变量 $\boldsymbol{X}$ 的信息熵可以很容易推广到多元随机变量的联合熵。假设有两个关联的随机变量 $(\boldsymbol{X},\boldsymbol{Y})$，其中 $\boldsymbol{X}=\{x_1,\cdots,x_i,\cdots,x_N\}$， $\boldsymbol{Y}=\{y_1,\cdots,y_j,\cdots,y_M\}$。二元随机变量 $(\boldsymbol{X},\boldsymbol{Y})$ 的联合概率分布为 $P(\boldsymbol{X}=x_i,\boldsymbol{Y}=y_j)=p_{ij}$（$1\leqslant i\leqslant N$，$1\leqslant j\leqslant M$）。随机变量 $(\boldsymbol{X},\boldsymbol{Y})$ 的联合熵为：

$$H(\boldsymbol{X},\boldsymbol{Y})=-\sum_{x_i\in\boldsymbol{X}}\sum_{y_i\in\boldsymbol{Y}}p_{ij}\log_2 p_{ij} \tag{6.3}$$

在算法 6.1 的 b 步骤需要找出让数据集“纯度”提升最快的属性。因此，我们需要运用已知某种属性下数据集“纯度”的方法——一种与条件概率相对应的熵，即条件熵（conditional entropy）$H(\boldsymbol{Y}|\boldsymbol{X})$！条件熵的作用类似于条件概率，用于度量已知随机变量 $\boldsymbol{X}$ 下随机变量 $\boldsymbol{Y}$ 的不确定性：

$$\begin{aligned}H(\boldsymbol{Y}|\boldsymbol{X})&=\sum_{i=1}^{N}P(\boldsymbol{X}=x_i)H(\boldsymbol{Y}|\boldsymbol{X}=x_i)\\&=\sum_{i=1}^{N}p_iH(\boldsymbol{Y}|\boldsymbol{X}=x_i)\end{aligned} \tag{6.4}$$

6.2.2 信息增益

【问题】怎么用信息熵和条件熵来定义数据集分裂后“纯度”的提升值？

【猜想】我们使用分裂前后训练集信息熵的差异大小来衡量属性的优劣，如图 6-3 所示。假设训练集 $\mathcal{D}=\{(\boldsymbol{x}_i,y_i)\}_{i=1}^{N}$（$i=1,\cdots,N$），训练集 $\mathcal{D}$ 的熵记为 $H(\mathcal{D})$，给定属性 A 下训练集 $\mathcal{D}$ 的条件熵记为 $H(\mathcal{D}|A)$。信息增益 $g(\mathcal{D},A)$ 表示给定属性 A 下训练集 $\mathcal{D}$ 分裂前后信息熵的差值：

$$g(\mathcal{D},A)=\underbrace{H(\mathcal{D})}_{\text{分裂前}}-\underbrace{H(\mathcal{D}|A)}_{\text{分裂后}} \tag{6.5}$$

式（6.5）说明对于待分裂的训练集 $\mathcal{D}$，熵 $H(\mathcal{D})$ 刻画了数据集 $\mathcal{D}$ 的“不纯净度”，而条件熵 $H(\mathcal{D}|A)$ 刻画了用属性 A 将训练集分裂后的“不纯净度”。因此，信息增益 $g(\mathcal{D},A)$ 表示使用属性 A 将数据集 $\mathcal{D}$ 分裂后不确定性降低的程度。

对于给定训练集 $\mathcal{D}$，熵 $H(\mathcal{D})$ 是固定不变的。如果我们需要让信息增益 $g(\mathcal{D},A)$ 最大，式（6.5）会转化为：

$$\begin{aligned}\max_A g(\mathcal{D},A)&=\max_A \underbrace{H(\mathcal{D})}_{\text{固定量}}-\underbrace{H(\mathcal{D}|A)}_{\text{可改变}}\\&=\min_A H(\mathcal{D}|A)\end{aligned} \tag{6.6}$$

根据式（6.6），条件熵 $H(\mathcal{D}|A)$ 越小，说明使用属性 A 分裂后节点的“纯度”越高。问题是：给定数据集 $\mathcal{D}$ 和属性 A，我们怎么计算信息增益 $g(\mathcal{D},A)$ 呢？

假设离散型属性 A 有 M 个离散值，$A=\{a_1,\cdots,a_m,\cdots,a_M\}$（$1\leqslant m\leqslant M$），训练集 $\mathcal{D}$ 包含 K 个类别，$\mathcal{C}_k$ 表示属于第 k 类的样本子集，$|\mathcal{D}|=\sum_{k=1}^{K}|\mathcal{C}_k|$[1]（$k=1,2,\cdots,K$）。我们根据属性 A 的取值将训练集 $\mathcal{D}$ 分裂为 M 个样本子集 $\mathcal{D}_1,\cdots,\mathcal{D}_m,\cdots,\mathcal{D}_M$，有 $|\mathcal{D}|=\sum_{m=1}^{M}|\mathcal{D}_m|$。样本子集 $\mathcal{D}_m$ 中属于第 k 类的子集记为 $\mathcal{D}_{mk}$，即 $\mathcal{D}_{mk}=\mathcal{D}_m\cap\mathcal{C}_k$。根据上述定义，信息增益的计算过程有如下 3 步。

（1）计算数据集 $\mathcal{D}$ 的熵 $H(\mathcal{D})$：

$$H(\mathcal{D})=-\sum_{k=1}^{K}\frac{|\mathcal{C}_k|}{|\mathcal{D}|}\log_2\frac{|\mathcal{C}_k|}{|\mathcal{D}|} \tag{6.7}$$

式中，$|\mathcal{C}_k|/|\mathcal{D}|$ 表示类别 k 出现的概率，也等价于式（6.1）中的概率 p_i。

（2）计算特征 A 关于数据集 $\mathcal{D}$ 的条件熵 $H(\mathcal{D}\mid A)$：

$$\begin{aligned}H(\mathcal{D}\mid A)&=\sum_{m=1}^{M}\frac{|\mathcal{D}_m|}{|\mathcal{D}|}H(\mathcal{D}_m)\\&=-\sum_{m=1}^{M}\frac{|\mathcal{D}_m|}{|\mathcal{D}|}\sum_{k=1}^{K}\frac{|\mathcal{D}_{mk}|}{|\mathcal{D}_m|}\log_2\frac{|\mathcal{D}_{mk}|}{|\mathcal{D}_m|}\end{aligned} \tag{6.8}$$

（3）计算信息增益：

$$g(\mathcal{D},A)=H(\mathcal{D})-\sum_{m=1}^{M}\frac{|\mathcal{D}_m|}{|\mathcal{D}|}H(\mathcal{D}_m) \tag{6.9}$$

【实验 1】以 6.1 节的“银行贷款风险评估”为例，求解用“职业”作为分裂属性的信息增益。

解：样本集 $\mathcal{D}$ 一共有 14 个样本，即 $|\mathcal{D}|=14$。样本集有 2 个类别，包括 9 个正样本和 5 个负样本，即 $K=2$，$|\mathcal{C}_1|=9$，$|\mathcal{C}_2|=5$。样本集 $\mathcal{D}$ 的熵为：

$$H(\mathcal{D})=-\sum_{k=1}^{K}\frac{|\mathcal{C}_k|}{|\mathcal{D}|}\log_2\frac{|\mathcal{C}_k|}{|\mathcal{D}|}=-\frac{9}{14}\log_2\frac{9}{14}-\frac{5}{14}\log_2\frac{5}{14}\approx 0.940286$$

如果用“职业”（A）来分裂样本集 $\mathcal{D}$，样本集 $\mathcal{D}$ 将被分为 3 个子节点，即农民 $\mathcal{D}_1$、工人 $\mathcal{D}_2$、白领 $\mathcal{D}_3$。各子节点的信息熵计算如下：

$$H(\mathcal{D}_1)=-\frac{2}{5}\log_2\frac{2}{5}-\frac{3}{5}\log_2\frac{3}{5}\approx 0.970951$$

$$H(\mathcal{D}_2)=-\frac{4}{4}\log_2\frac{4}{4}-0\cdot\log_2 0=0$$

$$H(\mathcal{D}_3)=-\frac{3}{5}\log_2\frac{3}{5}-\frac{2}{5}\log_2\frac{2}{5}\approx 0.970951$$

用“职业”分裂样本集 $\mathcal{D}$ 后的条件熵 $H(\mathcal{D}\mid A)$ 为：

---

1 本书中，我们用符号 $|A|$ 表示集合 A 中对象的数量。

$$
\begin{aligned}
H(\mathcal{D}\mid A) &= \sum_{m=1}^{3}\frac{|\mathcal{D}_m|}{|\mathcal{D}|}H(\mathcal{D}_m) \\
&= \frac{5}{14}\times 0.970951 + \frac{4}{14}\times 0 + \frac{5}{14}\times 0.970951 \\
&\approx 0.693536
\end{aligned}
$$

因此，属性 A 带来的信息增益为：

$$
g(\mathcal{D},A) = H(\mathcal{D}) - H(\mathcal{D}\mid A) = 0.24675
$$

既然决策树用于分类，我们为什么不用错分误差率（misclassification error ratio，MER）来代替信息熵？

如果用错分误差率来分裂决策树的节点，我们模仿式（6.1）的思想：找到让样本集 $\mathcal{D}$ 分裂前后平均错分误差率下降最快的属性 A，即

$$
\begin{aligned}
g_E(\mathcal{D},A) &= \underbrace{\mathrm{MER}(\mathcal{D})}_{\text{分裂前}} - \underbrace{\mathrm{MER}(\mathcal{D}\mid A)}_{\text{分裂后}} \\
&= \mathrm{MER}(\mathcal{D}) - \sum_{m=1}^{M}\frac{|\mathcal{D}_m|}{|\mathcal{D}|}\mathrm{MER}(\mathcal{D}_m) \\
&= \mathrm{MER}(\mathcal{D}) - \frac{\sum_{m=1}^{M}\mathrm{MER}(\mathcal{D}_m)|\mathcal{D}_m|}{|\mathcal{D}|} \\
&= \mathrm{MER}(\mathcal{D}) - \mathrm{MER}(\mathcal{D}) \\
&= 0
\end{aligned}
\tag{6.10}
$$

式中，$\mathrm{MED}(\mathcal{D})$ 表示数据集 $\mathcal{D}$ 的错分误差率，$\sum_{m=1}^{M}\frac{|\mathcal{D}_m|}{|\mathcal{D}|}\mathrm{MED}(\mathcal{D}_m)$ 表示将数据集 $\mathcal{D}$ 分裂为 M 个子集 $\mathcal{D}_1,\cdots,\mathcal{D}_m,\cdots,\mathcal{D}_M$ 后的平均错分误差率（错分误差率的期望）。因此，$g_E(\mathcal{D},A)$ 表示用属性 A 分裂数据集 $\mathcal{D}$ 后错分误差率的下降量。我们从式（6.10）的推算过程可以看到，$g_E(\mathcal{D},A)$ 在经过一次分裂后就将降为 0。因此，错分误差率无法驱动决策树递归地进行分裂。图 6-5 揭示了利用错分误差率无法进一步分裂决策树的节点。其中，ERR(D)表示计算错分误差率的函数，Error 表示节点错分误差率。

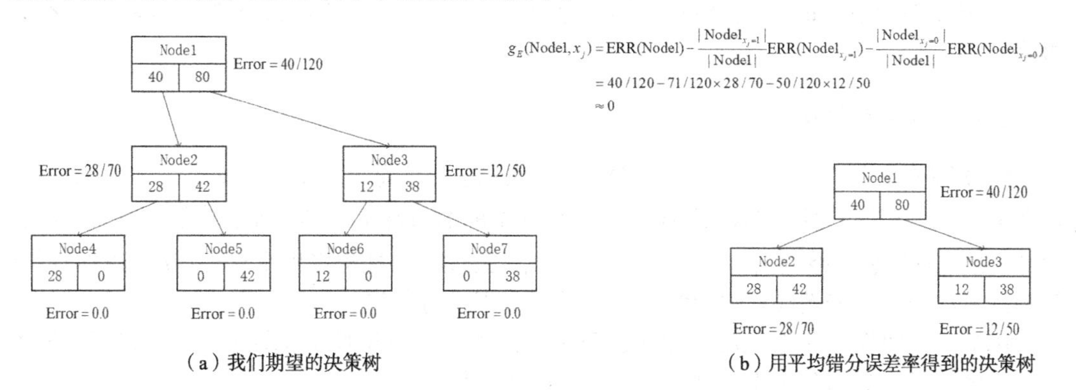

（a）我们期望的决策树　　（b）用平均错分误差率得到的决策树

图 6-5　错分误差率无法驱动决策树节点的递归分裂

6.3 决策树生成算法

6.3.1 ID3 算法

ID3（iterative dichotomiser 3）算法通过信息增益公式即式（6.5）选择分裂属性，从而递归地构造决策树。下面给出 ID3 算法。

算法 6.2：ID3 算法

输入：训练集 $\mathcal{D}=\left\{\left(\boldsymbol{x}_i,y_i\right)\right\}_{i=1}^{N}$，其中，$\boldsymbol{x}_i\in\mathbb{R}^{M\times1}$（$\boldsymbol{x}_i$ 是由 M 个属性值构成的向量，M 个属性构成的属性集 $\mathcal{A}=\left\{A_1,A_2,\cdots,A_M\right\}$），$y_i\in\left\{1,\cdots,K\right\}$，$i=1,\cdots,N$。

输出：决策树 T。

（1）初始化属性集 $\hat{\mathcal{A}}\leftarrow\mathcal{A}$，将训练集 $\mathcal{D}$ 看作根节点并放入节点列表。

（2）生成子节点。

① 从节点列表中挑选出 1 个节点 $\mathcal{D}^*$：

a. 尝试用属性集 $\hat{\mathcal{A}}$ 中的每个属性按式（6.8）对①中选出的节点 $\mathcal{D}^*$ 进行分裂并计算信息增益；

b. 从 a 步骤中选择信息增益最大的属性 A^*，然后按照属性 A^* 的取值将节点 $\mathcal{D}^*$ 分裂成若干子节点 $\mathcal{D}_m$，并将属性 A^* 从属性集中移出；

c. 将节点 $\mathcal{D}_m$ 中样本数量最大的类作为节点 $\mathcal{D}_m$ 的标签，将节点 $\mathcal{D}_m$ 加入节点列表并移出节点 $\mathcal{D}^*$；

d. 由节点 $\mathcal{D}^*$ 及其子节点 $\mathcal{D}_m$ 生长决策树 T。

② 返回第①步，递归地调用步骤 a 到 e 直到属性集 $\hat{\mathcal{A}}$ 为空，返回决策树 T。

具体地讲，从根节点开始，ID3 算法以“贪心”的方式（哪个属性好就先用哪个）选择信息增益最大的属性对父节点进行分裂而递归地建立子节点。注意 ID3 算法不允许一个属性重复参与节点的多次分裂，因为节点按照多叉树的方式进行分裂后信息增益不能再降低。

6.3.2 C4.5 算法

【问题】在分裂决策树的节点时，ID3 算法优先选择信息增益最大的属性。在根据表 6-1 构造 ID3 决策树时，因为“收入”属性中每个样本的取值都不一样，所以其条件熵 $H(\mathcal{D}|A)$ 为 0（意味着信息增益最大），这不合理！显然，连续型属性都将出现这种情况！我们可以推想到 ID3 算法优先选择取值数量多的属性对节点进行分裂。

ID3 算法面临着 3 个问题：如何避免决策树优先选择取值数量多的属性？如何处理属性缺失的问题？如何利用连续型属性进行决策树的构造？

【猜想】对于 ID3 算法没有解决的第 1 个问题，我们可以用“归一化因子”来归一化属性取值过多的问题。一种自然的想法是利用属性 A 取值的数量作为分母：

$$g_R(\mathcal{D},A)=\frac{g(\mathcal{D},A)}{|A|} \tag{6.11}$$

式中，$|A|$为属性A取值的数量。显然，我们希望属性A取值的数量越多时，归一化的信息增益比越小；而属性A取值的数量越少时，归一化的信息增益比越大。式（6.11）似乎很完美地解决了属性取值数量带来的问题。

但是，我们还没有考虑到属性A取值的分布！例如，如图6-6所示，假设属性A_1的取值分布为$A_1=\{1,2,2,2,2,2\}$，属性A_2的取值分布为$A_2=\{1,1,1,2,2,2\}$。虽然属性A_1的取值数量和属性A_2的一样多，即$|A_1|=|A_2|$，但是，用属性A_1和A_2得到的决策树完全不一样。例如，属性A_1会产生子节点$\{1\}$和$\{2,2,2,2,2\}$，而属性A_2则会产生子节点$\{1,1,1\}$和$\{2,2,2\}$。显然，属性A_1产生的决策树比属性A_2产生的决策树更容易出现样本不均衡的现象。所以，用属性A_2进行分裂会比选择用属性A_1分裂更好。

图6-6　属性取值分布对分裂节点的影响，"○"表示样本而"○"中的数字表示属性值

因此，"归一化因子"应该考虑属性取值的分布！

C4.5算法将信息熵作为"归一化因子"，即信息增益比$g_R(\mathcal{D},A)$在信息增益$g(\mathcal{D},A)$的基础之上除以属性A的熵：

$$g_R(\mathcal{D},A)=\underbrace{g(\mathcal{D},A)}_{\text{信息增益}}\cdot\underbrace{\frac{1}{H_A(\mathcal{D})}}_{\text{熵归一化因子}} \tag{6.12}$$

式中，$H_A(\mathcal{D})$表示属性A的信息熵。假设用属性A将训练集$\mathcal{D}$分裂成M个不相交的样本子集$\mathcal{D}_i$，即$\mathcal{D}_i\cap\mathcal{D}_j=\emptyset$，$i\neq j$（$1\leqslant i$，$j\leqslant M$），属性$A$的熵$H_A(\mathcal{D})$为：

$$H_A(\mathcal{D})=-\sum_{m=1}^{M}\frac{|\mathcal{D}_m|}{|\mathcal{D}|}\log_2\frac{|\mathcal{D}_m|}{|\mathcal{D}|} \tag{6.13}$$

式中，$\mathcal{D}$为数据集，$|\mathcal{D}|$为样本个数。

归一化信息增益比希望选择信息增益最大的属性，同时还希望该属性的离散值服从均匀分布。最大化$H_A(\mathcal{D})$意味着我们将选择只有两种取值的属性A，而且这两种取值的样本服从均匀分布。因此，C4.5算法更倾向于产生二分叉形状的决策树，即二叉决策树。下面给出C4.5算法。

算法 6.3：C4.5 算法

输入：训练集 $\mathcal{D}=\{(\boldsymbol{x}_i,y_i)\}_{i=1}^N$，属性集 $\mathcal{A}=\{A_1,A_2,\cdots,A_M\}$，类别标签 y_k（$y_k\in\{1,\cdots,K\}$），阈值 ϵ。

输出：C4.5 决策树 T。

（1）如果训练集 $\mathcal{D}$ 中所有实例属于同一类 y_k，则 T 为单节点决策树。标记类别为 y_k，返回 T。

（2）若 $\mathcal{A}=\varnothing$，则 T 为单节点决策树，并将训练集 $\mathcal{D}$ 中样本数最多的类 y_k 作为该节点的类标签，返回 T。

（3）否则，按式（6.12）计算 $\mathcal{A}$ 中各属性对 $\mathcal{D}$ 的信息增益比，选择信息增益比最大的属性 A^*。

① 如果 A^* 的信息增益比小于阈值 ϵ，则 T 为单节点决策树，并将 $\mathcal{D}$ 中实例数最多的类 y_k 作为该节点的类标签，返回 T。

② 否则，对属性 A^* 的取值 a_l（$1\leqslant l\leqslant L$），依 a_l 的取值将训练集 $\mathcal{D}$ 分割为若干非空子集 $\mathcal{D}_l$，将 $\mathcal{D}_l$ 中实例数最多的类作为标签构建子节点，由节点及其子节点构成树 T，返回 T。

（4）对第 l 个子节点，以 $\mathcal{D}_l$ 为训练集，以 $\mathcal{A}-\{A^*\}$ 为特征集，递归地调用步骤（1）~（3）得到决策树 T_l，直到所有子节点 $\mathcal{D}_l$ 不能再被分裂。

1．属性缺失问题

【问题】 对于属性缺失问题，C4.5 算法需要解决如下 2 个子问题。

（1）如何在属性缺失的情况下选择最优分裂属性？

（2）如果某个样本在分裂属性上有缺失值，我们如何对这个样本进行划分？

【猜想】 如表 6-2 所示，我们去掉“职业”属性中的某些样本的值来研究该问题。对于第 1 个子问题，C4.5 算法不采用填补缺失值的策略，因为我们无法去猜测缺失部分的真值。

通过观察表 6-2，我们发现缺失值样本的数量一般比较少，如 10 个样本里面只有 3 个。一个自然的想法是利用无缺失值的样本来计算归一化信息增益比，然后对归一化信息增益比乘一个“折算因子”。折算因子体现了缺失值带来的不确定性。

给定数据集 $\mathcal{D}$，假设属性 A 有缺失值，令 $\mathcal{D}_*$ 表示训练集 $\mathcal{D}$ 中属性 A 无缺失值的样本子集。那么“折算”后属性 A 的信息增益 $\mathrm{Gain}(\mathcal{D},A)$ 为：

$$\mathrm{Gain}(\mathcal{D},A)=\rho\mathrm{Gain}(\mathcal{D}_*,A) \tag{6.14}$$

式中，ρ 为折算因子，$\mathrm{Gain}(\mathcal{D}_*,A)$ 为根据样本子集 $\mathcal{D}_*$ 计算出的信息增益。折算因子 ρ 可以简单地用无缺失值样本的数量与总样本数量的比来确定：

$$\rho=\frac{|\mathcal{D}_*|}{|\mathcal{D}|} \tag{6.15}$$

表 6-2　个人信息和贷款风险历史数据

编号	职业	年龄	收入	学历	贷款是否有风险
1	农民	28	5000	—	是
2	—	36	5500	高中	否
3	工人	42	2800	初中	是
4	白领	45	3300	小学	是
5	白领	25	10000	本科	是
6	—	32	8000	硕士	否
7	白领	28	13000	博士	是
8	—	21	4000	本科	否
9	农民	22	3200	小学	否
10	工人	33	3000	高中	是

【实验 2】针对含有属性缺失值的表 6-2，计算属性“职业”折算后的信息增益比。

解：以属性“职业”为例，根节点包含样本集$\mathcal{D}$中的全部 10 个样本，无缺失值的样本子集$\mathcal{D}_*$有 7 个样本（其中，农民 2 个，工人 2 个，白领 3 个）。

首先，我们根据信息增益公式即式（6.9）计算无缺失值样本子集$\mathcal{D}_*$的信息增益$\text{Gain}(\mathcal{D}_*, \text{职业})$，再计算无缺失值样本所占的比例，$\rho = 7/10$，最后计算样本集$\mathcal{D}$中该属性的信息增益$\text{Gain}(\mathcal{D}, \text{职业}) = \rho \cdot \text{Gain}(\mathcal{D}_*, \text{职业})$。

对于第 2 个子问题，我们采用“延迟决策”的思想，即在信息不完整的时候，我们将决策延迟到必须做决定的时候。“延迟决策”的好处是能收集到更多的“证据”，为后期决策提供更多信息。

C4.5 算法将有属性缺失值的样本同时“复制”到不同的子节点中。以表 6-2 中属性“职业”为例，我们将有属性缺失值的样本 2、6、8 同时复制到不同的子节点中，如图 6-7（a）所示。

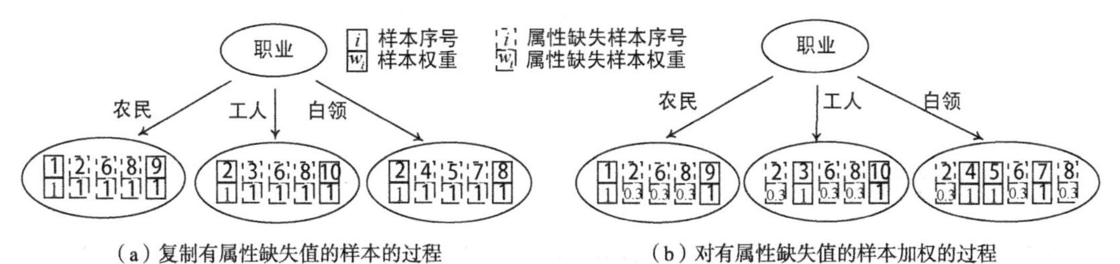

（a）复制有属性缺失值的样本的过程　　（b）对有属性缺失值的样本加权的过程

图 6-7 有属性缺失值的样本被以加权的方式同时复制到不同的子节点中，图中虚线框表示有属性缺失值的样本

但是，图 6-7（a）所示的复制策略会让有属性缺失值的样本数量急剧增加并改变样本的概率分布！例如，图 6-7（a）中索引为 2 的样本数量已经从“职业”父节点中的 1 个变为 3 个。为了保证样本的分布在父节点的分裂前后保持一致，我们为每个被复制的样本$\boldsymbol{x}_i$赋予权重$w_{i,m}$，并保证从父节点分配到子节点$\mathcal{D}_m$（$1 \leqslant m \leqslant M$）后，权重满足$\sum_{m=1}^{M} w_{i,m} = 1$，其中，$M$为子节点数。

对于一个有属性缺失值的样本$\boldsymbol{x}_i$，我们该如何确定其在每个子节点$\mathcal{D}_m$中的权重$w_{i,m}$呢？

开始时，所有样本有初始化权重 1。对于无属性缺失值的样本，当其被划分到子节点时，其权重 $w_{i,m}$ 保持不变，即 $w_{i,m}=1$。对于有属性缺失值的样本 $\boldsymbol{x}_i$，当其被划分到子节点时，权重 $w_{i,m}$ 可依据“折算因子”的策略进行估算，即该子节点内无属性缺失值的样本数量与所有无属性缺失值的样本总数的比例。例如，以表 6-2 中的“职业”属性为例，“职业”属性有缺失值的样本为 2、6、8 号，而无属性缺失值的样本总数为 7。此外，图 6-7（b）中分裂的 3 个子节点“农民”“工人”“白领”中无属性缺失值的样本数量分别为 2、2、3，因此，2、6、8 号样本对应的权重为 $w_{2,1}=2/7$、$w_{2,2}=2/7$、$w_{2,3}=3/7$。

为了进一步计算属性的信息增益比和折算因子。我们做如下假设：离散型属性 A 有 V 个可取值 $\{a_1,\cdots,a_v,\cdots,a_V\}$（$1\leqslant v\leqslant V$），令 D_m^v 表示在节点 $\mathcal{D}_m$ 中属性 A 取值为 a_v 的样本子集，$\mathcal{D}_m=\bigcup_{v=1}^{V}\mathcal{D}_m^v$，$\mathcal{D}_m^k$ 表示在节点 $\mathcal{D}_\bullet$ 中属于第 k（$k=1,2,\ldots,K$）类的样本子集，$\mathcal{D}_m=\bigcup_{k=1}^{K}\mathcal{D}_m^k$。对每一个样本 $\boldsymbol{x}_i$ 赋予其在节点 $\mathcal{D}_m$ 中的权重 $w_{i,m}$。

（1）用样本 $\boldsymbol{x}_i$ 的权重 $w_{i,m}$ 计算式（6.15）中的折算因子：

$$\rho=\frac{\sum_{v=1}^{V}\sum_{\boldsymbol{x}_i\in\mathcal{D}_m^v}w_{i,m}}{\sum_{\boldsymbol{x}_i\in\mathcal{D}_m}w_{i,m}} \tag{6.16}$$

（2）用样本 $\boldsymbol{x}_i$ 的权重 $w_{i,m}$ 计算无属性缺失值的样本中第 k 类的概率 p_{*k}（$\sum_{k=1}^{K}p_{*k}=1$）：

$$p_{*k}=\frac{\sum_{\boldsymbol{x}_i\in\mathcal{D}_m^k}w_{i,m}}{\sum_{\boldsymbol{x}_i\in\mathcal{D}_m}w_{i,m}} \tag{6.17}$$

（3）用样本 $\boldsymbol{x}_i$ 的权重 $w_{i,m}$ 计算取值为 a_v 的样本的比例 r_{*v}（$\sum_{v=1}^{V}r_{*v}=1$）：

$$r_{*v}=\frac{\sum_{\boldsymbol{x}_i\in\mathcal{D}_m^v}w_{i,m}}{\sum_{\boldsymbol{x}_i\in\mathcal{D}_m}w_{i,m}} \tag{6.18}$$

2．连续值处理问题

【问题】我们已经知道使用 C4.5 算法可构建二叉决策树。因此，使用 C4.5 算法时只需对连续型属性进行二分化处理。因此，我们面临的问题是：如何选择合适的连续型属性“贪心”地构建决策树？如何对所选的连续型属性进行节点分裂？

【猜想】以表 6-2 中的“年龄”属性为例，如果我们将“年龄”属性的所有取值都放在一起 $\{28,36,42,45,25,32,28,21,22,33\}$ 并对其进行排序，使用序列 $[21,22,25,28,32,33,36,42,45]$ 中相邻两值的中值 $[21.5,23.5,26.5,30,32.5,34.5,39,43.5]$ 可以对样本集进行二叉分裂。

假如，连续型属性 A 共有 M 种取值，属性 A 的取值从小到大排序为 $[a_1,a_2,\cdots,a_M]$。我们共有 $M-1$ 个分裂点。其中，第 i 个分裂点 t_i 为：

$$t_i=\frac{a_i+a_{i+1}}{2} \tag{6.19}$$

式（6.19）意味着对于属性A节点有$M-1$种可能的分裂方式。显然，我们可以计算$M-1$个分裂点的信息增益比，再选择信息增益比最大的分裂点。显然，连续型属性可以重复被用于子节点的构建。

【实验 3】 请用表 6-1 中的“年龄”属性来划分根节点。

解： 根据式（6.19），排序后样本属性值的中值为$[21.5,23.5,26.5,30,32.5,34.5,39,43.5]$（共 8 个分裂点）。我们根据式（6.12）计算出所有分裂点取不同值时的信息增益比为$[0.046,-0.053,-0.322,-0.322,-0.398,-0.380,-0.322,-0.054,0.046]$，再选出其中信息增益比最大的分裂点$\hat{t}=30$。具体程序请读者自行编写或参考本书提供的例了。

3．C4.5 算法总结

C4.5 算法弥补了 ID3 算法的缺陷，但仍然面临以下 3 个问题。

（1）C4.5 算法在处理离散型属性时会构造多叉决策树。由于决策树的不可回溯性，我们对于不确定性的样本应该采用延迟决策并将不确定性送入子节点等待进一步处理。

（2）C4.5 算法用对数运算计算信息熵会耗费大量的时间。假设一个子节点有N个样本。如果属性是离散型的，C4.5 算法需要进行$2N+1$次对数运算；如果属性是连续型的，C4.5 算法需要进行$N-1$次对数运算。

（3）C4.5 算法只能用于解决分类问题，无法用于解决回归问题。

log(*x*)运算在计算机中的实现

$\log(x)$函数在x的不同取值范围内可分别用多项式进行近似。例如，在$[0.5,4]$中，如图 6-8 所示，用多项式$g(x)=\left[\frac{11}{60}(x-1)^3+(x-1)^2+(x-1)\right]\Big/\left[-\frac{1}{2}+\frac{3}{2}x+\frac{3}{5}(x-1)^2+\frac{1}{20}(x-1)^3\right]$近似$\log(x)$ $\text{error}(x)=|\log(x)-g(x)|$。图 6-9 中实线与点虚线分别为$\log(x)$与$g(x)$的图像，而虚线表示两者之间的差值。我们可以明显地看出在$[0.5,4]$中，$g(x)$能够很好地近似$\log(x)$。在$\log(x)$的近似运算中，我们可以看到$\log(x)$运算涉及大量的除法和指数运算。

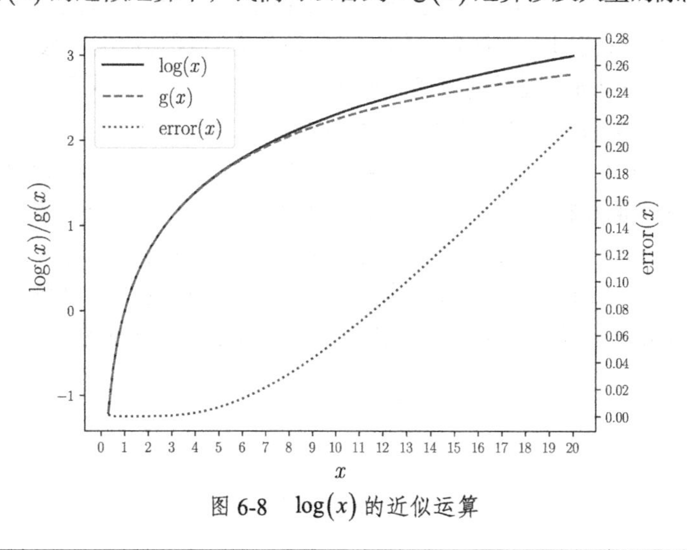

图 6-8　$\log(x)$的近似运算

6.4 决策树的剪枝

决策树的分支越多或决策树越深，叶节点内的样本数量就越少。在第 2 章中，我们已知在样本数量越少的情况下，频率估计概率密度也就越不准确，从而信息熵也就越不准确。此外，当样本数量越少时，信息熵的准确性就越易受到噪声样本的影响。

在第 7 章，我们将介绍模型的过拟合和模型的有关参数。模型的参数越多，模型越容易过拟合。决策树的参数包括树的深度或叶节点数量。所以，我们需要减少决策树的参数数量来减小决策树过拟合的风险。

【问题】决策树是由算法 6.1 精心构建而得的。因此，如何才能在尽量不破坏决策树分类能力的前提下，降低决策树复杂度的同时减小其过拟合的风险？

我们可以对决策树的参数进行简化，停止决策树的生长或移除不重要的子树或叶节点的过程称为剪枝（pruning）。常用的决策树剪枝方法有 2 种：预剪枝（pre-pruning）和后剪枝（post-pruning）。

6.4.1 预剪枝

【猜想】在构造决策树的过程中，我们提前终止某些分支的生长，即对每个节点在分裂前先进行评估，若当前节点的分裂不能带来决策树性能的提升，我们将当前节点标记为叶节点。有 3 种参数可用来停止决策树的生长。

（1）树的深度 max _ depth：当决策树的深度达到预设值之后，我们停止决策树的生长。

（2）叶节点内样本数量 min _ sample _ split：当叶节点内样本的数量小于预设值时，我们停止决策树的生长。

（3）信息增益阈值 min _ impurity _ decrease：计算每次节点分裂后决策树的信息增益，如果信息增益小于预设的阈值时，我们将停止决策树的生长。

理论上，预剪枝策略使得决策树有很多分支没有被“展开”，这不仅能降低决策树过拟合的风险，还能显著地提高决策树的训练与测试速度。实际中，选取一个合适的剪枝阈值是非常困难的。较高的阈值可能导致过分简化决策树，而较低的阈值可能使决策树无法被优化。因此，我们通常使用第 7 章介绍的交叉验证法来选择合适的剪枝阈值。

【实验 4】用 scikit-learn 提供的决策树函数为月牙形数据建立决策树模型。请利用预剪枝策略对决策树进行剪枝并观察剪枝对决策树性能的影响。

解：实验结果如图 6-9、图 6-10、图 6-11 和图 6-12 所示。图 6-9 给出了决策树在不剪枝情况下的分类超平面和树结构。我们可以看出图 6-9（a）中的分类超平面已经受到噪声的扰动。此外，图 6-9（b）中决策树的结构也异常复杂而且树的深度达到 6。

如图 6-10 所示，我们设置剪枝条件为“决策树最大深度为 3”。从图中可见，决策树的非线性仍然得以保留，但是由于决策树的深度不够而无法将部分蓝色样本（X 表示的样本）正确分类。

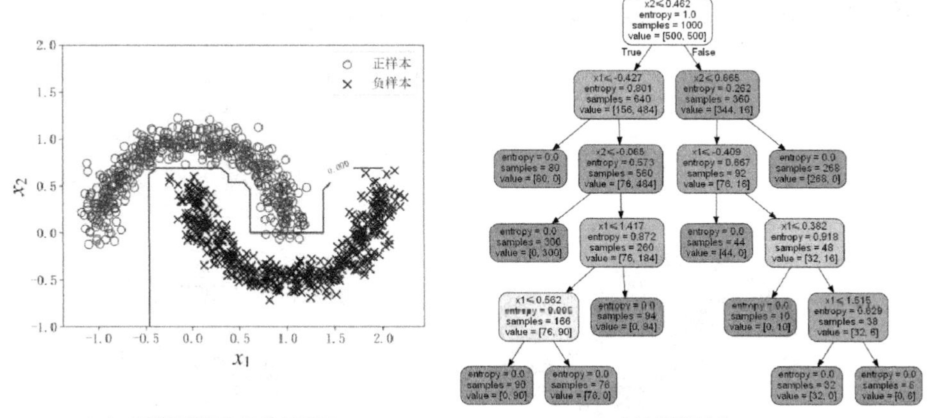

（a）月牙形数据和分类超平面　　　　（b）决策树结构

图 6-9　决策树自由生长得到的分类超平面和相应的决策树结构

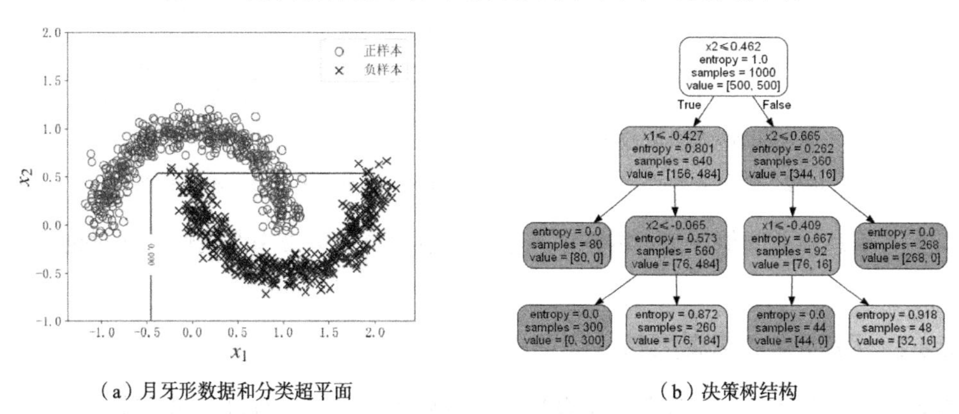

（a）月牙形数据和分类超平面　　　　（b）决策树结构

图 6-10　剪枝条件为“决策树最大深度为 3”的分类超平面和决策树结构

如图 6-11 所示，我们设置剪枝条件为“节点内样本最小数量为 100”。相较于“决策树最大深度为 3”的图 6-10（a）中的分类超平面，图 6-11（a）中的分类超平面不再被部分噪声所干扰。

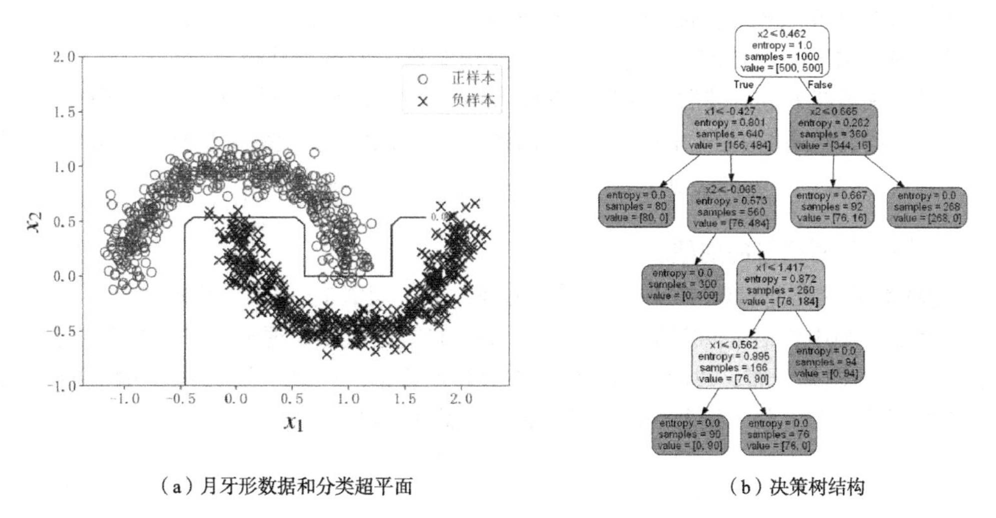

（a）月牙形数据和分类超平面　　　　（b）决策树结构

图 6-11　剪枝条件为“节点内样本最小数量为 100”的分类超平面和决策树结构

如图 6-12 所示，我们设置剪枝条件为“信息增益阈值为 0.05”。

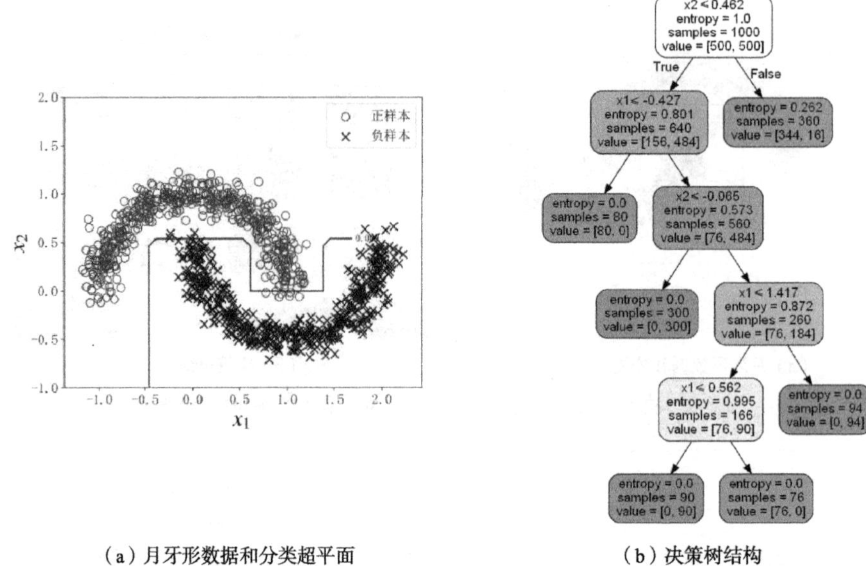

（a）月牙形数据和分类超平面　　　　（b）决策树结构

图 6-12　剪枝条件为“信息增益阈值为 0.05”的分类超平面和决策树结构

综上，信息增益阈值和节点内样本数量最小值给决策树带来非线性的同时也简化了决策树。

6.4.2　后剪枝之悲观剪枝

我们也可以先生成一棵完整的决策树，然后从叶节点向上对每个非叶节点进行考察。如果节点对应的子决策树在剪枝后能带来决策树性能的提升（至少是不降低），则对该子决策树进行剪枝。问题是我们用什么原则对非叶节点的性能进行评估？

一个自然的想法是利用验证集[1]对非叶节点的分类性能进行评估。但是，自底向上地对所有非叶节点进行组合判断将非常耗时。因此，我们有另一个大胆的想法：不需要验证集我们就能对非叶节点进行性能评估。也就是说我们仅利用训练集对子决策树进行剪枝？如果子决策树的精度在剪枝前后没有变化，则子决策树需要进行剪枝。

假设子决策树 T_t 在剪枝后变为叶节点 t，如图 6-16 所示。如果剪枝前后误判样本数的期望不超过预定义的阈值 Th（$\mathrm{Th}>0$），我们则认为需要将子决策树 T_t 剪枝为叶节点 t，即：

$$E\left[\text{剪枝后误判数}\right]-E\left[\text{剪枝前误判数}\right]\leqslant \mathrm{Th} \tag{6.20}$$

其中，$E[\cdot]$ 表示对变量的期望。

【问题】 虽然式（6.20）在理论上很有道理，但是阈值 Th 该如何确定呢？

统计上，利用置信区间能检验某个随机变量的值是否在合理范围内。如果先建立每个节点错误率[2]的概率分布，我们可利用该概率分布的置信区间确定阈值 Th。阈值 Th 可以设置为错误率的某个上限（最悲观的误差或最大容忍的误差）。

1 关于验证集、测试集和训练集的概念可以提前参见图 7-6。

2 误判率等价于错误率，错误率=1−正确率。

置信区间

置信区间是指由样本的随机变量构造出参数的可信赖区间。置信区间本质上刻画了参数的可信程度。置信上限和置信下限构成置信区间的上、下界。例如，某位同学经常考 100 分，突然有一次该同学只考了 98 分。难道我们就认为该同学成绩变差了？这次成绩下降可能是生病造成的，也可能是心情不好造成的，还可能是故意不想考满分。显然，我们需要设置一个区间来容忍这些偶然的因素。这就是置信区间被提出的动机。

图 6-13 所示是标准正态分布 $\mathcal{N}(0,1)$ 置信区间的示意，其中，0 为均值，1 为方差。图 6-13 中 $[-1,1]$ 就是一个置信区间，标准正态分布的变量 X 有约 68.27%的概率落入区间 $[-1,1]$。

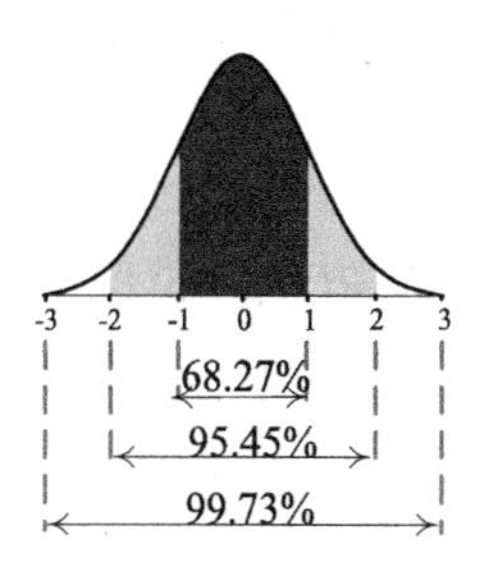

图 6-13　标准正态分布 $\mathcal{N}(0,1)$ 置信区间的示意

假设决策树的某棵子决策树 T_t 含有 N 个样本，其中，有 E 个被错误分类的样本。因此，在剪枝后，该节点的错误率 ϵ 为：

$$\epsilon = E / N \tag{6.21}$$

我们可以假设每个节点内样本的误判数服从二项分布（binomial distribution）$B(N,\epsilon)$，其置信区间为：

$$\left[\epsilon - z_{1-\alpha/2}\sqrt{\frac{\epsilon(1-\epsilon)}{N}}, \epsilon + z_{1-\alpha/2}\sqrt{\frac{\epsilon(1-\epsilon)}{N}}\right] \tag{6.22}$$

式中，α 是误差百分位数，$z_{1-\alpha/2}$ 为超参数（我们可以通过预先计算好的表格查得）。比如，设定 $\alpha = 0.05$，$1-\alpha/2 = 0.975$，此时 $z_{1-\alpha/2} = 1.96$。显然，式（6.22）非常复杂，是难以计算的。

【猜想】我们需要用更简单的分布来近似二项分布 $B(N,\epsilon)$。

二项分布的正态分布逼近

当 N 足够大时，二项分布 $B(N,\epsilon)$ 可以用均值为 $N\epsilon$ 而方差为 $N(1-\epsilon)$ 的正态分布 $\mathcal{N}(N\epsilon, N(1-\epsilon))$ 逼近。当 N 越大（至少为 6）而且概率 P 不接近 0 或 1 时，正态分布越逼近二项分布 $B(N,\epsilon)$。一个经验是 $N\epsilon$ 和 $N(1-\epsilon)$ 都必须大于 5。例如，图 6-14（a）、图 6-14（b）和图 6-14（c）分别展示了 $N=2$、$N=5$、$N=100$ 时的二项分布与正态分布。随着 N 的增大，正态分布越来越逼近二项分布。

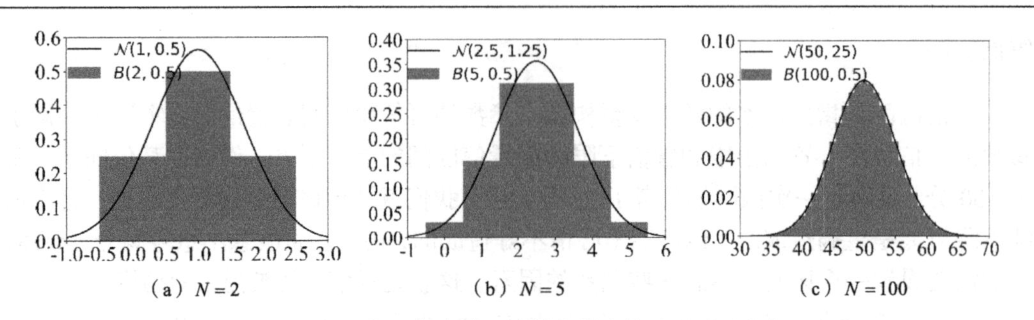

（a）$N=2$ （b）$N=5$ （c）$N=100$

图 6-14 正态分布随着 N 的增大越来越逼近二项分布

因为我们用连续的正态分布 $\mathcal{N}\left(N\epsilon, N\epsilon(1-\epsilon)\right)$ 去近似离散的二项分布 $B(N,\epsilon)$，在计算概率之前我们需要将连续的正态分布的每个测量区间上下各延伸 0.5。值 0.5 称为二项分布近似的连续性修正因子。

当 N 大于某个数的时候，二项分布 $B(N,\epsilon)$ 可以用正态分布 $\mathcal{N}\left(N\epsilon, N\epsilon(1-\epsilon)\right)$ 来逼近。由于需要用连续性修正因子 0.5 来矫正错误率，则节点的错误率为：

$$\epsilon_{\text{leaf}} = (E+0.5)/N \tag{6.23}$$

在剪枝前，如果子决策树 T_t 有 L 个叶节点，那么该子决策树总错误率 $\epsilon_{\text{tree}}^{\text{before}}$ 是所有子决策树的错误率之和。根据式（6.23）可知，剪枝前子决策树 T_t 的错误率 $\epsilon_{\text{tree}}^{\text{before}}$ 为：

$$\epsilon_{\text{tree}}^{\text{before}} = \left(\sum_{i=1}^{L} E_i + 0.5L\right) \Big/ \left(\sum_{i=1}^{L} N_i\right) \tag{6.24}$$

式中，E_i 和 N_i 分别为第 i（$1 \leqslant i \leqslant L$）个叶节点内的误判数和样本数。子决策树中每一个叶节点的错误率都服从二项分布 $B(N,\epsilon)$。因此，剪枝前误判数的期望为：

$$E[\text{剪枝前误判数}] = N \times \epsilon_{\text{tree}}^{\text{before}} \tag{6.25}$$

在剪枝后，子决策树 T_t 被替换成一个叶节点。因此，剪枝后叶节点的错误率 $\epsilon_{\text{tree}}^{\text{after}}$ 与式（6.23）相同：

$$\epsilon_{\text{leaf}}^{\text{after}} = (E+0.5)/N \tag{6.26}$$

在剪枝后，该叶节点的错误率 $\epsilon_{\text{tree}}^{\text{after}}$ 同样也服从二项分布 $B(N,\epsilon)$。因此，我们可以得到剪枝后误判数期望为：

$$E[\text{剪枝后误判数}] = N \times \epsilon_{\text{leaf}}^{\text{after}} \tag{6.27}$$

因为子决策树 T_t 中每个叶节点的误判数已经用正态分布 $\mathcal{N}\left(N\epsilon, N\epsilon(1-\epsilon)\right)$ 近似，所以剪枝前后错误率的阈值 Th 可被设置为一个标准偏差：

$$\text{std}(\text{剪枝前误判数}) = \sqrt{N \times \epsilon_{\text{tree}}^{\text{before}}\left(1-\epsilon_{\text{tree}}^{\text{before}}\right)} \tag{6.28}$$

当剪枝后误判数期望和剪枝前误判数期望的差值小于等于给定的阈值时，我们就剪枝。因此，剪枝条件即式（6.20）变为：

$$E[\text{剪枝后误判数}] - E[\text{剪枝前误判数}] \leqslant \text{std}(\text{剪枝前误判数}) \tag{6.29}$$

下面给出悲观剪枝算法。

算法 6.4：悲观剪枝算法

输入：训练集 $\mathcal{D}$，决策树 T 。

输出：剪枝后的决策树 T 。

（1）计算剪枝前子决策树 T_t 的错误率和误判数的期望：

$$\epsilon_{\text{tree}}^{\text{before}}=\left(\sum_{i=1}^{L}E_i+0.5L\right)\Big/\sum_{i=1}^{L}N_i \tag{6.30}$$

$$E\left[\text{剪枝前误判数}\right]=N\times\epsilon_{\text{tree}}^{\text{before}} \tag{6.31}$$

（2）计算剪枝前子决策树 T_t 的标准差：

$$\text{std}\left(\text{剪枝前误判数}\right)=\sqrt{N\times\epsilon_{\text{tree}}^{\text{before}}\left(1-\epsilon_{\text{tree}}^{\text{before}}\right)} \tag{6.32}$$

（3）如果子决策树 T_t 被剪掉后变为叶节点 t，计算该叶节点的错误率和误判数的期望：

$$\epsilon_{\text{leaf}}^{\text{after}}=\left(E+0.5\right)/N \tag{6.33}$$

$$E\left[\text{剪枝后误判数}\right]=N\times\epsilon_{\text{leaf}}^{\text{after}} \tag{6.34}$$

（4）当剪枝后误判数期望和剪枝前误判数期望的差值小于等于剪枝前子决策树的标准差，即：

$$E\left[\text{剪枝后误判数}\right]-E\left[\text{剪枝前误判数}\right]\leqslant\text{std}\left(\text{剪枝前误判数}\right) \tag{6.35}$$

时就剪枝。

（5）更新剪枝后的决策树 T 并回到第（1）步，递归地对决策树 T 进行剪枝，直到所有的节点都不满足式（6.35）。

【实验 5】图 6-15 所示是决策树的一棵子决策树，每个节点有 2 个数字，左边的数字表示被正确分类的样本个数，而右边的数字表示被错误分类的样本个数。例如，Node4 节点覆盖了 16 个样本，其中 9 个被正确分类，而 7 个被错误分类。请计算以 Node4 为根节点的这棵子决策树是否应该被剪枝。

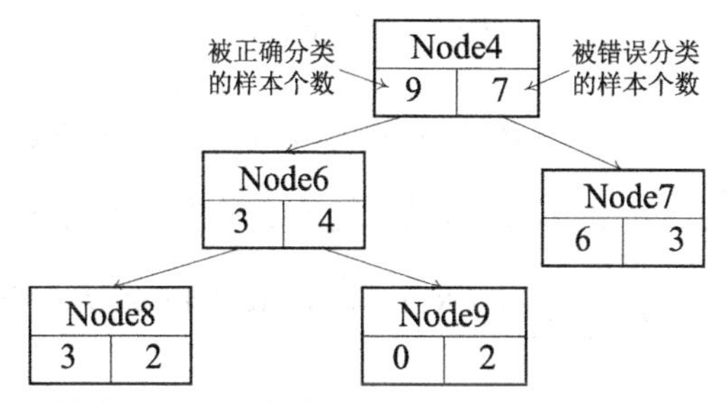

图 6-15　样本经过子决策树（以 Node 4 为根节点）的判别情况

解：以 Node4 为根节点的子决策树共有 3 个叶节点：Node 7、Node 8 和 Node 9。因此，叶节点的数量 $L=3$。子决策树中一共有 16 个样本，即 $N=16$。子决策树一共有 7 个被错误分类的样本，因此，$E=7$。

根据错误率计算式即式（6.30），我们计算剪枝前子决策树的错误率：

$$\epsilon_{\text{tree}}^{\text{before}}=\left(\sum_{i=1}^{L}E_i+0.5L\right)\Big/\sum_{i=1}^{L}N_i=(7+0.5\times 3)/16=8.5/16\approx 0.53 \tag{6.36}$$

根据式（6.32），我们计算二项分布的标准差为：

$$\begin{aligned}\text{std}(\text{剪枝前误判数})&=\sqrt{N\times\epsilon_{\text{tree}}^{\text{before}}\left(1-\epsilon_{\text{tree}}^{\text{before}}\right)}\\&=\left[16\times 0.53\times(1-0.53)\right]^{1/2}\approx 2.00\end{aligned} \tag{6.37}$$

由算法 6.4 可知，剪枝前子决策树误判数的期望为：

$$E\left[\text{剪枝前误判数}\right]=N\times\epsilon_{\text{tree}}^{\text{before}}=16\times 0.53=8.48 \tag{6.38}$$

而剪枝后，决策树只剩下 Node4，因此 Node4 的错误数的期望为：

$$E\left[\text{剪枝后误判数}\right]=N\times\epsilon_{\text{leaf}}^{\text{after}}=16\times\frac{7+0.5}{16}=7.5 \tag{6.39}$$

按照算法 6.4 的判断准则公式即式（6.35），$8.48-7.5<2$，所以，Node4 不满足剪枝标准。

6.4.3 后剪枝之代价复杂度剪枝

虽然悲观剪枝方法能避免使用验证集，但是悲观剪枝方法存在置信区间的设置问题和二项式分布逼近精度的问题。另外，悲观剪枝方法也没有考虑到决策树的复杂度问题。

【问题】假设我们还有足够多的样本构成验证集，如何在有验证集的情况下进行后剪枝？

【猜想】我们需要解决 2 个问题：

（1）定义一种既能描述分类准确性又能描述决策树复杂度的指标；

（2）利用该指标对决策树的子决策树以“贪心”方式进行剪枝。

假设剪枝前子决策树 T_t 的代价复杂度函数记为 $R_\alpha(T_t)$。$R_\alpha(T_t)$ 可表示为：

$$R_\alpha(T_t)=R(T_t)+\alpha|T_t| \tag{6.40}$$

式中，$R(T_t)$ 表示子决策树 T_t 的分类误差，$|T_t|$ 表示子决策树的叶节点数量（也表示子决策树 T_t 的复杂度）。式（6.40）中子决策树 T_t 的分类误差 $R(T_t)$ 可简化为：

$$R(T_t)=\sum_{t\in T_t}R(t) \tag{6.41}$$

式中，$\sum_{t\in T_t}R(t)$ 表示子决策树 T_t 上各叶节点 t 的分类误差 $R(t)$ 之和，如图 6-16 所示。如果子决策树 T_t 被裁剪后将变成叶节点 t，其代价复杂度函数的变化量为：

$$\underbrace{R_\alpha\left(T_t-\widetilde{T}_t\right)}_{\text{叶节点}t}-\underbrace{R_\alpha(T_t)}_{\text{子决策树}T_t}=R\left(T_t-\widetilde{T}_t\right)-R(T_t)+\alpha\left(\left|T_t-\widetilde{T}_t\right|-|T_t|\right) \tag{6.42}$$

式中，$\widetilde{T}_t$ 表示子决策树 T_t 的所有分支，如图 6-16 中虚线框包括的部分所示。由式（6.42）可知，剪枝后子决策树 T_t 的分类误差 $R_\alpha\left(T_t-\widetilde{T}_t\right)$ 就是剪枝后叶节点 t 的分类误差 $R(t)$：

$$R\left(T_t-\widetilde{T}_t\right)=R(t) \tag{6.43}$$

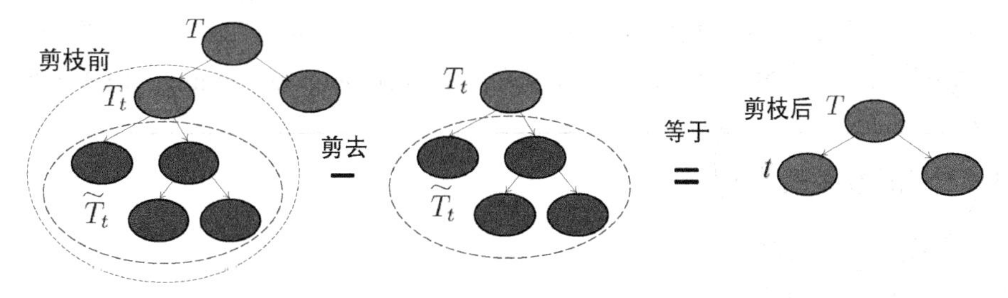

图 6-16 代价复杂度剪枝示意

同时，我们可以观察到剪枝后子决策树T_t的所有节点变成叶节点t，即$\left|T_t-\widetilde{T}_t\right|=1$。所以，式（6.42）中的$\left|T_t-\widetilde{T}_t\right|-\left|T_t\right|$部分可化简为：

$$\left|T_t-\widetilde{T}_t\right|-\left|T_t\right|=1-\left|T_t\right| \tag{6.44}$$

将式（6.44）代入式（6.42）可得：

$$R\left(T_t-\widetilde{T}_t\right)-R\alpha\left(T_t\right)=R(t)-R\left(T_t\right)+\alpha\left(1-\left|T_t\right|\right) \tag{6.45}$$

当剪枝前后的代价复杂度变为0，即$R_\alpha\left(T_t-\widetilde{T}_t\right)-R_\alpha\left(T_t\right)=0$时，叶节点$t$比子决策树$T_t$有着更低的代价复杂度。显然，子决策树$T_t$应该被裁剪掉。

假设剪枝前后的代价复杂度变为0时，我们得到代价复杂度指标α的表达式：

$$0=R(t)-R\left(T_t\right)+\alpha\left(1-\left|T_t\right|\right) \Rightarrow \alpha=\frac{R(t)-R\left(T_t\right)}{\left|T_t\right|-1} \tag{6.46}$$

式中，$\left|T_t\right|$是子决策树T_t中叶节点的数量，$R(t)$是剪枝后的叶节点t的分类误差，$R\left(T_t\right)$是子决策树T_t的分类误差。代价复杂度指标α用于度量在相同的模型复杂度减少量$\left|T_t\right|-1$下分类误差的增量$R(t)-R\left(T_t\right)$。

式（6.46）解决了第 1 个问题“定义一种既能描述分类准确性又能描述决策树复杂度的指标”。我们根据最优子决策树序列的嵌套性定理可知，由叶节点向根节点递归生成子决策树所对应的α将逐步增大。最优子决策树序列的嵌套性告诉我们，可以“贪心”地根据α的大小进行子决策树的剪枝而不需考虑所有节点组合成的剪枝。

最优子决策树序列的嵌套性

将α从小到大排列，$0=\alpha^0<\alpha^1<\cdots<\alpha^i<\cdots$，产生一系列的区间$\left[\alpha^i,\alpha^{i+1}\right)$（$i=0,1,\cdots,N$）。剪枝得到的子决策树序列对应着区间$\left[\alpha^i,\alpha^{i+1}\right)$的最优子决策树序列$\mathcal{T}=\left\{T^0\supseteq T^1\supseteq\cdots\supseteq T^i\supseteq\cdots\right\}$，其中，子决策树序列中的子决策树是相互嵌套的。

因此，代价复杂度剪枝就是指对原始决策树T_0中每一个内部节点t计算代价复杂度指标α，并自底向上剪去当前指标α最小的子决策树。但是，当我们得到子决策树序列$\mathcal{T}$后，我们该如何从中选取最优子决策树 T^{α}？

在剪枝得到子决策树序列 $\mathcal{T}$ 后，我们通过交叉验证法选取最优子决策树 T^{α}。具体地，利用独立的验证集测试子决策树序列 $\mathcal{T}$ 中每个子决策树的误差。我们选择误差最小的决策树为最优决策树 T^{α}。下面给出代价复杂度剪枝（cost complexity pruning，CCP）算法。

算法 6.5：代价复杂度剪枝算法

输入：训练集 $\mathcal{D}$，决策树 T。

输出：剪枝后的决策数 T。

（1）设置变量 $k=0$，决策树 $T^0 \leftarrow T$，$\alpha^0=0$；

（2）自上而下地对决策树 T^0 各内部节点 $t \in T^0$ 计算 $g_0(t)=\left[R(t)-R\left(T_t^1\right)\right]/\left(\left|T_t^1\right|-1\right)$，然后选出值最小的 $g_0(t)$ 和节点 t_0，最后记 $\alpha^1=g_0(t_0)$ 和 $T^1=T^0-T_{t_0}^0$；

（3）如果 T^i 不是由根节点单独构成的树，则回到步骤（2）；

（4）得到指标序列 $\alpha^0<\cdots<\alpha^i<\cdots<\alpha^N<\cdots$ 和对应的决策树序列 $T^0 \supseteq T^1 \supseteq \cdots \supseteq T^i \supseteq \cdots$；

（5）根据指标序列 $\alpha^0<\cdots<\alpha^i<\cdots<\alpha^N \cdots$，选择 $\alpha \in \left[\alpha^k, \alpha^{k+1}\right)$，通过交叉验证法在子决策树序列中选取最优子决策树 T_α。

【实验 6】如图 6-17 所示，决策树的总样本数量为 40。以 Node 1 为根节点的子决策树中，每个节点有两个数字，左边的数字表示被正确分类的样本个数，而右边的数字表示被错误分类的样本个数。计算以 Node 1 为根节点的这棵子决策树的代价复杂度指标 α。

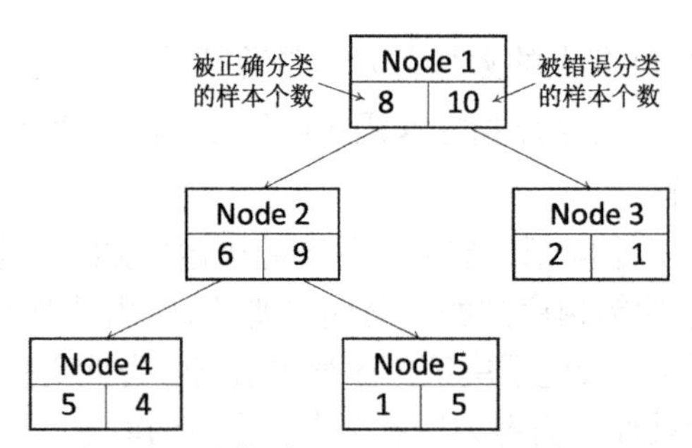

图 6-17 样本经过子决策树（以 Node 1 为根节点）的判别情况

解：剪枝前子决策树的分类误差计算如下：

$$
\begin{aligned}
R(T_t) &= \sum\nolimits_{t \in T_t} R(t) \\
&= \frac{1}{3} \times \frac{3}{40} + \frac{4}{9} \times \frac{9}{40} + \frac{1}{6} \times \frac{6}{40} = \frac{6}{40} = \frac{3}{20}
\end{aligned} \tag{6.47}
$$

剪枝后叶节点的分类误差计算如下：

$$
R(t) = \frac{8}{40} = \frac{1}{5} \tag{6.48}
$$

而剪枝前叶节点个数为 $|T_t|=3$。因此，当前子决策树代价复杂度指标 α 为：

$$\alpha = \frac{R(t)-R(T)}{|T_t|-1} = \frac{\frac{1}{5}-\frac{6}{40}}{3-1} = \frac{1}{40} \tag{6.49}$$

6.5 分类回归树

分类回归树（classification and regression tree，CART）是一种既可以用于分类任务又可以用于回归任务的决策树。此外，分类回归树既可以用于处理离散型属性又可以用于处理连续型属性。

【问题】 C4.5 算法所用的信息熵会涉及大量耗时的对数运算。为了提升决策树的构造速度，尤其是用连续型属性构造决策树的速度，我们自然会想到一个的问题：如何加速信息增益比的计算？

【猜想】 因为信息熵是关于概率密度的连续可微函数，所以我们利用泰勒展开对信息熵进行一阶近似，即用线性函数逼近信息熵。我们将函数 $f(x)=-\ln x$ 在 $x_0=1$ 处进行一阶泰勒展开：

$$\begin{aligned} -\ln x &= f(x_0)+f'(x_0)(x-x_0)+o(\cdot) \\ &= f(1)+f'(1)(x-1)+o(\cdot) \\ &\approx 1-x \end{aligned} \tag{6.50}$$

式中，$f'(x)$ 表示函数 $f(x)$ 在 x 点处的一阶导数，$o(\cdot)$ 表示高阶无穷小项。相应地，如果随机变量 X 有 K 个离散值，变量 X 取第 k 个离散值的概率为 $P(X)=p_k$（$1\leqslant k\leqslant K$）。根据式（6.50），信息熵可以被近似表示为：

$$\begin{aligned} H(X) &= -\sum_{k=1}^{K} p_k \ln p_k \\ &= \sum_{k=1}^{K} p_k(-\ln p_k) \\ &\approx \underbrace{\sum_{k=1}^{K} p_k(1-p_k)}_{\text{对数运算消失}} \\ &= 1-\sum_{k=1}^{K} p_k^2 \end{aligned} \tag{6.51}$$

式中，$1-\sum_{k=1}^{K} p_k^2$ 又被称为随机变量 X 的基尼系数 $\mathrm{Gini}(X)$。基尼系数 $\mathrm{Gini}(X)$ 将对数运算 $\ln x$ 转化为幂运算，从而大大地降低了信息熵的计算复杂度。显然，基尼系数是对信息熵的近似。因此，随机变量的基尼系数越小，随机变量的“不纯度”越低。

在解决了信息熵计算过程的加速后，我们自然会关心另一个问题：在构建二叉决策树的情况下，信息熵与基尼系数 $\mathrm{Gini}(X)$ 之间的误差会有多大呢？图 6-18 给出了信息熵之半 $H(X)/2$ 和基尼系数 $\mathrm{Gini}(X)$ 之间的关系。

基尼系数与信息熵的关系

二元分类问题中，图 6-18 中的横坐标表示概率，而纵坐标表示基尼系数 $\mathrm{Gini}(X)$ 或信息熵之半 $H(X)/2$ 的值。因为信息熵之半是对信息熵取一半，所以，信息熵之半 $H(X)/2$ 不会改变用熵增益作为指标选择属性来分裂节点的结果。

图 6-18 表明基尼系数和信息熵之半的曲线非常接近。因此，基尼系数公式即式（6.51）可以作为信息熵 $H(X)$ 公式即式（6.1）的一个近似替代。

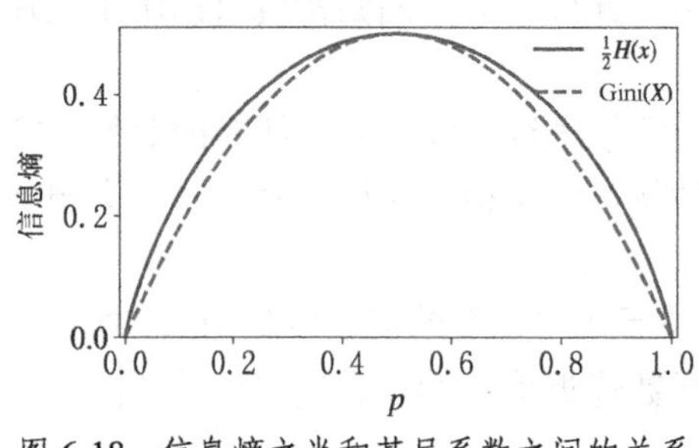

图 6-18 信息熵之半和基尼系数之间的关系

在解决信息熵加速计算的问题后，我们需要从更深的角度考虑决策树的结构是否能被简化，如从支持向量机启发得到支持向量回归，决策树是否能被扩展到回归领域呢？

1．二叉决策树还是多叉决策树

【问题】信息增益比用属性的信息熵作为“归一化因子”来防止节点分叉过多而导致过拟合问题。因此，一个重要的问题：我们是否用由基尼系数计算得到的属性的熵作为“归一化因子”？

【猜想】二叉决策树已经避免了多叉决策树带来的过拟合问题。在 6.3.2 小节中，我们已知二叉决策树能获得更高的信息增益比，此外，二叉决策树在用于处理连续型变量时比多叉决策树更方便。因此，我们只需完成基尼系数 $\mathrm{Gini}(X)$ 的计算。

假设样本集记为 $\mathcal{D}$，样本数量记为 $|\mathcal{D}|$，类别数量记为 K，第 k 类样本子集记为 $\mathcal{C}_k$（$1\leqslant k\leqslant K$）。样本集合 $\mathcal{D}$ 的基尼系数 $\mathrm{Gini}(X)$ 为：

$$\mathrm{Gini}(\mathcal{D})=1-\sum_{k=1}^{K}\left(\frac{|\mathcal{C}_k|}{|\mathcal{D}|}\right)^2 \tag{6.52}$$

式中，$|\mathcal{C}_k|/|\mathcal{D}|$ 是对第 k 类概率密度 p_k 的估计。

假设给定训练集 $\mathcal{D}$，属性 $\mathcal{A}=\{A_1,\cdots,A_m,\cdots,A_M\}$（$1\leqslant m\leqslant M$）。我们用属性 A_m 将样本集 $\mathcal{D}$ 分割成 $\mathcal{D}_1$ 和 $\mathcal{D}_2$ 两部分后，样本的基尼系数为：

$$\mathrm{Gini}(\mathcal{D},A_m)=\frac{|\mathcal{D}_1|}{|\mathcal{D}|}\mathrm{Gini}(\mathcal{D}_1)+\frac{|\mathcal{D}_2|}{|\mathcal{D}|}\mathrm{Gini}(\mathcal{D}_2) \tag{6.53}$$

2．分类回归树的分类树算法

【问题】有了信息熵和条件熵的近似计算方法，关键问题是：使用分类回归树处理分类问题时，我们如何遵循信息增益的原则选择属性将训练集分裂为两个子节点？

【猜想】与 C4.5 算法的处理策略一样，分类回归树的分类树既要考虑离散型属性的划分又要考虑连续型属性的划分。

对离散型属性而言，当属性 A 取值数量大于 2 时，我们需要将属性值的集合分裂成两个“超级属性值”的集合，将其分别作为分类回归树的两个分支。因此，当属性 A 的取值数量大于 2 时，我们只需要对属性 A 取值的所有二分组合计算基尼系数，并用基尼系数最小的组合作为决策树的两个分支。

例如，离散型属性 A 被选出以分裂决策树的某个节点，而属性 A 的取值为 $\{a_1,a_2,a_3\}$。在 ID3 和 C4.5 算法中，我们会建立三叉决策树（每个分叉对应一种取值）。相反，分类回归树对属性 A 的取值生成所有的二分组合，即 $\{a_1\}$ 和 $\{a_2,a_3\}$ 、$\{a_2\}$ 和 $\{a_1,a_3\}$ 、$\{a_3\}$ 和 $\{a_1,a_2\}$，然后分类回归树再找到基尼系数最小的组合，比如用 $\{a_1\}$ 和 $\{a_2,a_3\}$ 这对组合来作为二叉决策树的两个子节点（一个子节点对应取值为 a_1 的样本，另一个子节点对应取值为 a_2 或 a_3 的样本）。

对连续型属性而言，与 C4.5 算法处理连续型属性一致，分类回归树将连续型属性离散化。其区别在于，C4.5 算法用信息增益比选择分裂点，而分类回归树用基尼系数。下面给出分类回归树中分类树的构建算法。

算法 6.6：分类回归树中分类树的构建算法

输入：训练集 $\mathcal{D}$，基尼系数的阈值 ϵ，样本个数阈值[1] φ。

输出：分类回归树分类树 T。

（1）初始化根节点为训练集 $\mathcal{D}$，并将根节点放入节点列表。

（2）从节点列表中挑选出 1 个节点，将该节点内的样本子集记为 $\hat{\mathcal{D}}$。如果该节点内的样本数量 $|\hat{\mathcal{D}}|\leqslant\varphi$，则将该节点从节点列表中移出并将该节点标记为叶节点。否则，计算样本子集 $\hat{\mathcal{D}}$ 的基尼系数，如果样本子集 $\hat{\mathcal{D}}$ 的基尼系数小于阈值 ϵ，则将该节点从节点列表中移出并将该节点标记为叶节点；如果样本子集 $\hat{\mathcal{D}}$ 的基尼系数大于阈值 ϵ，将样本子集 $\hat{\mathcal{D}}$ 分裂成两个样本子集 $\hat{\mathcal{D}}_{\text{left}}$ 和 $\hat{\mathcal{D}}_{\text{right}}$，分别构成子节点，并将其加入节点列表和更新分类树 T。

（3）检查节点列表是否为空，如果节点列表不为空则重复步骤（3），否则结束算法并返回分类树 T。

3．分类回归树的回归树算法

【问题】给定训练集 $\mathcal{D}=\{(\boldsymbol{x}_i,\boldsymbol{y}_i)\}_{i=1}^{N}$，$\boldsymbol{x}_i\in\mathbb{R}^{D\times1}$，$\boldsymbol{y}_i\in\mathbb{R}^{D\times1}$，属性集合 $\mathcal{A}=\{A_1,\cdots,A_j,\cdots,A_D\}$，$N$ 为样本数量，D 为属性的数量[2]，$i=1,\cdots,N$，$j=1,\cdots,D$。我们如何用决策树实现回归？

---

1 根据预剪枝策略，我们还可以通过设置决策树深度、基尼系数阈值等来提前结束决策树的生长。这里，我们仅以节点内样本数量作为示例说明。

2 本小节中，我们简单地认为样本的每个维度将构成一种属性。事实上，由于特征编码（如独热编码等）存在，样本特征维度的数量将远大于属性的数量。

分类和回归的区别在于如何将类别标签 $y \in \{+1,-1\}$ 扩展到连续的取值空间 $\mathbb{R}^{M\times1}$。在分类任务中，决策树利用属性将样本集分裂为更"纯"的样本子集。假设分类回归树的分类树已将输入训练集分裂为 M 个样本子集 $R_1,\cdots,R_m,\cdots,R_M$。每个样本子集 R_m（$1\leqslant m\leqslant M$）所包含样本的数量不仅越来越少，而且样本之间也越来越相似。因此，叶节点对样本类别标签的判断可以用该叶节点内众数的标签。理想的情况下，每个叶节点内的样本都将具有相同的类别标签。

【猜想】如图 6-19（a）所示，分类树让每个叶节点的输出只对应−1 或 1。如果我们使回归树让每个叶节点对应一个特定的回归值，决策树就可以实现回归，如图 6-19（b）所示。也就是说，我们为每个叶节点都配置一个回归值后，决策树就从预测类别标签 $y \in \{+1,-1\}$ 的分类树变为预测连续值 $\boldsymbol{y} \in \mathbb{R}^{D'\times1}$ 的回归树。

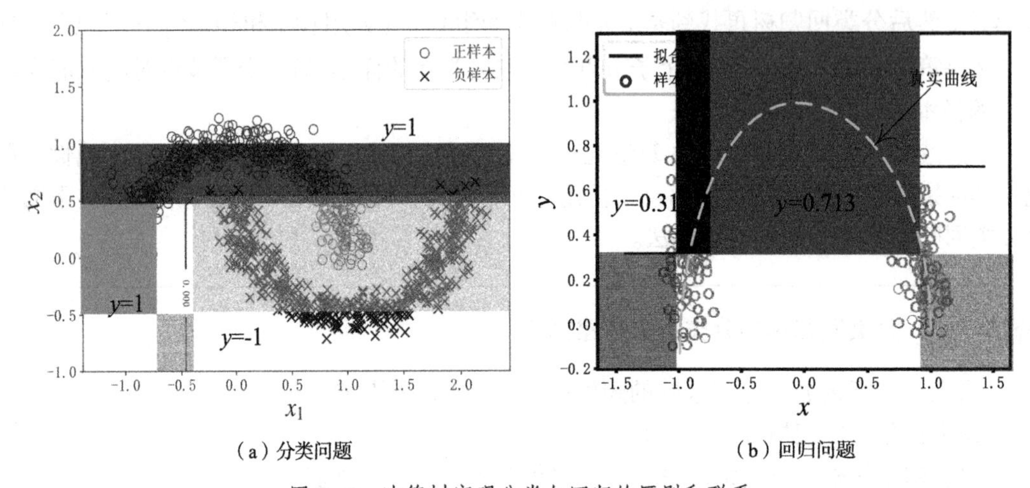

（a）分类问题　　（b）回归问题

图 6-19　决策树实现分类与回归的区别和联系

假设 M 个叶节点对应的子节点分别为 $R_1,\cdots,R_m,\cdots,R_M$，相应子节点内样本数分别为 $N_1,\cdots,N_m,\cdots,N_M$，子节点 R_m 有个对应的输出值 $\boldsymbol{c}_m$（$\boldsymbol{c}_m \in \mathbb{R}^{D'\times1}$）。回归树 $f(\boldsymbol{x})$ 可表示为：

$$f(\boldsymbol{x})=\sum_{m=1}^{M}\boldsymbol{c}_m 1(\boldsymbol{x}\in R_m) \tag{6.54}$$

式中，函数 $1(A)$ 为指示函数。式（6.54）表示如果样本 $\boldsymbol{x}$ 落入子节点 R_m，函数 $f(\boldsymbol{x})$ 就返回该子节点内预先指定的回归值 $\boldsymbol{c}_m$。

我们又该如何去划分子节点 R_m 和设定该子节点上的回归值 $\boldsymbol{c}_m$ 呢？假设子节点 R_m 上的回归值 $\boldsymbol{c}_m$ 为子节点 R_m 内所有样本子集 $\boldsymbol{x}_i$（$\boldsymbol{x}_i \in \mathbb{R}^{D\times1}$）的平均回归值 $\boldsymbol{y}_i$ 的均值：

$$\boldsymbol{c}_m=\frac{1}{N_m}\sum_{\boldsymbol{x}_i\in R_m}\boldsymbol{y}_i \tag{6.55}$$

式中，N_m 为子节点 R_m 中样本的数量，即式（6.55）用落入子节点 R_m 内样本回归值的期望来表示预测值。

用式（6.55）完成了子节点 R_m 内回归值的设定后，我们用均方误差最小化实现回归树节点的分裂策略：

$$\min_{f(\boldsymbol{x}_i)} \sum_{\boldsymbol{x}_i \in R_m} \left[\boldsymbol{y}_i - f(\boldsymbol{x}_i) \right]^2 \tag{6.56}$$

式中，$f(\boldsymbol{x}_i)$是回归树对样本$\boldsymbol{x}_i$的输出值，$\boldsymbol{y}_i$是样本$\boldsymbol{x}_i$对应的回归真值。我们将利用式（6.56）实现将训练集$\mathcal{D}$划分成多个子节点R_m（$1 \leqslant m \leqslant M$），并在每个子节点$R_m$内实现回归。最小化目标函数即式（6.56）就可以选取最优分裂属性A（$A \in \mathcal{A}$）及相应的分裂点s（s为属性A取值范围内的某个数值）。

针对属性A，假设分裂点s将数据集$\mathcal{D}$分裂成两个子节点R_1和R_2。只需要通过式（6.56）求出让了节点R_1和R_2各自均方差之和最小的分裂点s。一旦我们实现了节点的1次分裂，我们就可递归地对下一个子节点进行分裂，从而构造出回归树。

假设我们将属性A_j对应的第j维特征值从节点R_m的样本$\boldsymbol{x}_i$中抽取出来构成向量$\boldsymbol{x}^{(j)} = \left[x_1^{(j)}, \cdots, x_i^{(j)}, \cdots, x_N^{(j)} \right]^{\mathrm{T}}$（$\boldsymbol{x}^{(j)} \in \mathbb{R}^{|R_m| \times 1}$），其中，$|R_m|$表示节点$R_m$内的样本数量，$x_i^{(j)}$表示向量$\boldsymbol{x}_i$的第$j$维特征值。回归树需要从属性$A$对应的向量$\boldsymbol{x}^{(j)}$上寻找分裂点$s$，从而将节点$R_m$分裂成两个子节点$R_{m,1}$和$R_{m,2}$：

$$\begin{aligned} R_{m,1}(j,s) &= \left\{ \boldsymbol{x}_i \mid x_i^{(j)} \leqslant s \right\}, \\ R_{m,2}(j,s) &= \left\{ \boldsymbol{x}_i \mid x_i^{(j)} > s \right\} \end{aligned} \tag{6.57}$$

式中，$R_{m,1}(j,s)$和$R_{m,2}(j,s)$分别表示用第j维特征值小于和大于s的样本$\boldsymbol{x}_i$构成的两个子节点。我们将公式（6.57）所选择分裂属性的维度j和分裂点s记为组合(j,s)。为了能找到使损失即式（6.56）最小的组合(j,s)，一种简单的策略是穷尽遍历所有的组合(j,s)后，选择一组$R_{m,1}(j,s)$和$R_{m,2}(j,s)$满足：

$$\min_{j,s} \left[\min_{c_1} \sum_{\boldsymbol{x}_i \in R_{m,1}(j,s)} (\boldsymbol{y}_i - \boldsymbol{c}_1)^2 + \min_{c_2} \sum_{\boldsymbol{x}_i \in R_{m,2}(j,s)} (\boldsymbol{y}_i - \boldsymbol{c}_2)^2 \right] \tag{6.58}$$

式中，变量$\boldsymbol{c}_1$为子节点$R_{m,1}(j,s)$内样本的输出均值，而$\boldsymbol{c}_2$为子节点$R_{m,2}(j,s)$内样本的输出均值：

$$\begin{aligned} \boldsymbol{c}_1 &= \frac{1}{N_1} \sum_{\boldsymbol{x}_i \in R_{m,1}(j,s)} \boldsymbol{y}_i, \\ \boldsymbol{c}_2 &= \frac{1}{N_2} \sum_{\boldsymbol{x}_i \in R_{m,1}(j,s)} \boldsymbol{y}_i \end{aligned} \tag{6.59}$$

式中，N_1和N_2分别为子节点$R_{m,1}(j,s)$和$R_{m,2}(j,s)$内的样本数。通过式（6.58）和式（6.59），我们可以递归地对子节点继续进行分裂而生成一棵二叉回归树。下面给出分类回归树算法。

算法 6.7：分类回归树算法

输入：训练集$\mathcal{D} = \left\{ (\boldsymbol{x}_i, \boldsymbol{y}_i) \right\}_{i=1}^{N}$，$\boldsymbol{x}_i \in \mathbb{R}^{D \times 1}$，$\boldsymbol{y}_i \in \mathbb{R}^{D' \times 1}$。

输出：回归树T。

（1）选择最优分裂维度j与分裂值s让损失最小：

$$\min_{j,s}\left[\min_{c_1}\sum_{x_i\in R_{m,1}(j,s)}\left(y_i-c_1\right)^2+\min_{c_2}\sum_{x_i\in R_{m,2}(j,s)}\left(y_i-c_2\right)^2\right] \tag{6.60}$$

（2）遍历所有可能解的组合(j,s)，我们找到最优的组合$(\hat{j},\hat{s})$让损失最小。按照最优分裂组合$(\hat{j},\hat{s})$将训练集D分裂为两个子节点$R_{m,1}(j,s)$与$R_{m,2}(j,s)$，而相应的输出值为：

$$\begin{aligned} c_1&=\frac{1}{N_1}\sum_{x_i\in R_{m,1}(j,s)}y_i,\\ c_2&=\frac{1}{N_2}\sum_{x_i\in R_{m,1}(j,s)}y_i \end{aligned} \tag{6.61}$$

式中，$R_{m,1}(j,s)=\{x_i|\ x_i^{(j)}\leqslant s\}$和$R_{m,2}(j,s)=\{x_i|\ x_i^{(j)}>s\}$。

（3）继续对两个子节点$R_{m,1}(j,s)$与$R_{m,2}(j,s)$执行步骤（1）~（2），直到满足停止条件。

（4）将训练集D分裂为M个子节点$R_1,R_2,\cdots,R_M$，生成决策树$f(x)$ $f(x)=\sum_{m=1}^{M}c_m 1(x\in R_m)$

知识梳理与拓展

- 决策树的决策过程是一种贪心的判断过程。决策树一旦判断出错，错误将会传递到下一个分类节点
- 决策树每次用一个属性形成一次分类决策从而让分类过程具有可解释性；决策树的分类过程就是对样本集进行不断细分“纯”化的过程
- 决策树是选择某个属性，产生一个合理的阈值对样本进行分类。这种过程无法避免感知机的问题，在当前的特征空间中难以获得最优的决策面
- 信息熵表示随机变量的混乱程度；理解联合熵，条件熵的含义；联合熵，条件熵表达式是信息熵的直接推导
- 信息增益是信息熵在注入分类属性后信息熵的减少程度；理解信息熵用于决策树分裂的原因（例如，不用平均错误率的原因）
- C4.5 算法用属性的分布对信息熵进行归一化
- CART 算法中基尼系数的计算过程是信息熵的一阶泰勒近似；CART 采用二叉树能比多叉树获得更高的信息增益比
- CART 将分类和回归统一的原因：不论分类还是回归本质上都是对样本点进行递归地划分，当样本点的“纯度”（对分类而言）或“均方误差一致性”（对回归而言，也可用别的误差）后，我们可以对落入该样本子区域的点进行分类或回归
- 悲观剪枝的条件是在我们没有验证集的情况下，我们可利用置信区间的概念进行剪枝
- 决策树代价复杂度剪枝是既能描述分类准确性又能描述决策树复杂度的指标

6.6 本章小结

ID3 算法、C4.5 算法和 CART 算法的比较如表 6-3 所示。

表 6-3　ID3 算法、C4.5 算法和 CART 算法的比较

算法	支持模型	树结构	特征选择	连续值处理	缺失值处理	剪枝
ID3	分类	多叉树	信息增益	不支持	不支持	不支持
C4.5	分类	多叉树	信息增益比	支持	支持	支持
CART	分类/回归	二叉树	基尼系数	支持	支持	支持

（1）CART（无论是分类树还是回归树）算法基于特征对样本进行分裂，从而实现对样本在叶节点上进行聚类。

（2）决策树学习算法包括 3 部分：特征选择、决策树的生成和决策树的剪枝。

（3）决策树的生成可用信息增益最大、信息增益比最大或基尼系数最小作为特征选择的准则。决策树的作用相当于用特征选择准则不断地选取局部最优的特征将训练集分裂为子集。

（4）由于生成的决策树会有过拟合问题，需要对决策树进行剪枝以提高决策树的泛化能力。决策树的剪枝是指从已生成的决策树上剪除一些叶节点或子决策树。

6.7 本章习题

1. 下列关于 CART 算法和 ID3 算法的区别说法错误的是（　　）。

A. 选择属性的方式不同

B. 对于连续型变量的处理方式不同

C. 对不完整数据的处理方式不同

D. 对两个以上类别变量的处理方式不同

2. 决策树不包括（　　）。

A. 根节点　　B. 内部节点

C. 外部节点　　D. 叶节点

3. 以下属于决策树特征的是（　　）。

A. 需要做归一化　　B. 对异常点不敏感

C. 适合高维稀疏数据　　D. 可解释性强

4. 以下不能帮助解决决策树过拟合问题的方式是（　　）。

A. 限制最大树深度　　B. 后剪枝

C. 增加样本数量　　D. 增加新特征

5. 决策树父节点和子节点熵的大小关系是（　　）。

A. 决策树的父节点更大　　B. 子节点的熵更大

C. 两者相等　　D. 根据具体情况而定

6. 下面的决策树算法中，能解决回归问题的是（　　）。

A. ID3 算法　　B. C4.5 算法

C. CART 算法　　D. C4.5 算法和 CART 算法

7. 决策树的生成通常使用__________、____________或______________作为特征选择的准则。

8. 决策树的构建是一个______过程，直到________或__________结束。

9. C4.5算法对ID3算法进行了改进，C4.5算法在运用过程中，用__________来选择特征。

10. 考虑一个二元分类问题，采用表6-4所示的参数训练。

表6-4 训练参数

w_1	w_2
0110	1011
1010	0000
0011	0100
1111	1110

（1）用式（6.6）作为分裂准则生成一棵未剪枝的分类树。

（2）利用最少的AND和OR逻辑判断表达式简化（1）中得到的决策树。

11. 简述信息增益、信息增益比和基尼系数之间的关系，对比它们在特征选择时的时间复杂度。

12. 举例说明决策树的缺失值处理方法。请查阅相关资料，设计新的缺失值处理方法。

13. 简述决策树的构造过程。

14. 考虑一棵二叉分类树，用来分类一个由两种属性构成的模型，其中第一种属性的取值是二进制值0或1，而第二种属性的取值是A～F，如表6-5所示。

表6-5 属性取值

w_1	1A	0E	0B	1B	1F	0D
w_2	0A	0C	1C	0F	0B	1D

用式（6.6）对第一种属性采用2-分支、对第二种属性采用6-分支构造决策树。

15. 决策树与Logistic回归建模的区别是什么？

16. 改进信息增益比公式即式（6.12），重做第14题。

17. 比较14题、16题，说明当存在不同分支系数时，采用信息增益比的好处。

18. 在决策树的训练过程中，如何通过剪枝减少过拟合？举例说明。

19. 证明一个未剪枝的、全训练和均匀分支率的树进行分类的时间复杂度是$O(\log n)$，其中n是训练样本的个数。对于均匀分支率B，试写出测试单个模式时所需的查询次数（表示成B的函数）。

20. 简述悲观剪枝的基本思想，着重讨论剪枝阈值确定的策略。

第7章 集成学习

俗语"3 个臭皮匠，顶个诸葛亮"的意思是 3 个才能平庸的人若能同心协力、集思广益，也能想出比聪明人还周到的计策。集成学习（ensemble learning）采用同样的哲学思想。集成学习是指将多个模型通过合适的方式组合后得到性能更好的学习器[1]（learner）。集成学习包括聚集（bagging）算法和提升（boosting）算法。本章重要知识点如下。

（1）集成学习的动机。

（2）集成学习的经典算法。

本章学习目标

（1）理解泛化误差分解为偏差和方差的动机和原理；

（2）从偏差-方差均衡的角度将弱学习器划分为两类，掌握将这两类弱学习器组合成强分类器的策略。

7.1 集成学习的原理

集成学习用于将若干个学习器组合以产生一个更好的学习器。形象地讲，集成学习就是机器学习中的集思广益策略。

【问题】集成学习的思想非常吸引人，但是我们却面临以下两个问题。

（1）集成学习应该需要什么样的学习器？是否任意一种学习器都可以用于集成学习，比如，第 3 章介绍的感知机、第 4 章介绍的 Logistic 回归、第 5 章介绍的支持向量机。

（2）多个学习器如何有效地集成在一起？虽然有集思广益的策略，但生活经验也告诉我们众口难调。因此，将多个学习器有效地集成在一起一定需要理论上的指导。

【猜想】我们将集成学习前的单个学习器称为弱学习器（weak learner）。相应地，将集成学习后得到的学习器称为强学习器[2]（strong learner）。我们可以猜想弱学习器应该具有以下几个特点：

（1）弱学习器一定是易于训练的，如决策树、线性分类器等；

（2）弱学习器之间应该存在一定的互补性；

---

1 在本章中，为了讨论方便，我们将分类器和回归器（如支持向量回归）统称为学习器。因此， 在不引起歧义的情况下，学习器、分类器、回归器会被交替使用。

2 在本章中，在不引起歧义的情况下，弱学习器（强学习器）在分类问题中会被进一步表示为弱分类器（强分类器）。

（3）在一定原则的支配下，弱学习器之间应该取长补短共同完成任务。

7.2 学习器的优劣与泛化误差

首先，我们只有知道如何评价学习器的强弱或好坏才能知道集成后学习器的性能如何。假设学习器 $f(\boldsymbol{x})$ 对测试样本 $(\boldsymbol{x},y)$ 的预测表示为：

$$\hat{y}=f(\boldsymbol{x}) \tag{7.1}$$

式中，$\boldsymbol{x}$ 是测试样本，$\hat{y}$ 是预测值。

【问题】 在预测时，我们总是希望学习器 $f(\boldsymbol{x})$ 对所有测试样本 $\boldsymbol{x}$ 的预测误差都是最小的。因此，评价学习器的强弱就是评价 $f(\boldsymbol{x})$ 在测试样本 $\boldsymbol{x}$ 上性能的好坏。问题是学习器 $f(\boldsymbol{x})$ 总是在某个训练集 $\mathcal{D}$ 和某个参数 $\boldsymbol{\theta}$ 下获得的一个模型 $f_{\mathcal{D}}(\boldsymbol{x};\boldsymbol{\theta})$[1]。

【猜想】 在现实中，我们倾向于用“金子总会发光”的道理来评价一个人能力强，即一个人在不同的环境（如顺境或逆境）下都能获得成功。相应地，假设学习器 $f_{\mathcal{D}}(\boldsymbol{x};\boldsymbol{\theta})$ 在不同的样本集 $\mathcal{D}$ 上训练后，如果学习器 $f_{\mathcal{D}}(\boldsymbol{x};\boldsymbol{\theta})$ 对同一测试集都有良好的性能，则说明 $f(\boldsymbol{x};\boldsymbol{\theta})$ 的泛化能力强，如图 7-1 所示。

假设用 $\mathcal{D}_m$ 代表独立同分布训练集的一个子集，$\mathcal{D}_m \in \{\mathcal{D}_1,\cdots,\mathcal{D}_m,\cdots,\mathcal{D}_M\}$（$1 \leqslant m \leqslant M$），如图 7-1 所示。我们期望学习器 $f(\boldsymbol{x};\boldsymbol{\theta})$ 在训练子集 $\mathcal{D}_m$ 上训练得到的模型 $f_{\mathcal{D}_m}(\boldsymbol{x};\boldsymbol{\theta})$ 将样本 $\boldsymbol{x}$ 映射到输出标签 $\hat{y}_{\mathcal{D}_m}$：

$$f_{\mathcal{D}_m}(\boldsymbol{x};\boldsymbol{\theta}): \boldsymbol{x} \rightarrow \hat{y}_{\mathcal{D}_m} \tag{7.2}$$

式中，$\boldsymbol{\theta}$ 表示模型 $f(\boldsymbol{x};\boldsymbol{\theta})$ 的参数。

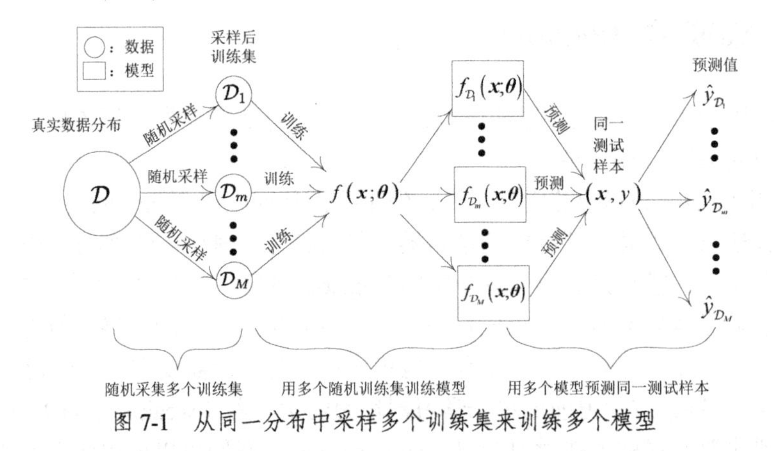

图 7-1　从同一分布中采样多个训练集来训练多个模型

现实生活中，样本 $\boldsymbol{x}$ 的真值标签 y 在采集过程中会出现不可避免的误差。这种误差是由观测工具或数据产生机制所引起的。例如，当我们用直尺测量线段的长度时，如果线段的终点刚好没有和某个刻度对齐，尽管这个误差很小，我们也只能估算线段的长度。

假设训练子集 $\mathcal{D}_m$ 内样本 $\boldsymbol{x}$ 采集到的真值标签记为 y，而理想情况下能采集到的标签记为 y^*。以用直尺测量线段的长度为例，用直尺测量出的长度为真值标签 y，而线段与测量

1 在不引起歧义的情况下，为了表述方便，本书中将 $f_{\mathcal{D}}(\boldsymbol{x};\boldsymbol{\theta})$、$f(\boldsymbol{x})$ 和 $f(\boldsymbol{x};\boldsymbol{\theta})$ 混用。

工具无关的长度记为 y^*。由于测量工具等导致误差 ε 的存在，真值标签 y 与理想标签 y^* 之间的关系为：

$$y = y^* + \varepsilon \tag{7.3}$$

在式（7.3）中，我们将真值标签 y 与理想标签 y^* 之间的差值 ε 称为随机误差。我们通常认为随机误差 ε 服从零均值的高斯分布，即 $\varepsilon \sim \mathcal{N}\left(0,\sigma^2\right)$，其中，变量 σ 为方差。

针对一个带真值标签的测试样本 $(\boldsymbol{x}, y)$，我们使用平方误差来评价模型 $f_{\mathcal{D}_m}(\boldsymbol{x};\boldsymbol{\theta})$ 预测性能的好坏：

$$L\left(\hat{y}_{\mathcal{D}_m}, y\right) = \left(\hat{y}_{\mathcal{D}_m} - y\right)^2 \tag{7.4}$$

式中，$\hat{y}_{\mathcal{D}_m}$ 为模型 $f_{\mathcal{D}_m}(\boldsymbol{x};\boldsymbol{\theta})$ 对测试样本 $\boldsymbol{x}$ 的预测，即 $\hat{y}_{\mathcal{D}_m} = f_{\mathcal{D}_m}(\boldsymbol{x})$。

式（7.4）只评价了模型 $f_{\mathcal{D}_m}(\boldsymbol{x};\boldsymbol{\theta})$ 在训练子集 $\mathcal{D}_m$ 上的性能。显然，模型 $f_{\mathcal{D}_m}(\boldsymbol{x};\boldsymbol{\theta})$ 的性能在参数 $\boldsymbol{\theta}$ 固定的情况下，随着训练子集 $\mathcal{D}_m$ 的变化而变化。我们期望无论训练子集 $\mathcal{D}_m$ 如何变化，模型 $f(\boldsymbol{x};\boldsymbol{\theta})$ 仍然能很准确地进行预测。因此，为了评价模型 $f(\boldsymbol{x};\boldsymbol{\theta})$ 在不同训练子集 $\mathcal{D}_m$ 上的性能，我们要求评估预测误差 $L\left(\hat{y}_{\mathcal{D}_m}, y\right)$ 在不同训练子集 $\mathcal{D}_m$（$1 \leqslant m \leqslant M$）下的期望：

$$\begin{aligned} E[f] &= E_{\mathcal{D}_m}\left[\left(\hat{y}_{\mathcal{D}_m} - y\right)^2\right] \\ &= \mathrm{Error}(f) \end{aligned} \tag{7.5}$$

式（7.5）说明当训练子集 $\mathcal{D}_m$ 以独立同分布方式改变时，学习器 $f(\boldsymbol{x};\boldsymbol{\theta})$ 的预测值 $\hat{y}_{\mathcal{D}_m}$ 与真值标签 y 误差的期望能评价学习器的性能。式（7.5）的结果也被称为学习器 $f(\boldsymbol{x};\boldsymbol{\theta})$ 的泛化误差（generalization error），记为 $\mathrm{Error}(f)$。无论训练集如何变化，式（7.5）的结果越小说明学习器 $f(\boldsymbol{x};\boldsymbol{\theta})$ 的泛化性能就越好。

7.2.1 泛化误差的偏差-方差分解

【问题】泛化误差由哪些因素决定呢？

假设模型 $f_{\mathcal{D}_m}(\boldsymbol{x};\boldsymbol{\theta})$ 对测试样本 $\boldsymbol{x}$ 的平均预测标签 $\bar{y}$ 为：

$$\bar{y} = E_{\mathcal{D}_m}\left[\hat{y}_{\mathcal{D}_m}\right] \tag{7.6}$$

式中，$\bar{y}$ 表示当训练子集 $\mathcal{D}_m$ 以独立同分布的方式改变后模型 $f_{\mathcal{D}_m}(\boldsymbol{x};\boldsymbol{\theta})$ 预测标签 $\hat{y}_{\mathcal{D}_m}$ 的期望。

【猜想】我们对学习器 $f(\boldsymbol{x};\boldsymbol{\theta})$ 的泛化误差进行分解：

$$\begin{aligned} \mathrm{Error}(f) &= E_{\mathcal{D}_m}\left[\left(\hat{y}_{\mathcal{D}_m} - y\right)^2\right] \\ &= E_{\mathcal{D}_m}\left[\left(\hat{y}_{\mathcal{D}_m} - \bar{y} + \bar{y} - y\right)^2\right] \\ &= E_{\mathcal{D}_m}\left[\left(\hat{y}_{\mathcal{D}_m} - \bar{y}\right)^2\right] + E_{\mathcal{D}_m}\left[\left(\bar{y} - y\right)^2\right] + E_{\mathcal{D}_m}\left[2\left(\hat{y}_{\mathcal{D}_m} - \bar{y}\right)\left(\bar{y} - y\right)\right] \end{aligned} \tag{7.7}$$

式（7.7）最下方等号右侧的第 1 项表示平均预测标签 $\overline{y}$ 与预测标签 $\hat{y}_{\mathcal{D}_m}$ 间的误差，该误差体现了随着训练子集 $\mathcal{D}_m$ 变化时学习器 $f(\boldsymbol{x};\boldsymbol{\theta})$ 的稳定性；第 2 项表示平均预测标签 $\overline{y}$ 与真值标签 y 间的误差，该误差体现了随着训练子集 $\mathcal{D}_m$ 变化时学习器 $f(\boldsymbol{x};\boldsymbol{\theta})$ 的平均准确度；第 3 项表示预测标签 $\hat{y}_{\mathcal{D}_m}$ 与真值标签 y 的相关性。

由式（7.6）可知，平均预测标签 $\overline{y}$ 和真值标签 y 不会随着训练子集 $\mathcal{D}_m$ 变化而改变，于是：

$$
\begin{aligned}
E_{\mathcal{D}_m}\left[2\left(\hat{y}_{\mathcal{D}_m}-\overline{y}\right)\left(\overline{y}-y\right)\right] &= 2\left(\overline{y}-y\right)E_{\mathcal{D}_m}\left[\hat{y}_{\mathcal{D}_m}-\overline{y}\right] \\
&= 2\left(\overline{y}-y\right)\left(E_{\mathcal{D}_m}\left[\hat{y}_{\mathcal{D}_m}\right]-\overline{y}\right) \\
&= 2\left(\overline{y}-y\right)\left(\overline{y}-\overline{y}\right) \\
&= 0
\end{aligned}
\tag{7.8}
$$

因此，泛化误差公式即式（7.7）可以被进一步简化为：

$$
\begin{aligned}
&E_{\mathcal{D}_m}\left[\left(\hat{y}_{\mathcal{D}_m}-\overline{y}\right)^2\right]+E_{\mathcal{D}_m}\left[\left(\overline{y}-y\right)^2\right]+E_{\mathcal{D}_m}\left[2\left(\hat{y}_{\mathcal{D}_m}-\overline{y}\right)\left(\overline{y}-y\right)\right] \\
&= E_{\mathcal{D}_m}\left[\left(\hat{y}_{\mathcal{D}_m}-\overline{y}\right)^2\right]+E_{\mathcal{D}_m}\left[\left(\overline{y}-y\right)^2\right]
\end{aligned}
\tag{7.9}
$$

我们将理想标签 y^* 代入式（7.9），从而建立平均预测标签 $\overline{y}$、理想标签 y^* 和预测标签 $\hat{y}_{\mathcal{D}_m}$ 之间的关系：

$$
\begin{aligned}
E_{\mathcal{D}_m}\left[\left(\hat{y}_{\mathcal{D}_m}-\overline{y}\right)^2\right]+E_{\mathcal{D}_m}\left[\left(\overline{y}-y\right)^2\right] &= E_{\mathcal{D}_m}\left[\left(\hat{y}_{\mathcal{D}_m}-\overline{y}\right)^2\right]+E_{\mathcal{D}_m}\left[\left(\overline{y}-y^*+y^*-y\right)^2\right] \\
&= E_{\mathcal{D}_m}\left[\left(\hat{y}_{\mathcal{D}_m}-\overline{y}\right)^2\right]+E_{\mathcal{D}_m}\left[\left(\overline{y}-y^*\right)^2\right]+E_{\mathcal{D}_m}\left[\left(y^*-y\right)^2\right]+ \\
&\quad 2E_{\mathcal{D}_m}\left[\left(\overline{y}-y^*\right)\left(y^*-y\right)\right]
\end{aligned}
\tag{7.10}
$$

由式（7.3）可知，理想标签 y^* 与真值标签 y 的差值为随机误差 ε。而随机误差 ε 服从零均值的高斯分布，则理想标签 y^* 和真值标签 y 之差 y^*-y 的期望为 0，即 $E_{\mathcal{D}_m}\left[y^*-y\right]=0$，则有：

$$
\begin{aligned}
E_{\mathcal{D}_m}\left[\left(\overline{y}-y^*\right)\left(y^*-y\right)\right] &= E_{\mathcal{D}_m}\left[\overline{y}-y^*\right]E_{\mathcal{D}_m}\left[y^*-y\right] \\
&= E_{\mathcal{D}_m}\left[\overline{y}-y^*\right]\cdot 0 \\
&= 0
\end{aligned}
\tag{7.11}
$$

由此，式（7.7）可以进一步被化简为：

$$
\begin{aligned}
\mathrm{Error}(f) &= E_{\mathcal{D}_m}\left[\left(\hat{y}_{\mathcal{D}_m}-\overline{y}\right)^2\right]+E_{\mathcal{D}_m}\left[\left(\overline{y}-y^*\right)^2\right]+E_{\mathcal{D}_m}\left[\left(y^*-y\right)^2\right] \\
&= \mathrm{Var}(f)+\mathrm{Bias}^2(f)+\varepsilon^2
\end{aligned}
\tag{7.12}
$$

式中，方差 $\mathrm{Var}(f)=E_{\mathcal{D}_m}\left[\left(\hat{y}_{\mathcal{D}_m}-\overline{y}\right)^2\right]$，表示学习器 $f(\boldsymbol{x})$ 在经历各种训练子集 $\mathcal{D}_m$ 后预测值的稳定性；偏差 $\mathrm{Bias}^2(f)=E_{\mathcal{D}_m}\left[\left(\overline{y}-y^*\right)^2\right]$，表示学习器 $f(\boldsymbol{x})$ 平均预测标签 $\overline{y}$ 和真实标签

y^*之间的期望误差；ε表示不可消除的观测误差。这 3 种误差是非负的！一般来说，随机误差ε是不可避免的。也就是说，如果我们想降低泛化误差，会面临 2 种学习器：

（1）能同时减小偏差$\text{Bias}^2(f)$和方差$\text{Var}(f)$的学习器；

（2）不能同时减小偏差$\text{Bias}^2(f)$和方差$\text{Var}(f)$的学习器。

第 1 种学习器是模型中的“三好学生”，能全面发展。第 2 种学习器是我们面临的大多数学习模型，也就是模型中的“偏科学生”。

7.2.2 偏差和方差的关系

偏差$\text{Bias}^2(f)$既度量了学习器$f(\boldsymbol{x};\boldsymbol{\theta})$平均预测标签$\overline{y}$和理想标签$y^*$之间的偏离程度，又度量了学习器的拟合能力。方差$\text{Var}(f)$既度量了学习器$f(\boldsymbol{x};\boldsymbol{\theta})$对不同训练集$\mathcal{D}_m$的敏感程度，又度量了学习器的不稳定性。由于随机误差ε是固有而无法减小的，因此要让模型$f(\boldsymbol{x};\boldsymbol{\theta})$的泛化误差减小，我们需要想办法减小偏差$\text{Bias}^2(f)$和方差$\text{Var}(f)$。

【问题】偏差$\text{Bias}^2(f)$和方差$\text{Var}(f)$之间的关系是怎样的呢?

【猜想】对测试样本$\boldsymbol{x}$而言，我们用模型$f_{\mathcal{D}_m}(\boldsymbol{x};\boldsymbol{\theta})$进行一次预测，结果如图 7-2 所示。如果我们将每一次的预测结果用一个点来表示，偏差$\text{Bias}^2(f)$和方差$\text{Var}(f)$之间的组合可分为以下 4 种：

（1）模型$f_{\mathcal{D}_m}(\boldsymbol{x};\boldsymbol{\theta})$对测试样本$\boldsymbol{x}$的预测不仅低偏差而且低方差，如图 7-2（a）所示，这是最理想的学习模型；

（2）模型$f_{\mathcal{D}_m}(\boldsymbol{x};\boldsymbol{\theta})$对测试样本$\boldsymbol{x}$的预测高方差而低偏差，如图 7-2（b）所示，这说明模型$f(\boldsymbol{x};\theta)$学习能力过强，从而学习到训练集上的“细枝末节”；

（3）模型$f_{\mathcal{D}_m}(\boldsymbol{x};\boldsymbol{\theta})$对测试样本$\boldsymbol{x}$的预测低方差但高偏差，如图 7-2（c）所示，这说明模型$f(\boldsymbol{x})$学习能力不足；

（4）模型$f_{\mathcal{D}_m}(\boldsymbol{x};\boldsymbol{\theta})$对测试样本$\boldsymbol{x}$的预测不仅高偏差而且高方差，如图 7-2（d）所示，这说明模型$f_{\mathcal{D}_m}(\boldsymbol{x};\boldsymbol{\theta})$学习能力就相当于随机猜测，模型$f(\boldsymbol{x})$完全不适合目前的问题。

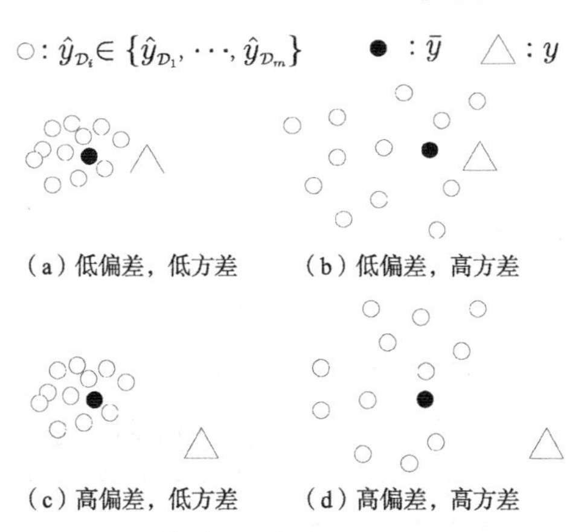

图 7-2 模型偏差和方差的组合关系

【实验 1】给定输入$\boldsymbol{x}$（$\boldsymbol{x}\in\mathbb{R}^{D\times1}$）与输出$y$（$y\in\mathbb{R}^1$）之间的对应关系，岭回归可以表示为：

$$\min_w \sum_{i=1}^{N} \left\| \boldsymbol{x}_i^{\mathrm{T}} \boldsymbol{w} - y_i \right\|_2^2 + \alpha \left\| \boldsymbol{w} \right\|_2^2 \tag{7.13}$$

式中，权重向量$\boldsymbol{w}$（$\boldsymbol{w} \in \mathbb{R}^{D\times 1}$）表示待学习的参数，$N$表示样本数量，系数$\alpha$（$\alpha \geqslant 0$）表示折中系数。

为了探究样本数量N和模型复杂度对岭回归性能的影响，我们利用岭回归对经过不同非线性变换后的特征$\boldsymbol{x}$进行回归分析，如图 7-3 所示。其中，不同的特征变换如表 7-1 所示。

表 7-1　不同的特征变换

序号	参数个数	变换前的特征→变换后的特征
变换 1	3	$[x] \to [1, x]$
变换 2	4	$[x] \to [1, x, x^2]$
变换 3	6	$[x] \to [1, x, x^2, x^3, x^4, x^5]$

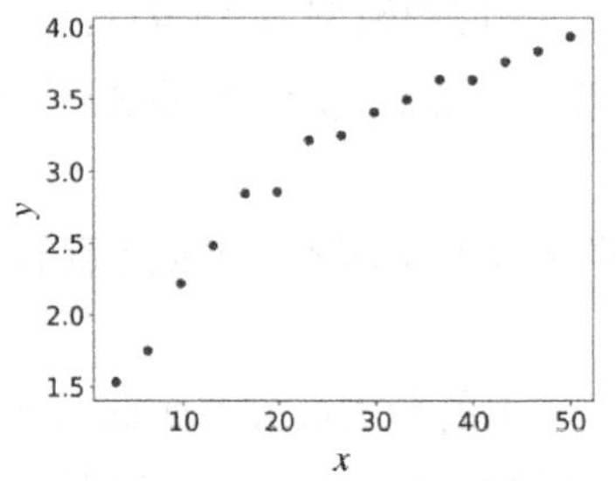

图 7-3　输入$\boldsymbol{x}$与输出$\boldsymbol{y}$之间的对应关系

解：当输入$\boldsymbol{x}$变换到了更高维后，如图 7-4 所示，回归的准确性也随着模型参数的增加而提高。

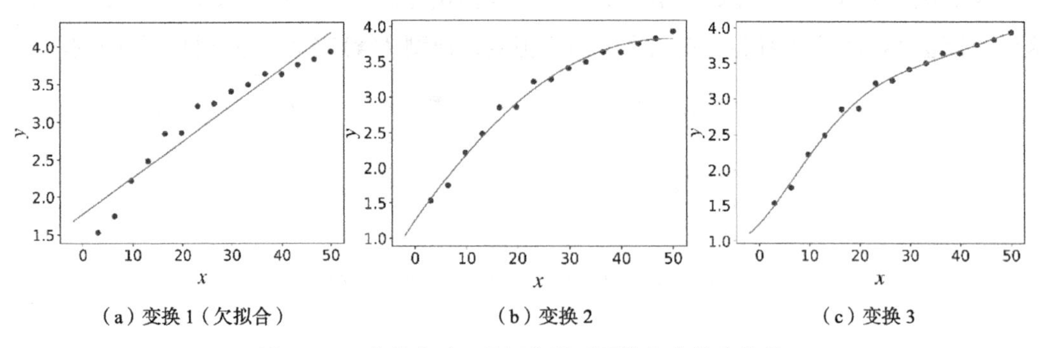

（a）变换 1（欠拟合）　（b）变换 2　（c）变换 3

图 7-4　15 个样本时，岭回归用不同特征变换的结果

接下来，我们均匀采样 5 个样本并使用表 7-1 中的特征变换进行岭回归。与图 7-4（a）所示结果相比，图 7-5（a）所示拟合误差增大并出现欠拟合[1]（under fitting）。图 7-5（b）表示岭回归能很好地拟合样本。图 7-5（c）表示岭回归能精确拟合每个样本，并在 0 点附近出现“奇怪”的拟合曲线。

1 为了讨论的方便，我们将在 7.2.4 小节进一步讨论过拟合和欠拟合的本质。

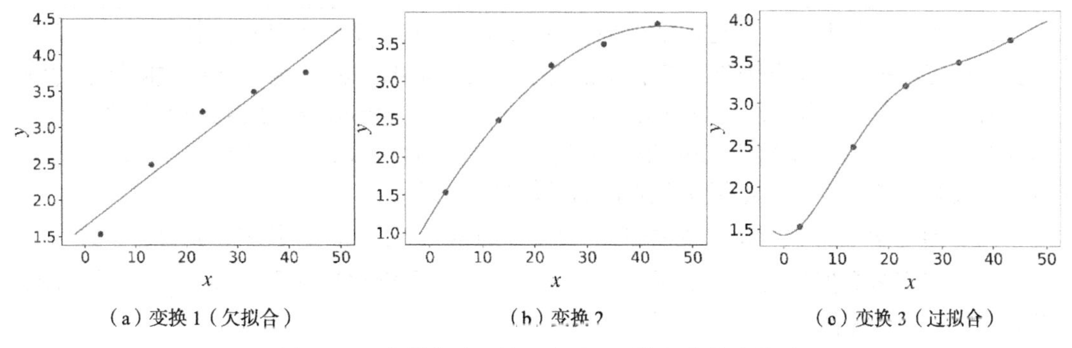

（a）变换 1（欠拟合）（b）变换 2（c）变换 3（过拟合）

图 7-5　5 个样本时，岭回归用不同特征变换的结果

对比图 7-4 和图 7-5，我们发现：

（1）在相同的模型参数下，样本数量对模型的结果有着显著的影响，样本数量越大模型越能反映真实的物理规律；

（2）在相同样本数量下，模型参数复杂度越高，模型的拟合能力越强，模型对偶然的噪声越敏感。

综上，对于独立同分布的输入样本，我们至少发现模型的拟合效果由模型参数和样本数量共同决定。

一个问题是，如果从偏差和方差的角度看，图 7-4 和图 7-5 中的哪条拟合曲线的泛化能力更强？

7.2.3　偏差和方差的表现

【问题】 在理论上，利用偏差 $\text{Bias}^2(f)$ 和方差 $\text{Var}(f)$ 可实现对学习器泛化能力的评判。在实践中，我们如何判断学习器的偏差 $\text{Bias}^2(f)$ 和方差 $\text{Var}(f)$ 呢？

【猜想】 图 7-2 和 7.2.2 小节中的实验 1 告诉我们可以通过以下 2 个角度进行判断。

（1）数据应该分为训练集、验证集和测试集，如图 7-6 所示。改变训练集的大小就意味着我们能提供一系列独立同分布的训练集 $\mathcal{D}_1,\cdots,\mathcal{D}_m,\cdots,\mathcal{D}_M$，其中，$|\mathcal{D}_1|\leqslant\cdots\leqslant|\mathcal{D}_m|\leqslant\cdots\leqslant|\mathcal{D}_M|$。因此，我们可以利用学习曲线（learning curve）来观测学习模型 $f(\boldsymbol{x};\boldsymbol{\theta})$ 是高偏差的还是高方差的。其中，学习曲线反映的是学习器在验证集上性能随着训练样本数量增加而变化的规律。

（2）模型 $f(\boldsymbol{x};\boldsymbol{\theta})$ 中的参数 $\boldsymbol{\theta}$ 越复杂，在训练集 $\mathcal{D}$ 上的性能[1]越高。模型参数和精度之间的关系也可以衡量学习模型 $f(\boldsymbol{x};\boldsymbol{\theta})$ 是高偏差的还是高方差的。

> **模型选择（model selection）和交叉验证（cross validation）**
>
> 模型选择是指对模型 $f(\boldsymbol{x};\boldsymbol{\theta})$ 中超参数[2]（hyper-parameter）（例如，式（7.13）中的 α、支持向量机中的惩罚系数 C 等）进行寻优选择。其中，超参数可理解为不可用优化算法进行优化的参数。

1 这里的性能代表评估模型的任意一种度量准则，如曲线下面积、准确率等，但不包括运算性能。

2 超参数是指不能被算法优化的参数，如支持向量机中的惩罚系数、决策树的高度，这里不再一一举例说明。

进行模型选择时需要通过评估模型 $f(\boldsymbol{x};\boldsymbol{\theta})$ 在验证集上的性能从而选择最优超参数。因此，训练集被进一步分为训练集和验证集（validation dataset）。为了避免数据集中的偏好（bias）传入验证集中，我们采用 K 折交叉验证（K-fold cross validation）对训练集进行 K 次折切分，并对 K 次折切分的结果进行平均后才对超参数进行模型选择，K 折交叉验证示意如图 7-7 所示。K 折交叉验证的具体过程如下。

（1）给定学习器 $f(\boldsymbol{x};\boldsymbol{h})$、数据集 $\mathcal{D}$ 和 K（通常为 5 到 10），其中，$\boldsymbol{h}$ 为超参数。

（2）我们将数据集 $\mathcal{D}$ 平均分成 K 个不相交的样本子集 $\{\mathcal{D}_1,\cdots,\mathcal{D}_k,\cdots,\mathcal{D}_K\}$，并设置超参数 $\boldsymbol{h}$ 的一个具体值。

（3）对每个子集 $\mathcal{D}_k$：

① 用差集 $\bar{\mathcal{D}}_k=\mathcal{D}-\mathcal{D}_k$ 作为训练集训练模型 $f_{\bar{\mathcal{D}}_k}(\boldsymbol{x};\boldsymbol{\theta})$；

② 用差集 $\bar{\mathcal{D}}_k$ 作为验证集对模型 $f_{\bar{\mathcal{D}}_k}(\boldsymbol{x};\boldsymbol{\theta})$ 进行测试以获知性能，$\delta_k=\text{Evaluation}\left(f_{\bar{\mathcal{D}}_k}(\boldsymbol{x};\boldsymbol{\theta}),\bar{\mathcal{D}}_k\right)$。

（4）用 $\delta_h^*=\sum_{k=1}^{K}\delta_k/K$ 作为学习器 $f(\boldsymbol{x};\boldsymbol{\theta})$ 在超参数 $\boldsymbol{h}$ 下的性能。

（5）重复步骤（2）到（4），直到超参数 $\boldsymbol{h}$ 的所有值都被评估。

（6）将 δ_h^* 作为指标值，选择模型最优的超参数值。

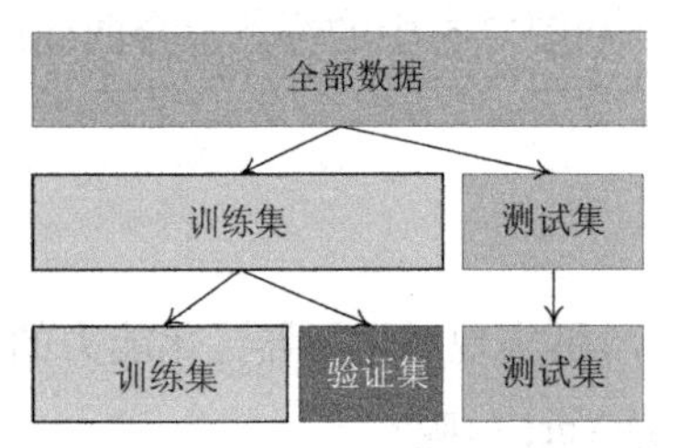

图 7-6 训练集、测试集和验证集

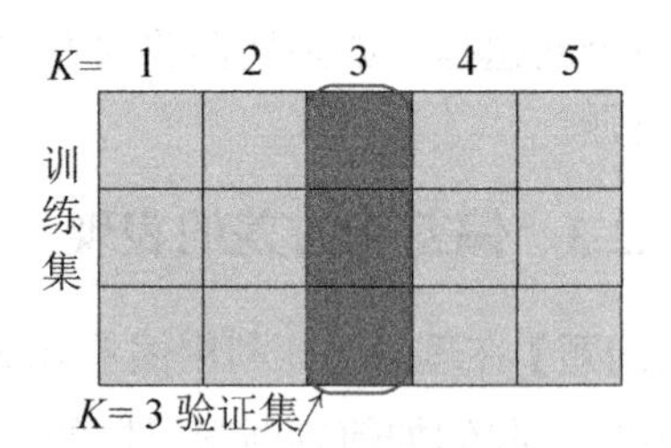

图 7-7 K 折交叉验证示意

针对第 1 个角度，如图 7-8 所示，下方和上方虚线分布表示随着训练样本数量的增加模型在验证集上和在训练集上性能的变化。根据模型在训练时候和验证时候性能的变化规律，我们实验性地发现以下 3 种情况。

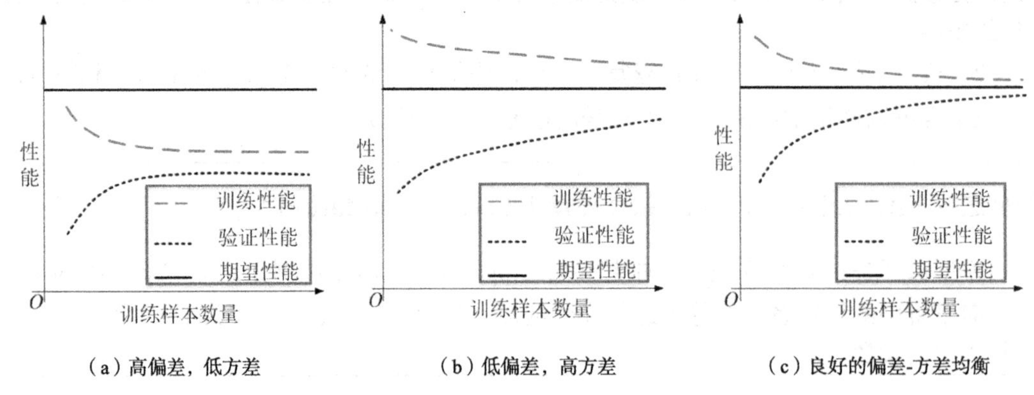

图 7-8 模型的训练性能和验证性能随着训练样本数量变化的曲线

（1）随着训练样本数量的增加，当模型的训练性能和验证性能相互接近，但都比期望性能低时，如图 7-8（a）所示，模型 $f(\boldsymbol{x};\boldsymbol{\theta})$ 将处于高偏差、低方差和欠拟合状态。

（2）随着训练样本数量的增加，当模型的训练性能较高但是验证性能较低且都远离期望性能时，如图 7-8（b）所示，模型 $f(\boldsymbol{x};\boldsymbol{\theta})$ 将处于低偏差、高方差和过拟合（over fitting）状态。

（3）随着训练样本数量的增加，当训练性能、验证性能和期望性能都很接近时，模型 $f(\boldsymbol{x};\boldsymbol{\theta})$ 的方差和偏差都达到相对最小状态，如图 7-8（c）所示，模型 $f(\boldsymbol{x};\boldsymbol{\theta})$ 将处于理想状态。

针对第 2 种情况，我们可固定训练集 $\mathcal{D}$ 并增加模型 $f(\boldsymbol{x};\boldsymbol{\theta})$ 的参数，分别观察模型 $f(\boldsymbol{x};\boldsymbol{\theta})$ 在训练集和测试集上的性能。如图 7-9 所示，随着模型 $f(\boldsymbol{x};\boldsymbol{\theta})$ 复杂度的增加，$f(\boldsymbol{x};\boldsymbol{\theta})$ 将在训练集和测试集上有以下 2 种不同的表现。

（1）在训练集上，模型 $f(\boldsymbol{x};\boldsymbol{\theta})$ 的训练误差将会逐渐减小甚至到 0，呈现出“↘”形。如果 $f(\boldsymbol{x};\boldsymbol{\theta})$ 的误差在训练集上随着模型复杂度的增加而逐步减小，说明模型 $f(\boldsymbol{x};\boldsymbol{\theta})$ 具有低偏差。

（2）在测试集上，模型 $f(\boldsymbol{x};\boldsymbol{\theta})$ 的测试误差会先逐渐减小再逐渐增加，呈现出“U”形。如果 $f(\boldsymbol{x};\boldsymbol{\theta})$ 的误差在测试集上随着模型复杂度的增加而逐步增大，说明模型 $f(\boldsymbol{x};\boldsymbol{\theta})$ 具有高方差。

因为模型的偏差和方差不能同时减小，我们只能在偏差-方差均衡（bias-variance tradeoff）中找到泛化误差最小模型复杂度。模型 $f(\boldsymbol{x};\boldsymbol{\theta})$ 的泛化误差将呈现出“U”形，如图 7-9 所示。

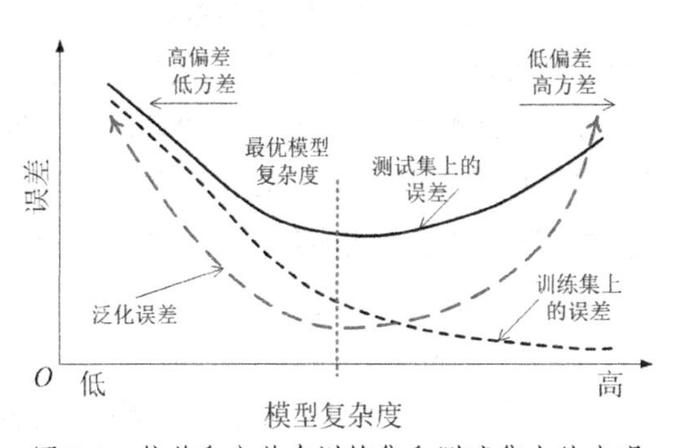

图 7-9　偏差和方差在训练集和测试集上的表现

7.2.4　偏差-方差与过拟合和欠拟合

【问题】 为什么改变模型复杂度会出现“U”形的测试误差曲线？

【猜想】 在训练时，学习算法试图在有限的训练集上得到一个模型 $f(\boldsymbol{x};\boldsymbol{\theta})$，但是，在测试时，我们期望得到的模型 $f(\boldsymbol{x};\boldsymbol{\theta})$ 能用于预测无限的测试集。这样的期望好比“又要马儿好，又要马儿不吃草”。

在训练时，要想降低模型 $f(\boldsymbol{x};\boldsymbol{\theta})$ 在训练集上的误差率，我们可以增加模型 $f(\boldsymbol{x};\boldsymbol{\theta})$ 的复杂度，同时期望提高模型 $f(\boldsymbol{x};\boldsymbol{\theta})$ 在测试集上的泛化能力。因此，模型 $f(\boldsymbol{x};\boldsymbol{\theta})$ 在训练集上的偏差就会减小。但是，对于训练集中没有出现的数据，模型 $f(\boldsymbol{x};\boldsymbol{\theta})$ 对其预测就会很不

稳定，这样就会造成高方差。综上，模型 $f(\boldsymbol{x};\boldsymbol{\theta})$ 在测试集上的泛化能力就会很差，这也就是常说的过拟合。过拟合是学习器高方差的体现。同理，欠拟合是指模型 $f(\boldsymbol{x};\boldsymbol{\theta})$ 在测试集和训练集上的性能都差且对同一部分样本总是无法正确预测。欠拟合的典型表现为学习器 $f(\boldsymbol{x};\boldsymbol{\theta})$ 对同一部分样本的预测总是错误的。欠拟合是学习器高偏差但低方差的体现。

如果我们能解决训练集样本过少的问题，我们就可以让模型 $f(\boldsymbol{x};\theta)$ 向过拟合的相反方向走而回到图 7-9 中偏差-方差均衡“U”形曲线的最低点。此外，为了弥补训练集样本数量的不足，我们也可以尝试加入一些先验信息减少模型的参数数量，进而减小模型的方差。

7.3 bagging 算法

7.2 节揭示了模型 $f(\boldsymbol{x};\boldsymbol{\theta})$ 泛化误差的影响因素和表现。但是，从集成学习的角度来看，我们怎么将弱学习器组合成泛化能力强的强学习器呢？

从偏差-方差均衡的角度分析，泛化性能差的弱学习器可分为两类。

（1）低偏差而高方差的学习器，如深度过大的决策树。

（2）高偏差而低方差的学习器，如线性分类器。

针对这两类弱学习器，我们会设计不同的策略对其进行集成。

7.3.1 bagging 的偏差

【问题】对于低偏差但高方差的弱学习器，我们用什么样的集成学习方法才能保持低偏差同时减小方差呢？

【猜想】“专家评分后平均”就是生活中解决低偏差但高方差的集成学习方法。因为每位专家都是领域内的学术权威，所以我们可以假设专家的评分具有正确性（即低偏差）。但是，每位专家心中“好坏”的尺度标准不一（偏严的、偏松的），即各专家的评分之间方差会较高。因此，平均各位专家的评分可以减小方差。另外，图 7-2（b）也说明只需要平均多个训练集 $\mathcal{D}_m$ 上的学习器的预测标签 $\hat{y}_{\mathcal{D}_m}$ 就能获得低方差的预测。

想要验证上面猜想的正确性，我们必须先证明：“平均方式”的集成学习能保持弱学习器的低偏差！

假设弱学习器 $f_{\mathcal{D}_m}(\boldsymbol{x})$ 的偏差简记为 $E[f_m]$，强学习器 $F(\boldsymbol{x})$ 的偏差记为 $E[F]$，则有：

$$\begin{aligned} E[F] &= E\left[\frac{1}{M}\sum_{m=1}^{M} f_{\mathcal{D}_m}(\boldsymbol{x})\right] \\ &= \frac{1}{M}\sum_{m=1}^{M} E[f_m] \end{aligned} \tag{7.14}$$

式（7.14）说明了强学习器 $F(\boldsymbol{x})$ 的偏差 $E[F]$ 和弱学习器 $f_{\mathcal{D}_m}(\boldsymbol{x})$ 的偏差 $E[f_m]$ 也是平均关系。利用反证法可知强学习器的偏差 $E[F]$ 至少大于等于其中一个弱学习器 $f_{\mathcal{D}_m}(\boldsymbol{x})$ 的偏差 $E[f_m]$：

$$E[F] \geqslant E[f_m],\ \exists\ m,\quad 1 \leqslant m \leqslant M \tag{7.15}$$

式（7.15）能给我们什么启发呢？

如果偏差$E\left[f_m\right]$（$1 \leqslant m \leqslant M$）之间的差别非常大，我们将“浪费”低偏差弱学习器$f_m(\boldsymbol{x})$的准确性。因此，式（7.15）揭示了弱学习器偏差$E\left[f_m\right]$之间的差异越小越好。

因此，“专家评分后平均”的关键是学习具有偏差一致性的弱学习器$f_{\mathcal{D}_m}(\boldsymbol{x})$。显然，如果训练集$\mathcal{D}_1,\mathcal{D}_2,\cdots,\mathcal{D}_M$是独立同分布的，同一种弱学习器$f\left(\boldsymbol{x};\boldsymbol{\theta}\right)$在不同训练集上的偏差$E\left[f_m\right]$有一致性。

7.3.2 bagging 的方差

【问题】强学习器$F(\boldsymbol{x})$的方差和弱学习器$f_{\mathcal{D}_m}(\boldsymbol{x})$的方差有什么关系呢？

协方差

假设随机变量X与Y的期望分别记为$E[X]$与$E[Y]$。那么，随机变量X与Y的协方差$\mathrm{Cov}(X,Y)$为：

$$\begin{aligned}\mathrm{Cov}(X,Y)&=E\Big[\big(X-E[X]\big)\big(Y-E[Y]\big)\Big]\\&=E[XY]-2E[Y]E[X]+E[X]E[Y]\\&=E[XY]-E[X]E[Y]\end{aligned} \tag{7.16}$$

协方差$\mathrm{Cov}(X,Y)$表示两个变量X与Y关联性的期望。通俗地理解，协方差$\mathrm{Cov}(X,Y)$不仅描述了两个变量是同向变化的还是反向变化的，还刻画了两个变量同向或反向变化的程度。

从式（7.16）来看，如果随机变量X和Y同时变大，说明两个变量是同向变化的，这时协方差$\mathrm{Cov}(X,Y)$就是正的。反之，如果两个随机变量X与Y是反向变化的，协方差$\mathrm{Cov}(X,Y)$为负的。相应地，如果协方差$\mathrm{Cov}(X,Y)$的数值越大，两个随机变量X与Y的关联程度也就越大。

我们可以利用函数期望或方差计算协方差$\mathrm{Cov}(X,Y)$：

$$\begin{aligned}\mathrm{Cov}(X,Y)&=E[XY]-E[X]E[Y]\\&=\pm\frac{1}{2}\Big[\mathrm{Var}(X\pm Y)-\mathrm{Var}(X)-\mathrm{Var}(Y)\Big]\end{aligned} \tag{7.17}$$

若(X,Y)离散，则有：

$$\mathrm{Cov}(X,Y)=\sum_{i=1}^{\infty}\sum_{j=1}^{\infty}\rho_{ij}\big(x_i-E[X]\big)\big(y_j-E[Y]\big) \tag{7.18}$$

利用协方差计算方差：

$$\mathrm{Var}(X,Y)=\mathrm{Var}(X)+\mathrm{Var}(Y)+2\,\mathrm{Cov}(X,Y) \tag{7.19}$$

推广到多个随机变量X_i：

$$\mathrm{Var}\left[\sum_i X_i\right]=\sum_i \mathrm{Var}(X_i)+2\sum_i\sum_{j\neq i}\mathrm{Cov}\big(X_i,X_j\big) \tag{7.20}$$

相关系数的说明如下。

假设随机变量 X 与 Y 的方差分别记为 $\mathrm{Var}(X)$ 和 $\mathrm{Var}(Y)$，若 $\mathrm{Var}(X)>0$，$\mathrm{Var}(Y)>0$，随机变量 X 与 Y 的相关系数定义为：

$$\begin{aligned}\rho_{XY}&=E\left[\frac{(X-E[X])(Y-E[Y])}{\sqrt{\mathrm{Var}(X)}\sqrt{\mathrm{Var}(Y)}}\right]\\&=\frac{\mathrm{Cov}(X,Y)}{\sqrt{\mathrm{Var}(X)}\sqrt{\mathrm{Var}(Y)}}\end{aligned}\tag{7.21}$$

相关系数 ρ_{XY} 是一种去除了随机变量 X 和 Y 量纲的标准化协方差。显然，相关系数 ρ_{XY} 是一种特殊的协方差。因此，相关系数 ρ_{XY} 有两个特性。

（1）相关系数 ρ_{XY} 能反映随机变量 X 与 Y 是同向变化的还是反向变化的。如果随机变量 X 与 Y 同向变化，相关系数 ρ_{XY} 就为正；反之，相关系数 ρ_{XY} 就为负。

（2）相关系数 ρ_{XY} 是标准化后的协方差。相关系数 ρ_{XY} 消除了两个变量变化幅度的影响，而只是单纯地反映两个变量 X 与 Y 的相似程度。

【猜想】 假设弱学习器 $f_{\mathcal{D}_m}(\boldsymbol{x})$ 和 $f_{\mathcal{D}_j}(\boldsymbol{x})$ 的权重分别记为 γ_m 和 γ_j，相关系数记为 ρ_{mj}，则有：

$$\begin{aligned}\mathrm{Var}(F)&=\mathrm{Var}\left[\sum_{m=1}^{M}\gamma_m f_{\mathcal{D}_m}(\boldsymbol{x})\right]\\&=\sum_{m=1}^{M}\mathrm{Var}\left[\gamma_m f_{\mathcal{D}_m}(\boldsymbol{x})\right]+2\sum_{m=1}^{M}\sum_{j\neq m}^{M}\mathrm{Cov}\left[\gamma_m f_{\mathcal{D}_m}(\boldsymbol{x}),\gamma_j f_{\mathcal{D}_j}(\boldsymbol{x})\right]\\&=\sum_{m=1}^{M}\gamma_m^2\,\mathrm{Var}(f_m)+\sum_{m=1}^{M}\sum_{j\neq m}^{M}2\rho_{mj}\gamma_m\gamma_j\sqrt{\mathrm{Var}(f_m)}\cdot\sqrt{\mathrm{Var}(f_j)}\end{aligned}\tag{7.22}$$

为了简化式（7.22），我们假设变量 ρ 为相关系数 ρ_{mj} 的最大值，即 $\rho=\max\{\rho_{mj}\}$，$\forall m,j$。另外，也假设所有弱学习器 $f(\boldsymbol{x})$ 的权重 γ 都相等，即：

$$\gamma_1=\gamma_2=\gamma_3=\ldots=\gamma_i=\gamma\tag{7.23}$$

且方差 $\mathrm{Var}(f_j)$ 都相同，则有：

$$\mathrm{Cov}(f_m,f_j)=\rho\cdot\sqrt{\mathrm{Var}(f_m)}\cdot\sqrt{\mathrm{Var}(f_j)}=\rho\sigma^2\tag{7.24}$$

式中，$\mathrm{Var}(f)=\sigma^2$。

我们将式（7.24）代入式（7.22）可得：

$$\begin{aligned}\mathrm{Var}(F)&=\sum_{m=1}^{M}\gamma_m^2\,\mathrm{Var}(f_m)+\sum_{m=1}^{M}\sum_{j\neq m}^{M}2\rho_{mj}\gamma_m\gamma_j\sqrt{\mathrm{Var}(f_m)}\cdot\sqrt{\mathrm{Var}(f_j)}\\&\leqslant\sum_{m=1}^{M}\gamma_m^2\,\mathrm{Var}(f_m)+\sum_{m=1}^{M}\sum_{j\neq m}^{M}2\rho\gamma_m\gamma_j\sqrt{\mathrm{Var}(f_m)}\cdot\sqrt{\mathrm{Var}(f_j)}\\&=M\sigma^2\gamma^2+2\frac{M(M-1)}{2}\gamma^2\rho\sigma^2\\&=M^2\gamma^2\sigma^2\rho+M\gamma^2\sigma^2(1-\rho)\end{aligned}\tag{7.25}$$

为了让强分类器$F(\boldsymbol{x})$的方差最小，我们可以：

（1）让弱学习器权重γ变小；

（2）让最大相关系数ρ变小。

由于弱学习器$f(\boldsymbol{x})$的权重$\gamma=1/M$，所以增加弱学习器数量M将减小权重γ。我们也知道训练一个弱学习器需要一个对应的训练集。我们如何才能产生多个独立同分布的训练集$\mathcal{D}_1,\cdots,\mathcal{D}_M$，从而让弱学习器$f(\boldsymbol{x})$之间的最大相关系数$\rho$最小呢？我们可以想到以下两种策略。

（1）将原始训练集$\mathcal{D}$的样本随机打乱（shuffling）后按数量均匀地分成M个训练子集$\mathcal{D}_1,\cdots,\mathcal{D}_M$，即$|\mathcal{D}|=\sum_{m=1}^{M}|\mathcal{D}_m|$，$|\mathcal{D}_1|=\cdots=|\mathcal{D}_M|$。虽然这种方法能让训练子集$\mathcal{D}_1,\cdots,\mathcal{D}_M$之间的相关性降到最低，但是在原始训练集$\mathcal{D}$样本数量有限的情况下，我们不能让训练子集$\mathcal{D}_1,\cdots,\mathcal{D}_M$的数量$M$随意增大。

（2）通过有放回的采样，我们可以获得任意M个训练子集$\mathcal{D}_1,\cdots,\mathcal{D}_M$。有放回的采样策略看起来完美极了！

但是，有放回的采样策略产生的训练子集$\mathcal{D}_1,\cdots,\mathcal{D}_M$之间会有重复样本。因此，有放回的采样策略会让弱学习器$f_{\mathcal{D}_m}(\boldsymbol{x})$之间存在相关性，即$0<\rho<1$。有放回的采样策略的方差可进一步表示为：

$$\begin{aligned}\mathrm{Var}(F)&=M^2\gamma^2\sigma^2\rho+M\gamma^2\sigma^2(1-\rho)\\&=M^2\frac{1}{M^2}\sigma^2\rho+M\frac{1}{M^2}\sigma^2(1-\rho)\\&=\sigma^2\rho+\frac{\sigma^2(1-\rho)}{M}\\&=\frac{\sigma^2}{M}+\frac{M-1}{M}\rho\sigma^2\end{aligned}\tag{7.26}$$

随着M增大，式（7.26）最下方等号右侧的第1项趋于0，而第2项趋于$\rho\sigma^2$。所以，有放回的采样策略仍然能够降低强分类器$F(\boldsymbol{x})$的方差。

7.3.3 bagging算法的原理和过程

bagging算法也叫作自举汇聚即bootstrap aggregating法。其中，bootstrap是指训练子集$\mathcal{D}_1,\cdots,\mathcal{D}_M$是对原始训练集$\mathcal{D}$的自举采样（bootstrap sampling），而aggregating是指对多个弱分类器$f_{\mathcal{D}_m}(\boldsymbol{x})$结果的平均。bagging在原始训练集$\mathcal{D}$上用有放回的采样策略将产生$M$个训练子集$\mathcal{D}_1,\cdots,\mathcal{D}_M$，然后分别训练$M$个弱分类器$f_{\mathcal{D}_m}(\boldsymbol{x})$。

下面给出bagging算法。在训练时，bagging中的多个弱分类器$f_{\mathcal{D}_m}(\boldsymbol{x})$可以同时并行训练。图7-10说明了bagging算法的训练过程。

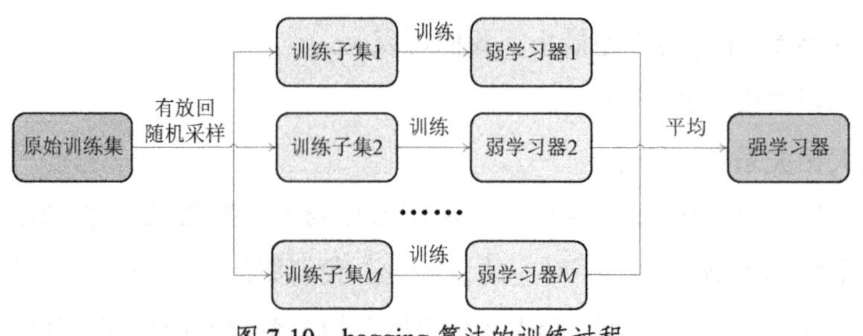

图 7-10 bagging 算法的训练过程

算法 7.1：bagging 算法

输入：训练集 $\mathcal{D}=\{(\boldsymbol{x}_i,y_i)\}_{i=1}^{N}$，$\boldsymbol{x}_i\in\mathbb{R}^{D\times1}$，$y_i\in\{+1,-1\}$，$i=1,\cdots,N$；弱学习器 $f(\boldsymbol{x})$ 及其数量 M。

输出：强学习器 $F_M(\boldsymbol{x})$。

（1）对于 $m=1,2,\cdots,M$：

① 从训练集 $\mathcal{D}$ 中通过有放回的采样方法获得训练子集 $\mathcal{D}_m$；

② 用训练子集 $\mathcal{D}_m$ 训练第 m 个弱分类器 $f_m(\boldsymbol{x})$。

（2）将 M 个弱分类器进行平均组合：$F_M(\boldsymbol{x})=\sum_{m=1}^{M}f_m(\boldsymbol{x})/M$。

【问题】对训练子集 $\mathcal{D}_1,\cdots,\mathcal{D}_M$ 而言，由于算法 7.1 采用有放回的采样，某些样本可能会出现在多个训练子集中，即 $\mathcal{D}_i\cap\mathcal{D}_j\neq\varnothing$（$1\leqslant i,j\leqslant M$）。算法 7.1 得到的训练子集 $\mathcal{D}_1,\cdots,\mathcal{D}_M$ 之间一定会有相关性。因此，我们自然会想到以下两个问题。

（1）训练子集 $\mathcal{D}_1,\cdots,\mathcal{D}_M$ 之间的相关性有多大？我们期望训练子集 $\mathcal{D}_1,\cdots,\mathcal{D}_M$ 之间的相关性越小越好。

（2）训练子集 $\mathcal{D}_1,\cdots,\mathcal{D}_M$ 是否还与原始训练集 $\mathcal{D}$ 服从同一分布？我们期望训练子集 $\mathcal{D}_1,\cdots,\mathcal{D}_M$ 与原始训练集 $\mathcal{D}$ 仍然服从同一分布。

【猜想】针对第 1 个问题，假设原始训练集 $\mathcal{D}$ 的样本总数是 S（$S=|\mathcal{D}|$），我们对原始训练集 $\mathcal{D}$ 进行 N（$N\leqslant S$）次有放回的采样而得到样本总数为 N 的训练子集 $\mathcal{D}_m$（$N=|\mathcal{D}_m|$）。在训练子集 $\mathcal{D}_m$ 中，样本 $\boldsymbol{x}$ 被采中（出现在 $\mathcal{D}_m$ 中）的概率为 p：

$$p=1-\underbrace{\left(1-\frac{1}{S}\right)^{N}}_{\text{没有被采中的概率}} \tag{7.27}$$

显然，样本 $\boldsymbol{x}$ 在训练子集 $\mathcal{D}_m$（$1\leqslant m\leqslant M$）中出现的概率 p 越小越好。这样，当样本 $\boldsymbol{x}$ 被另一个训练子集 $\mathcal{D}_j$（$j\neq m,1\leqslant j\leqslant M$）采中的时候，训练子集 $\mathcal{D}_m$ 和 $\mathcal{D}_j$ 的相关性才越小。式（7.27）所示概率的一般数学形式是增函数 $f(x)=1-a^x$（$0<a<1$）。我们求解式（7.27）所示概率的上界就能知道训练子集 $\mathcal{D}_m$ 和 $\mathcal{D}_j$ 之间在最坏情况下的相关性。因此，当 N 接近 S 之后，概率 p 为：

$$
\begin{aligned}
\lim_{N\to+\infty}\left(1-\frac{1}{N}\right)^N &= \lim_{N\to+\infty}\left(\frac{N-1}{N}\right)^N \\
&= \lim_{N\to+\infty}\left(\frac{1}{\frac{N}{N-1}}\right)^N \\
&= \lim_{N\to+\infty}\frac{1}{\left(1+\frac{1}{N-1}\right)\left(1+\frac{1}{N-1}\right)^{N-1}} \\
&= \lim_{N\to+\infty}\frac{1}{\left(1+\frac{1}{N-1}\right)\mathrm{e}} \\
&= \frac{1}{\mathrm{e}} \\
&\approx 0.37
\end{aligned} \tag{7.28}
$$

式（7.28）表明，对于每一个训练子集，平均约有 63%的样本会被采到。这部分样本称为包内数据，剩下的从没有被采到的约 37%的样本称为包外（out of bag，OOB）数据。我们可以近似地认为在理论上训练子集 $\mathcal{D}_m$ 之间的最大相关性为 0.63。

针对第 2 个问题，我们可以证明训练子集 $\mathcal{D}_1,\cdots,\mathcal{D}_M$ 和原始训练集 $\mathcal{D}$ 仍然服从同一分布。在原始训练集 $\mathcal{D}=\left\{\left(\boldsymbol{x}_1, y_1\right),\left(\boldsymbol{x}_2, y_2\right), \cdots,\left(\boldsymbol{x}_N, y_N\right)\right\}$ 中，样本数量 $N\to+\infty$。原始训练集 $\mathcal{D}$ 服从的分布为 $P_{\mathcal{D}}\left(\boldsymbol{X}=\boldsymbol{x}_i\right)=p_i$，那么训练子集 $\mathcal{D}_1,\cdots,\mathcal{D}_M$ 内样本 $\boldsymbol{x}_i$ 出现的概率为：

$$
\begin{aligned}
P_{\mathcal{D}}(\boldsymbol{X}=\boldsymbol{x}_i) &= \underbrace{\sum_{k=1}^{N}\binom{N}{k}p_i^k\left(1-p_i\right)^{N-k}}_{\text{训练集}\mathcal{D}\text{中样本}\boldsymbol{x}_i\text{被采样}k\text{次的概率}}\ \underbrace{\frac{k}{N}}_{\text{从重复采样样本中采到一个样本}} \\
&= \frac{1}{N}\underbrace{\sum_{k=1}^{N}\binom{N}{k}p_i^k\left(1-p_i\right)^{N-k}k}_{\text{伯努利分布的期望为}E\left[B\left(p_i,N\right)\right]=Np_i\text{，其中，参数为}p_i} \\
&= \frac{1}{N}Np_i \\
&= p_i
\end{aligned} \tag{7.29}
$$

由此可见，样本 $\boldsymbol{x}_i$ 在训练子集 $\mathcal{D}_m$（$1\leqslant m\leqslant M$）中出现的概率与在原始训练集 $\mathcal{D}$ 中出现的概率一样。因此，训练子集 $\mathcal{D}_1,\cdots,\mathcal{D}_M$ 和原始训练集 $\mathcal{D}$ 仍然服从同一分布。

【实验 2】在月牙形数据集上，请分别使用决策树和线性支持向量机作为 bagging 的弱学习器以构成强学习器。

解：当使用决策树作为弱学习器时，随着决策树深度的增加，强学习器的分类超平面越来越准确，如图 7-11 所示。当我们使用线性支持向量机作为 bagging 的弱分类器时，分类超平面并不因为 bagging 而变得更好，而是变为“浪纹”状的分类超平面，如图 7-12 所示。

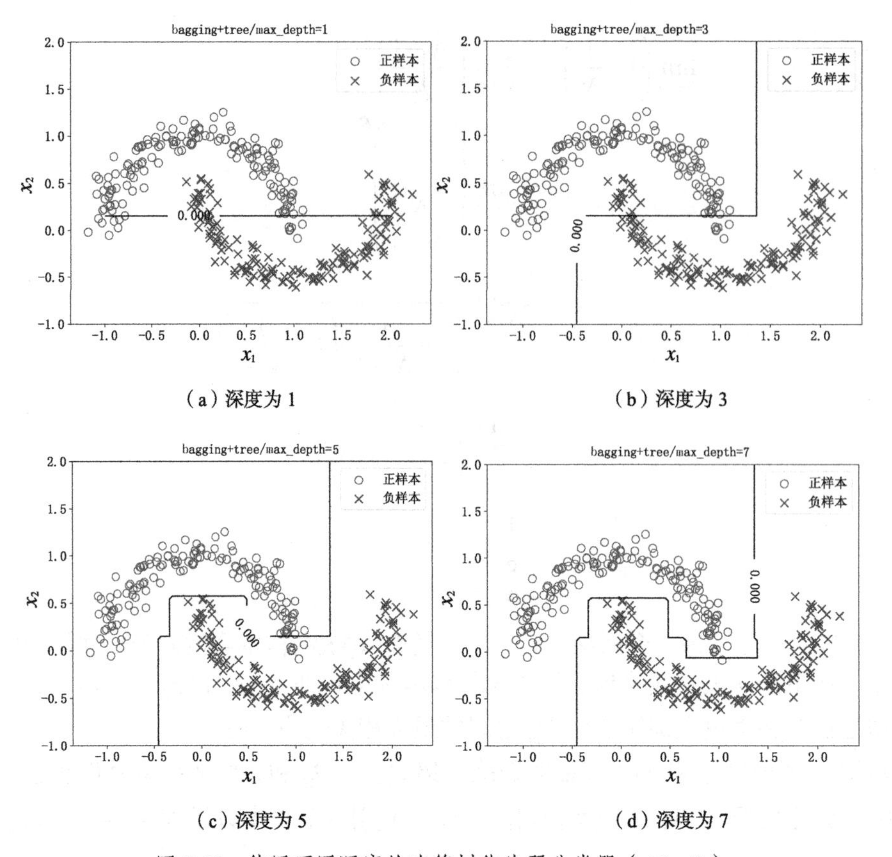

（a）深度为 1　　（b）深度为 3

（c）深度为 5　　（d）深度为 7

图 7-11　使用不同深度的决策树作为弱分类器（$M=3$）

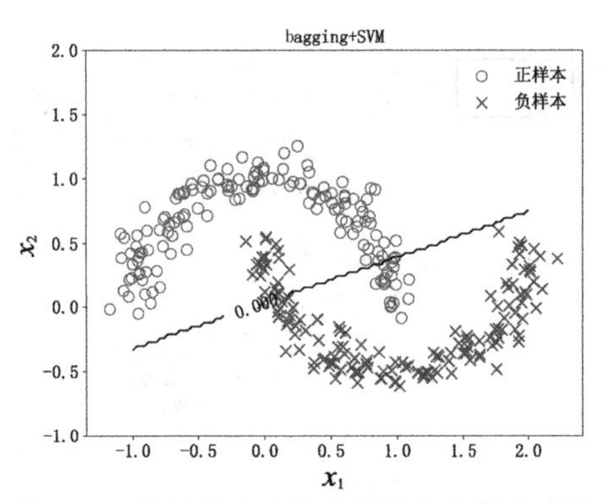

图 7-12　使用线性支持向量机作为弱分类器

我们可以看出，相比于高偏差而低方差的线性支持向量机，低偏差而高方差的决策树更适合作为 bagging 的弱分类器。当利用不同数量的弱学习器后，我们会发现利用弱学习器数量越多的强学习器将获得更为合理的分类超平面，如图 7-13 所示。

bagging 算法有以下优点：

（1）bagging 算法可以不经过修改用于多类分类问题和回归问题；

（2）bagging 算法适合低偏差而高方差的学习模型。

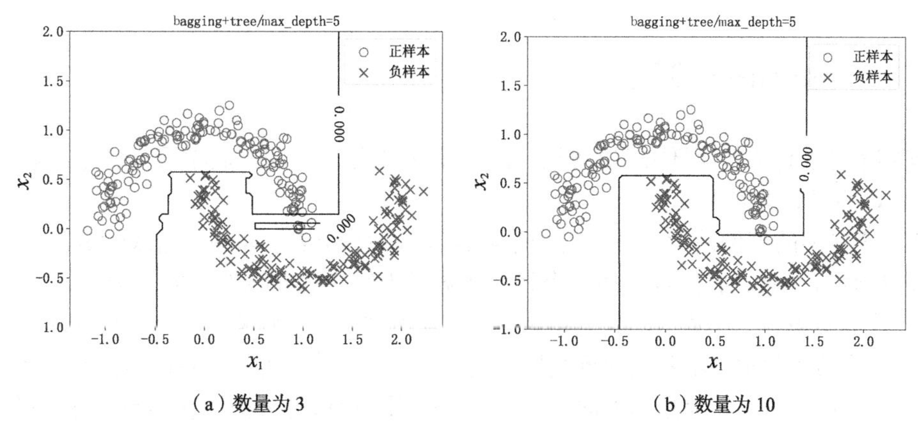

（a）数量为 3　　（b）数量为 10

图 7-13　不同数量决策树所组成强学习器的性能

7.3.4　随机森林算法

如果我们想要 bagging 算法更高效，弱学习器 $f_{\mathcal{D}_m}(\boldsymbol{x})$ 之间的相关性必须降低。但是，bagging 算法所采用的有放回的采样策略却带来了训练子集 $\mathcal{D}_1,\cdots,\mathcal{D}_M$ 间的相关性。

【问题】我们如何才能进一步降低训练子集 $\mathcal{D}_1,\cdots,\mathcal{D}_M$ 间的相关性呢？

【猜想】样本之间不相似也就意味着样本之间没有相关性。如果训练子集 $\mathcal{D}_1,\cdots,\mathcal{D}_M$ 之间的特征不一样，训练子集 $\mathcal{D}_1,\cdots,\mathcal{D}_M$ 之间也就没有任何相关性！

随机森林（random forest）算法是 bagging 算法的一个扩展。随机森林算法以决策树为弱学习器 $f_{\mathcal{D}_m}(\boldsymbol{x})$，并在 bagging 算法的基础上，进一步引入了特征的随机选择来降低弱学习器 $f_{\mathcal{D}_m}(\boldsymbol{x})$ 之间的相关性。因此，随机森林算法的“随机性”不仅体现在 bagging 算法随机采样部分，还体现在让每个弱学习器 $f_{\mathcal{D}_m}(\boldsymbol{x})$ “随机”地用特征建立决策树。下面给出随机森林算法。

算法 7.2：随机森林算法

输入：训练集 $\mathcal{D}=\left\{\left(\boldsymbol{x}_i,y_i\right)\right\}_{i=1}^{N}$，$\boldsymbol{x}_i\in\mathbb{R}^{D\times1}$，$y_i\in\{+1,-1\}$，$i=1,\cdots,N$；决策树 $f(\boldsymbol{x})$ 及其数量 M。

输出：强学习器 $F_M(\boldsymbol{x})$。

（1）对于 $m=1,2,\cdots,M$：

①对训练集进行第 m 次随机采样，得到训练子集 $\mathcal{D}_m$；

②用训练子集 $\mathcal{D}_m$ 构造决策树 $f_m(\boldsymbol{x})$ 的节点时，每次都从节点内样本的特征中随机选择一部分特征作为属性用于决策树节点的分裂。

（2）将 M 个决策树 $f_m(\boldsymbol{x})$ 进行平均组合：$F_M(\boldsymbol{x})=\sum_{m=1}^{M}f_m(\boldsymbol{x})/M$。

7.4 boosting 算法

【问题】对于高偏差而低方差的弱学习器，我们用什么样的集成学习方法才能获得低偏差而低方差的强分类器呢?

【猜想】典型的高偏差而低方差的弱学习器是线性分类器。如果想用线性分类器构建低偏差的非线性分类器，我们可以用多个线性函数逼近复杂的非线性函数。例如，如图 7-14 所示，当我们希望用一个圆形的分类超平面将正样本“○”和负样本“×”分开的时候，我们拟利用多个线性分类器不断去逼近圆形分类超平面。具体地讲，我们根据当前逼近的情况去调整下一次线性分类器逼近的方向和角度，从而用多个线性分类器获得圆形分类超平面。

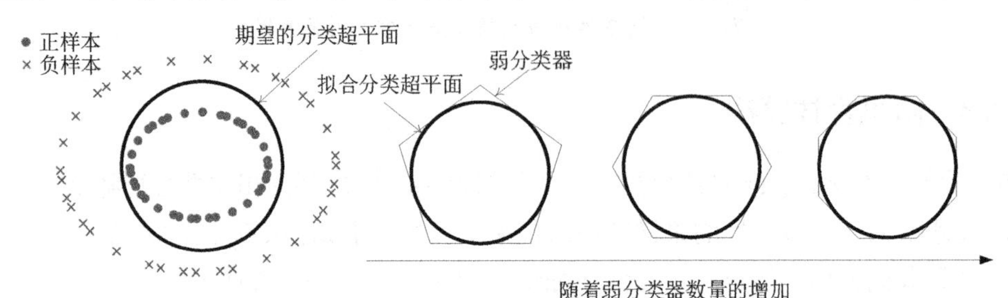

图 7-14　线性分类器渐进组合构成圆形分类超平面

因此，我们想到用低方差而高偏差的弱学习器 $f_m(\boldsymbol{x})$ 以可加性的方式逐步纠正强学习器 $F_{m-1}(\boldsymbol{x})=\sum_{m=1}^{M}\alpha_{m-1}f_{m-1}(\boldsymbol{x})$，从而获得低方差而低偏差的强分类器 $F_m(\boldsymbol{x})$：

$$
\begin{aligned}
F_m(\boldsymbol{x}) &= \sum_{m=1}^{M}\alpha_{m-1}f_{m-1}(\boldsymbol{x})+\alpha_m f_m(\boldsymbol{x}) \\
&= F_{m-1}(\boldsymbol{x})+\alpha_m f_m(\boldsymbol{x})
\end{aligned} \tag{7.30}
$$

式中，参数 α_m（$0\leqslant\alpha_m$，$1\leqslant m\leqslant M$）是非负的加权系数，$f_m(\boldsymbol{x})$（$f_m(\boldsymbol{x})\in\{+1,-1\}$）是弱分类器。参数 α_m 用于完成对强分类器 $F_{m-1}(\boldsymbol{x})$ “强度”的修正，而弱学习器 $f_m(\boldsymbol{x})$ 用于完成对强分类器 $F_{m-1}(\boldsymbol{x})$ “方向”的修正。式（7.30）用弱学习器的过程好比图 7-14 中对上一次不合理线性逼近的修正。

7.4.1 boosting 算法的方差和偏差

【问题】式（7.30）能不能在减小弱学习器 $f_m(\boldsymbol{x})$ 的方差的同时又保持弱学习器 $f_m(\boldsymbol{x})$ 的低偏差呢?

如果学习器 $f_m(\boldsymbol{x})$ 的偏差记为 $E[f_m]$，强学习器 $F(\boldsymbol{x})$ 的偏差记为 $E[F]$。假设弱学习器 $f_m(\boldsymbol{x})$ 之间的方差相等,任意两个弱学习器之间的相关系数 ρ 也相等,则强分类器 $F(\boldsymbol{x})$ 的偏差为:

$$
\begin{aligned}
E[F] &= E\left[\sum_{m=1}^{M}\alpha_m f_m\right] \\
&= \sum_{m=1}^{M}\alpha_m E[f_m] \\
&\leqslant \alpha\sum_{m=1}^{M}E[f_m]
\end{aligned} \tag{7.31}
$$

式中，$\alpha=\max\{\alpha_m\}$。如果我们对系数α进行归一化处理，让α满足$0<\alpha\leqslant 1$，强学习器$F(\boldsymbol{x})$就能保证弱学习器$f(\boldsymbol{x})$的低偏差。

强学习器$F(\boldsymbol{x})$的方差与弱学习器$f_m(\boldsymbol{x})$的方差之间的关系可以表示为：

$$\begin{aligned}\operatorname{Var}(F)&=\operatorname{Var}\left(\sum_{m=1}^{M}\alpha_m f_m\right)\\&=\operatorname{Cov}\left(\sum_{m=1}^{M}\alpha_m f_m,\sum_{m=1}^{M}\alpha_m f_m\right)\\&=\sum_{m=1}^{M}\alpha_m^2\operatorname{Var}(f_m)+\sum_{m=1}^{M}\sum_{j\neq m}^{M}2\rho\alpha_m\alpha_j\sqrt{\operatorname{Var}(f_m)}\sqrt{\operatorname{Var}(f_j)}\\&=M^2\alpha^2\sigma^2\rho+M\alpha^2\sigma^2(1-\rho)\end{aligned}\tag{7.32}$$

由式（7.30）可知，弱学习器$f_m(\boldsymbol{x})$可以纠正强学习器$F(\boldsymbol{x})$的错误。因此，弱学习器$f_m(\boldsymbol{x})$之间的相关系数ρ近似等于1。式（7.32）可进一步化简为：

$$\begin{aligned}\operatorname{Var}(F)&=M^2\alpha^2\sigma^2\rho+M\alpha^2\sigma^2(1-\rho)\\&=M^2\alpha^2\sigma^2\times 1+M\alpha^2\sigma^2\times(1-1)\\&=M^2\alpha^2\sigma^2\end{aligned}\tag{7.33}$$

显然，为了减小弱学习器$f_m(\boldsymbol{x})$的方差，我们要求只有$M^2\alpha^2\leqslant 1$成立时强学习器的方差才会小于弱学习器的方差。因此，系数α在理论上应该小于$1/M$。

7.4.2 boosting 算法的一般形式

针对一个复杂的机器学习任务，式（7.30）说明我们可以先“投石问路”即训练一个弱学习器$f_m(\boldsymbol{x})$，然后让下一个弱学习器$f_{m+1}(\boldsymbol{x})$针对上一步的误差可加性地纠正强学习器$F(\boldsymbol{x})$。下面给出 boosting 算法。

算法 7.3：boosting 算法

输入：训练集$\mathcal{D}=\{(\boldsymbol{x}_i,y_i)\}_{i=1}^N$，$\boldsymbol{x}_i\in\mathbb{R}^{D\times 1}$，$y_i\in\{+1,-1\}$，$i=1,\cdots,N$；弱学习器$f(\boldsymbol{x})$及其数量$M$。

输出：强分类器$F_M(\boldsymbol{x})$。

（1）初始化$F_0(\boldsymbol{x})$。

（2）对于$m=1,2,\cdots,M$：

①优化一个弱学习器$f_m(\boldsymbol{x})$，使得$f_m(\boldsymbol{x})$能改进$F_{m-1}(\boldsymbol{x})$；

②更新强学习器，$F_m(\boldsymbol{x})=F_{m-1}(\boldsymbol{x})+\alpha_m f_m(\boldsymbol{x})$。

（3）返回强学习器$F_M(\boldsymbol{x})$。

【问题】虽然算法 7.3 给出了分类器$F_M(\boldsymbol{x})$由弱到强的变化过程，但是我们仍然面临着以下两个核心问题。

（1）如何为每个弱分类器$f_m(\boldsymbol{x})$找到合适的系数α_m？

（2）用什么原则才能让系数α_m、弱分类器$f_m(\boldsymbol{x})$与强分类器$F_{m-1}(\boldsymbol{x})$之间互相配合？

现在有很多boosting算法，包括自适应提升（adaptive boosting，Adaboost）算法和梯度提升（gradient boosting）算法。

7.4.3 自适应提升算法

1．自适应提升算法的介绍

【问题】如果要实现式（7.30）在分类任务中的应用，我们需要同时完成以下3个子任务。

（1）设计合理的损失函数。我们可以根据实际问题去设计相应的损失函数，从而更新式（7.30）里的系数α_m和弱分类器$f_m(\boldsymbol{x})$。

（2）获得强相关的弱分类器。我们重复利用训练集$\mathcal{D}$让弱分类器$f_m(\boldsymbol{x})$之间有强相关性。一种巧妙的策略是给每个样本赋予权重。当样本的权重随着算法迭代而缓慢变化时，就产生了有强相关性的训练集序列$\mathcal{D}_1,\cdots,\mathcal{D}_m,\cdots,\mathcal{D}_M$（$1\leqslant m\leqslant M$）。

（3）设计权重更新机制。任务（2）和任务（3）是紧密关联的。我们用强分类器$F_{m-1}(\boldsymbol{x})$去更新训练集$\mathcal{D}_{m-1}$的权重形成新的训练集$\mathcal{D}_m$，然后用任务（1）所设计的损失函数去更新系数α_m和弱分类器$f_m(\boldsymbol{x})$。

【猜想】在任务（2）中，对训练集$\mathcal{D}_m$（$1\leqslant m\leqslant M$）中的样本进行加权是关键！如果某个样本能被强分类器$F_m(\boldsymbol{x})$正确地预测，我们则将其权重减小；否则，我们将增大该样本的权重。因此，权重越大的样本对下一个弱分类器$f_{m+1}(\boldsymbol{x})$的影响就越大。这种关注错分样本的思想与感知机的一致！下面给出自适应提升算法。

算法7.4：自适应提升算法

输入：训练集$\mathcal{D}=\{(\boldsymbol{x}_i,y_i)\}_{i=1}^N$，$\boldsymbol{x}_i\in\mathbb{R}^{D\times1}$，$y_i\in\{+1,-1\}$，$i=1,\cdots,N$；弱分类器$f(\boldsymbol{x})$及其数量$M$。

输出：强分类器$F_M(\boldsymbol{x})$。

（1）初始化训练集$\mathcal{D}_0\leftarrow\mathcal{D}$和权重分布$\boldsymbol{W}^0$：

$$\boldsymbol{W}^0=\left[w_1^0,\cdots,w_i^0,\cdots,w_N^0\right],\qquad w_i^0=1/N,\qquad i=1,\cdots,N$$

（2）对于$m=1,\cdots,M$：

① 使用具有权重分布$\boldsymbol{W}^{m-1}$的训练集$\mathcal{D}_{m-1}$得到弱分类器$f_m(\boldsymbol{x})$；

② 计算$f_m(\boldsymbol{x})$在训练集$\mathcal{D}_{m-1}$上的加权错误率ε_m：

$$\begin{aligned}\varepsilon_m&=P\left(f_m(\boldsymbol{x}_i)\neq y_i\right)\\&=\sum_{i=1}^N w_i^m 1\left(f_m(\boldsymbol{x}_i)\neq y_i\right)\end{aligned}\tag{7.34}$$

③计算弱分类器$f_m(\boldsymbol{x})$的权重系数α_m：

$$\alpha_m = \frac{1}{2}\ln\left(\frac{1-\varepsilon_m}{\varepsilon_m}\right) \tag{7.35}$$

④ 更新样本的权重分布 $\boldsymbol{W}^{m+1} = \left[w_1^{m+1},\cdots,w_i^{m+1},\cdots,w_N^{m+1}\right]$：

$$w_i^{m+1} = w_i^m \mathrm{e}^{-\alpha_m y_i f_m(\boldsymbol{x}_i)} / Z_m \tag{7.36}$$

其中，归一化因子 Z_m 使得 w_i^{m+1} 成为一个概率分布：

$$Z_m = \sum_{i=1}^{N} w_i^m \mathrm{e}^{-\alpha_m y_i f_m(\boldsymbol{x}_i)} \tag{7.37}$$

⑤ 构建强分类器：$F_m(\boldsymbol{x}) = F_{m-1}(\boldsymbol{x}) + \alpha_m f_m(\boldsymbol{x})$。

（3）返回强分类器 $F_M(\boldsymbol{x})$。

2. 自适应提升算法的原理

【问题】自适应提升算法为什么这样来完成任务（1）、（2）和（3）？权重为什么按照式（7.36）来更新？

假定训练集 $\mathcal{D} = \left\{(\boldsymbol{x}_i, y_i)\right\}_{i=1}^{N}$，自适应提升算法用指数损失函数（指数损失可参考图 5-5）表示：

$$\begin{aligned} L(f_m,\alpha_m) &= \frac{1}{N}\sum_{i=1}^{N} 1\left[F(\boldsymbol{x}_i) \neq y_i\right] \\ &\leqslant \frac{1}{N}\sum_{i=1}^{N} \exp\left[-y_i F(\boldsymbol{x}_i)\right] \end{aligned} \tag{7.38}$$

式中，$F(\boldsymbol{x})$ 为强分类器，$1(A)$ 为指示函数。将弱分类器 $f_m(\boldsymbol{x})$ 和系数 α_m 看作变量，我们优化指数损失函数：

$$\arg\min_{\alpha_m, f_m(x)} \frac{1}{N}\sum_{i=1}^{N} \exp\left[-y_i F_m(\boldsymbol{x}_i)\right] \tag{7.39}$$

怎么去更新弱分类器 $f_m(\boldsymbol{x})$ 和系数 α_m？怎么将弱分类器 $f_m(\boldsymbol{x})$ 当作一个变量进行优化？

【猜想】假设强分类器 $F(\boldsymbol{x})$ 已经更新到第 m 个弱分类器 $f_m(\boldsymbol{x})$，根据弱分类器与强分类器之间的关系，即 $F_m(\boldsymbol{x}) = F_{m-1}(\boldsymbol{x}) + \alpha_m f_m(\boldsymbol{x})$，我们对式（7.38）进行更新：

$$\begin{aligned} L\left[\alpha_m, f_m(\boldsymbol{x})\right] &= \frac{1}{N}\sum_{i=1}^{N} \exp\left\{-y_i\left[F_{m-1}(\boldsymbol{x}_i) + \alpha_m f_m(\boldsymbol{x}_i)\right]\right\} \\ &= \frac{1}{N}\sum_{i=1}^{N} \exp\left[-y_i F_{m-1}(\boldsymbol{x}_i)\right] \cdot \exp\left[-y_i \alpha_m f_m(\boldsymbol{x}_i)\right] \end{aligned} \tag{7.40}$$

式中，强分类器 $F_{m-1}(\boldsymbol{x})$ 是已经学习到的模型。所以，式（7.40）可以进一步转换为：

$$\begin{aligned}\arg\min_{f_m(x)} L\left[\alpha_m, f_m(\boldsymbol{x})\right] &= \arg\min_{f_m(x)} \frac{1}{N}\sum_{i=1}^{N} \exp\left[-y_i F_{m-1}(\boldsymbol{x}_i)\right]\cdot\exp\left[-y_i\alpha_m f_m(\boldsymbol{x}_i)\right] \\ &= \arg\min_{f_m(x)} \frac{1}{N}\sum_{i=1}^{N} w_i^m \exp\left[-y_i\alpha_m f_m(\boldsymbol{x}_i)\right]\end{aligned} \tag{7.41}$$

式中，w_i^m 表示为样本 $\boldsymbol{x}_i$ 赋予的权重，$w_i^m = \exp\left[-y_i F_{m-1}(\boldsymbol{x}_i)\right]$。权重 w_i^m 既不依赖于系数 α_m 也不依赖于弱分类器 $f_m(\boldsymbol{x})$，而依赖于上一阶段的强分类器 $F_{m-1}(\boldsymbol{x})$。此外，在 5.1 节中，我们已经知道函数间隔 $-y_i F_{m-1}(\boldsymbol{x}_i)$ 表示 $F_{m-1}(\boldsymbol{x})$ 在样本 $\boldsymbol{x}_i$ 处的分类能力。因此，对样本 $\boldsymbol{x}_i$ 而言，$F_{m-1}(\boldsymbol{x})$ 的分类能力越强，权重 w_i^m 越小；反之，权重 w_i^m 越大。权重 w_i^m 实现了对样本中错分样本的加权！

更新式（7.40）中的系数 α_m 和弱分类器 $f_m(\boldsymbol{x})$ 就完成了任务（2）和（3）。当有两个独立的变量进行优化时，我们通常会采用固定一个变量并优化另一个变量的方式进行交替学习。因此，式（7.40）的求解可以分为两步。

首先，当系数 α_m（$\alpha_m > 0$）固定后，我们求使式（7.41）最小的弱分类器 $f_m(\boldsymbol{x})$：

$$\hat{f}_m(\boldsymbol{x}) = \arg\min_{f_m(x)} \frac{1}{N}\sum_{i=1}^{N} w_i^m 1\left[f(\boldsymbol{x}_i) \neq y_i\right] \tag{7.42}$$

式中，$1(A)$为指示函数。最小化式（7.42）通常在一系列的弱分类器中穷尽搜索最优的弱分类器 $\hat{f}_m(\boldsymbol{x})$。

当固定弱分类器 $f_m(\boldsymbol{x})$ 后，我们寻找最优弱分类器系数 $\hat{\alpha}_m$：

$$\begin{aligned}\hat{\alpha}_m &= \arg\min_{\alpha_m} \sum_{i=1}^{N} w_i^m \exp\left[-y_i\alpha_m f_m(\boldsymbol{x}_i)\right] \\ &= \arg\min_{\alpha_m} \underbrace{\sum_{y_i = f_m(\boldsymbol{x}_i)} w_i^m \exp(-\alpha_m)}_{\text{被正确分类的样本}} + \underbrace{\sum_{y_i \neq f_m(\boldsymbol{x}_i)} w_i^m \exp(\alpha_m)}_{\text{被错误分类的样本}} \\ &= \arg\min_{\alpha_m} (\mathrm{e}^{\alpha_m} - \mathrm{e}^{-\alpha_m})\sum_{i=1}^{N} w_i^m 1\left(f_m(\boldsymbol{x}_i) \neq y_i\right) + \mathrm{e}^{-\alpha_m}\sum_{i=1}^{N} w_i^m\end{aligned} \tag{7.43}$$

对式（7.43）求系数 α_m 的导数并令导数等于 0 可得：

$$\hat{\alpha}_m = \frac{1}{2}\ln\left(\frac{1-\varepsilon_m}{\varepsilon_m}\right) \tag{7.44}$$

式中，ε_m 是弱分类器 $f_m(\boldsymbol{x})$ 的加权错误率：

$$\varepsilon_m = \frac{\sum_{i=1}^{N} w_i^m 1\left(f_m(\boldsymbol{x}_i) \neq y_i\right)}{\sum_{i=1}^{N} w_i^m} = \sum_{i=1}^{N} \tilde{w}_i^m 1\left(f_m(\boldsymbol{x}_i) \neq y_i\right) \tag{7.45}$$

式中，$\tilde{w}_i^m$ 为归一化权重，$\tilde{w}_i^m = w_i^m \Big/ \sum_{i=1}^{N} w_i^m$。

【实验 3】我们随机生成两类可分样本。其中，20 个正样本“○”服从分布 $\mathcal{N}\left(\begin{bmatrix}2\\2\end{bmatrix}, \begin{bmatrix}1,0\\0,1\end{bmatrix}\right)$，

10 个负样本“×”服从分布 $\mathcal{N}\left(\begin{bmatrix}5\\5\end{bmatrix},\begin{bmatrix}1,0\\0,1\end{bmatrix}\right)$，如图 7-18 所示。式（7.46）给出了决策桩（decision stump）弱分类器，其构造过程如图 7-15 所示。

$$f(x_1;\theta_1)=\begin{cases}1, & x_1>\theta_1\\-1, & x_1\leqslant\theta_1\end{cases}\qquad f(x_2;\theta_2)=\begin{cases}1, & x_2>\theta_2\\-1, & x_2\leqslant\theta_2\end{cases} \tag{7.46}$$

图 7-15　决策桩弱分类器构造过程示意

请用自适应提升算法构建强分类器，并观测系数 α_m 和指数损失函数的最小化过程。

解：如图 7-16 和图 7-17 所示，系数 α_m 和指数损失函数都随着弱分类器数量的增加而减小。

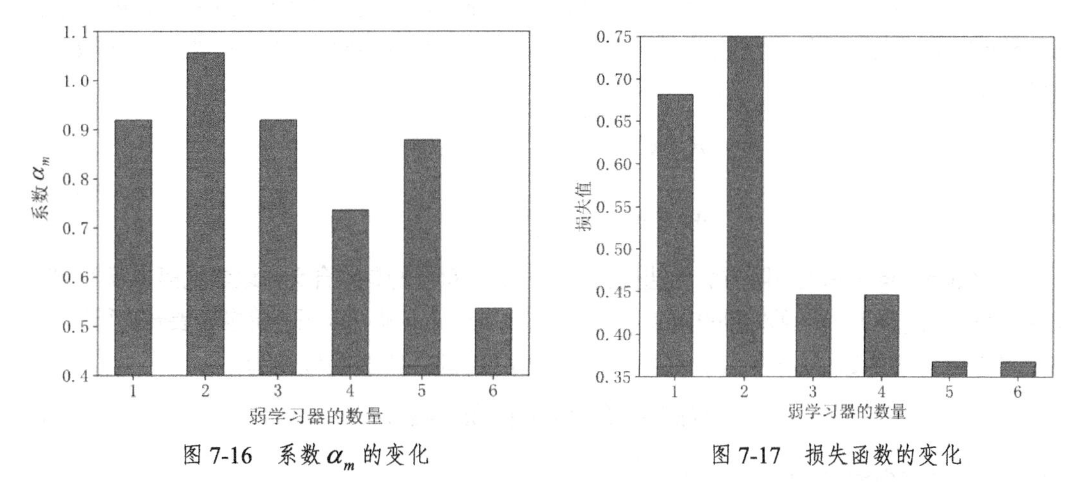

图 7-16　系数 α_m 的变化　　图 7-17　损失函数的变化

强分类器 $F_m(\boldsymbol{x})$ 的分类超平面随着弱分类器数量的增加而越来越准确，如图 7-18 所示。

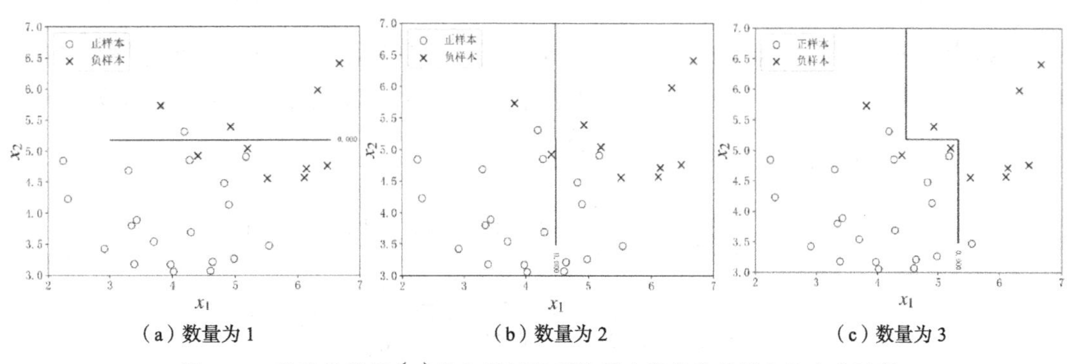

（a）数量为 1　（b）数量为 2　（c）数量为 3

图 7-18　强分类器 $F_m(\boldsymbol{x})$ 的分类超平面随弱分类器数量增加的变化过程

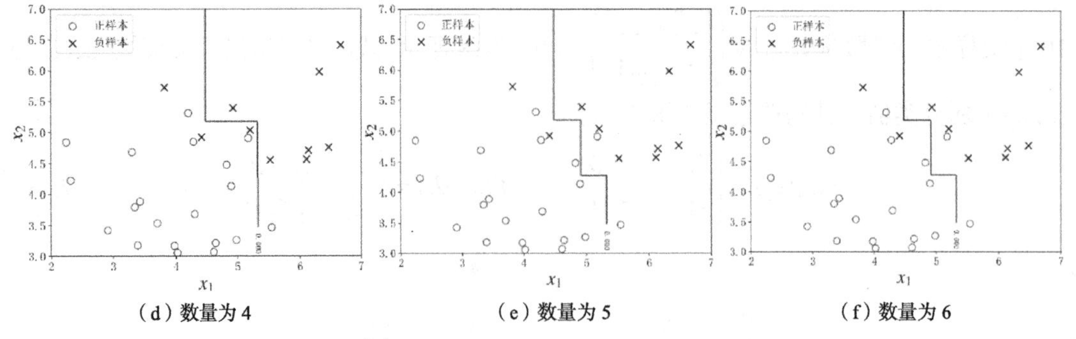

（d）数量为4　　（e）数量为5　　（f）数量为6

图 7-18　强分类器 $F_m(\boldsymbol{x})$ 的分类超平面随弱分类器数量增加的变化过程（续）

7.4.4　函数空间中的梯度下降方法

【问题】自适应提升算法是针对指数损失而设计的。如果根据不同的任务需要设计不同的损失函数，我们该如何进行 boosting 的学习呢？

【猜想】本质上，弱学习器与强学习器的关系 $F_m(\boldsymbol{x}) = F_{m-1}(\boldsymbol{x}) + \alpha_m f_m(\boldsymbol{x})$ 表示了以 $F_{m-1}(\boldsymbol{x})$ 为固定点"贪心"地去优化损失函数。数学形式 $F_m(\boldsymbol{x}) = F_{m-1}(\boldsymbol{x}) + \alpha_m f_m(\boldsymbol{x})$ 和第 1 章介绍的梯度下降非常相似。因此，我们猜想 boosting 是否和基于一阶泰勒展开的梯度下降方法有关系。

泰勒展开以空间中的某个"点"（如实数点、向量空间中的点）为中心在其邻域内展开。boosting 中的"点"是什么？假设在式（7.47）中，我们将强分类器 $F_m(\boldsymbol{x})$ 类比为函数空间中的点 $\boldsymbol{x}_m$：

$$
\begin{gathered}
F_m(\boldsymbol{x}) = F_{m-1}(\boldsymbol{x}) + \alpha_m f_m(\boldsymbol{x}) \\
\boldsymbol{x}_m = \boldsymbol{x}_{m-1} + \gamma \frac{g(\boldsymbol{x})}{\partial \boldsymbol{x}}
\end{gathered} \tag{7.47}
$$

对比 boosting 和梯度下降方法的迭代公式（7.47）（符号的具体含义可以参见第 1 章），我们发现只要将 $F_{m-1}(\boldsymbol{x})$ 看作函数空间中的一个点，那么 boosting 就可以用一阶泰勒展开进行解释。

当光滑连续函数 $f(z)$ 在点 z_0 可导时，函数 $f(z)$ 的一阶泰勒展开为：

$$
f(z) \approx f(z_0) + f'(z_0)(z - z_0) \tag{7.48}
$$

式中，$f'(z)$ 表示函数 $f(z)$ 的一阶导数。

以指数损失函数 $L(\alpha_m, f_m) = \frac{1}{N}\sum_{i=1}^{N} \exp\{-y_i [F_{m-1}(\boldsymbol{x}_i) + \alpha_m f_m(\boldsymbol{x}_i)]\}$ 为例，以强分类器 $F_{m-1}(\boldsymbol{x})$ 为展开点使用一阶泰勒展开来近似 $L(\alpha_m, f_m)$。按照泰勒展开的形式，我们令式（7.48）中的 z 和 z_0 分别为：$z = F_{m-1}(\boldsymbol{x}) + \alpha_m f_m(\boldsymbol{x})$ 和 $z_0 = F_{m-1}(\boldsymbol{x})$。$L(\alpha_m, f_m)$ 的一阶泰勒展开为：

$$
\begin{aligned}
L(\alpha_m, f_m) \approx\ & L[\alpha_{m-1}, f_{m-1}(\boldsymbol{x})] + \\
& \frac{1}{N}\sum_{i=1}^{N} \frac{\partial L(\alpha_m, f_m)}{\partial F_{m-1}(\boldsymbol{x}_i)} [F_{m-1}(\boldsymbol{x}_i) + \alpha_m f_m(\boldsymbol{x}_i) - F_{m-1}(\boldsymbol{x}_i)] \\
=\ & \underbrace{L[\alpha_{m-1}, f_{m-1}(\boldsymbol{x})]}_{\text{固定不变}} + \underbrace{\frac{1}{N}\sum_{i=1}^{N} \frac{\partial L(\alpha_m, f_m)}{\partial F_{m-1}(\boldsymbol{x}_i)} \alpha_m f_m(\boldsymbol{x}_i)}_{\text{可变化}}
\end{aligned} \tag{7.49}
$$

式（7.49）在函数 $F_{m-1}(\boldsymbol{x})$ 这个"点"的近邻区域内进行一阶近似。因此，我们可以将系数 α_m 固定为一个小的常数[1]，如 $\alpha_m \approx 0.1$。

固定系数 α_m 后，式（7.49）等价于：

$$
\begin{aligned}
\arg\min_{f_m} L(\alpha_m, f_m) &\approx \arg\min_{f_m} \frac{1}{N}\sum_{i=1}^{N}\frac{\partial L(\alpha_m, f_m)}{\partial F_{m-1}(\boldsymbol{x}_i)} f_m(\boldsymbol{x}_i) \\
&= \arg\min_{f_m} \sum_{i=1}^{N} -y_i \exp\left[-y_i F_{m-1}(\boldsymbol{x}_i)\right] f_m(\boldsymbol{x}_i) \\
&= \arg\min_{f_m} \sum_{i=1}^{N} r_i f_m(\boldsymbol{x}_i)
\end{aligned} \tag{7.50}
$$

式中，系数 r_i 可以看作样本 $\boldsymbol{x}_i$ 的权重，$r_i = -y_i \exp\left[-y_i F_{m-1}(\boldsymbol{x}_i)\right]$。因此，只要让 $\sum_{i=1}^{N} r_i f_m(\boldsymbol{x}_i)$ 最小，我们就可以像梯度下降一样得到强分类器 $F_m(\boldsymbol{x})$。

【实验 4】我们随机生成两类可分样本。其中，20 个正样本"○"服从分布 $\mathcal{N}\left(\begin{bmatrix}2\\2\end{bmatrix},\begin{bmatrix}1,0\\0,1\end{bmatrix}\right)$，10 个负样本"×"服从分布 $\mathcal{N}\left(\begin{bmatrix}5\\5\end{bmatrix},\begin{bmatrix}1,0\\0,1\end{bmatrix}\right)$。决策桩弱分类器如图 7-15 所示。请用对损失函数 $L\left[F(\boldsymbol{x}),y\right]=\exp\left[-yF(\boldsymbol{x})\right]$ 进行泰勒展开以获得强分类器 $F(\boldsymbol{x})$ 随着迭代次数变化的分类超平面。

解：图 7-19 给出了利用式（7.50）进行弱分类器迭代的过程。我们可以看到，尽管 $\alpha_m = 0.1$ 看起来是非常不合理的假设，但是弱分类器 $f_m(\boldsymbol{x})$ 也能逐渐将错误的分类超平面更正过来。例如，将图 7-19（d）转换为图 7-19（e）。

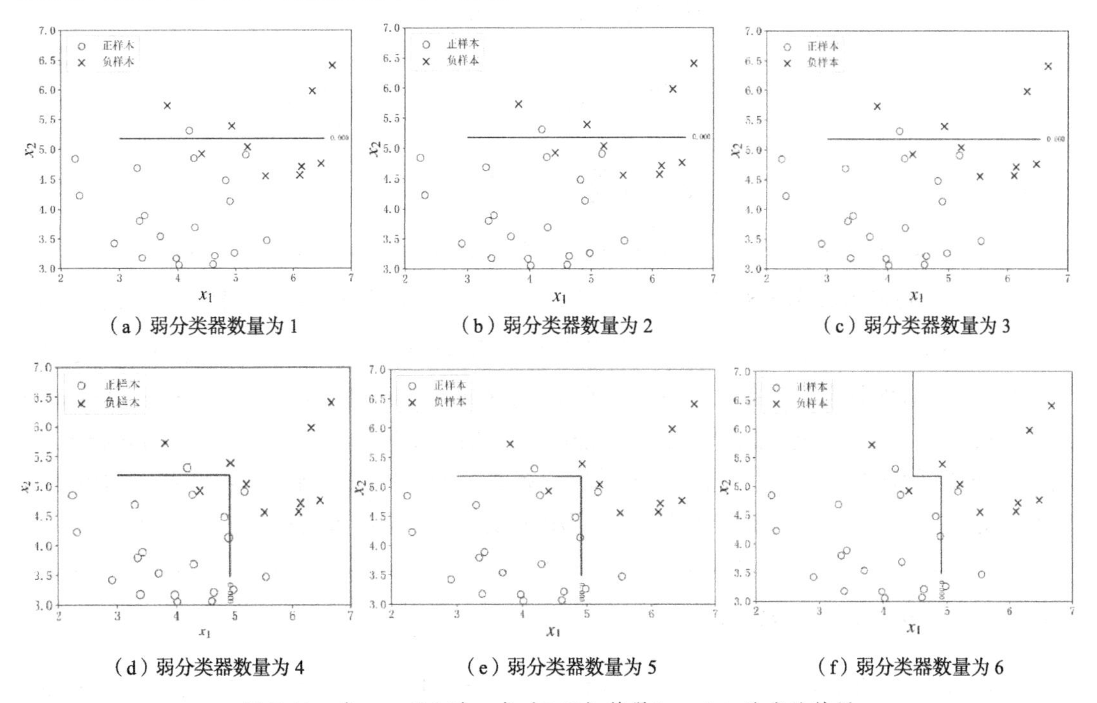

（a）弱分类器数量为 1　（b）弱分类器数量为 2　（c）弱分类器数量为 3

（d）弱分类器数量为 4　（e）弱分类器数量为 5　（f）弱分类器数量为 6

图 7-19　当 $\alpha_m = 0.1$ 时，式（7.50）获得 boosting 迭代的结果

1 更为高效的策略是利用梯度下降方法中的各类学习率搜索算法，如 Armijo-Goldstein 准则等。

7.4.5 梯度提升树算法

在 7.4.4 小节中，基于一阶泰勒展开的 boosting 算法虽然能有效满足自定义损失函数的需求，但是，让一个函数 $f_m(\boldsymbol{x})$ 以加权的方式最小化损失时难以使用高效的优化算法，如梯度下降方法等。例如，在本章的实验 3 和 4 中，我们采用了穷尽搜索的方法来找最优的决策桩函数。

【问题】一个自然的问题是有没有更高效的方法来优化式（7.49）呢?

【猜想】我们已知道弱分类器 $f_m(\boldsymbol{x})$ 可以通过下式求解：

$$\hat{f}_m(\boldsymbol{x}) = \arg\min_{f_m} \sum_{i=1}^{N} r_i f_m(\boldsymbol{x}_i) \tag{7.51}$$

式中，r_i 是目标函数 $L(\alpha_m, F_m; \boldsymbol{x}_i, y_i)$ 关于强分类器 $F_m(\boldsymbol{x})$ 的导数，$r_i = \partial L(\alpha_m, F_m; \boldsymbol{x}_i, y_i) / \partial F_m(\boldsymbol{x}_i)$。

为了优化目标函数即式(7.51)，根据弱分类器 $f_m(\boldsymbol{x}) \in \{+1, -1\}$，我们可假设 $\sum_{i=1}^{N} f_m^2(\boldsymbol{x}_i)$ 为常量。将 $\sum_{i=1}^{N} f_m^2(\boldsymbol{x}_i)$ 固定为一个常量意味着我们将向量 $f_m(\boldsymbol{x})$ 归一化到一个单位圆上。这样，我们只需要关心弱分类器 $f_m(\boldsymbol{x})$ 的方向，而不需要关心 $f_m(\boldsymbol{x})$ 的长度。因此，最优弱学习器 $\hat{f}_m(\boldsymbol{x})$ 的求解可转化为：

$$\begin{aligned}
\hat{f}_m(\boldsymbol{x}) &= \arg\min_{f_m} \sum_{i=1}^{N} r_i f_m(\boldsymbol{x}_i) \\
&= -\arg\min_{f_m} \sum_{i=1}^{N} -2 r_i f_m(\boldsymbol{x}_i) \\
&= -\arg\min_{f_m} \sum_{i=1}^{N} \underbrace{r_i^2}_{\text{常量}} - 2 r_i f_m(\boldsymbol{x}_i) + \underbrace{\left[f_m(\boldsymbol{x}_i)\right]^2}_{\text{常量}} \\
&= -\arg\min_{f_m} \sum_{i=1}^{N} \left(f_m(\boldsymbol{x}_i) - r_i\right)^2
\end{aligned} \tag{7.52}$$

式（7.52）说明让弱学习器 $f_m(\boldsymbol{x}_i)$ 去拟合每个样本 $\boldsymbol{x}_i$ 处的梯度方向 r_i 就能找到最优的弱分类器 $\hat{f}_m(\boldsymbol{x})$。我们可以用 6.5 节的回归树将梯度方向 r_i 作为每个样本 $\boldsymbol{x}_i$ 的真值标签来构建弱分类器 $\hat{f}_m(\boldsymbol{x})$。这样，弱分类器的构造过程就被视为数值优化，而不是对弱分类器的搜索!

与 7.4.4 小节中基于搜索的弱分类器求解方法相比，梯度提升决策树（gradient boosting decision tree，GBDT）极大地提高了 boosting 算法的训练速度。式（7.52）可让 boosting 算法处理任意可微的目标函数，包括二元分类、多类分类、回归、排序学习问题中的可微目标函数等，极大地扩展了 boosting 算法的应用领域。下面给出梯度提升决策树算法。

算法 7.5：梯度提升决策树算法

输入：训练集 $\mathcal{D} = \{(\boldsymbol{x}_i, y_i)\}_{i=1}^{N}$，$\boldsymbol{x}_i \in \mathbb{R}^{D\times 1}$，$y_i \in \{+1, -1\}$，$i = 1, \cdots, N$；预定义的目标函数 $L(\alpha_m, F_m; \boldsymbol{x}_i, y_i)$；学习率 α；弱分类器 $f(\boldsymbol{x})$ 及其数量 M。

输出：强分类器 $F_M(\boldsymbol{x})$。

（1）初始化强分类器 $F_0(\boldsymbol{x})=0$，选定学习率 α（$\alpha>0$）。

（2）对于 $m=1,2,\cdots,M$：

① 计算样本点 $(\boldsymbol{x}_i,y_i)$ 处目标函数 $L(\alpha_m,f_m;\boldsymbol{x}_i,y_i)$ 关于 $F_m(\boldsymbol{x})$ 负梯度 r_i，$r_i=\partial L(\alpha_m,F_m;\boldsymbol{x}_i,y_i)/\partial F_m(\boldsymbol{x}_i)$；

② 优化式（7.52），获得回归树构建的弱分类器 $f_m(\boldsymbol{x})$；

③ 更新强分类器 $F_m(\boldsymbol{x})=F_{m-1}(\boldsymbol{x})+\alpha_m f_m(\boldsymbol{x})$。

（3）返回强分类器 $F_M(\boldsymbol{x})$。

【实验 5】当损失函数为均方误差 $L[F(\boldsymbol{x}),y]=\frac{1}{2}[y-F(\boldsymbol{x})]^2$ 时，请用梯度提升决策树算法实现 boosting 在月牙形数据上的分类。

解：目标函数 $L[F(\boldsymbol{x}),y]$ 在样本点 $(\boldsymbol{x}_i,y_i)$ 处的负梯度为：

$$r_i=-\frac{\partial L[F_m(\boldsymbol{x}_i),y]}{\partial F_m(\boldsymbol{x}_i)}=y_i-F_m(\boldsymbol{x}_i)$$

此时，负梯度 r_i 是一个由 y_i 指向 $F_m(\boldsymbol{x}_i)$ 的向量。利用均方误差损失对月牙形数据进行分类的结果如图 7-20 所示。

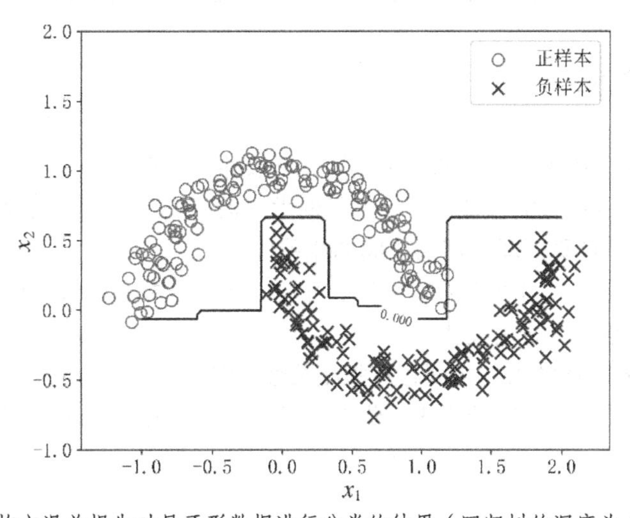

图 7-20　利用均方误差损失对月牙形数据进行分类的结果（回归树的深度为 1，$M=100$）

知识梳理与拓展

- 集成学习的动机是将能力弱的学习器进行组合后获得能力更强的学习器；将多个弱学习器叠加在一起构成 bagging 和 boosting 算法；将多个弱学习器层次的累叠在一起构成深度神经网络
- 集成学习对弱学习器必须有一定的限制条件，例如，易于训练和并行化；此外，弱

学习器之间应该有某种互补性从而在一定原则下进行集成

- 泛化误差是指利用不同的训练集合对模型进行多次训练后得到的学习器在同一测试集合误差的期望
- 掌握偏差-方差分解过程中的假设和推导过程；掌握弱学习器用偏差和方差进行刻画
- 训练集、验证集都属于训练集，测试集和训练集构成全部数据；这三个集合之间互相没有交集
- K 折交叉验证是一种特殊的交叉验证，是让每个样本都有一次机会成为验证集的交叉验证，是针对某个评价指标对模型性能的评估方法
- 理解高偏差、高方差、低偏差、低方差及其组合在随着样本数增加和随着模型复杂度变化这两个因素下的性能（误差）的表现
- bagging 是对具有低偏差但高方差学习器进行集成；低偏差但高方差是指每个学习器分类能力强，但容易会存在过拟合现象。决策树是典型的低偏差但高方差的学习器
- 掌握 bagging 的包外数据及其比例的推导过程，证明有放回的采样方法获得的样本子集与全样本集合属于同一分布
- 随机森林在特征层面和样本层面进行随机特征抽取和样本抽取，而随机化能降低了随机森林中决策树的相关性
- boosting 算法是损失函数在函数空间中利用泰勒展开进行一阶或二阶近似的过程；boosting 本质是针对高偏差而低方差的弱学习器

7.5 本章小结

（1）bagging 中，各弱学习器的地位相同，可以并行训练各弱学习器。各弱学习器的相关性越强，bagging 后模型的性能越好。如果弱学习器的类型相同，可通过为样本、输入特征、参数等引入随机性降低弱学习器之间的相关性。

（2）随机森林算法利用决策树作为弱学习器，并对样本和输入属性进行有放回的随机采样以降低弱学习器之间的相关性。

（3）boosting 要求弱学习器之间存在强相关性。因此，boosting 的弱学习器采用了可加性策略，代表算法是自适应提升算法。此外，我们还可以将 boosting 理解为弱学习器在函数空间中的梯度下降。

7.6 本章习题

1. 以下不属于 bagging 特点的是（　　）。

A. 有放回地采样多个子集

B. 训练多个弱学习器

C. 最终结果为每个弱学习器加权后的线性组合

D. 可以减少过拟合

2. 下面的算法中没有使用学习率作为超参数的是（　　）。

A. 梯度提升算法　　　　B. 自适应提升算法

C. 随机森林　　　　　　　　　D. 梯度提升决策树算法

3. 下面关于 boosting 的说法，正确的是（　　）。

A. 在学习器处在欠拟合的情况下，boosting 更能发挥作用

B. 在学习器处在过拟合的情况下，boosting 更能发挥作用

C. boosting 能减小弱学习器的偏差

D. boosting 能减小弱学习器的方差

4. 在 bagging 集成学习中，弱学习器的随机性通过（　　）实现。

A. 数据样本的扰动　　　　　　　B. 输入属性的扰动

C. 输出表示的扰动　　　　　　　D. 算法参数的扰动

5. 泛化性能差的弱学习器可分为________和__________两类。

6. 从泛化能力偏差-方差均衡的角度，讨论弱学习器和强学习器之间的关系。

7. 请讨论如何才能实现 bagging 中弱学习器间的最大不相关性，并按照讨论后的策略改进随机森林算法。

8. 在 bagging 中，请讨论能否将两种不同类型的弱分类器引入强分类器中，并用实验进行验证。

9. 从泛化能力偏差-方差均衡的角度，讨论学习器偏差和方差的统计含义。

10. 集成学习的基本原理是什么？举例说明集成学习的应用场景。

11. 以随机森林算法为例，讨论为什么集成学习能提高决策树的分类性能。

12. 比较 boosting 和 bagging 的异同。

13. 分析 bagging 为什么很难提升朴素贝叶斯分类器的性能。

14. 解释随机森林算法的原理，并分析随机森林算法能够减小方差的原因。

15. 请查阅相关文献，讨论降低随机森林算法中弱分类器之间相关性的方法。

第8章 聚类分析

本章介绍的聚类（clustering）分析和第9章介绍的降维分析是无监督学习的重要内容。与监督学习不同，无监督学习不需要提供样本的真值标签而根据样本自身的结构（样本间或样本自身呈现出的统计特性）来学习数据中蕴含的规律和模式。与监督学习相比，无监督学习有如下特点：

（1）在训练阶段，数据集为无监督学习提供输入变量 $\boldsymbol{x}$ 而没有对应标签 $\boldsymbol{y}$；

（2）在测试阶段，无监督学习的输出内容是建模中发现的规律，而监督学习的输出内容是预先定义的标签。

聚类是指按照某种标准（如样本之间的欧氏距离）把数据集划分成不同的类或簇[1]，从而使得同一簇内的样本尽可能相似而不同簇中的样本尽可能不相似。本章重要知识点如下。

（1）K 均值聚类算法。

（2）高斯混合模型。

（3）含有隐变量模型的优化算法。

（4）噪声下基于密度的聚类算法等。

本章学习目标

（1）了解无监督学习中对数据生成方式假设的不同将导致选择不同的建模方式；

（2）掌握机器学习模型选择工具及其原理；

（3）掌握期望最大化算法和极小化极大算法；

（4）理解隐变量建模的物理意义和数学意义。

8.1 什么是无监督学习

【问题】为什么要研究无监督学习呢？我们对数据进行人工标记难道很难吗？

【猜想】在实际问题中，我们可能会面临成千上百万没有标签的样本，如互联网上的自然语言、语音信号、短视频等。我们无法用有限的资源（如时间、费用等）对大量的数据进行标记。此外，无监督学习本质上体现了人类的学习方式，即学习过程中的自我顿悟和知识的自我发现。事实上，如果我们要人工智能脱离人类的监督并发展出通用的人工智能，无监督学习、半监督学习和迁移学习等方法就不可回避。例如，如图8-1所示，小孩子并

---

1 在本章中，为了讨论方便，在不引起歧义的情况下，类、簇和聚类簇会被交替使用。

不像监督学习一样需要看 10000 辆车和 10000 匹马后才学会识别马和车，而可能是只看卡通形象的“马”后就能识别各种形态的马，如兵马俑中的“马”。相比于监督学习，无监督学习不仅能节约大量的人力去获取高质量的标签，而且更接近人的学习方式。

（a）卡通形象的“马”

（b）兵马俑中的“马”

图 8-1　不同形象的“马”

人们期望无监督学习能揭示数据内在的特性及规律。根据任务的不同，我们可以想到无监督学习包括一大类算法。例如，图 8-2 展示了使用不同聚类方法对 MNIST 手写数字的聚类；图 8-3 展示了对含有噪声点的二维数据点进行聚类。

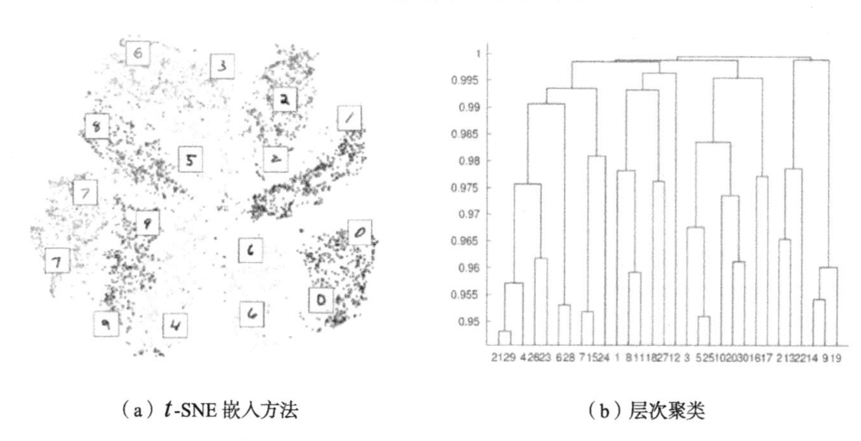

（a）t-SNE 嵌入方法　　（b）层次聚类

图 8-2　使用不同聚类方法对 MNIST 手写数字聚类的结果

图 8-3　对含有噪声点的二维数据进行聚类

8.2 *K* 均值聚类算法

我们通过“马背上的法庭”来说明 K 均值聚类的过程。假设有 4 位法官去山区处理事务。为了方便村民们到达法庭，法官们需要解决一个问题：如何才能将“马背上的法庭”

选在距离村民最近的地方？

（1）选取初始点：一开始法官们随意选了 4 个位置作为“马背上的法庭”，并且把法庭的位置告知了村民。于是，每个村民都选择距离自己家最近的法庭。

（2）更新中心点：每隔一段时间，每个法官都会统计一下到过自己法庭的村民地址，然后移动到这些地址的中心地带并告知村民们最新的位置。

（3）选取最近距离：每次变更位置后，法庭不可能离所有村民都更近。村民会对比多个法庭的位置从而选择一个距离自己最近的法庭。

（4）多次更新中心点：法官每周更新法庭的位置而村民根据自己的情况选择距离最近的法庭。

（5）确定“马背上的法庭”：最终每个法官都找到距离村民最近的法庭的位置。

“马背上的法庭”的例子就是 K 均值聚类的应用例子。K 均值聚类就是指根据数据点到聚类中心远近的情况完成对数据的划分，具体步骤如图 8-4 所示。

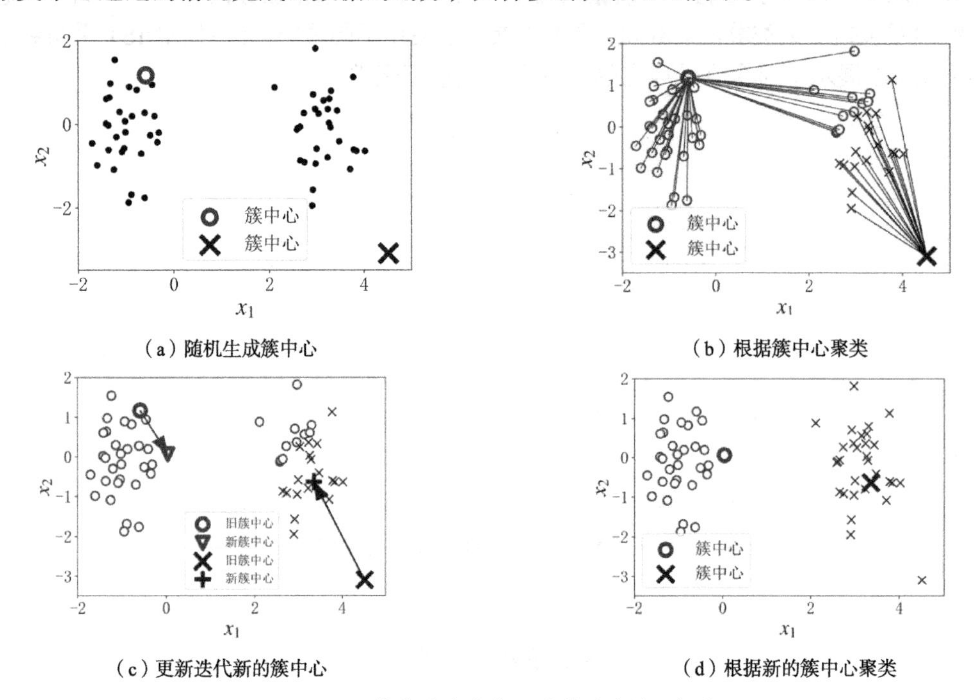

（a）随机生成簇中心　（b）根据簇中心聚类

（c）更新迭代新的簇中心　（d）根据新的簇中心聚类

图 8-4　K 均值的聚类中心随着迭代的可视化

8.2.1　K 均值聚类模型

假设训练集为 $\mathcal{D}=\{\boldsymbol{x}_i\}_{i=1}^{N}$，其中 $\boldsymbol{x}_i$（$\boldsymbol{x}_i \in \mathbb{R}^{D\times 1}$）表示维度为 D 的样本，$i=1,\cdots,N$，N 表示样本个数。

【问题】K 均值聚类如何把 N 个样本划分到 K（$K \in \mathbb{R}^1$）个簇中呢？

【猜想】K 均值聚类假设：同一簇中的样本相似度高而不同簇中的样本相似度低。因此，K 均值聚类的目标函数[1]如下：

---

1 在函数 $J(\boldsymbol{x}_i;\boldsymbol{\mu}_k,\boldsymbol{R})$ 中，我们用分号；之后的符号 $\boldsymbol{\mu}_k$、$\boldsymbol{R}$ 表示待优化的参数，而用分号之前的符号 $\boldsymbol{x}_i$ 表示常量。在本书后面的公式表示中，我们仍然以这种方式区分参数和常量。

$$J(\boldsymbol{x}_i;\boldsymbol{\mu}_k,\boldsymbol{R})=\sum_{i=1}^{N}\sum_{k=1}^{K}r_{i,k}\text{dist}(\boldsymbol{x}_i,\boldsymbol{\mu}_k) \tag{8.1}$$

式中，簇归属度 $r_{i,k}\in\boldsymbol{R}$（$\boldsymbol{R}\in\mathbb{R}^{N\times K}$），表示样本 $\boldsymbol{x}_i$ 是否属于第 k 个簇，$i=1,\cdots,N$，$k=1,\cdots,K$。也就是说，簇归属度 $r_{i,k}=1$ 表示样本 $\boldsymbol{x}_i$ 属于第 k 个簇；反之，簇归属度 $r_{i,k}=0$ 表示样本 $\boldsymbol{x}_i$ 不属于第 k 个簇。$\boldsymbol{\mu}_k$（$\boldsymbol{\mu}_k\in\mathbb{R}^{D\times 1}$）表示第 k 个簇的中心。函数 $\text{dist}(\boldsymbol{x}_i,\boldsymbol{\mu}_k)$ 表示样本 $\boldsymbol{x}_i$ 到其所属簇中心 $\boldsymbol{\mu}_k$ 的距离度量方式。

实际上，对聚类结构的不同理解可以定义出不同的函数 $\text{dist}(\boldsymbol{x}_i,\boldsymbol{\mu}_k)$。在向量空间中，我们用欧氏距离来表示 $\text{dist}(\boldsymbol{x}_i,\boldsymbol{\mu}_k)$：

$$\text{dist}(\boldsymbol{x}_i,\boldsymbol{\mu}_k)=\|\boldsymbol{x}_i-\boldsymbol{\mu}_k\|_2^2 \tag{8.2}$$

式中，$\|\boldsymbol{x}_i-\boldsymbol{\mu}_k\|_2$ 表示向量 $\boldsymbol{a}=[a_1,\cdots;a_i,\cdots;a_D]^{\mathrm{T}}$（$\boldsymbol{a}\in\mathbb{R}^{D\times 1}$）的 L_2 范数 $\|\boldsymbol{a}\|_2=\sqrt{a_1^2+\cdots+a_i^2+\cdots+a_D^2}$。

8.2.2 *K* 均值聚类模型优化

【问题】如果将式（8.2）中的距离定义为欧氏距离，我们该如何求解簇归属矩阵 $\boldsymbol{R}$ 和簇中心向量 $\boldsymbol{\mu}_k$ 呢？如果簇归属矩阵 $\boldsymbol{R}$ 和簇中心向量 $\boldsymbol{\mu}_k$ 同时变化，我们将无法确定目标函数即式（8.1）的凹凸性！也就无法有效地对目标函数即式（8.1）进行优化。

【猜想】当固定其中一个变量后，目标函数（8.1）将变为凹函数。因此，我们可以采用坐标下降（coordinate descent）法对簇归属矩阵 $\boldsymbol{R}$ 和簇中心向量 $\boldsymbol{\mu}_k$ 进行优化，即先固定簇中心向量 $\boldsymbol{\mu}_k$，再优化簇归属矩阵 $\boldsymbol{R}$，然后固定簇归属矩阵 $\boldsymbol{R}$，再优化簇中心向量 $\boldsymbol{\mu}_k$。

当固定簇归属矩阵 $\boldsymbol{R}$ 后，我们对目标函数即式（8.1）求 $\boldsymbol{\mu}_k$ 的偏导数并令其为 0 可得：

$$\frac{\partial J(\boldsymbol{x}_i;\boldsymbol{\mu}_k,\boldsymbol{R})}{\partial\boldsymbol{\mu}_k}=2\sum_{i=1}^{N}r_{i,k}(\boldsymbol{x}_i-\boldsymbol{\mu}_k) \tag{8.3}$$

式（8.3）可被化简为：

$$\boldsymbol{\mu}_k=\frac{\sum_{i=1}^{N}r_{i,k}\boldsymbol{x}_i}{\sum_{i=1}^{N}r_{i,k}} \tag{8.4}$$

当更新完簇中心向量 $\boldsymbol{\mu}_k$ 后，我们再计算每个样本 $\boldsymbol{x}_i$ 分别与 K 个簇中心向量 $\boldsymbol{\mu}_k$（$k=1,\cdots,K$）的距离，并将样本 $\boldsymbol{x}_i$ 归类到距离最小的簇中：

$$r_{i,k}=\begin{cases}1, & k=\lambda_k\\0, & k\neq\lambda_k\end{cases} \tag{8.5}$$

式中，

$$\lambda_k=\arg\min\nolimits_k\text{dist}(\boldsymbol{x}_i,\boldsymbol{\mu}_k) \tag{8.6}$$

下面给出 K 均值聚类算法。

算法 8.1：K 均值聚类算法

输入：数据集 $\mathcal{D}=\{\boldsymbol{x}_i\}_{i=1}^N$，$\boldsymbol{x}_i\in\mathbb{R}^{D\times1}$，$i=1,\cdots,N$；簇数 K。

输出：簇归属矩阵 $\boldsymbol{R}$ 和簇中心向量 $\boldsymbol{\mu}_k$（$k=1,\cdots,K$）。

（1）从数据集 $\mathcal{D}$ 中随机选取 K 个样本初始化簇中心向量 $\boldsymbol{\mu}_k$；

（2）固定簇中心向量 $\boldsymbol{\mu}_k$，利用式（8.5）计算簇归属矩阵 $\boldsymbol{R}$；

（3）固定簇归属矩阵 $\boldsymbol{R}$，利用式（8.4）更新每一个簇中心向量 $\boldsymbol{\mu}_k$；

（4）重复步骤（2）和（3）直到达到终止条件（如最大迭代次数、最小误差变化等）。

K 均值聚类算法只需计算样本 $\boldsymbol{x}_i$ 和 K 个簇中心向量 $\boldsymbol{\mu}_k$ 之间的距离。因此，K 均值聚类算法具有线性时间复杂度 $O(TKND)$ 和空间复杂度 $O(D(N+K))$。其中，T 为迭代次数，K 为簇数，N 为样本数，D 为样本的维度。

【实验 1】假设样本“○”和“×”分别服从分布 $\mathcal{N}\left(\begin{bmatrix}-1\\0\end{bmatrix},\begin{bmatrix}0.2, & 0\\0, & 1\end{bmatrix}\right)$ 和 $\mathcal{N}\left(\begin{bmatrix}3\\0\end{bmatrix},\begin{bmatrix}0.2, & 0\\0, & 1\end{bmatrix}\right)$。请用 K 均值聚类算法对样本进行聚类。

解：显然，我们应该将 K 均值聚类中的 K 设置为 2。如图 8-5（a）所示，我们给出 $K=2$ 时的聚类结果。如图 8-5（b）所示，我们给出 $K=3$ 时的聚类结果。图 8-5（a）和图 8-5（b）的对比说明不适合的簇数 K 会将属于同一个类的样本“×”分成两个不同的簇。但是，如果我们事先不知道数据是从两个高斯分布中采样获得的，我们是否认为图 8-5（b）所示的结果也很合理呢？这是什么原因造成的？

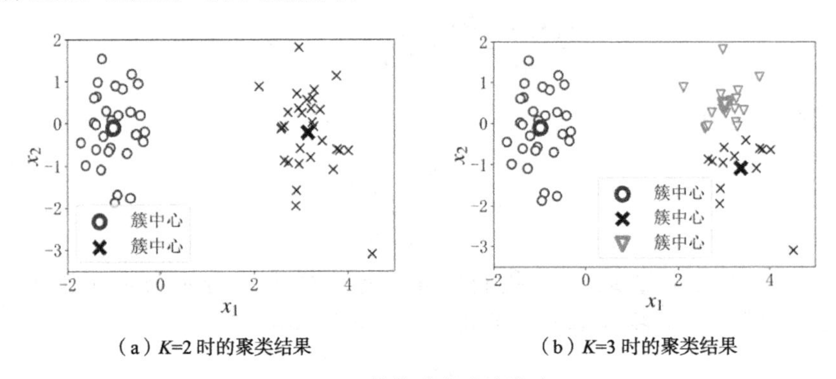

（a）K=2 时的聚类结果　　（b）K=3 时的聚类结果

图 8-5　簇数对聚类的影响

【实验 2】假设样本“○”从分布 $\mathcal{N}\left(\begin{bmatrix}-1\\0\end{bmatrix},\begin{bmatrix}0.2, & 0\\0, & 1\end{bmatrix}\right)$ 和 $\mathcal{N}\left(\begin{bmatrix}3\\0\end{bmatrix},\begin{bmatrix}0.2, & 0\\0, & 1\end{bmatrix}\right)$ 中采样获得，此外，还有 5 个噪声点“×”由于偶然原因被加入数据中。在簇数 K 为 2 的条件下，请用 K 均值聚类算法对数据进行聚类。

解：令人意外的是，在噪声的影响下，K 均值聚类算法将原本存在的两个簇聚合为同一个簇，而添加的噪声点被聚类为另一个簇，如图 8-6 所示。

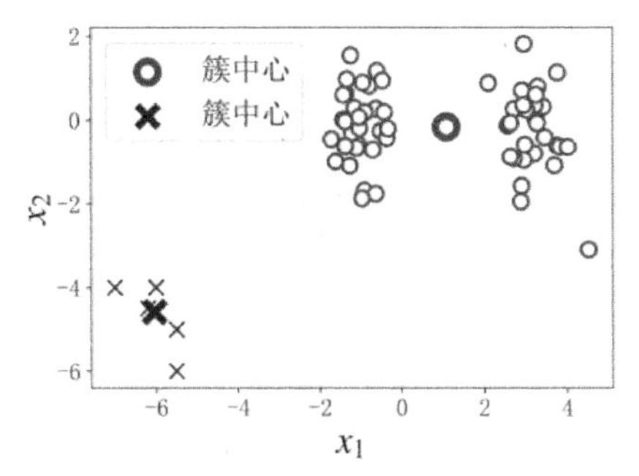

图 8-6 噪声对 K 均值聚类算法的影响

8.2.3 K 均值聚类模型的数据预处理

【问题】为什么本章中实验 2 的结果将噪声点认为是一个簇，这和我们的预期不一致。是什么原因造成实验 2 的结果呢？

【猜想】式（8.2）中的 $\|\boldsymbol{x}_i-\boldsymbol{\mu}_k\|_2^2$ 是高斯分布中协方差矩阵 $\boldsymbol{\Sigma}$ 的简化表达。高斯分布的表达式为：

$$\mathcal{N}(\boldsymbol{x},\boldsymbol{\mu},\boldsymbol{\Sigma})=\frac{1}{(2\pi)^{D/2}}\frac{1}{|\boldsymbol{\Sigma}|^{1/2}}\exp\left[-\frac{1}{2}(\boldsymbol{x}-\boldsymbol{\mu})^{\mathrm{T}}\boldsymbol{\Sigma}^{-1}(\boldsymbol{x}-\boldsymbol{\mu})\right] \tag{8.7}$$

式中，$\boldsymbol{x}$（$\boldsymbol{x}\in\mathbb{R}^{D\times1}$）表示样本，$\boldsymbol{\mu}$（$\boldsymbol{\mu}\in\mathbb{R}^{D\times1}$）表示样本的均值，$\boldsymbol{\Sigma}$（$\boldsymbol{\Sigma}\in\mathbb{R}^{D\times D}$）表示样本的协方差矩阵。

以二维数据 $\boldsymbol{x}=[x_1,x_2]^{\mathrm{T}}$ 为例，协方差矩阵 $\boldsymbol{\Sigma}$ 可以表示为：$\boldsymbol{\Sigma}=\begin{bmatrix}\sigma_1 & \rho\\ \rho & \sigma_2\end{bmatrix}$。其中，参数 σ_1 和参数 σ_2 分别表示第 1 个维度 x_1 和第 2 个维度 x_2 的方差；而 ρ 表示第 1 个维度和第 2 个维度的相关性，$\rho>0$ 表示正相关而 $\rho<0$ 表示负相关。如图 8-7 所示，我们给出了二维协方差矩阵 $\boldsymbol{\Sigma}$ 不同设置下的数据分布。

将式（8.7）中协方差矩阵 $\boldsymbol{\Sigma}$ 变为单位矩阵时，我们认为样本 $\boldsymbol{x}=[x_1,\cdots,x_D]^{\mathrm{T}}$ 的各个维度不仅没有相关性而且变化的方差是一致的。因此，高斯分布即式（8.7）就转变为：

$$\mathcal{N}(\boldsymbol{x},\boldsymbol{\mu},\boldsymbol{\Sigma})=\frac{1}{(2\pi)^{D/2}}\exp\left(-\frac{1}{2}\|\boldsymbol{x}-\boldsymbol{\mu}\|_2^2\right) \tag{8.8}$$

式（8.8）说明 K 均值聚类的每个簇都服从等协方差的高斯分布，即式（8.8）对应图 8-7 中参数配置为 $\sigma_1=1$，$\sigma_2=1$，$\rho=0$ 的情况。

因此，一个自然的猜想是 K 均值聚类算法需要对样本 $\boldsymbol{x}$ 的各个维度做归一化处理以避免各个维度的方差相差过大而不满足式（8.8）的假设。我们可参见第 3 章的归一化处理方法对数据进行处理。

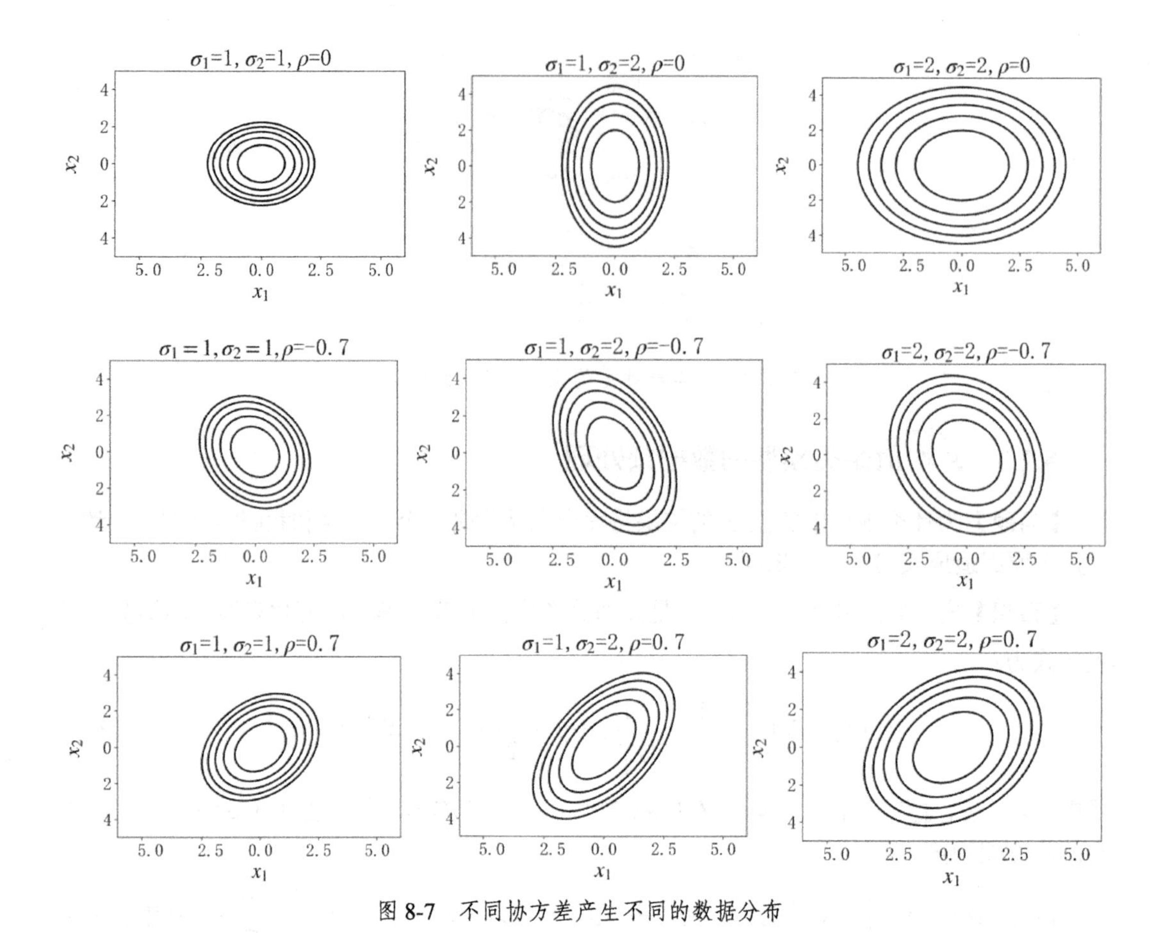

图 8-7 不同协方差产生不同的数据分布

【实验 3】假设样本“○”和“×”分别服从高斯分布$\mathcal{N}\left(\begin{bmatrix}0\\0\end{bmatrix},\begin{bmatrix}3, & 0\\0, & 0.1\end{bmatrix}\right)$和$\mathcal{N}\left(\begin{bmatrix}2\\2\end{bmatrix},\begin{bmatrix}3, & 0\\0, & 0.1\end{bmatrix}\right)$。请比较数据归一化前后 K 均值算法聚类的结果。

解：利用第 3 章介绍的线性归一化和零均值归一化，图 8-8 所示为在 $K=2$ 的条件下，归一化前后 K 均值算法聚类的结果。对比图 8-8 所示的结果，我们可以得出归一化处理后的数据聚类效果更好，属于同一簇的样本更符合 K 均值聚类算法的假设。

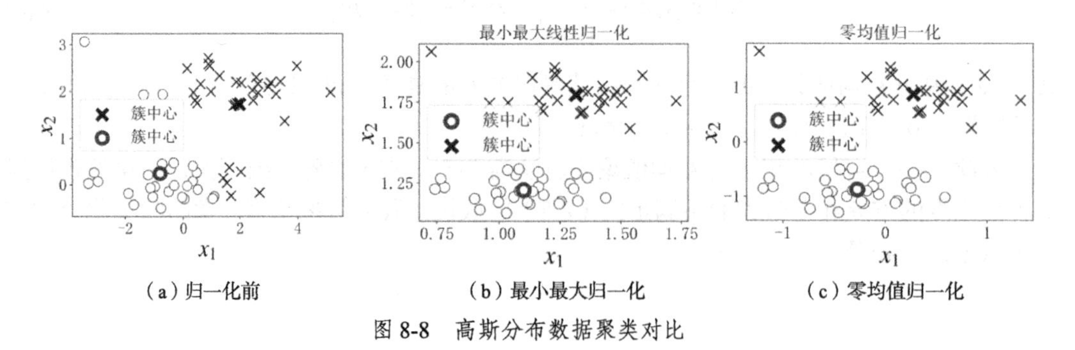

（a）归一化前　（b）最小最大归一化　（c）零均值归一化

图 8-8 高斯分布数据聚类对比

8.2.4 K 均值聚类算法初始化

因为目标函数即式（8.1）不是凹函数，所以簇中心向量 $\boldsymbol{\mu}_k$ 的初始选择会对 K 均值聚类算法产生影响。为了得到最优的簇中心向量 $\boldsymbol{\mu}_k$，一个简单而粗暴的想法：多次随机初始化簇中心向量 $\boldsymbol{\mu}_k$ 作为 K 均值聚类算法的输入，然后我们挑选让目标函数即式（8.1）值最小的解作为最优结果。但是，这种想法意味着我们需要多次重复训练 K 均值聚类算法。

【问题】我们该如何进行簇中心向量 $\boldsymbol{\mu}_k$ 的初始化？

【猜想】如实验 1 中图 8-5（a）所示，我们观察到最优的簇中心互相远离。一个大胆的想法是让这些初始选择的簇中心应该尽量地相互远离。该想法也是 K 均值++算法对 K 均值聚类算法初始化改进的核心思想。下面给出 K 均值++算法。

算法 8.2：K 均值++算法

输入：数据集 $\mathcal{D}=\{\boldsymbol{x}_i\}_{i=1}^N$，$\boldsymbol{x}_i \in \mathbb{R}^{D\times 1}$，$i=1,\cdots,N$；簇数 K。

输出：初始簇中心 $\boldsymbol{\mu}_k$（$k=1,\cdots,K$）。

（1）从数据集中随机选取 K 个样本作为簇 k 的中心 $\boldsymbol{\mu}_k$，$k=1,\cdots,K$；

（2）计算每个样本 $\boldsymbol{x}_i$ 与簇中心 $\boldsymbol{\mu}_k$ 之间的距离 $\operatorname{dist}(\boldsymbol{x}_i,\boldsymbol{\mu}_k)$；

（3）在步骤（2）的计算结果中，以一定的概率选择一个 $\operatorname{dist}(\boldsymbol{x}_i,\boldsymbol{\mu}_k)$ 最大的样本作为簇的初始中心 $\boldsymbol{\mu}_k$；

（4）循环步骤（2）和（3），直到选出 K 个簇的初始中心。

8.2.5 K 值大小的确定方法

【问题】K 值大小如何确定呢？

显然，将每个样本都看作一个簇能得到"完美"聚类。但是，每个样本是一个簇的聚类不能揭露数据内在的任何特性。显然，K 值的确定需要从两个方面去考察。

（1）模型性能：K 值的确定能否让目标函数最小化[1]。在模型的优化过程中，目标函数的值越小说明模型越符合数据的真实分布。

（2）模型复杂度：K 值的确定能否让模型参数的数量最少。模型参数越多会导致模型的复杂度越高从而增加模型过拟合的风险。

所以，K 值的确定需要在模型性能和模型复杂度之间进行平衡和折中。肘部法则（elbow method）、赤池信息量准则（Akaike information criterion，AIC）与贝叶斯信息准则（Bayesian information criterion，BIC）的提出就是为了在模型性能与模型复杂度之间寻求最佳平衡。

1．肘部法则

【猜想】K 均值聚类假设簇内的样本形成一个"超球"。因此，一个直接的想法是判断 K 值在什么时候会破坏超球。我们用簇内样本与簇中心之间的距离来描述超球的平均畸变

1 在机器学习中，我们会将目标函数最大化问题转化为最小化问题。

（distortion）程度：

$$D = \sum_{k=1}^{K} \frac{d_k}{N_k} \tag{8.9}$$

式中，d_k 表示第 k 个簇内样本之间的距离之和：

$$d_k = \sum_{i=1}^{N_k} \sum_{j \neq i}^{N_k} \left\| \boldsymbol{x}_{k,i} - \boldsymbol{x}_{k,j} \right\|_2^2 \tag{8.10}$$

式中，$\boldsymbol{x}_{k,i}$ 表示属于第 k 个簇的第 i 个样本，N_k 表示属于第 k 个簇的样本数量。如果簇内样本彼此之间越紧凑，则簇的畸变程度越小；反之，簇的畸变程度就越大。

我们给出实验 1 中数据的畸变程度随着簇数 K 变化的曲线，如图 8-9 所示。畸变程度随着簇数 K 的增大而减小，在达到某个临界点时畸变程度会得到极大改善。这个临界点被认为是最佳簇数。所以，我们可以取 K 的值为 2。

2．赤池信息量准则

赤池信息量准则用于在拟合精度和模型参数数量之间加权。在数学上，赤池信息量准则表示为：

$$\text{AIC} = 2K - 2\ln(L) \tag{8.11}$$

式中，K 是被评估模型的参数数量，L 是模型优化后的似然函数值，$\ln(\cdot)$ 函数将“压抑”过大的似然函数值（用非线性函数压抑大值而提高小值是机器学习中常用的技巧）。

根据 8.2.3 小节的讨论，K 均值聚类的似然函数可以表示为：

$$L(\boldsymbol{x};\boldsymbol{\mu}) = \prod_{k=1}^{K} \prod_{i=1}^{N_k} \frac{1}{(2\pi)^{D/2}} \exp\left(-\frac{1}{2} \left\| \boldsymbol{x}_i - \boldsymbol{\mu}_k \right\|_2^2 \right) \tag{8.12}$$

直观上，K 值越小表示评估模型越简洁，而似然函数 $L(\boldsymbol{x};\boldsymbol{\mu})$ 的值越大表示模型的拟合精度越高。当模型复杂度提高（K 增大）时，似然函数 $L(\boldsymbol{x};\boldsymbol{\mu})$ 的值也会增大从而使赤池信息量准则值变小。但是 K 过大时，似然函数值增速减缓从而使赤池信息量准则的值增大。因此，赤池信息量准则的值越小说明模型性能越佳。

我们给出实验 1 中赤池信息量、簇数 K 和似然函数值 L 的关系曲线，如图 8-10 所示。在 K=2 时，赤池信息量达到最小值。因此，我们可以认为最佳簇数 K 为 2。

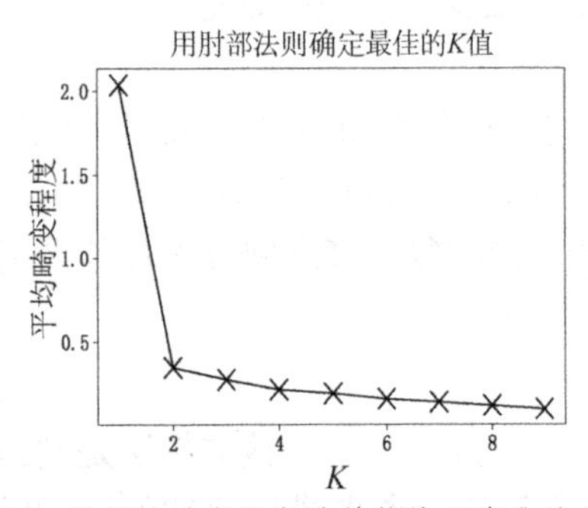

图 8-9　数据的畸变程度随着簇数 K 变化的曲线

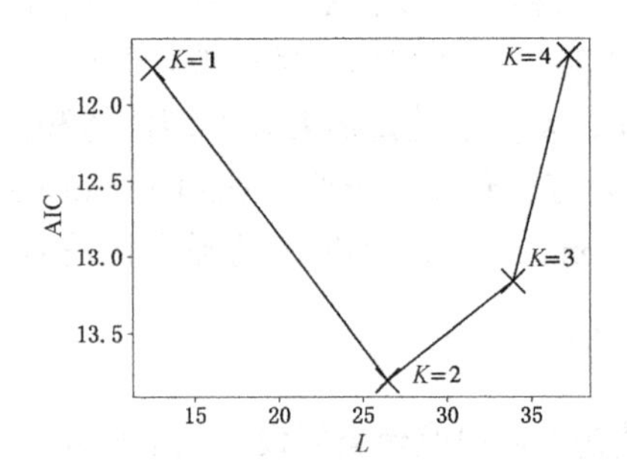

图 8-10　赤池信息量、簇数 K 和似然函数值 L 的关系曲线

3．贝叶斯信息准则

与赤池信息量准则相比，贝叶斯信息准则引入样本数量的惩罚项。贝叶斯信息准则使用贝叶斯公式对发生的概率进行修正：

$$\mathrm{BIC}=K\ln(N)-2\ln(L) \tag{8.13}$$

式中，K 为被评估模型参数的数量，N 为样本数量，L 是模型优化后的似然函数值。参数量的惩罚项 $K\ln(N)$ 考虑到了模型参数过大且样本数量 N 相对较少的情况。如果我们有两个用不同样本数量训练好的模型，贝叶斯信息准则告诉我们样本数量少的模型会比样本数量多的模型更优。贝叶斯信息准则值随 L 值的变化曲线如图 8-11 所示。

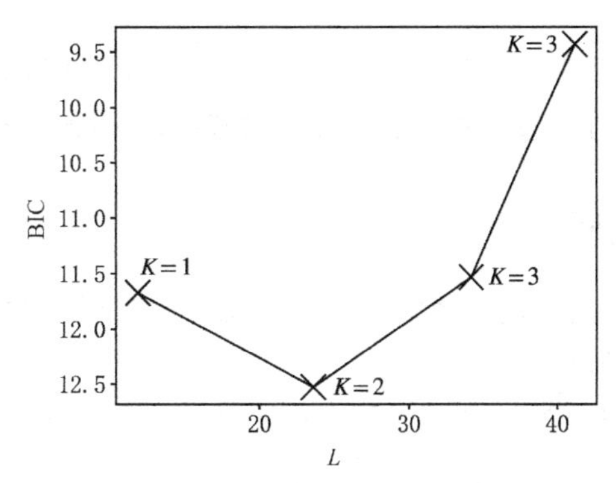

图 8-11　贝叶斯信息准则值随 L 值的变化曲线

【实验 4】已知样本"○"和"×"分别服从分布 $\mathcal{N}\left(\begin{bmatrix}-1\\0\end{bmatrix},\begin{bmatrix}0.2, & 0\\0, & 0.1\end{bmatrix}\right)$ 和 $\mathcal{N}\left(\begin{bmatrix}3\\0\end{bmatrix},\begin{bmatrix}0.2, & 0\\0, & 0.1\end{bmatrix}\right)$。在进行 K 均值聚类时，请分别利用赤池信息量准则和贝叶斯信息准则取合适的初始值 K。

解：在聚类处理过程中，选取不同初始值对应的赤池信息量准则值和贝叶斯信息准则值是不同的，我们选取最合适的一个 K 值作为算法初始值，图 8-12（a）给出了选取不同初始值 K 时赤池信息量准则值的对比关系。从图中可以得出，当 $K=2$ 时，模型的性能达到最佳，此时的 K 值可作为我们的初始值。图 8-12（b）给出了选取不同初始值 K 时贝叶斯信息准则值的对比关系，与赤池信息量准则值相比，贝叶斯信息准则值的变化有所不同，但也是在 $K=2$ 时模型性能达到最佳。

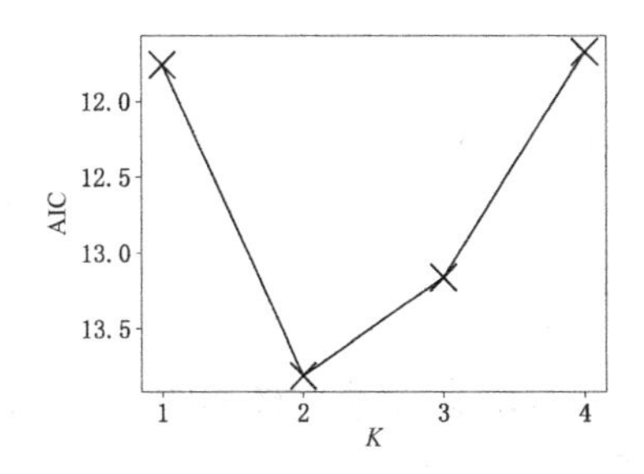

（a）赤池信息量准则值随 K 值的变化

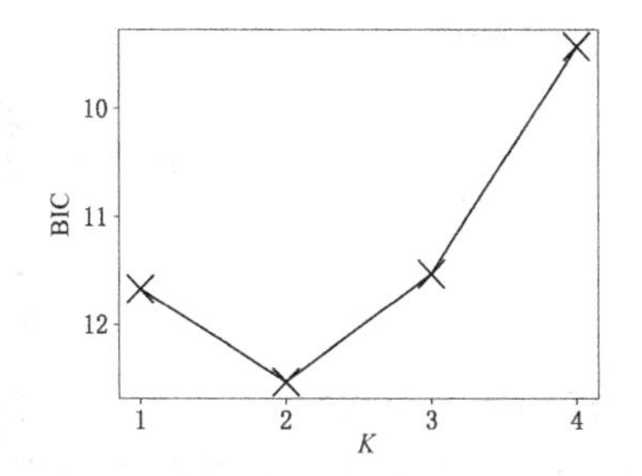

（b）贝叶斯信息准则值随 K 值的变化

图 8-12　贝叶斯信息准则与赤池信息量准则结果对比

8.3 基于高斯混合模型的聚类

K 均值聚类算法假设样本的各维度之间不仅无关联而且等方差，如图 8-13（a）所示，所以，K 均值聚类算法无法用于对呈“椭圆”分布的数据进行聚类，如图 8-13（b）所示。

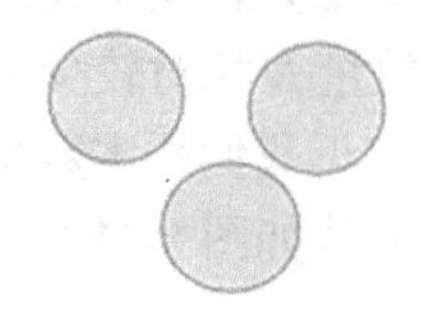

（a）K 均值聚类算法对簇分布的假设

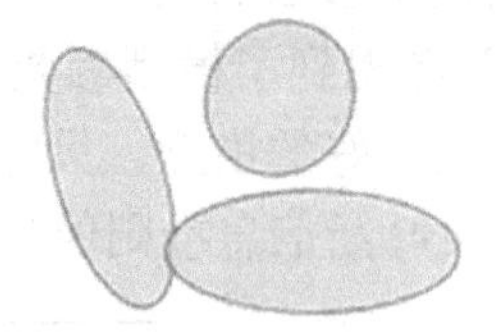

（b）高斯混合模型对簇分布的假设

图 8-13 高斯混合模型与 K 均值聚类算法的对比示意

8.3.1 高斯混合模型

【问题】一个直接的想法是用概率密度来表示每个簇内样本的分布。问题是：我们如何将聚类用概率密度来表示呢？

【猜想】假设数据可以分为 K 个簇且每个簇服从一个多维正态分布 $\mathcal{N}\left(\boldsymbol{x};\boldsymbol{\mu}_k,\boldsymbol{\Sigma}_k\right)$。

$$\mathcal{N}\left(\boldsymbol{x};\boldsymbol{\mu}_k,\boldsymbol{\Sigma}_k\right)=\frac{1}{(2\pi)^{D/2}}\frac{1}{\left|\boldsymbol{\Sigma}_k\right|^{1/2}}\exp\left[-\frac{1}{2}\left(\boldsymbol{x}-\boldsymbol{\mu}_k\right)^{\mathrm{T}}\boldsymbol{\Sigma}_k^{-1}\left(\boldsymbol{x}-\boldsymbol{\mu}_k\right)\right] \tag{8.14}$$

式中，$\boldsymbol{x}$（$\boldsymbol{x}\in\mathbb{R}^{D\times 1}$）表示样本，$\boldsymbol{\mu}_k$（$\boldsymbol{\mu}_k\in\mathbb{R}^{D\times 1}$）表示均值向量，$\boldsymbol{\Sigma}_k$（$\boldsymbol{\Sigma}_k\in\mathbb{R}^{D\times D}$）表示样本的协方差矩阵。

与 K 均值聚类算法相比，高斯分布 $\mathcal{N}\left(\boldsymbol{x};\boldsymbol{\mu}_k,\boldsymbol{\Sigma}_k\right)$ 的协方差矩阵 $\boldsymbol{\Sigma}_k$ 不再被设定为单位矩阵 $\boldsymbol{I}$。协方差矩阵 $\boldsymbol{\Sigma}_k$ 可对簇内样本的分布进行灵活建模。例如，如图 8-14 所示，用 K 个高斯分布能有效地对 K 个簇分别进行建模。

假设训练集为 $\mathcal{D}=\left\{\boldsymbol{x}_i\right\}_{i=1}^{N}$，$\boldsymbol{x}_i\in\mathbb{R}^{D\times 1}$，$i=1,\cdots,N$，$N$ 为样本数量。针对一个样本 $\boldsymbol{x}_i$，我们用独热编码 $\boldsymbol{z}_i=\left[z_{i,1},\cdots,z_{i,k},\cdots,z_{i,K}\right]^{\mathrm{T}}$ 表示该样本所属的簇，其中，$z_{i,k}\in\{0,1\}$。高斯混合模型（Gaussian mixed model，GMM）会根据概率 $\pi_{i,k}$ 为样本 $\boldsymbol{x}_i$ 选择一个簇 k 而计算样本 $\boldsymbol{x}_i$ 出现的概率密度：

$$\begin{aligned}p\left(\boldsymbol{x}_i\right)&=\sum_{k=1}^{K}p\left(z_{i,k}=1\right)p\left(\boldsymbol{x}_i\mid z_{i,k}=1\right)\\&=\sum_{k=1}^{K}\pi_{i,k}\mathcal{N}\left(\boldsymbol{x}_i;\boldsymbol{\mu}_k,\boldsymbol{\Sigma}_k\right)\end{aligned} \tag{8.15}$$

式中，均值向量 $\boldsymbol{\mu}_k$ 表示每个簇的中心向量，协方差矩阵 $\boldsymbol{\Sigma}_k$ 表示簇内样本的分布。高斯分布 $\mathcal{N}\left(\boldsymbol{x};\boldsymbol{\mu}_k,\boldsymbol{\Sigma}_k\right)$ 又被称为混合高斯模型的第 k 个高斯分布。$\pi_{i,k}$ 表示样本 $\boldsymbol{x}_i$ 属于簇 k 的概率，并满足以下约束：

$$\sum_{k=1}^{K}\pi_{i,k}=1 \tag{8.16}$$

在高斯混合模型中，$\pi_{i,k}$ 又称为隐变量（hidden variable）。因为，在实际中，我们并不能直接观测到每个样本的混合系数（或隶属度）$\pi_{i,k}$，而只知道每个样本 $\boldsymbol{x}_i$ 隶属第 k 个高斯分布 $\mathcal{N}\left(\boldsymbol{x}_i;\boldsymbol{\mu}_k,\boldsymbol{\Sigma}_k\right)$ 的系数 $\pi_{i,k}$ 都不一样但满足 $\sum_{k=1}^{K}\pi_{i,k}=1$。

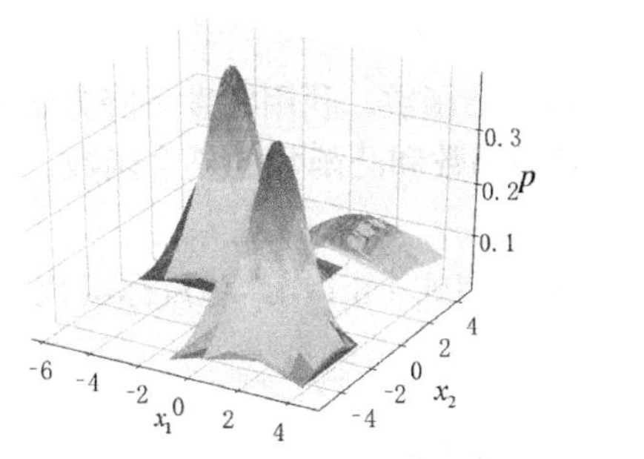

（a）3 个高斯分布形成的概率密度图

（b）按照密度大小采样得到的样本

图 8-14　从真实分布中采样获得的 3 个聚类。3 个高斯分布分别是：$\mathcal{N}\left(\begin{bmatrix}2\\-2\end{bmatrix},\begin{bmatrix}1,0\\0,1\end{bmatrix}\right)$，$\mathcal{N}\left(\begin{bmatrix}2\\2\end{bmatrix},\begin{bmatrix}2.5,0\\0,0.5\end{bmatrix}\right)$，$\mathcal{N}\left(\begin{bmatrix}0\\0\end{bmatrix},\begin{bmatrix}0.5,0\\0,0.5\end{bmatrix}\right)$

为了方便讨论，如图 8-15 所示，我们先给出两个高斯分布的曲线，再将两个高斯分布混合成一个分布。其中，两个高斯分布分别是 $\mathcal{N}(x;-2,0.2)$ 和 $\mathcal{N}(x;0,1)$。点 $x_1=-1.2$ 的混合系数分别是 $\pi_{1,1}=0.5$、$\pi_{1,2}=0.5$，而另一个点 $x_2=-3$ 的混合系数分别是 $\pi_{2,1}=0.98$、$\pi_{2,2}=0.02$。

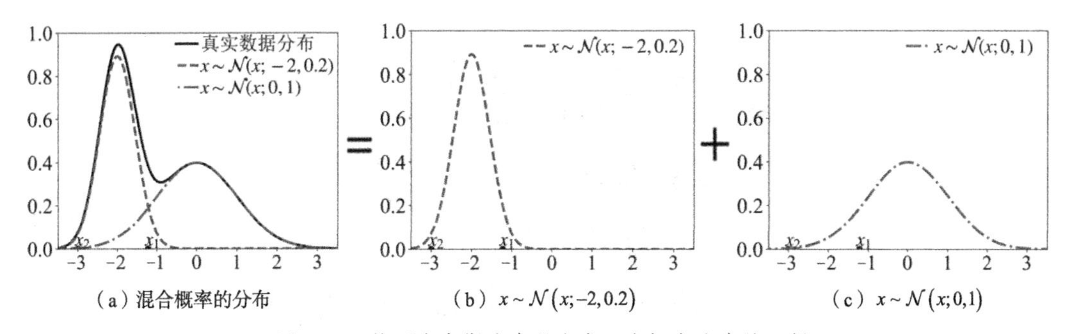

（a）混合概率的分布　（b）$x\sim\mathcal{N}(x;-2,0.2)$　（c）$x\sim\mathcal{N}(x;0,1)$

图 8-15　将两个高斯分布混合成一个概率分布的示例

有了高斯混合模型的概率表示，训练集为 $\mathcal{D}=\left\{\boldsymbol{x}_i\right\}_{i=1}^{N}$，$\boldsymbol{x}_i\in\mathbb{R}^{D\times1}$，$i=1,\cdots,N$，$N$ 为样本数量，我们使用最大似然估计求解高斯混合模型的参数 $\boldsymbol{\theta}=\left\{\boldsymbol{\theta}_k\right\}$（$k=1,\cdots,K$）：

$$\begin{aligned}L(\boldsymbol{\theta})&=\sum_{i=1}^{N}\ln P\left(\boldsymbol{x}_i\mid\boldsymbol{\theta}\right)\\&=\sum_{i=1}^{N}\ln\sum_{k=1}^{K}\pi_{i,k}P_k\left(\boldsymbol{x}_i\mid\boldsymbol{\theta}_k\right)\\&=\sum_{i=1}^{N}\ln\left[\sum_{k=1}^{K}\pi_{i,k}\mathcal{N}\left(\boldsymbol{x}_i;\boldsymbol{\mu}_k,\boldsymbol{\Sigma}_k\right)\right]\end{aligned}\tag{8.17}$$

式中，参数 $\boldsymbol{\theta}_k=\left\{\pi_{i,k},\boldsymbol{\mu}_k,\boldsymbol{\Sigma}_k\right\}$ 为第 k 个高斯分布的参数，$k=1,\cdots,K$，$i=1,\cdots,N$。原则上，

目标函数即式（8.17）的优化过程就是求各个参数的偏导数并令其等于 0 的过程。

8.3.2　利用梯度下降优化高斯混合模型

【问题】有了高斯混合模型的似然函数即式（8.17），我们是否可以利用梯度下降方法进行参数优化呢?

【猜想】如果似然函数即式（8.17）是凹函数或凸函数，利用梯度下降方法一定能获得参数的最优解。但是，目标函数即式（8.17）是凹函数和凸函数的复合函数，因此，目标函数即式（8.17）的凹凸性就无法判别。

假设我们仍然用梯度下降方法去优化目标函数即式（8.17）。对目标函数 $L(\boldsymbol{\theta})$ 参数分别求偏导可得：

$$\frac{\partial L(\boldsymbol{\theta})}{\partial \pi_{i,k}}=\frac{1}{P(\boldsymbol{x}_i|\ \boldsymbol{\theta})}P_k(\boldsymbol{x}_i|\ \boldsymbol{\theta}_k) \tag{8.18}$$

$$\begin{aligned}\frac{\partial L(\boldsymbol{\theta})}{\partial \boldsymbol{\mu}_k}&=\sum_{i=1}^{N}\frac{1}{P(\boldsymbol{x}_i|\ \boldsymbol{\theta})}\pi_{i,k}\frac{\partial P_k(\boldsymbol{x}_i|\ \boldsymbol{\theta}_k)}{\partial \boldsymbol{\mu}_k}\\&=\sum_{i=1}^{N}\frac{\pi_{i,k}P_k(\boldsymbol{x}_i|\boldsymbol{\theta}_k)}{\sum\limits_{k=1}^{K}\pi_{i,k}P_k(\boldsymbol{x}_i|\boldsymbol{\theta}_k)}\frac{\partial \ln P_k(\boldsymbol{x}_i|\boldsymbol{\theta}_k)}{\partial \boldsymbol{\mu}_k}\\&=\sum_{i=1}^{N}\frac{\pi_{i,k}P_k(\boldsymbol{x}_i|\boldsymbol{\theta}_k)}{\sum\limits_{k=1}^{K}\pi_{i,k}P_k(\boldsymbol{x}_i|\boldsymbol{\theta}_k)}\cdot(\boldsymbol{x}_i-\boldsymbol{\mu}_k)\cdot\boldsymbol{\Sigma}_k^{-1}\end{aligned} \tag{8.19}$$

$$\begin{aligned}\frac{\partial L(\boldsymbol{\theta})}{\partial \boldsymbol{\Sigma}_k}&=\sum_{i=1}^{N}\frac{\pi_{i,k}}{P(\boldsymbol{x}_i|\ \boldsymbol{\theta})}\frac{\partial P_k(\boldsymbol{x}_i|\ \boldsymbol{\theta}_k)}{\partial \boldsymbol{\Sigma}_k}\\&=\sum_{i=1}^{N}\frac{\pi_{i,k}P_k(\boldsymbol{x}_i|\boldsymbol{\theta}_k)}{\sum\limits_{k=1}^{K}\pi_{i,k}P_k(\boldsymbol{x}_i|\boldsymbol{\theta}_k)}\frac{\partial \ln P_k(\boldsymbol{x}_i|\boldsymbol{\theta}_k)}{\partial \boldsymbol{\Sigma}_k}\\&=\sum_{i=1}^{N}\frac{\pi_{i,k}P_k(\boldsymbol{x}_i|\boldsymbol{\theta}_k)}{\sum\limits_{k=1}^{K}\pi_{i,k}P_k(\boldsymbol{x}_i|\boldsymbol{\theta}_k)}\cdot(\boldsymbol{x}_i-\boldsymbol{\mu}_k)\cdot\boldsymbol{\Sigma}_k^{-1}\end{aligned} \tag{8.20}$$

如果令式（8.19）和式（8.20）等于 0，我们会发现无法得到样本 $\boldsymbol{x}_i$ 的混合系数 $\pi_{i,k}$ 的解析解。因此，我们使用梯度下降方法对参数 $\boldsymbol{\theta}_k=\{\pi_{ik},\boldsymbol{\mu}_k,\boldsymbol{\Sigma}_k\}$ 进行优化。其中，我们将混合系数 π_{ik} 的优化转换为带约束的优化。下面给出利用梯度下降方法优化高斯混合模型。

> **算法 8.3：利用梯度下降方法优化高斯混合模型**
>
> 输入：$\mathcal{D}=\{\boldsymbol{x}_i\}_{i=1}^{N}$，$\boldsymbol{x}_i \in \mathbb{R}^{D\times 1}$，$i=1,\cdots,N$，$N$ 为样本数量。
>
> 输出：模型参数 $\boldsymbol{\theta}_k=\{\pi_{ik},\boldsymbol{\mu}_k,\boldsymbol{\Sigma}_k\}$，$k=1,\cdots,K$，$i=1,\cdots,N$。
>
> （1）初始化高斯混合模型的参数 $\boldsymbol{\theta}_k$；
>
> （2）按照式（8.18）~（8.19）计算各参数的偏导数并使用梯度下降方法更新参数；
>
> （3）计算似然函数即式（8.12）的值；
>
> （4）重复步骤（2）和（3），直到达到收敛条件或预定义的迭代次数。

【实验 5】如图 8-16 所示，虚线表示一维变量 x 用 3 个高斯分布 $\mathcal{N}(x;1,2)$、$\mathcal{N}(x;5,3)$ 和 $\mathcal{N}(x;10,7)$ 通过混合系数 0.33、0.33、0.33 构成的分布曲线，即 $x\sim\left[\mathcal{N}(x;1,2)+\mathcal{N}(x;5,3)+\mathcal{N}(x;10,7)\right]/3$。请使用算法 8.3 对高斯混合模型的参数 $\boldsymbol{\theta}=\{\boldsymbol{\theta}_k\}$ 进行优化，并比较不同初始化参数下的最优解 $\hat{\boldsymbol{\theta}}=\{\hat{\boldsymbol{\theta}}_k\}$。

解：我们对均值 μ_k 和方差 $\boldsymbol{\Sigma}_k$ 分别使用表 8-1 所示的初始化参数。我们用算法 8.3 得到的高斯混合模型以及可视化结果如图 8-16 所示。

表 8-1　利用梯度下降方法优化高斯混合模型参数的结果

序号	初始化的均值和方差	优化后的均值和方差	对应图
1	$\mu_1=0$、$\Sigma_1=1$	$\hat{\mu}_1=-0.05$、$\hat{\Sigma}_1=1.14$	图 8-16（a）
	$\mu_2=3$、$\Sigma_2=2$	$\hat{\mu}_2=2.99$、$\hat{\Sigma}_2=1.99$	
	$\mu_3=6$、$\Sigma_3=1$	$\hat{\mu}_3=5.00$、$\hat{\Sigma}_3=0.99$	
2	$\mu_1=0$、$\Sigma_1=1$	$\hat{\mu}_1=-0.05$、$\hat{\Sigma}_1=1.14$	图 8-16（b）
	$\mu_2=5$、$\Sigma_2=1$	$\hat{\mu}_2=4.99$、$\hat{\Sigma}_2=1.00$	
	$\mu_3=14$、$\Sigma_3=0$	$\hat{\mu}_3=13.99$、$\hat{\Sigma}_3=0.99$	
3	$\mu_1=-3$、$\Sigma_1=3$	$\hat{\mu}_1=-2.99$、$\hat{\Sigma}_1=2.99$	图 8-16（c）
	$\mu_2=2$、$\Sigma_2=1$	$\hat{\mu}_2=1.99$、$\hat{\Sigma}_2=0.99$	
	$\mu_3=15$、$\Sigma_3=7$	$\hat{\mu}_3=14.99$、$\hat{\Sigma}_3=6.99$	

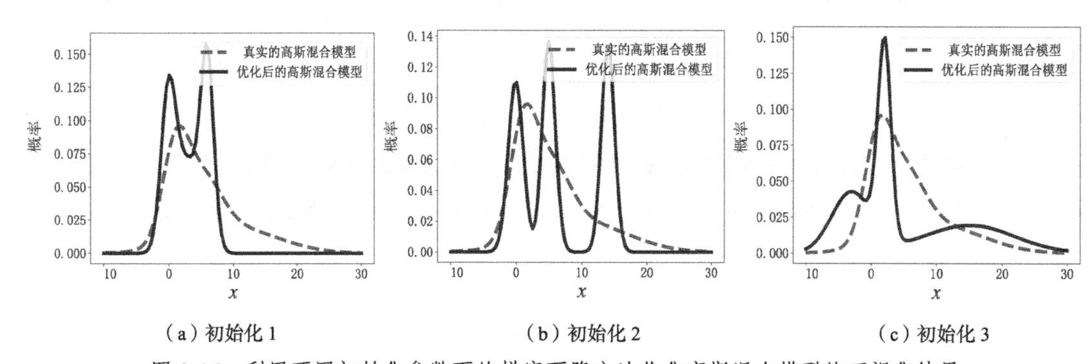

图 8-16　利用不同初始化参数下的梯度下降方法优化高斯混合模型的可视化结果

由表 8-1 可以看出，在不同初始化参数的影响下，使用梯度下降方法得到结果有很大的差别，而且优化之后的混合系数和初始值相差不大。因为目标函数即式（8.17）是非凹函数，所以梯度下降方法并不能解决该问题。

8.4 期望最大化算法

8.4.1 高斯混合模型的期望最大化算法

【问题】回顾感知机或支持向量机目标函数的设计原则，我们需要考虑如何将凹凸性不确定的目标函数即式（8.17）转换为凹凸性确定的替代函数。

【猜想】对于高斯混合模型，如果我们知道一个样本属于哪个高斯分布，我们就可以用单高斯分布的似然函数轮次对参数$\boldsymbol{\theta}_k=\left\{\pi_{i,k},\boldsymbol{\mu}_k,\boldsymbol{\Sigma}_k\right\}$（$k=1,\cdots,K$）进行优化求解，从而避免非凸/凹目标函数的优化！因为单高斯模型的似然函数为凹函数，我们可以获得参数$\boldsymbol{\theta}_k$的最优解。

如果我们对样本属于哪个高斯分布进行“硬划分”，如图 8-17（a）所示，第k个高斯分布只能用混合系数$\pi_{i,k}=1$的样本$\boldsymbol{x}_i$进行参数估计。然而，“硬划分”模式将造成隶属度$\pi_{i,k}=0$的样本永远无法再参与到第k个高斯分布的建模中！

为了避免隶属度为$\pi_{i,k}=0$的样本无法参与更新第k个高斯分布的参数，一种解决思路是对样本进行“软划分”（soft partition），即让每个样本都以一定的概率同时参与到K个高斯分布参数$\boldsymbol{\theta}_k$（$k=1,\cdots,K$）的更新中，如图 8-17（b）所示。最后，我们利用全概率公式考虑所有样本对单个高斯分布参数$\boldsymbol{\theta}_k$更新的影响！

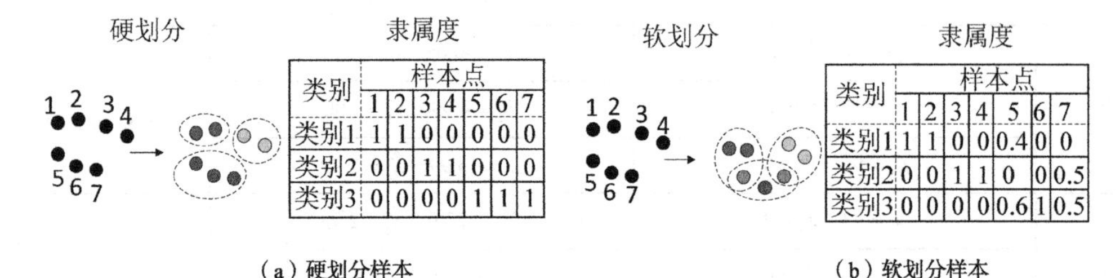

类别	样本点						
	1	2	3	4	5	6	7
类别1	1	1	0	0	0	0	0
类别2	0	0	1	1	0	0	0
类别3	0	0	0	0	1	1	1

类别	样本点						
	1	2	3	4	5	6	7
类别1	1	1	0	0	0.4	0	0
类别2	0	0	1	1	0	0	0.5
类别3	0	0	0	0	0.6	1	0.5

（a）硬划分样本　　（b）软划分样本

图 8-17　软划分可以让样本同时参与到类别 1 和 3 的参数估计

因此，单高斯分布的似然函数$L(\boldsymbol{\theta}_k)$是高斯混合模型目标函数即式（8.17）的期望：

$$\begin{aligned}EL(\boldsymbol{\theta}_k)&=E_{P(z_k=1|\boldsymbol{x}_i)}\left[L(\boldsymbol{\theta})\right]\\&=E_{P(z_k=1|\boldsymbol{x}_i)}\left[\ln P(\boldsymbol{x}_i,z_k;\boldsymbol{\theta}_k)\right]\end{aligned}\tag{8.21}$$

式中，期望$E_{P(z_k=1|\boldsymbol{x}_i)}[\cdot]$表示将样本$\boldsymbol{x}_i$以概率$P(z_k=1|\boldsymbol{x}_i)$的贡献度参与到第$k$个高斯分布参数的估计中。根据图 8-17（b）中软划分的思想，式（8.21）可以进一步被简化为：

$$
\begin{aligned}
EL(\boldsymbol{\theta}_k) &= E_{P(z_k=1|\boldsymbol{x}_i)}\left[L(\boldsymbol{\theta})\right] \\
&= \sum_{i=1}^{N} P(z_k=1|\boldsymbol{x}_i)\ln P(\boldsymbol{x}_i, z_k; \boldsymbol{\theta}_k) \\
&= \sum_{i=1}^{N} P(z_k=1|\boldsymbol{x}_i)\ln \mathcal{N}(\boldsymbol{x}_i; \boldsymbol{\mu}_k, \boldsymbol{\Sigma}_k)
\end{aligned} \tag{8.22}
$$

式（8.22）意味着所有的样本 $\boldsymbol{x}$ 都以概率 $P(z_k=1|\boldsymbol{x})$ 参与到计算第 k 个高斯分布 $\mathcal{N}(\boldsymbol{x}; \boldsymbol{\mu}_k, \boldsymbol{\Sigma}_k)$ 的似然函数。

根据贝叶斯公式，样本 $\boldsymbol{x}_i$ 属于第 k 个高斯分布的条件概率 $P(z_k=1|\boldsymbol{x}_i)$ 为：

$$
\begin{aligned}
P(z_k=1|\boldsymbol{x}_i) &= \frac{P(z_k=1)P(\boldsymbol{x}_i|z_k=1)}{\sum_{k=1}^{K} P(z_k=1)P(\boldsymbol{x}_i|z_k=1)} \\
&= \frac{a_k\mathcal{N}(\boldsymbol{x}_i; \boldsymbol{\mu}_k, \boldsymbol{\Sigma}_k)}{\sum_{k=1}^{K} a_k\mathcal{N}(\boldsymbol{x}_i; \boldsymbol{\mu}_k, \boldsymbol{\Sigma}_k)} \\
&= r_{i,k}
\end{aligned} \tag{8.23}
$$

式中，变量 a_k 为中间临时变量，$a_k = P(z_k=1)$。a_k 表示第 k 个高斯分布在高斯混合模型中的比例。概率密度 $P(\boldsymbol{x}_i|z_k=1)$ 表示当样本 $\boldsymbol{x}_i$ 属于第 k 个高斯分布时的概率，$P(\boldsymbol{x}_i|z_k=1) = \mathcal{N}(\boldsymbol{x}_i; \boldsymbol{\mu}_k, \boldsymbol{\Sigma}_k) = \pi_{i,k}$。

对目标函数即式（8.22）的参数 $\boldsymbol{\theta}_k = \{\pi_{i,k}, \boldsymbol{\mu}_k, \boldsymbol{\Sigma}_k\}$ 中的 $\boldsymbol{\mu}_k$ 求偏导数：

$$
\begin{aligned}
\frac{\partial EL(\boldsymbol{\theta})}{\partial \boldsymbol{\mu}_k} &= \sum_{i=1}^{N} \frac{a_k\mathcal{N}(\boldsymbol{x}_i; \boldsymbol{\mu}_k, \boldsymbol{\Sigma}_k)}{\sum_{k=1}^{K} a_k\mathcal{N}(\boldsymbol{x}_i; \boldsymbol{\mu}_k, \boldsymbol{\Sigma}_k)} \times \frac{\partial \ln \mathcal{N}(\boldsymbol{x}_i; \boldsymbol{\mu}_k, \boldsymbol{\Sigma}_k)}{\partial \boldsymbol{\mu}_k} \\
&= \sum_{i=1}^{N} \frac{a_k}{\sum_{k=1}^{K} a_k\mathcal{N}(\boldsymbol{x}; \boldsymbol{\mu}_k, \boldsymbol{\Sigma}_k)} \times \mathcal{N}(\boldsymbol{x}_i; \boldsymbol{\mu}_k, \boldsymbol{\Sigma}_k)\left[-\boldsymbol{\Sigma}_k^{-1}(\boldsymbol{x}_i - \boldsymbol{\mu}_k)\right] \\
&= -\sum_{i=1}^{N} r_{i,k}\boldsymbol{\Sigma}_k^{-1}(\boldsymbol{x}_i - \boldsymbol{\mu}_k)
\end{aligned} \tag{8.24}
$$

令偏导数 $\partial EL(\boldsymbol{\theta})/\partial \boldsymbol{\mu}_k = 0$ 可得：

$$
\begin{aligned}
\boldsymbol{\mu}_k &= \frac{\sum_{i=1}^{N} r_{i,k}\boldsymbol{x}_i}{\sum_{i=1}^{N} r_{i,k}} \\
&= \sum_{i=1}^{N}\left(\frac{r_{i,k}}{\sum_{i=1}^{N} r_{i,k}} \cdot \boldsymbol{x}_i\right)
\end{aligned} \tag{8.25}
$$

式（8.25）用于计算第 k 个高斯模型的均值 $\boldsymbol{\mu}_k$。一个自然的问题是式（8.25）的结果是否合理？

如果将 $r_{i,k}$ 看作每个样本 $\boldsymbol{x}_i$ 参与到第 k 个高斯分布的程度，$r_{i,k} \Big/ \sum_{i=1}^{N} r_{i,k}$ 则表示所有样本 $\boldsymbol{x}_i$ 参与到第 k 个高斯分布归一化的程度。因此，式（8.25）说明均值 $\boldsymbol{\mu}_k$ 是用归一化权重对所有样本 $\boldsymbol{x}_i$ 的加权平均。

同理，我们可以得到第 k 个高斯分布的协方差矩阵 $\boldsymbol{\Sigma}_k$：

$$
\begin{aligned}
\boldsymbol{\Sigma}_k &= \frac{\sum_{i=1}^{N} r_{i,k}\left(\boldsymbol{x}_i - \boldsymbol{\mu}_k\right)\left(\boldsymbol{x}_i - \boldsymbol{\mu}_k\right)^{\mathrm{T}}}{\sum_{i=1}^{N} r_{i,k}} \\
&= \sum_{i=1}^{N}\left[\frac{r_{i,k}}{\sum_{i=1}^{N} r_{i,k}} \cdot \left(\boldsymbol{x}_i - \boldsymbol{\mu}_k\right)\left(\boldsymbol{x}_i - \boldsymbol{\mu}_k\right)^{\mathrm{T}}\right]
\end{aligned} \tag{8.26}
$$

另一个问题是式（8.26）的结果是否合理？式（8.26）与式（8.25）本质上都是对每个样本的协方差 $\left(\boldsymbol{x}_i - \boldsymbol{\mu}_k\right)\left(\boldsymbol{x}_i - \boldsymbol{\mu}_k\right)^{\mathrm{T}}$ 求加权平均。

比例 a_k 除了要最大化高斯混合模型的似然函数 $L(\boldsymbol{\theta})$（8.17）外，还需满足 $a_k \geqslant 0$、$\sum_{k=1}^{K} a_k = 1$ 约束：

$$
\begin{aligned}
&\arg\min_{a_k} L(\boldsymbol{\theta}) \\
&\text{s.t.} \ \sum_{k=1}^{K} a_k = 1 \\
&\qquad a_k \geqslant 0, \qquad k = 1, \cdots, K
\end{aligned} \tag{8.27}
$$

对于式（8.27），我们用拉格朗日乘子进行求解：

$$
\arg\min_{a_k,\lambda} L(\boldsymbol{\theta}) + \lambda\left(\sum_{k=1}^{K} a_k - 1\right) \tag{8.28}
$$

式中，λ 为拉格朗日乘子。对式（8.28）关于 a_k 进行求导，并令其为 0，可得：

$$
\sum_{i=1}^{N} \frac{P\left(\boldsymbol{x}_i \mid \boldsymbol{\mu}_k, \boldsymbol{\Sigma}_k\right)}{\sum_{k=1}^{K} a_k P\left(\boldsymbol{x}_i \mid \boldsymbol{\mu}_k, \boldsymbol{\Sigma}_k\right)} + \lambda = 0 \tag{8.29}
$$

对式（8.29）两边同时乘 a_k，并对所有样本求和可得 $\lambda = -N$。因此，我们可以求得：

$$
a_k = \frac{1}{N} \sum_{i=1}^{N} r_{i,k} \tag{8.30}
$$

式（8.30）的结果说明 $r_{i,k} \neq 0$ 的样本 $\boldsymbol{x}_i$ 越多，第 k 个高斯分布的混合系数 a_k 就越大。下面给出利用期望最大化算法优化高斯混合模型。

算法 8.4：利用期望最大化算法优化高斯混合模型

输入：$\mathcal{D}=\{\boldsymbol{x}_i\}_{i=1}^N$， $\boldsymbol{x}_i \in \mathbb{R}^{D\times 1}$， $i=1,\cdots N$， N 为样本数量；最大迭代次数 T。

输出：高斯混合模型的参数 $\boldsymbol{\theta}=\{\boldsymbol{\theta}_1,\cdots,\boldsymbol{\theta}_K\}$。

（1）初始化第 k 个高斯分布的参数 $\boldsymbol{\theta}_k^0=\{\pi_{ik}^0,\boldsymbol{\mu}_k^0,\boldsymbol{\Sigma}_k^0\}$。

（2）对于 $t=1,\cdots,T$， $k=1,\cdots,K$：

a. 根据参数 $\boldsymbol{\theta}_k^{t-1}$ 计算样本 $\boldsymbol{x}_i$ 从属簇 k 的条件概率 $P(z_k=1\mid\boldsymbol{x}_i)$；

b. 根据条件概率 $P(z_k=1\mid\boldsymbol{x}_i)$ 求出似然函数的期望；

c. 分别利用式（8.23）、式（8.25）和式（8.26）求出参数的最大值 $\hat{\boldsymbol{\theta}}_k$；

d. 更新参数 $\boldsymbol{\theta}_k^t \leftarrow \hat{\boldsymbol{\theta}}_k$。

（3）循环步骤（2）直到达到收敛条件。

【实验 6】如图 8-18 所示，虚线表示一维变量 x 用 3 个高斯分布 $\mathcal{N}(x;1,2)$、$\mathcal{N}(x;5,3)$ 和 $\mathcal{N}(x;10,7)$ 通过混合系数 0.33、0.33、0.33 构成的分布曲线，即 $x\sim 0.33\mathcal{N}(x;1,2)+0.33\mathcal{N}(x;5,3)+0.33\mathcal{N}(x;10,7)$。请使用算法 8.4 对高斯混合模型的参数 $\boldsymbol{\theta}=\{\boldsymbol{\theta}_k\}$ 进行优化，并比较不同初始化参数下的最优解 $\hat{\boldsymbol{\theta}}=\{\hat{\boldsymbol{\theta}}_k\}$。

解：我们对均值 μ_k 和方差 Σ_k 分别使用表 8-2 所示的初始化参数。我们利用算法 8.4 得到的结果如表 8-2 和图 8-18 所示。

表 8-2　利用期望最大化算法优化高斯混合模型参数的结果

序号	初始化的均值和方差	优化后的均值和方差	对应图
1	$\mu_1\leftarrow 0$、$\Sigma_1\leftarrow 1$	$\hat{\mu}_1=1.51$、$\hat{\Sigma}_1=4.66$	图 8-18（a）
	$\mu_2\leftarrow 3$、$\Sigma_2\leftarrow 2$	$\hat{\mu}_2=14.33$、$\hat{\Sigma}_2=36.67$	
	$\mu_3\leftarrow 6$、$\Sigma_3\leftarrow 1$	$\hat{\mu}_3=5.51$、$\hat{\Sigma}_3=3.99$	
2	$\mu_1\leftarrow 0$、$\Sigma_1\leftarrow 1$	$\hat{\mu}_1=1.52$、$\hat{\Sigma}_1=4.67$	图 8-18（b）
	$\mu_2\leftarrow 5$、$\Sigma_2\leftarrow 1$	$\hat{\mu}_2=5.52$、$\hat{\Sigma}_2=3.98$	
	$\mu_3\leftarrow 14$、$\Sigma_3\leftarrow 0$	$\hat{\mu}_3=14.32$、$\hat{\Sigma}_3=36.67$	
3	$\mu_1\leftarrow -3$、$\Sigma_1\leftarrow 3$	$\hat{\mu}_1=0.93$、$\hat{\Sigma}_1=0.52$	图 8-18（c）
	$\mu_2\leftarrow 2$、$\Sigma_2\leftarrow 1$	$\hat{\mu}_2=3.33$、$\hat{\Sigma}_2=8.98$	
	$\mu_3\leftarrow 15$、$\Sigma_3\leftarrow 7$	$\hat{\mu}_3=14.76$、$\hat{\Sigma}_3=34.77$	

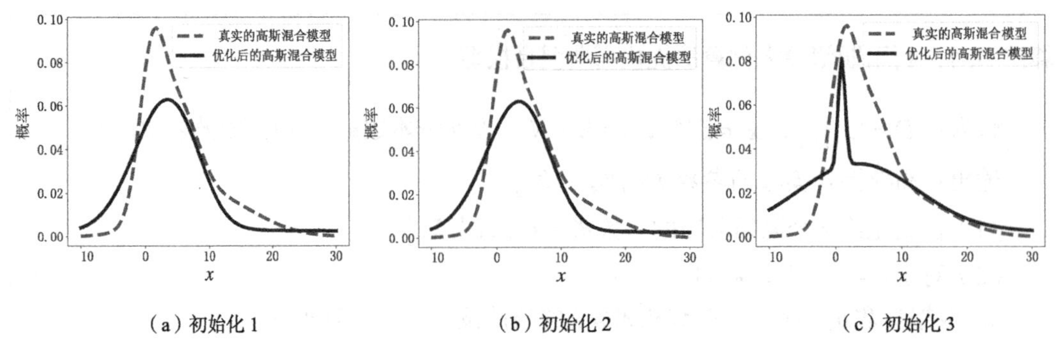

（a）初始化 1　　（b）初始化 2　　（c）初始化 3

图 8-18　利用不同初始化参数下的期望最大化算法优化高斯混合模型的可视化结果

相比于梯度下降方法，期望最大化算法对参数初始化值的敏感性不强。但是，当参数初始化值与最优解相差过大时，期望最大化算法的解也会发生巨大偏差（见图 8-18（c））。从结果可见，期望最大化算法对参数初始化具有一定的稳定性但仍会受到初始值的影响。因此，期望最大化算法常常用 K 均值聚类算法来初始化参数。

8.4.2　期望最大化算法的一般形式

【问题】算法 8.4 用期望最大化算法实现了高斯混合模型参数的优化。一个自然的问题是：我们怎么将期望最大化算法泛化用于优化任意一个含有隐变量的模型呢？

【猜想】在高斯混合模型的参数优化过程中，我们用隐变量分布下目标函数的期望去代替原始目标函数即式（8.17）。涉及的数学技巧是用全概率公式将隐变量积分掉！我们将按照该思路对高斯混合模型进行泛化以优化更多含有隐变量的模型。

假设 $\boldsymbol{x}$ 表示样本，$\boldsymbol{\theta}_h$ 表示模型的隐变量，$\boldsymbol{\theta}_v$ 表示模型的非隐变量，$\ln P(\boldsymbol{x},\boldsymbol{\theta}_h,\boldsymbol{\theta}_v)$ 表示模型的似然函数，$P(\boldsymbol{\theta}_h \mid \boldsymbol{x},\boldsymbol{\theta}_v)$ 表示隐变量 $\boldsymbol{\theta}_h$ 的概率分布。似然函数 $\ln P(\boldsymbol{x},\boldsymbol{\theta}_h,\boldsymbol{\theta}_v)$ 在隐变量 $\boldsymbol{\theta}_h$ 下的期望为：

$$E_{\boldsymbol{\theta}_h \sim P(\boldsymbol{\theta}_h \mid \boldsymbol{x},\boldsymbol{\theta}_v)}\left[\ln P(\boldsymbol{x},\boldsymbol{\theta}_v,\boldsymbol{\theta}_h)\right] \tag{8.31}$$

式中，$E_{\boldsymbol{\theta}_h \sim P(\boldsymbol{\theta}_h ; \boldsymbol{x},\boldsymbol{\theta}_v)}[\cdot]$（或简化表示为 $E_{\boldsymbol{\theta}_h}[\cdot]$）表示对似然函数 $\ln P(\boldsymbol{x},\boldsymbol{\theta}_v,\boldsymbol{\theta}_h)$ 求隐变量 $\boldsymbol{\theta}_h$ 下的期望。利用式（8.31）计算隐变量 $\boldsymbol{\theta}_h$ 下的期望能让隐变量 $\boldsymbol{\theta}_h$ 消失！式（8.31）被称为期望步（expectation step，E-step）。

因此，我们需要求出隐变量 $\boldsymbol{\theta}_h$ 的概率分布：

$$\boldsymbol{\theta}_h \sim P(\boldsymbol{\theta}_h \mid \boldsymbol{x},\boldsymbol{\theta}_v) \tag{8.32}$$

概率分布式（8.32）的形式会随着问题的不同而变化。有时候，概率分布 $P(\boldsymbol{\theta}_h \mid \boldsymbol{x},\boldsymbol{\theta}_v)$ 的解析表达式会变得难以求解，甚至没有解析表达式。在期望最大化算法中，概率分布 $P(\boldsymbol{\theta}_h \mid \boldsymbol{x},\boldsymbol{\theta}_v)$ 被假设一定有解析表达式。

为了能确定非隐变量 $\boldsymbol{\theta}_v$ 的最优值，我们利用最大化似然函数的期望即式（8.31）：

$$\hat{\boldsymbol{\theta}}_v = \arg\max_{\boldsymbol{\theta}_v} E_{\boldsymbol{\theta}_h}\left[\ln P(\boldsymbol{x},\boldsymbol{\theta}_v \mid \boldsymbol{\theta}_h)\right] \tag{8.33}$$

求非隐变量 $\boldsymbol{\theta}_v$ 最优解的过程被称为最大化步（maximization step，M-step）。当获得非隐变量 $\boldsymbol{\theta}_v$ 的最优解后，我们用最大化似然函数 $\ln P(\boldsymbol{x},\boldsymbol{\theta}_v,\boldsymbol{\theta}_h)$ 来求解隐变量 $\boldsymbol{\theta}_h$：

$$\hat{\boldsymbol{\theta}}_h = \arg\max_{\boldsymbol{\theta}_h} \ln P\left(\boldsymbol{x}, \boldsymbol{\theta}_h, \boldsymbol{\theta}_v\right) \tag{8.34}$$

式中，我们需要指出的是概率分布 $P\left(\boldsymbol{x} \mid \boldsymbol{\theta}_h, \boldsymbol{\theta}_v\right)$ 和 $P\left(\boldsymbol{\theta}_h \mid \boldsymbol{x}, \boldsymbol{\theta}_v\right)$ 的含义不相同：概率分布 $P\left(\boldsymbol{x} \mid \boldsymbol{\theta}_h, \boldsymbol{\theta}_v\right)$ 表示已知 $\boldsymbol{\theta}_h$ 和 $\boldsymbol{\theta}_v$ 的情况下样本 $\boldsymbol{x}$ 的概率分布，而概率分布 $P\left(\boldsymbol{\theta}_h \mid \boldsymbol{x}, \boldsymbol{\theta}_v\right)$ 表示已知 $\boldsymbol{\theta}_v$ 和样本 $\boldsymbol{x}$ 的情况下隐变量 $\boldsymbol{\theta}_h$ 的概率分布。

下面给出期望最大化算法。期望最大化算法可以描述为：首先，确定一个初始值，然后迭代地求解期望步、最大化步和隐变量。显式地建立隐变量 $\boldsymbol{\theta}_h$ 的概率分布 $P(\boldsymbol{\theta}_h \mid \boldsymbol{x}, \boldsymbol{\theta}_v)$ 是制约期望最大化算法求解各类隐变量模型的最大难点。

算法 8.5：期望最大化算法

输入：$\mathcal{D} = \left\{\boldsymbol{x}_i\right\}_{i=1}^N$，$\boldsymbol{x}_i \in \mathbb{R}^{D\times 1}$，$i = 1, \cdots, N$，$N$ 为样本数量；最大迭代次数 T；隐变量 $\boldsymbol{\theta}_h$ 的概率分布 $P\left(\boldsymbol{\theta}_h \mid \boldsymbol{x}, \boldsymbol{\theta}_v\right)$；概率分布 $P\left(\boldsymbol{x}; \boldsymbol{\theta}_h, \boldsymbol{\theta}_v\right)$。

输出：模型 $P\left(\boldsymbol{x}; \boldsymbol{\theta}_h, \boldsymbol{\theta}_v\right)$ 参数的最优值 $\left\{\hat{\boldsymbol{\theta}}_v, \hat{\boldsymbol{\theta}}_h\right\}$。

（1）初始化参数 $\boldsymbol{\theta}_v \leftarrow \boldsymbol{\theta}_v^0$ $\boldsymbol{\theta}_h \leftarrow \boldsymbol{\theta}_h^0$。

（2）对于 $t = 1, \cdots, T$：

① 期望步，用式（8.31）求解似然函数 $\ln P\left(\boldsymbol{x}, \boldsymbol{\theta}_v, \boldsymbol{\theta}_h^{t-1}\right)$ 在隐变量 $\boldsymbol{\theta}_h^{t-1}$ 下的期望；

② 最大化步，用式（8.33）求解非隐变量 $\boldsymbol{\theta}_v^t$ 的值；

③ 在固定非隐变量 $\boldsymbol{\theta}_v^t$ 的情况下，我们用式（8.34）求解隐变量 $\boldsymbol{\theta}_h^t$ 的值。

（3）重复步骤（3）达到预定义的迭代次数 T，$\boldsymbol{\theta}_v \leftarrow \boldsymbol{\theta}_v^T$，$\boldsymbol{\theta}_h \leftarrow \boldsymbol{\theta}_h^T$。

8.5 极小化极大算法

8.5.1 极小化极大算法的原理

【问题】期望最大化算法需要显式地建立隐变量的概率分布 $P\left(\boldsymbol{\theta}_h \mid \boldsymbol{x}, \boldsymbol{\theta}_v\right)$。如果我们无法建立隐变量 $\boldsymbol{\theta}_h$ 的概率分布，我们该如何求解含有隐变量模型参数的最优解呢？

【猜想】我们先用易于优化的替代函数 $g(\boldsymbol{\theta})$ 去逼近原目标函数 $f(\boldsymbol{\theta})$，然后用替代函数 $g(\boldsymbol{\theta})$ 的最优解作为目标函数 $f(\boldsymbol{\theta})$ 的最优解。这也是我们在感知机和支持向量机中用到的技巧！

如图 8-19 所示，如果我们需要最大化目标函数 $f(\boldsymbol{\theta})$，一种设计替代函数 $g(\boldsymbol{\theta})$ 的方法就是求目标函数 $f(\boldsymbol{\theta})$ 在点 $\boldsymbol{\theta}_t$ 处的下界函数（如果目标函数 $f(\boldsymbol{\theta})$ 是凹函数，我们求下界函数）$g_t(\boldsymbol{\theta})\big|_{\boldsymbol{\theta}_t}$，将其作为替代函数：

$$g_t(\boldsymbol{\theta})\big|_{\boldsymbol{\theta}_t} \leqslant f(\boldsymbol{\theta})，并且有\ g_t(\boldsymbol{\theta}_t)\big|_{\boldsymbol{\theta}_t} = f(\boldsymbol{\theta}_t) \tag{8.35}$$

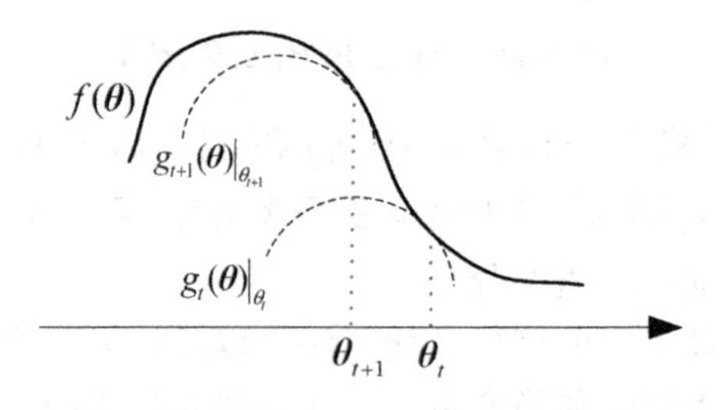

图 8-19 极小化极大算法的迭代优化的过程示意

也就是说，替代函数 $g_t(\boldsymbol{\theta})\big|_{\theta_t}$ 在点 $\boldsymbol{\theta}_t$ 处等价于原目标函数 $f(\boldsymbol{\theta}_t)$，如图 8-19 所示。我们求解替代函数 $g_t(\boldsymbol{\theta})\big|_{\theta_t}$ 的最大值：

$$\boldsymbol{\theta}_{t+1} = \arg\max_{\theta} g_t(\boldsymbol{\theta})\big|_{\theta_t} \tag{8.36}$$

如果替代函数 $g_t(\boldsymbol{\theta})\big|_{\theta_t}$ 的最优解 $\boldsymbol{\theta}_{t+1}$ 不是原目标函数 $f(\boldsymbol{\theta})$ 的最优解该怎么办？那我们就继续在点 $\boldsymbol{\theta}_{t+1}$ 处建立新的替代函数 $g_{t+1}(\boldsymbol{\theta})\big|_{\theta_{t+1}}$，并让新的替代函数满足 $g_{t+1}(\boldsymbol{\theta})\big|_{\theta_{t+1}} \leqslant f(\boldsymbol{\theta})$。极小化极大（minimax，MM）算法就是利用函数凸凹性和替代函数来寻求目标函数最优解的算法。下面给出极小化极大算法。

算法 8.6：极小化极大算法

输入：凸的目标函数 $f(\boldsymbol{\theta})$ 和迭代次数 T。

输出：目标函数 $f(\boldsymbol{\theta})$ 的最优解 $\hat{\boldsymbol{\theta}}$。

（1）初始化 $\boldsymbol{\theta}_0$。

（2）对于 $t=1,2,\cdots,T$：

① 构造目标函数 $f(\boldsymbol{\theta})$ 的替代函数 $g_t(\boldsymbol{\theta})\big|_{\theta_t}$，替代函数 $g_t(\boldsymbol{\theta})\big|_{\theta_t}$ 满足式（8.35）；

② 令 $\boldsymbol{\theta}_{t+1} = \arg\min_{\theta} g_t(\boldsymbol{\theta})\big|_{\theta_t}$；

③ $t \leftarrow t+1$。

（3）重复步骤（2）达到预定义的迭代次数 T，$\hat{\boldsymbol{\theta}} \leftarrow \boldsymbol{\theta}_T$。

8.5.2 高斯混合模型的极小化极大算法

假定，$\mathcal{D} = \{\boldsymbol{x}_i\}_{i=1}^{N}$，$\boldsymbol{x}_i \in \mathbb{R}^{D\times 1}$，$i=1,\cdots,N$，$N$ 为样本数量。高斯混合模型的对数似然函数如下：

$$\begin{aligned}\ln L(\boldsymbol{\theta}) &= \sum_{i=1}^{N} \ln P(\boldsymbol{x}_i;\boldsymbol{\theta}) \\ &= \sum_{i=1}^{N} \ln \sum_{k=1}^{K} \pi_{i,k} P(\boldsymbol{x}_i;\boldsymbol{\theta})\end{aligned} \tag{8.37}$$

由第 1 章的方法，我们可以判定函数 $\ln(\cdot)$ 是凹函数。因此，我们可以对目标函数即式（8.37）求最大值。根据极小化极大算法的步骤，我们需要构造目标函数即式（8.37）的下界函数。

【问题】如何构造目标函数即式（8.37）的下界函数?

【猜想】因为 $\ln(\cdot)$ 函数是凹函数，我们可以用詹森不等式来构造目标函数的下界函数。

已知 $\sum_{k=1}^{K}\pi_{i,k}=1$ ，$\pi_{i,k}\geqslant 0$ ，我们利用詹森不等式 $E\left[f(x)\right]\geqslant f\left(E[x]\right)$ 求目标函数即式（8.37）的下界：

$$\begin{aligned}\ln L(\boldsymbol{\theta})&=\sum_{i=1}^{N}\ln\sum_{k=1}^{K}\pi_{i,k}P\left(\boldsymbol{x}_i;\boldsymbol{\theta}_k\right)\\&\geqslant\sum_{i=1}^{N}\sum_{k=1}^{K}\pi_{i,k}\ln P\left(\boldsymbol{x}_i;\boldsymbol{\theta}_k\right)\end{aligned}\tag{8.38}$$

因此，目标函数即式（8.37）的下界函数可表示为 $J\left(\pi_{i,k},\boldsymbol{\theta}_k\right)=\sum_{i=1}^{N}\sum_{k=1}^{K}\pi_{i,k}\ln P\left(\boldsymbol{x}_i;\boldsymbol{\theta}_k\right)$。我们对下界函数 $J\left(\pi_{i,k},\boldsymbol{\theta}_k\right)$ 求最大值：

$$\boldsymbol{\theta}_k^{*}=\arg\max_{\boldsymbol{\theta}_k}J\left(\pi_{i,k},\boldsymbol{\theta}_k\right)\tag{8.39}$$

我们对函数 $J(\pi_{i,k},\boldsymbol{\theta}_k)$ 求参数的偏导数：

$$\frac{\partial J\left(\pi_{i,k},\boldsymbol{\theta}_k\right)}{\partial\pi_{i,k}}=\ln P\left(\boldsymbol{x}_i;\boldsymbol{\theta}_k\right)\tag{8.40}$$

$$\begin{aligned}\frac{\partial J\left(\pi_{i,k},\boldsymbol{\theta}_k\right)}{\partial\boldsymbol{\mu}_k}&=\sum_{i=1}^{N}\pi_{i,k}\frac{\partial\ln P\left(\boldsymbol{x}_i;\boldsymbol{\theta}_k\right)}{\partial\boldsymbol{\mu}_k}\\&=\sum_{i=1}^{N}\pi_{i,k}\left(\boldsymbol{x}_i-\boldsymbol{\mu}_k\right)\cdot\boldsymbol{\Sigma}_k^{-2}\end{aligned}\tag{8.41}$$

$$\begin{aligned}\frac{\partial J\left(\pi_{i,k},\boldsymbol{\theta}_k\right)}{\partial\boldsymbol{\Sigma}_k}&=\sum_{i=1}^{N}\pi_{i,k}\frac{\partial\ln P\left(\boldsymbol{x}_i;\boldsymbol{\theta}_k\right)}{\partial\boldsymbol{\Sigma}_k}\\&=\sum_{i=1}^{N}\pi_{i,k}\left[\frac{\left(\boldsymbol{x}_i-\boldsymbol{\mu}_k\right)^2}{\boldsymbol{\Sigma}_k^{\ 2}}-\frac{1}{\boldsymbol{\Sigma}_k}\right]\end{aligned}\tag{8.42}$$

令式（8.41）和式（8.42）等于 0 可得：

$$\boldsymbol{\mu}_k=\frac{\sum_{i=1}^{N}\pi_{i,k}\boldsymbol{x}_i}{\sum_{i=1}^{N}\pi_{i,k}}\tag{8.43}$$

$$\boldsymbol{\Sigma}_k=\frac{\sum_{i=1}^{N}\pi_{i,k}\left(\boldsymbol{x}_i-\boldsymbol{\mu}_k\right)\left(\boldsymbol{x}_i-\boldsymbol{\mu}_k\right)^{\mathrm{T}}}{\sum_{i=1}^{N}\pi_{i,k}}\tag{8.44}$$

式（8.43）和式（8.44）与高斯混合模型的期望最大化算法即式（8.25）和式（8.26）几乎一致！而对于每个样本 $\boldsymbol{x}_i$ 的簇归属度 $\pi_{i,k}$，我们可以优化以下目标函数进行求解：

$$
\begin{aligned}
&\max_{\pi_{i,k}} \sum_{k=1}^{K} \pi_{i,k} \ln P\left(\boldsymbol{x}_i;\boldsymbol{\theta}_k\right) \\
&\text{s.t.} \sum_{k=1}^{K} \pi_{i,k} = 1 \\
&\quad \pi_{i,k} \geqslant 0, \quad i=1,\cdots,N, k=1,\cdots,K
\end{aligned} \tag{8.45}
$$

综上，与期望最大化算法相比，极小化极大算法对隐变量 $\pi_{i,k}$ 建模的要求降低了。

【实验 7】如图 8-18 所示，虚线表示一维变量 x 用 3 个高斯分布 $\mathcal{N}(x;1,2)$、$\mathcal{N}(x;5,3)$ 和 $\mathcal{N}(x;10,7)$ 通过混合系数 0.33、0.33、0.33 构成的分布曲线，即 $x\sim\left[\mathcal{N}(x;1,2)+\mathcal{N}(x;5,3)+\mathcal{N}(x;10,7)\right]/3$。请使用算法 8.6 对高斯混合模型的参数 $\boldsymbol{\theta}=\{\boldsymbol{\theta}_k\}$ 进行优化，并比较不同初始化参数下的最优解 $\hat{\boldsymbol{\theta}}=\{\hat{\boldsymbol{\theta}}_k\}$。

解：我们随机初始化混合系数参数 π_k 并使用极小化极大算法进行优化。我们可以看到在不同的参数初始化值下，极小化极大算法得到一致的结果，优化后的高斯混合模型更接近真实的高斯混合模型，如表 8-3 和图 8-20 所示。

表 8-3　利用极小化极大算法优化高斯混合模型参数的结果

<table>
<tr><th>序号</th><th>初始化的均值和方差</th><th>优化后的均值和方差</th></tr>
<tr><td rowspan="3">1</td><td>$\mu_1\leftarrow 0$、$\Sigma_1\leftarrow 1$</td><td rowspan="9">$\hat{\mu}_1=16.36$、$\hat{\Sigma}_1=21.72$
$\hat{\mu}_2=0.86$、$\hat{\Sigma}_2=2.65$
$\hat{\mu}_3=5.69$、$\hat{\Sigma}_3=2.55$</td></tr>
<tr><td>$\mu_2\leftarrow 3$、$\Sigma_2\leftarrow 2$</td></tr>
<tr><td>$\mu_3\leftarrow 6$、$\Sigma_3\leftarrow 1$</td></tr>
<tr><td rowspan="3">2</td><td>$\mu_1\leftarrow 0$、$\Sigma_1\leftarrow 1$</td></tr>
<tr><td>$\mu_2\leftarrow 5$、$\Sigma_2\leftarrow 1$</td></tr>
<tr><td>$\mu_3\leftarrow 14$、$\Sigma_3\leftarrow 0$</td></tr>
<tr><td rowspan="3">3</td><td>$\mu_1\leftarrow -3$、$\Sigma_1\leftarrow 3$</td></tr>
<tr><td>$\mu_2\leftarrow 2$、$\Sigma_2\leftarrow 1$</td></tr>
<tr><td>$\mu_3\leftarrow 15$、$\Sigma_3\leftarrow 7$</td></tr>
</table>

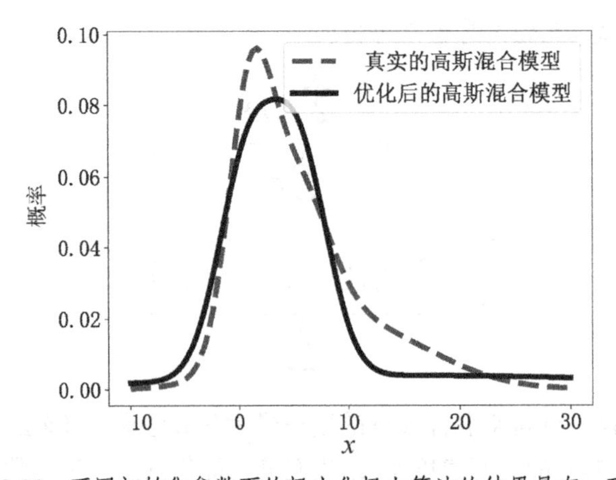

图 8-20　不同初始化参数下的极小化极大算法的结果具有一致性

【实验 8】 请利用算法 8.4 对月牙形数据进行聚类。

解： 如果簇的分布不满足高斯分布，高斯混合模型的聚类结果仅仅是将月牙形数据切分成多个高斯分布，如图 8-21 所示。

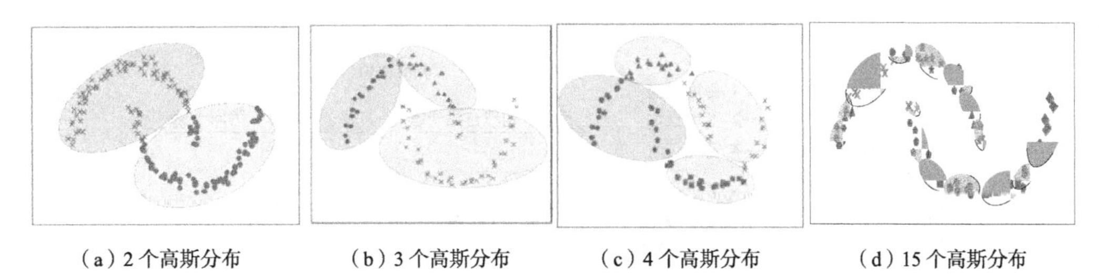

图 8-21　不同高斯混合模型对月牙形数据的聚类结果

8.6 噪声下基于密度的空间聚类算法

【问题】 如果簇的分布不满足高斯分布，高斯混合模型的聚类结果就不理想。我们怎样才能实现对任意分布的数据进行聚类呢？

【猜想】 高斯混合模型用协方差这种固定方式对簇进行建模。但是，协方差无法表示复杂多变的样本分布。因此，我们需要引入对概率密度更灵活的建模方式。一种最简单的策略是用频率学派的策略估计任意分布的概率密度，如图 8-22 所示。

例如，给定一个离散随机变量 X 及其可能取值 $\{2.5, 2.1, 3.4, 4.5, 4.2, 4.3, 5.2\}$。通过对随机变量 X 的取值范围进行量化后，随机变量 X 的概率密度如图 8-22 中的直方图所示。如果以概率密度阈值1/7 作为样本是否存在聚集性的判断依据，如图 8-22 所示，我们认为随机变量 X 在 $[2,3)$ 和 $[4,5)$ 这两个区间形成两个聚类簇。

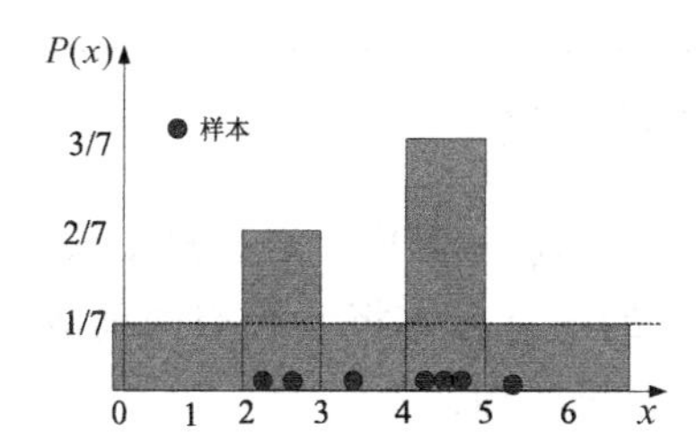

图 8-22　在离散空间中进行概率密度估计并用阈值确定聚类簇

图 8-22 通过“量化”和“阈值”实现了聚类。因此，我们可猜想到对任意分布数据的聚类问题可转化为以下两个子问题。

（1）如何估计数据的概率密度？我们可以对数据空间进行离散化后，再用频率学派的策略对概率密度进行估计。

（2）聚类的原则是什么？聚类就是指在数据中寻找样本相似的区域。所以，相似度高（或概率密度高）的局部区域被认为属于同一聚类簇；反之，相似度低的局部区域属于不同的聚类簇。

噪声下基于密度的空间聚类（density-based spatial clustering of applications with noise, DBSCAN）算法用样本 $\boldsymbol{x}$ 为中心的 ϵ －超球来离散化数据空间。其中，ϵ 描述了超球的半径，

如图 8-23 所示。每个超球就如同直方图中的离散区间，而超球内样本的数量可以描述该局部空间内样本的密度。当 ϵ -超球内样本数量小于阈值 MinPts 时，我们认为样本 $\boldsymbol{x}$ 是噪声。本质上，样本 $\boldsymbol{x}$ 处的密度用样本 $\boldsymbol{x}$ 周围的上下文进行评估。基于超球的概念，我们可有如下定义。

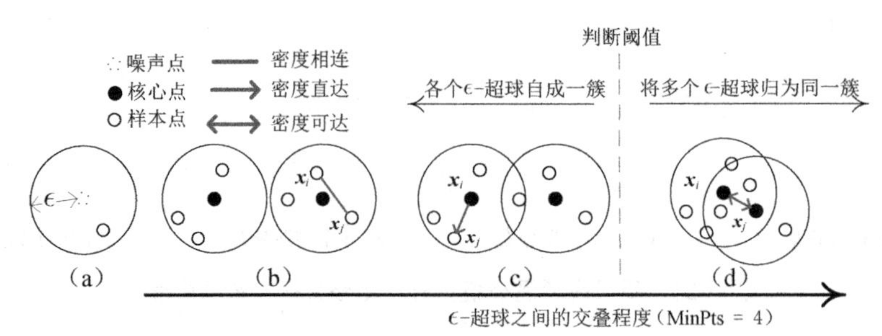

图 8-23 噪声下基于密度的空间聚类算法的设计动机释义

（1）ϵ -超球[1]：样本 $\boldsymbol{x}_i$ 的 ϵ -超球包含与 $\boldsymbol{x}_i$ 距离不大于 ϵ 的样本子集，即 $N_\epsilon\left(\boldsymbol{x}_i\right)=\left\{\boldsymbol{x}_j \in \mathcal{D} \mid \operatorname{dist}\left(\boldsymbol{x}_i, \boldsymbol{x}_j\right) \leqslant \epsilon\right\}$。其中，$\operatorname{dist}(\boldsymbol{x}_i, \boldsymbol{x}_j)$ 表示样本 $\boldsymbol{x}_i$ 和 $\boldsymbol{x}_j$ 之间预定义好的距离（如欧氏距离）。我们将超球 $N_\epsilon(\boldsymbol{x}_i)$ 内的样本数量记为 $\left|N_\epsilon\left(\boldsymbol{x}_i\right)\right|$。在图 8-23 中，每个圆圈表示一个 ϵ -超球。

（2）核心点：如果样本 $\boldsymbol{x}_i$ 的 ϵ -超球 $N_\epsilon\left(\boldsymbol{x}_i\right)$ 至少包含 MinPts 个样本，我们认为样本 $\boldsymbol{x}_i$ 为核心点，即如果 $\left|N_\epsilon(\boldsymbol{x}_i)\right| \geqslant \text{MinPts}$，则样本 $\boldsymbol{x}_i$ 为核心点。如果将图 8-32 中的 MinPts 设为 4，那么图中（b）、（c）和（d）中的每个 ϵ 超球都至少有 4 个样本点。因此（b）、（c）和（d）中的实心点都是核心点。

（3）噪声点：如果样本 $\boldsymbol{x}_i$ 的 ϵ -超球 $N_\epsilon\left(\boldsymbol{x}_i\right)$ 内样本数量小于 MinPts，我们认为该样本 $\boldsymbol{x}_i$ 为噪声。

为什么超球内样本的数量能表示密度？

假设训练集 $\mathcal{D}=\left\{\boldsymbol{x}_1, \cdots, \boldsymbol{x}_i, \cdots, \boldsymbol{x}_N\right\}$，其中，$\boldsymbol{x}_i \in \mathbb{R}^D$，$N$ 为样本数量。如图 8-24 所示，如果我们用每个“边长”为 h 的超立方体将 D 维空间离散化，那么超立方体的体积是 $V=h^D$。因此，样本 $\boldsymbol{x}_i$ 处的概率密度为：

$$P(\boldsymbol{x})=\frac{k_{\boldsymbol{x}}}{NV}=\frac{k_{\boldsymbol{x}}}{Nh^D} \tag{8.46}$$

式中，$k_{\boldsymbol{x}}$ 表示落入以样本 $\boldsymbol{x}$ 为中心、边长为 h 的超立方体内的样本数量。当 $D=1$ 时，式（8.46）就转换为用直方图进行概率密度估计。

在体积 V 相同的情形下，我们可以使用超立方体内样本的数量 $k_{\boldsymbol{x}}$ 表示该处样本的聚集程度；相反，在样本数量 $k_{\boldsymbol{x}}$ 相同的情形下，我们可以使用体积 V 大小表示该处样本的聚集程度，如图 8-25 所示。

1 在一些参考文献中，ϵ -超球也被描述为 ϵ -邻域。

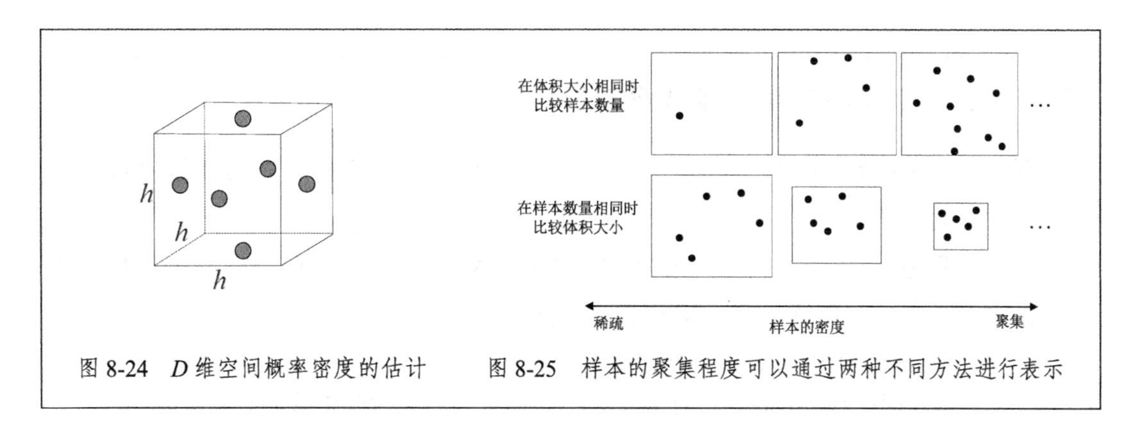

图 8-24　D 维空间概率密度的估计　　图 8-25　样本的聚集程度可以通过两种不同方法进行表示

接下来，我们需要将多个 ϵ －超球组合成聚类簇。

假定，训练集 $\mathcal{D}=\{\boldsymbol{x}_i\}_{i=1}^N$， $\boldsymbol{x}_i\in\mathbb{R}^{D\times1}$， $i=1,\cdots,N$ ， N 为样本数量。根据 ϵ -超球之间的交叠关系，两个 ϵ －超球之间的关系可以分为图 8-23（b）、图 8-23（c）和图 8-23（d）所示的 3 种关系。我们定义核心点之间距离在 ϵ 之内的 ϵ －超球才属于同一聚类簇，如图 8-23（c）所示。因此，我们可定义核心点与非核心点之间的关系如表 8-4 所示。

表 8-4　核心点与非核心点之间的 3 类关系

类别	关系
核心点—核心点	密度可达
核心点—非核心点	密度直达
非核心点—非核心点	密度相连

（1）密度直达（directly density-reachable）：如果样本 $\boldsymbol{x}_i$ 是核心点而样本 $\boldsymbol{x}_j$ 位于超球 $N_\epsilon(\boldsymbol{x}_i)$ 内，我们则称样本 $\boldsymbol{x}_j$ 和核心点 $\boldsymbol{x}_i$ 密度直达，在本书中记为 $\overrightarrow{\boldsymbol{x}_i\boldsymbol{x}_j}$ ；反之，密度直达不一定成立。例如，在图 8-23（c）中，一对密度直达的样本用带箭头的直线连接。

（2）密度可达（density-reachable）：对于样本 $\boldsymbol{x}_i$ 和样本 $\boldsymbol{x}_j$ ，如果存在样本序列 $S=s_1,\cdots,s_t,\cdots,s_T$ 满足 $s_1=\boldsymbol{x}_i,s_T=\boldsymbol{x}_j$ 且 s_{t+1}（ $t=1,2,\ldots,T-1$ ）由 s_t 密度直达，则称样本 $\boldsymbol{x}_j$ 由样本 $\boldsymbol{x}_i$ 密度可达，在本书中记为 $\overleftrightarrow{\boldsymbol{x}_i\boldsymbol{x}_j}$。也就是说，密度可达满足传递性，即序列 S 起到“传递”作用，样本 $s_1,\cdots,s_t,\cdots,s_T$ 均为核心点，因为只有核心点才能使其他样本密度直达。

（3）密度相连（density-connected）：对于样本 $\boldsymbol{x}_i$ 和样本 $\boldsymbol{x}_j$ ，如果存在核心样本 $\boldsymbol{x}_k$ ，使样本 $\boldsymbol{x}_i$ 和样本 $\boldsymbol{x}_j$ 均由核心点 $\boldsymbol{x}_k$ 密度可达，则称样本 $\boldsymbol{x}_i$ 和 $\boldsymbol{x}_j$ 密度相连，记为 $\overline{\boldsymbol{x}_i\boldsymbol{x}_j}$ 。从定义中，我们看到密度相连关系是满足对称性的。例如，在图 8-23 中，在 ϵ -超球内所有样本是密度相连的。

根据以上定义的 3 类关系，基于密度的空间聚类算法，一个聚类簇需满足以下两个约束。

（1）同一 ϵ -超球内密度相连的样本属于同一簇。

（2）密度可达的样本属于同一簇。

因此，噪声下基于密度的空间聚类算法的原理为：密度可达的核心点构成聚类簇的“骨架”，而密度相连的点构成聚类簇的“血肉”。下面给出噪声下基于密度的空间聚类算法。

算法 8.7：噪声下基于密度的空间聚类算法

输入：训练集 $\mathcal{D}=\{\boldsymbol{x}_i\}_{i=1}^N$，$\boldsymbol{x}_i\in\mathbb{R}^{D\times1}$，$i=1,\cdots,N$；指定邻域 ϵ；密度阈值 MinPts。

输出：聚类结果。

（1）计算每个样本 $\boldsymbol{x}_i$ 在半径 ϵ 范围内的样本数 $|N_\epsilon(\boldsymbol{x}_i)|$，将 $|N_\epsilon(\boldsymbol{x}_i)|\geqslant\text{MinPts}$ 的样本 $\boldsymbol{x}_i$ 标记为核心点，并将 $|N_\epsilon(\boldsymbol{x}_i)|<\text{MinPts}$ 的点标记为噪声点；

（2）为距离 ϵ 之内的所有核心点之间赋予一条边；

（3）每组连通的核心点形成一个临时簇，并加入与该临时簇中核心点密度直达的点，形成最终的聚类簇；

（4）循环步骤（2）和（3）直到所有的核心点都加到一个聚类簇。

在计算核心点的时候，我们必须判断以每一个样本为中心的 ϵ-超球内是否至少包含 MinPts 个样本。我们可以通过高效的数据结构 kd-tree 与 ball-tree 实现。

知识梳理与拓展

- 无监督学习的动机
  - 从大量无标记的样本中挖掘出可能的数据内含的规律
  - 数据生成应该受到潜在因素的控制，这些潜在因素中最重要的因素之一是聚集性
  - 聚集性是规律重现的直观认识
- K 均值聚类算法是依靠计算样本点的距离判断样本之间的聚集性；K 均值聚类算法的目标函数是非凹非凸，只有在固定一个变量优化另一个变量的情况下目标函数才能被优化到局部最小；K 均值聚类算法是基于每个聚类服从等方差高斯分布的假设
- BIC 和 AIC 是选择模型时常用的两种方法，AIC 是拟合精度和模型参数量来选择模型，而 BIC 是考虑样本数量和拟合精度之间的均衡来选择模型
- 拟合精度，数据量，模型参数是模型选择的思考维度
- 基于混合高斯模型的聚类是将 K 均值聚类的等方差高斯分布转化为任意的多元高斯分布
- 在高斯混合模型的优化中，混合系数是隐含变量，期望是对隐含变量的积分，从而形成隐含变量分布下目标函数的期望；最大化是对目标函数的期望的优化，获得变量的解
- 期望最大化算法本质是对复杂分布在 KL 散度度量下的逐步逼近
- 数学上，如果我们能判断函数的凹凸性，还可以利用詹森不等式将目标函数转换为目标函数的上下界进行求解
- 噪声下基于密度的空间聚类算法是让每个样本作为概率密度估计的计算点，通过定义连通性将两个样本点进行合并，再确定阈值区分不同的聚类；噪声下基于密度的空间聚类算法对噪声的处理本质上是一个概率上基于人工定义的分类问题

8.7 本章小结

（1）聚类分析是一种“数据探索”的方法，可帮助我们对数据的分布和结构进行探索。

（2）K 均值聚类算法用欧氏距离判断样本之间的紧密程度，而欧氏距离是等协方差情况下高斯分布的特例。

（3）高斯混合模型可以看作 K 均值聚类算法的扩展。高斯混合模型用多个高斯分布对样本进行建模。高斯混合模型是典型的隐变量模型。在优化含有隐变量的模型时，我们可以利用期望最大化算法进行求解。如果被优化的函数是凹函数或凸函数，我们可以利用极小化极大算法对变量进行优化。

（4）与高斯混合模型相比，K 均值聚类算法只能将每个样本划分为某个类，而高斯混合模型可以给出每个样本属于每个类的概率。因此，高斯混合模型不仅可以用于聚类，还可以用于概率密度的估计。

（5）噪声下基于密度的空间聚类算法可以用于对任意分布的数据进行聚类。

8.8 本章习题

1. 下列说法错误的是（　　）。

A. 当目标函数是凸函数时，梯度下降方法的解就是全局最优解

B. K 均值聚类算法只能用于对向量空间中的样本进行聚类

C. 沿负梯度的方向一定是最优解的方向

D. 利用拉格朗日乘子能解决带约束的优化问题

2.（　　）的解是全局最优解。

A. 高斯混合模型

B. K 均值聚类算法

C. 噪声下基于密度的空间聚类算法

D. 以上都不是

3. 有关赤池信息量准则，以下说法正确的是（　　）。

A. 具有最小赤池信息量准则值的模型更好

B. 具有最大赤池信息量准则值的模型更好

C. 视情况而定

D. 以上都不正确

4. 影响聚类算法效果的主要因素有（　　）。

A. 特征选取

B. 模式相似性度量原则

C. 分类准则

D. 样本采集的质量

5. 下列方法中，（　　）不能用于选择 K 均值聚类算法中的 K 值。

A. 在训练集上残差平方和随 K 发生剧烈变化的地方选择 K

B. 根据验证集上的性能选择 K

C. 选择训练集上残差平方和最小的 K

D. 设置不同的 K 值，选择让 K 均值聚类损失函数最小的 K

6. 影响 K 均值聚类算法结果的主要因素有（　　）。

A. 样本顺序

B. 相似性度量

C. 样本类别

D. 初始化均值

7. 简述期望最大化算法在什么情况下解是全局最优解。用期望最大化算法求解高斯混合模型时，期望步和最大化步分别做什么？

8. 查阅曼哈顿距离的相关资料，简述 K 均值聚类算法为什么使用欧氏距离而不用曼哈顿距离。

9. 讨论噪声下基于密度的空间聚类算法的参数该如何选择和确定，并给出实验进行验证。

10. 证明使用 K 均值聚类算法不能找到全局最优解。

11. 聚类结果中若每个簇都有一个凸包（包含簇样本的凸多面体），且这些凸包不相交，则称为凸聚类。试分析本章介绍的哪些聚类算法只能产生凸聚类，哪些能产生非凸聚类。

12. 讨论期望最大化算法与极小化极大算法之间的异同，并给出实验进行验证。

13. 讨论噪声下基于密度的空间聚类算法是否能用于高维数据的聚类，并给出实验进行验证。

14. 假设有 3 枚硬币，分别记作 A、B、C。这些硬币正面出现的概率分别是 $\pi = 0.46$、$p = 0.55$ 和 $q = 0.67$。进行如下掷硬币试验：先掷硬币 A，根据其结果选出硬币 B 或硬币 C，出现正面选硬币 B，出现反面选硬币 C；然后掷选出的硬币，出现正面记作 1，出现反面记作 0。独立地重复 N 次试验（这里，$N = 10$），观测结果如下：1，1，0，1，0，0，1，0，1，1。假设只能观测到掷硬币的结果，不能观测掷硬币的过程。求模型参数 $\boldsymbol{\theta} = (\pi, p, q)$ 的最大似然估计。

15. 已知观测数据为 $\{-67,-48,6,8,14,16,23,24,28,29,41,49,56,60,75\}$，试用两个分量的高斯混合模型对数据进行聚类。

16. 给定样本 $\boldsymbol{x}_1 = [4,5]^{\mathrm{T}}$，$\boldsymbol{x}_2 = [1,4]^{\mathrm{T}}$，$\boldsymbol{x}_3 = [0,1]^{\mathrm{T}}$，$\boldsymbol{x}_4 = [5,0]^{\mathrm{T}}$，使用 K 均值聚类算法将这 4 个样本聚类为两类。

第9章 降维分析

假设数据在产生的过程中只受到有限因素的影响，而且这些因素通常是相互独立的，此外，我们将数据表示为向量空间中的样本点。如果样本特征的维度远大于影响因素的数量，我们则可以认为样本各维度的特征之间会有信息冗余，即样本的特征可以在更低维度的空间中进行表示。在理想情况下，该低维空间的维度应等于相互独立的影响因素的数量。

为了能更好理解为什么高维度的数据能在低维空间中表示，如图 9-1 所示，我们将像素大小为 64×64 即 4096 的手部动作图降维到二维空间中。手部动作本质上由手指的伸展和手腕的转动两个部分构成。因此，尽管图像像素的大小为 4096，我们仍可以用二维空间对高维数据之间的结构进行保持。显然，降维就是指将高维数据在低维空间中进行表示，同时让数据中蕴含的信息尽量保持不变。

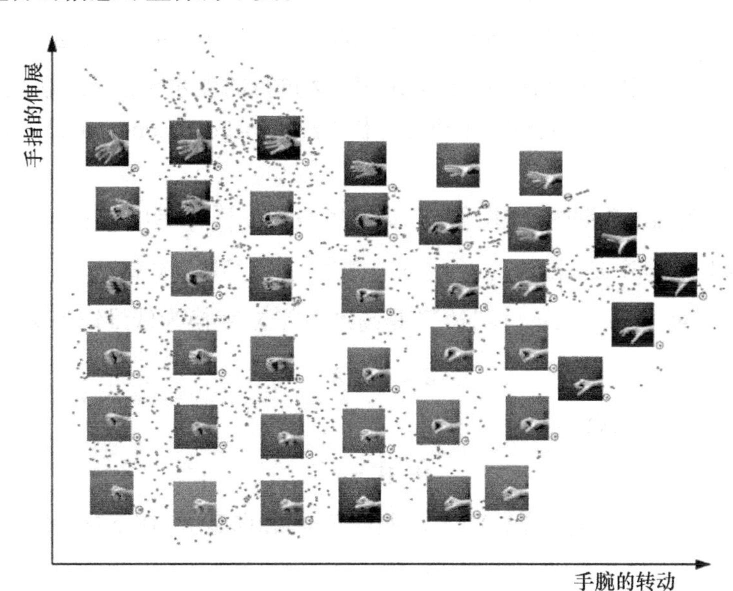

图 9-1　手部动作图降维结果

综上，降维假设原始输入数据的特征之间有冗余但是其本质维度可能很低。本章具体内容包括：主成分分析、奇异值分解、概率的隐语义分解和非负矩阵分解等。

本章学习目标

（1）降维分析的动机；

（2）主成分分析中对数据进行归一化的作用；

（3）非负矩阵分解中非负约束的分解算法和梯度投影算法；

（4）从数据生成过程的角度理解概率隐语义模型的建模过程。

9.1 主成分分析

【问题】在降维过程中，完全保留高维数据的全部信息是不现实的任务。因此，该如何尽可能地保留高维数据的“本质”信息？

假设训练集 $\mathcal{D}=\{\boldsymbol{x}_i\}_{i=1}^N$，其中，$\boldsymbol{x}_i\in\mathbb{R}^{D\times1}$，$1\leqslant i\leqslant N$。低维数据 $\boldsymbol{z}$（$\boldsymbol{z}\in\mathbb{R}^{D'\times1}$）被函数 $f(\cdot)$ 映射成高维数据 $\boldsymbol{x}$（$\boldsymbol{x}\in\mathbb{R}^{D\times1}$），其中，维度满足 $D'<D$。一种保留高维数据信息的方式是让低维数据 $\boldsymbol{z}$ 能够重构高维数据 $\boldsymbol{x}$：

$$\min_{f,\boldsymbol{z}}\left\|\boldsymbol{x}-f(\boldsymbol{z})\right\|_2^2 \tag{9.1}$$

式（9.1）表明降维任务需要求解让重构误差最小的低维数据 $\boldsymbol{z}$ 和映射函数 $f(\cdot)$。但是，同时求解映射函数 $f(\cdot)$ 和低维表示 $\boldsymbol{z}$ 是非常困难的。例如，求解 $\min_{a,b}\|4-a\cdot b\|_2^2$，参数 a 和 b 会有无穷多种解。为了让 a、b 有唯一的解，需要建立 a、b 之间的约束。如果我们假定 a 和 b 满足约束 $a+b=2$，我们就会得到该约束下 $\min_{a,b}\|4-a\cdot b\|_2^2$ 的唯一解 $a=1$、$b=1$。

【猜想】我们需要对映射函数 $f(\cdot)$ 或低维表示 $\boldsymbol{z}$ 进行约束才能方便求解低维表示 $\boldsymbol{z}$。我们可以预先定义低维表示 $\boldsymbol{z}$ 的特性。主成分分析（principal component analysis，PCA）在以下两个方面做出假设。

（1）低维数据到高维数据的重构。假定，训练集 $\mathcal{D}=\{\boldsymbol{x}_i\}_{i=1}^N$，其中，$\boldsymbol{x}_i\in\mathbb{R}^{D\times1}$，$1\leqslant i\leqslant N$。我们将样本 $\boldsymbol{x}_i$ 排列成矩阵 $\boldsymbol{X}=[\boldsymbol{x}_1,\cdots,\boldsymbol{x}_i,\cdots,\boldsymbol{x}_N]\in\mathbb{R}^{D\times N}$，降维后的矩阵为 $\boldsymbol{Z}=[\boldsymbol{z}_1,\cdots,\boldsymbol{z}_i,\cdots,\boldsymbol{z}_N]\in\mathbb{R}^{D'\times N}$。矩阵 $\boldsymbol{W}=[\boldsymbol{w}_1,\cdots,\boldsymbol{w}_i,\cdots,\boldsymbol{w}_{D'}]\in\mathbb{R}^{D'\times D'}$ 是高维矩阵 $\boldsymbol{X}$ 变换为低维矩阵 $\boldsymbol{Z}$ 的投影矩阵：

$$\boldsymbol{Z}=\boldsymbol{W}^{\mathrm{T}}\boldsymbol{X} \tag{9.2}$$

（2）投影矩阵是正交矩阵。

$$\boldsymbol{W}^{\mathrm{T}}\boldsymbol{W}=\boldsymbol{I} \tag{9.3}$$

式中，$\boldsymbol{I}\in\mathbb{R}^{D'\times D'}$ 是单位矩阵。式（9.3）说明向量 $\boldsymbol{w}_i$ 和向量 $\boldsymbol{w}_j$ 在下标 $i\neq j$ 时相互正交，$1\leqslant i,j\leqslant D'$。

现在，我们需要用低维表示 $\boldsymbol{z}$ 重构原始样本 $\boldsymbol{x}$。根据投影矩阵公式即式（9.2），重构后的高维数据可以表示为：

$$\hat{\boldsymbol{x}}=\boldsymbol{W}\boldsymbol{z} \tag{9.4}$$

式中，向量 $\hat{\boldsymbol{x}}$（$\hat{\boldsymbol{x}}\in\mathbb{R}^{D\times1}$）表示重构后的高维空间中的样本。主成分分析用重构误差最小的方式求解低维表示 $\boldsymbol{z}$：

$$
\begin{aligned}
&\min_{z,W} \sum_{i=1}^{N} \|x_i - \hat{x}_i\|_2^2 \\
&\text{s.t. } \hat{x} = Wz \\
&\quad W^{\mathrm{T}} W = I
\end{aligned} \tag{9.5}
$$

9.1.1 主成分分析目标函数的简化

【问题】如何对主成分分析目标函数即式（9.5）进行简化？

我们将主成分分析的目标函数展开：

$$
\begin{aligned}
\sum_{i=1}^{N} \|x_i - \hat{x}_i\|_2^2 &= \sum_{i=1}^{N} (x_i - \hat{x}_i)^{\mathrm{T}} (x_i - \hat{x}_i) \\
&= \sum_{i=1}^{N} \left(x_i^{\mathrm{T}} x_i - x_i^{\mathrm{T}} \hat{x}_i - \hat{x}_i^{\mathrm{T}} x_i + \hat{x}_i^{\mathrm{T}} \hat{x}_i \right) \\
&= \sum_{i=1}^{N} \left(x_i^{\mathrm{T}} x_i - 2\hat{x}_i^{\mathrm{T}} x_i + \hat{x}_i^{\mathrm{T}} \hat{x}_i \right)
\end{aligned} \tag{9.6}
$$

将 $\hat{x} = Wz$ 代入式（9.6），可得：

$$
\begin{aligned}
\sum_{i=1}^{N} \|x_i - \hat{x}_i\|_2^2 &= \sum_{i=1}^{N} \left[x_i^{\mathrm{T}} x_i - 2(Wz_i)^{\mathrm{T}} x_i + (Wz_i)^{\mathrm{T}} Wz_i \right] \\
&= \sum_{i=1}^{N} \left[x_i^{\mathrm{T}} x_i - 2z_i^{\mathrm{T}} W^{\mathrm{T}} x_i + z_i^{\mathrm{T}} (W^{\mathrm{T}} W) z_i \right]
\end{aligned} \tag{9.7}
$$

我们利用正交变换 $W^{\mathrm{T}} W = I$ 将式（9.7）简化为：

$$
\begin{aligned}
\sum_{i=1}^{N} \|x_i - \hat{x}_i\|_2^2 &= \sum_{i=1}^{N} \left(z_{ii}^{\mathrm{T}} z_i - 2z_{ii}^{\mathrm{T}} W_i^{\mathrm{T}} x + x_{ii}^{\mathrm{T}} x_i \right) \\
&= \sum_{i=1}^{N} z_i^{\mathrm{T}} z_i - 2\sum_{i=1}^{N} z_i^{\mathrm{T}} W^{\mathrm{T}} x_i + \sum_{i=1}^{N} x_i^{\mathrm{T}} x_i \\
&= \sum_{i=1}^{N} z_i^{\mathrm{T}} z_i - 2\sum_{i=1}^{N} z_i^{\mathrm{T}} W^{\mathrm{T}} x_i + C \\
&= \sum_{i=1}^{N} z_i^{\mathrm{T}} z_i - 2\sum_{i=1}^{N} z_i^{\mathrm{T}} z_i + C \\
&= -\sum_{i=1}^{N} z_i^{\mathrm{T}} z_i + C
\end{aligned} \tag{9.8}
$$

式中，C 为常量。如果我们使用矩阵的迹（trace）来表示运算 $-\sum_{i=1}^{N} z_i^{\mathrm{T}} z_i$，式（9.8）可以进一步简化为：

$$
\begin{aligned}
\min_{z} \sum_{i=1}^{N} \|x_i - \hat{x}_i\|_2^2 &= \min_{z} - \sum_{i=1}^{N} z_i^{\mathrm{T}} z_i \\
&= \min_{z} - \sum_{i=1}^{N} \mathrm{tr}\left(z_i z_i^{\mathrm{T}} \right) \\
&= \min_{z} - \mathrm{tr}\left(\sum_{i=1}^{N} z_i z_i^{\mathrm{T}} \right)
\end{aligned} \tag{9.9}
$$

式中，函数 $\mathrm{tr}(\boldsymbol{A})$ 表示求矩阵 $\boldsymbol{A}$ 的迹。从简化的目标函数即式（9.9）来看，主成分分析就是指最大化各样本在低维空间中的方差之和 $\sum_{i=1}^{N} \boldsymbol{z}_i^{\mathrm{T}} \boldsymbol{z}_i$。

【猜想】因为 $\boldsymbol{z}$ 是在正交空间中的投影，从几何分布上讲，最大化 $\boldsymbol{z}_i^{\mathrm{T}} \boldsymbol{z}_i$ 意味着让数据在低维空间中尽可能地“展开”，而不是收缩到一个点上。

将 $\boldsymbol{x} = \boldsymbol{W}\boldsymbol{z}$ 代入求迹函数，我们可以得到：

$$
\begin{aligned}
-\mathrm{tr}\left(\sum_{i=1}^{N} \boldsymbol{z}_i \boldsymbol{z}_i^{\mathrm{T}}\right) &= -\mathrm{tr}\left(\sum_{i=1}^{N} \boldsymbol{W}^{\mathrm{T}} \boldsymbol{x}_i \boldsymbol{x}_i^{\mathrm{T}} \boldsymbol{W}\right) \\
&= -\mathrm{tr}\left[\boldsymbol{W}^{\mathrm{T}}\left(\sum_{i=1}^{N} \boldsymbol{x}_i \boldsymbol{x}_i^{\mathrm{T}}\right)\boldsymbol{W}\right]
\end{aligned}
\tag{9.10}
$$

假设 $\boldsymbol{S} = \sum_{i=1}^{N} \boldsymbol{x}_i \boldsymbol{x}_i^{\mathrm{T}}$，目标函数即式（9.10）可以改写成矩阵形式：

$$
\begin{aligned}
&\arg\max_{\boldsymbol{W}} \mathrm{tr}\left(\boldsymbol{W}^{\mathrm{T}} \boldsymbol{S} \boldsymbol{W}\right) \\
&\text{s.t. } \boldsymbol{W}^{\mathrm{T}} \boldsymbol{W} = \boldsymbol{I}
\end{aligned}
\tag{9.11}
$$

9.1.2 主成分分析目标函数的优化

【问题】如何优化目标函数即式（9.11）？

【猜想】因为投影矩阵 $\boldsymbol{W} = [\boldsymbol{w}_1, \cdots, \boldsymbol{w}_{D'}]^{\mathrm{T}}$ 的各个投影向量 $\boldsymbol{w}_i$ 相互正交，所以，我们可以对投影向量 $\boldsymbol{w}_i$（$1 \leqslant i \leqslant D'$）分别求解。我们将式（9.11）转换为拉格朗日函数 $L(\boldsymbol{w}_1, \lambda_1)$：

$$
L(\boldsymbol{w}_1, \lambda_1) = \boldsymbol{w}_1^{\mathrm{T}} \boldsymbol{S} \boldsymbol{w}_1 - \lambda_1 \left(\boldsymbol{w}_1^{\mathrm{T}} \boldsymbol{w}_1 - 1\right) \tag{9.12}
$$

式中，λ_1（$\lambda_1 \geqslant 0$）是拉格朗日乘子。令拉格朗日函数 $L(\boldsymbol{w}_1, \lambda_1)$ 对 $\boldsymbol{w}_1$ 求偏导数并令其等于 0：

$$
\frac{\partial L(\boldsymbol{w}_1, \lambda_1)}{\partial \boldsymbol{w}_1} = 2\boldsymbol{S}\boldsymbol{w}_1 - 2\lambda_1 \boldsymbol{w} = 0 \tag{9.13}
$$

所以，

$$
\boldsymbol{S}\boldsymbol{w}_1 = \lambda_1 \boldsymbol{w}_1 \tag{9.14}
$$

由式（9.14）可知，如果我们要使得目标函数即式（9.12）最大，λ_1 应该是协方差矩阵 $\boldsymbol{S}$ 的最大特征值，而投影向量 $\boldsymbol{w}_1$ 为对应的特征向量。

接着求解第 2 个投影向量 $\boldsymbol{w}_2$。由于约束条件为正交约束，即 $\boldsymbol{w}_2^{\mathrm{T}} \boldsymbol{w}_2 = 1$ 和 $\boldsymbol{w}_2^{\mathrm{T}} \boldsymbol{w}_1 = 0$，因此目标函数即式（9.11）可以转换为：

$$
\mathrm{tr}\left(\boldsymbol{W}^{\mathrm{T}} \boldsymbol{S} \boldsymbol{W}\right) = \boldsymbol{w}_1^{\mathrm{T}} \boldsymbol{S} \boldsymbol{w}_1 + \boldsymbol{w}_2^{\mathrm{T}} \boldsymbol{S} \boldsymbol{w}_2 \tag{9.15}
$$

带约束的拉格朗日函数 $L(\boldsymbol{w}_1, \lambda_2, \lambda_{2,1})$ 可以转化为：

$$L\left(\boldsymbol{w}_1,\lambda_2,\lambda_{2,1}\right)=\boldsymbol{w}_1^{\mathrm{T}}\boldsymbol{S}\boldsymbol{w}_1+\boldsymbol{w}_2^{\mathrm{T}}\boldsymbol{S}\boldsymbol{w}_2-\lambda_2\left(\boldsymbol{w}_2^{\mathrm{T}}\boldsymbol{w}_2-1\right)-\lambda_{2,1}\boldsymbol{w}_2^{\mathrm{T}}\boldsymbol{w}_1 \tag{9.16}$$

我们求拉格朗日函数 $L\left(\boldsymbol{w}_1,\lambda_2,\lambda_{2,1}\right)$ 对参数 $\boldsymbol{w}_2$ 的偏导数并令其等于 0：

$$\frac{\partial L\left(\boldsymbol{w}_1,\lambda_2,\lambda_{2,1}\right)}{\partial \boldsymbol{w}_2}=2\boldsymbol{S}\boldsymbol{w}_2-2\lambda_2\boldsymbol{w}_2-\lambda_{2,1}\boldsymbol{w}_1=0 \tag{9.17}$$

将式（9.17）的等号两边同乘 $\boldsymbol{w}_1^{\mathrm{T}}$ 可得：

$$2\boldsymbol{w}_1^{\mathrm{T}}\boldsymbol{S}\boldsymbol{w}_2-2\lambda_2\boldsymbol{w}_1^{\mathrm{T}}\boldsymbol{w}_2-\lambda_{2,1}\boldsymbol{w}_1^{\mathrm{T}}\boldsymbol{w}_1=0 \tag{9.18}$$

此等式左边前 2 项等于 0，所以第 3 项也必须等于 0。另外，$\boldsymbol{w}_1^{\mathrm{T}}\boldsymbol{w}=1$，所以 $\lambda_{2,1}=0$。因此式（9.18）变成：

$$\boldsymbol{S}\boldsymbol{w}_2=\lambda_2\boldsymbol{w}_2 \tag{9.19}$$

即 λ_2 为协方差矩阵 $\boldsymbol{S}$ 的特征值，$\boldsymbol{w}_2$ 是对应的特征向量。

目标函数即式（9.15）的值为：

$$\operatorname{tr}\left(\boldsymbol{W}^{\mathrm{T}}\boldsymbol{S}\boldsymbol{W}\right)=\boldsymbol{w}_1^{\mathrm{T}}\boldsymbol{S}\boldsymbol{w}_1+\boldsymbol{w}_2^{\mathrm{T}}\boldsymbol{S}\boldsymbol{w}_2=\lambda_1+\lambda_2 \tag{9.20}$$

式（9.20）说明，要使目标函数即式（9.11）的值最大，在给定 λ_1 为协方差矩阵 $\boldsymbol{S}$ 的最大特征值的条件下，λ_2 应该为 $\boldsymbol{S}$ 的第二大特征值，同时 $\boldsymbol{w}_2$ 为对应的特征向量。依次类推，λ_d 为协方差矩 $\boldsymbol{S}$ 的第 d 大特征值，$\boldsymbol{w}_d$ 为对应的特征向量。

可见，如果想将高维数据降至 D' 维，可取矩阵 $\boldsymbol{S}$ 的前 D' 个特征值对应的特征向量构成投影矩阵 $\boldsymbol{W}=\left[\boldsymbol{w}_1,\ldots,\boldsymbol{w}_i,\ldots,\boldsymbol{w}_{D'}\right]^{\mathrm{T}}$。

9.1.3 主成分分析数据的预处理

【问题】 因为线性变换 $\boldsymbol{Z}=\boldsymbol{W}^{\mathrm{T}}\boldsymbol{X}$ 以数据集 $\boldsymbol{X}=\left[\boldsymbol{x}_1,\cdots,\boldsymbol{x}_i,\cdots,\boldsymbol{x}_N\right]$（$\boldsymbol{X}\in\mathbb{R}^{D\times N}$）的原点为坐标原点，所以，$\max \boldsymbol{z}_i^{\mathrm{T}}\boldsymbol{z}_i$ 会出现一个平凡解：所有的数据点都先投影到同一个点上，然后让这个点远离坐标原点。显然，这个解是非常不合理的！如何才能避免这个问题？

【猜想】 一种简单的解决思路是将数据集 $\boldsymbol{X}$ 的坐标原点转移到数据集 $\boldsymbol{X}$ 的中心。我们需要对样本进行去中心化处理：

$$\boldsymbol{X}=\boldsymbol{X}-\bar{\boldsymbol{X}} \tag{9.21}$$

式中，$\bar{\boldsymbol{X}}$ 表示数据集 $\boldsymbol{X}$ 的均值。

【实验 1】 假设样本“+”服从高斯分布 $\mathcal{N}\left(\begin{bmatrix}2\\1\end{bmatrix},\begin{bmatrix}10, & 0\\0, & 0.2\end{bmatrix}\right)$。请对比归一化前后主成分分析特征向量的变化。

解： 归一化前后的主成分分析结果分别如图 9-2（a）和图 9-2（b）所示，其中，$\boldsymbol{w}_1$ 和 $\boldsymbol{w}_2$ 表示主成分的特征向量。

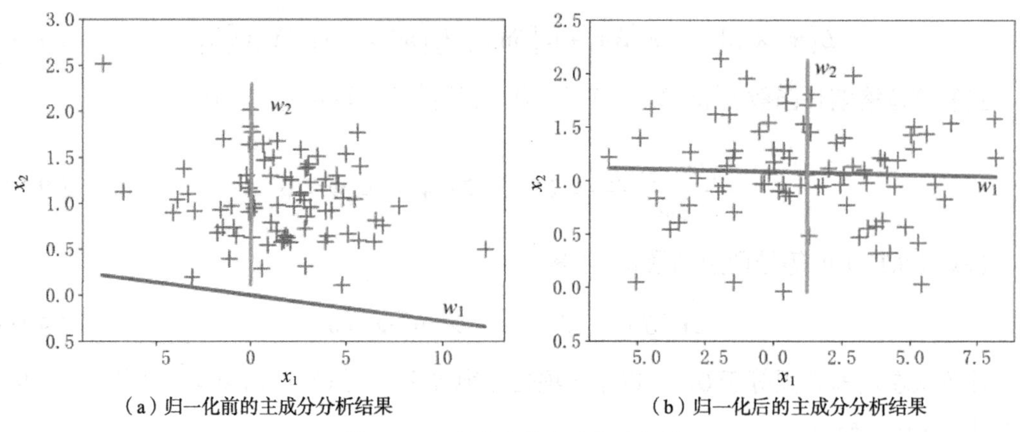

（a）归一化前的主成分分析结果　　（b）归一化后的主成分分析结果

图 9-2　主成分分析结果的对比图

主成分分析可以简洁地被描述为“主要矛盾和次要矛盾”的问题。下面给出主成分分析。

算法 9.1：主成分分析

输入：训练集 $\mathcal{D}=\{\boldsymbol{x}_i\}_{i=1}^{N}$，$\boldsymbol{x}_i \in \mathbb{R}^{D\times1}$，$i=1,\cdots,N$；低维空间的维度 D'。

输出：投影矩阵 $\boldsymbol{W}$。

（1）将样本 $\boldsymbol{x}_i$ 排列成矩阵 $\boldsymbol{X}=[\boldsymbol{x}_1,\cdots,\boldsymbol{x}_i,\cdots,\boldsymbol{x}_N]$ 并用式（9.21）对所有样本去中心化；

（2）用式（9.11）计算协方差矩阵 $\boldsymbol{S}$；

（3）求协方差矩阵 $\boldsymbol{S}$ 的前 D' 个最大特征值和对应的特征向量；

（4）将特征向量分别作为行向量组成投影矩阵 $\boldsymbol{W}$。

9.2 语义表示模型

9.2.1 一词一义与词频-逆词频表示

随着互联网的发展，通过网络爬虫可以获得各种文本形式的自然语言，如中文、英文、日文等。自然语言处理（natural language processing，NLP）的一个经典问题是如何度量两个文档[1]语义间的相似性？

一个最简单的想法是：先把查询用的关键字和文档都表示成向量，然后用向量之间的相似性来度量文档语义之间的相似性。

【问题】 如何将文档合理地转换为具有语义性的向量？

【猜想】 每种语言的单词（word）可以构成字典（dictionary），而且，每种语言中单词的数量是固定的。因此，一个最直观的想法是：如果某个单词在一个文档中出现的频

1 本书中，文档特指数字媒体上由文本组成的部分。例如，对于一个包含图像和文本的网页而言，我们可将其文本部分看作一个文档。

率高而在其他文档中出现的频率低，我们则认为该词能很好描述该文档的语义。例如，如果我们要查询“Car Insurance”的文档，需计算“Car”和“Insurance”在文档中出现的频率。

假设一个文档 $d=\{w_1,\cdots,w_i,\cdots,w_M\}$ 由 M 个单词 w_i（$i=1,\cdots,M$）构成。单词 w_i 的词频（term frequency，TF）tf_i 为该单词在文档 d 中出现的频率：

$$\mathrm{tf}_i = n_i \Big/ \sum_{i=1}^{M} n_i \tag{9.22}$$

式中，n_i 表示单词 w_i（$i=1,\cdots,M$）在文档 d 中出现的次数，$\sum_{i=1}^{M} n_i$ 表示所有单词 w_i 在文档 d 中出现的次数总和。因此，任意一个文档 d_j（$1 \leqslant j \leqslant N$）可以用由词频 tf_i 构成的向量即 $\boldsymbol{x}_j=[\mathrm{tf}_1,\cdots,\mathrm{tf}_i,\cdots,\mathrm{tf}_M]^{\mathrm{T}}$ 表示。

由于自然语言的特点，有些单词会在多个文档中频繁出现，如英语中的“the”“but”等词。然而，这些单词只用于保持语言的连贯性，并没有语义。例如，我们要搜索“How to build a car”的文档，其中的“How”“to”“a”都极可能出现在别的文档中。我们称这些词为频繁词。因为频繁词的词频很高，所以频繁词会“扭曲”文档之间真正的语义相似性。

在词频的基础上，我们需要对在多个文档中出现的频繁词进行“惩罚”以减小这些词在特征表示中的权重。我们可以使用“逆文档频率”（inverse document frequency，IDF）来减小频繁词的权重。

假定文档集合 $\mathcal{D}=\{d_1,\cdots,d_j,\cdots,d_N\}$，其中，$N$ 表示文档数。如果单词 w_i 只出现在文档 d_j（$j=1,\cdots,N$）中，单词 w_i 的逆文档频率为：

$$\mathrm{idf}_i = \ln\left(\frac{N}{\left|j: w_i \in d_j\right| + 1}\right) \tag{9.23}$$

式中，$\left|j: w_i \in d_j\right|$ 表示包含单词 w_i 的文档数量。这里需要说明的是，分母加 1 是为了避免分母为 0 的情况（即所有文档都不包含该词的情况）。式（9.23）说明，如果一个词在多个文档中出现的频率越高，那么该词的逆文档频率值就越小。

综合式（9.22）和式（9.23），我们可以得到一个单词 w_i 在文档 d_j 中的“频率-逆文档频率”值为：

$$\mathrm{tf}_i \times \mathrm{idf}_i \tag{9.24}$$

因此，任意一个文档 d_j（$1 \leqslant j \leqslant N$）中的向量可表示为 $\boldsymbol{x}_j=[\mathrm{tf}_1\times\mathrm{idf}_1,\cdots,\mathrm{tf}_i\times\mathrm{idf}_i,\cdots,\mathrm{tf}_M\times\mathrm{idf}_M]^{\mathrm{T}}$。在使用式（9.24）计算文档的“词频-逆词频”向量后，我们就可以通过余弦距离对文档之间的语义相似性进行判断。下面给出词频-逆词频算法。

算法 9.2：词频-逆词频算法

输入：文档集合 $\mathcal{D}=\{d_1,\cdots,d_j,\cdots,d_N\}$。

输出：文档 d_j 的词频-逆词频向量。

（1）利用分词系统将每个文档 d_j 分拆成词组并忽略字母的大小写等问题；

（2）除去无效符号，例如“\”“,”“=”等符号，并去除停用词，如英文中的“the”“is”等，中文的“的”等；

（3）提取词组的词干，对于英文需要去除时态表示的不同，例如，将“go”“going”“went”“goes”统一为“go”；

（4）统计文档 d_j 每个单词 w_i 出现的次数 n_i 并去掉出现次数较少的词；

（5）利用式（9.22）、式（9.23）和式（9.24）计算单词 d_j 的词频-逆词频向量。

9.2.2 隐语义模型

【问题】现实中大部分单词具有一词多义或一义多词的特点，如图 9-3 所示。

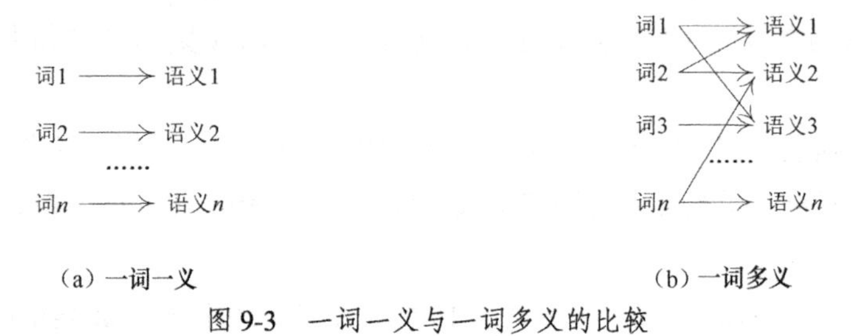

（a）一词一义　　（b）一词多义

图 9-3　一词一义与一词多义的比较

在词频-逆词频向量的计算中，每一个单词均满足一词一义。然而，一词一义将导致搜索结果与用户期望之间存在很大的差距。出现差距的原因如下。

（1）一词多义：词频-逆词频向量可能匹配出并非用户真正想要查找的内容。比如，“笔记本”可以理解为“便携式电脑”或“记事本”。

（2）一义多词：词频-逆词频向量可能遗漏用户真正需要查找的内容。例如，“电脑”和“计算机”这两个词在生活中经常混用，如果用“电脑”作为搜索关键词，大量“计算机”相关的文档就会被忽略。

【猜想】人类怎么处理一词多义的问题？人类通常会通过统计大量上下文来找出不同单词间的语义关联性。

我们以“search engineer optimization，SEO”和“搜索引擎优化”为例进行分析。虽然，“SEO”是英文而“搜索引擎优化”是中文，但是，如果这两个词频繁地出现在相同的网页中，我们就会猜到“搜索引擎优化”和“SEO”一定有很大的关联性。因此，我们可以把“搜索引擎优化”和“SEO”关联在一起。这意味着我们可以通过单词在多个文本中的共生关系（上下文环境）来解决一词多义和一义多词的问题。结合 9.1 节的主成分分析和上面的推测，我们可以大胆想到两点。

（1）现有的字典存在冗余问题。比如，“电脑”和“计算机”是指同一类东西。我们可以通过降低字典的维度将多个单词投射成一个语义类从而解决一义多词的问题。如果一义多词的问题能够被解决，那么一词多义的问题也能被解决。

（2）建模文档和单词的共生关系。我们需要用“文档-单词”的形式来记录多个单词之间的共生关系，它也能表示文档和单词之间的共生关系。

针对自然语言中一义多词或一词多义的问题，我们需要将文档和单词的共生关系作为输入对字典进行“降维”建模，从而将多个具有相同语义的单词压缩到同一语义类中。

假设 N 个文档共有 M 个单词，通过潜在语义分析（latent semantic analysis，LSA）可将文档和单词表示为一个 $N \times M$ 大小的矩阵 $\boldsymbol{A}$（$\boldsymbol{A} \in \mathbb{R}^{N \times M}$）。$a_{ij}$（$a_{ij} \in \boldsymbol{A}$）表示单词 w_j 出现在第 i 个文档中的频次。

一个简单的想法是，我们先计算出单词之间的相关性矩阵 $\boldsymbol{A}^{\mathrm{T}}\boldsymbol{A}$（$\boldsymbol{A}^{\mathrm{T}}\boldsymbol{A} \in \mathbb{R}^{M \times M}$），再利用主成分分析对矩阵 $\boldsymbol{A}^{\mathrm{T}}\boldsymbol{A}$ 进行分解：

$$\boldsymbol{A}^{\mathrm{T}}\boldsymbol{A}\boldsymbol{V} = \boldsymbol{U}\boldsymbol{\Sigma} \tag{9.25}$$

式中，$\boldsymbol{V}$ 是单位正交矩阵，$\boldsymbol{\Sigma}$ 是对角矩阵，$\boldsymbol{U}\boldsymbol{\Sigma}$ 是单词在正交空间 $\boldsymbol{V}$ 中的投影（也可理解为在正交空间 $\boldsymbol{V}$ 中的坐标值）。式（9.25）实质上就是用主成分分析对单词在低维空间中进行表示。

同理，我们可先计算出文档之间的相关性矩阵 $\boldsymbol{A}\boldsymbol{A}^{\mathrm{T}}$（$\boldsymbol{A}\boldsymbol{A}^{\mathrm{T}} \in \mathbb{R}^{N \times N}$），再利用主成分分析对 $\boldsymbol{A}\boldsymbol{A}^{\mathrm{T}}$ 进行分解：

$$\boldsymbol{U}\boldsymbol{A}\boldsymbol{A}^{\mathrm{T}} = \boldsymbol{\Sigma}\boldsymbol{V} \tag{9.26}$$

式中，$\boldsymbol{U}$ 是单位正交矩阵，$\boldsymbol{\Sigma}$ 是对角矩阵，$\boldsymbol{\Sigma}\boldsymbol{V}$ 就是文档在空间 $\boldsymbol{U}$ 中的表示。

变换式（9.25）和式（9.26）是独立进行的。这种简单思路无法同时建模单词与文档之间的关系。我们需要将“单词-文档”矩阵 $\boldsymbol{A}$ 同时投影到两个空间中，从而建立单词和文档之间的关系：

$$\boldsymbol{A} = \sigma_1 \boldsymbol{u}_1 \boldsymbol{v}_1^{\mathrm{T}} + \cdots + \sigma_i \boldsymbol{u}_i \boldsymbol{v}_i^{\mathrm{T}} + \cdots + \sigma_R \boldsymbol{u}_R \boldsymbol{v}_R^{\mathrm{T}} \tag{9.27}$$

式中，σ_i 是奇异值（矩阵 $\boldsymbol{\Sigma}$ 的对角线值），$\sigma_i = \sqrt{\lambda_i}$，$\lambda_i$ 是矩阵 $\boldsymbol{A}$ 的特征值。隐语义分析利用奇异值分解（singular value decomposition，SVD）对“单词-文档”矩阵 $\boldsymbol{A}$ 进行分解，从而解决一词多义的问题。隐语义分析利用奇异值分解将“文档-单词”矩阵 $\boldsymbol{A}$ 分解成 3 个矩阵。

（1）矩阵 $\boldsymbol{U}$ 的每一行是将文档 d_j 投射到 R 个语义概念的强度，即 1 个文档 d_j 含有 R 个语义的可能性。

（2）对角矩阵 $\boldsymbol{\Sigma}$ 则是每一个语义概念在这组文档中所占的比例。

（3）矩阵 $\boldsymbol{V}^{\mathrm{T}}$ 的每一行是将单词 w_i 投射到 R 个语义概念的强度，即 1 个单词 w_i 含有 R 个语义的可能性。

奇异值分解与弗罗贝尼乌斯（Frobenius）范数[1]

给定二维矩阵 $\boldsymbol{A}$（$\boldsymbol{A}\in\mathbb{R}^{N\times D}$），利用奇异值分解将矩阵 $\boldsymbol{A}$ 分解为 2 个正交矩阵 $\boldsymbol{U}$（$\boldsymbol{U}\in\mathbb{R}^{N\times R}$）、$\boldsymbol{V}$（$\boldsymbol{V}\in\mathbb{R}^{D\times R}$）和一个对角矩阵 $\boldsymbol{\Sigma}$（$\boldsymbol{\Sigma}\in\mathbb{R}^{R\times R}$）：

$$\boldsymbol{A}=\boldsymbol{U\Sigma V}^{\mathrm{T}}$$
$$\boldsymbol{U}^{\mathrm{T}}\boldsymbol{U}=\boldsymbol{I}$$
$$\boldsymbol{V}^{\mathrm{T}}\boldsymbol{V}=\boldsymbol{I}$$

式中，$\boldsymbol{I}$ 是单位矩阵，$\boldsymbol{V}=\left[\boldsymbol{v}_1,\cdots,\boldsymbol{v}_i,\cdots,\boldsymbol{v}_j,\cdots,\boldsymbol{v}_R\right]^{\mathrm{T}}$ 是一个正交矩阵，$\boldsymbol{U}=\left[\boldsymbol{u}_1,\cdots,\boldsymbol{u}_i,\cdots,\boldsymbol{u}_j,\cdots,\boldsymbol{u}_R\right]^{\mathrm{T}}$ 也是正交矩阵，且当 $i\neq j$ 时，$\boldsymbol{u}_i\boldsymbol{u}_j^{\mathrm{T}}=0$。因此，二维矩阵 $\boldsymbol{A}$ 可以同时“向左”和“向右”分别投影到由 2 个正交矩阵 $\boldsymbol{U}$ 和 $\boldsymbol{V}$ 构成的子空间：

$$\boldsymbol{A}=\sigma_1\boldsymbol{u}_1\boldsymbol{v}_1^{\mathrm{T}}+\cdots+\sigma_i\boldsymbol{u}_i\boldsymbol{u}_i^{\mathrm{T}}+\cdots+\sigma_R\boldsymbol{u}_R\boldsymbol{v}_R^{\mathrm{T}}$$

式中，σ_i 表示矩阵 $\boldsymbol{A}$ 在左、右投影坐标系中的坐标值，也就是将 $\boldsymbol{A}$ 分解到坐标系的强度。

弗罗贝尼乌斯范数（F-范数）为 $\|\boldsymbol{A}\|_F=\sqrt{\sum_{i,j}a_{ij}^2}$，其中，元素 a_{ij} 是矩阵 $\boldsymbol{A}$ 中元素的取值，$i=1,\cdots,M$，$j=1,\cdots,N$。矩阵 $\boldsymbol{A}$ 的 F-范数可以进一步表示为矩阵 $\boldsymbol{A}$ 迹的形式：

$$\begin{aligned}\|\boldsymbol{A}\|_F^2&=\mathrm{tr}\left(\boldsymbol{AA}^{\mathrm{T}}\right)=\mathrm{tr}\left(\boldsymbol{A}^{\mathrm{T}}\boldsymbol{A}\right)\\&=\mathrm{tr}\left(\boldsymbol{U\Sigma V}^{\mathrm{T}}\boldsymbol{V\Sigma}^{\mathrm{T}}\boldsymbol{U}^{\mathrm{T}}\right)\\&=\mathrm{tr}\left(\boldsymbol{U\Sigma\Sigma}^{\mathrm{T}}\boldsymbol{U}^{\mathrm{T}}\right)\\&=\mathrm{tr}\left(\boldsymbol{\Sigma\Sigma}^{\mathrm{T}}\right)\\&=\sum\sigma_i^2\end{aligned}$$

下面给出隐语义模型的算法。

算法 9.3：隐语义模型算法

输入：文档集 $\mathcal{D}=\left\{d_1,\cdots,d_j,\cdots,d_N\right\}$。

输出：单词的隐语义空间。

（1）利用算法 9.2 的预处理方法对文档集 $\mathcal{D}$ 进行预处理，以建立一个“文档-单词”矩阵 $\boldsymbol{A}$；

（2）对矩阵 $\boldsymbol{A}$ 进行奇异值分解，得到特征值矩阵 $\boldsymbol{\Sigma}$、正交矩阵 $\boldsymbol{U}$ 和 $\boldsymbol{V}$；

（3）利用式（9.27）对单词和文档进行表示。

1 我们在后面的讨论中，将弗罗贝尼乌斯范数简称为 F-范数。

9.2.3 概率隐语义模型

【问题】隐语义分析所用的奇异值分解计算复杂度高。当有新文档到来时，需要先将新文档加入数据集中再进行奇异值分解。

日常生活中，人们通常先确定内容的主题，然后才根据主题构思一篇逻辑完整的作文。比如，撰写一篇关于自然语言处理的作文，有约 40%的可能性谈论语言学的背景和思路，有约 30%的可能性讨论自然语言的概率建模，有约 20%的可能性谈论编程实现，还有约 10%的可能性谈论模型的潜在应用。

【猜想】一篇作文应该由多个主题（topic）构成，所以，作文按照隐含主题的分布进行表示更加合理。

概率隐语义分析（probabilistic latent semantic analysis，PLSA）假定有一个文档集合 $\mathcal{D}=\{d_1,\cdots,d_m,\cdots,d_M\}$，其中每一个文档 d_m 可以由多个主题 z_k（$k=1,\cdots,K$）混合而成，而每个主题 z_k 都用不同的单词来描述。以 $P(d_m)$ 的概率从文档集合 $\mathcal{D}$ 中选择一个文档 d_m，以 $P(z_k \mid d_m)$ 的概率从主题集合 $\boldsymbol{z}=\{z_1,\cdots,z_k,\cdots,z_K\}$ 中选择一个主题 z_k，最后以 $P(w_n \mid z_k)$ 的概率从词集合 $\boldsymbol{W}=\{w_1,\cdots,w_n,\cdots,w_N\}$ 中选择一个词 w_n。显然，离散的概率分布 $P(z_k \mid d_m)$（$P(z_k \mid d_m)\in\mathbb{R}^{K\times M}$）和 $P(w_n \mid z_k)$（$P(w_n \mid z_k)\in\mathbb{R}^{N\times K}$）就是我们需要求解的变量。

给定“文档-词频”矩阵 $\boldsymbol{A}$（$\boldsymbol{A}\in\mathbb{R}^{M\times N}$），我们假设单词 w_n 在每个文档 d_m 中以独立同分布的形式出现 $n(d_m,w_n)$ 次。单词 w_n 在文档 d_m 中出现的似然函数为：

$$L=\prod_{m=1}^{M}\prod_{n=1}^{N}P(d_m,w_n)^{n(d_m,w_n)} \tag{9.28}$$

式中，概率 $P(d_m,w_n)$ 表示单词 w_n 出现在文档 d_m 中的概率。我们期望将联合概率 $P(d_m,w_n)$ 分解成与条件概率分布 $P(z_k \mid d_m)$ 和 $P(w_n \mid z_k)$ 相关的表达式：

$$\begin{aligned}P(w_n,d_m)&=\sum_{k=1}^{K}P(w_n,z_k,d_m)\\&=\sum_{k=1}^{K}P(w_n,d_m \mid z_k)P(z_k)\\&=\sum_{k=1}^{K}P(w_n \mid z_k)P(d_m \mid z_k)P(z_k)\end{aligned} \tag{9.29}$$

式中，$P(z_k)$ 是文档集合 $\mathcal{D}$ 所包含主题的概率分布，而主题 z_k 是隐变量。

因为主题 z_k 为隐变量，我们需要进一步“吸收”主题的概率分布 $P(z_k)$，同时将概率 $P(d_m \mid z_k)$ 转化为概率密度 $P(z_k \mid d_m)$：

$$\begin{aligned}\sum_{k=1}^{K}P(w_n \mid z_k)P(d_m \mid z_k)P(z_k)&=\sum_{k=1}^{K}P(w_n \mid z_k)P(z_k,d_m)\\&=\sum_{k=1}^{K}P(w_n \mid z_k)P(z_k \mid d_m)P(d_m)\\&=P(d_m)\sum_{k=1}^{K}P(w_n \mid z_k)P(z_k \mid d_m)\end{aligned} \tag{9.30}$$

式（9.30）的变换过程反复利用了贝叶斯原理 $P(z_k,d_m)=P(d_m)P(z_k \mid d_m)$。

将式（9.30）代入式（9.28）后，我们对式（9.28）取ln运算得到对数似然函数 ln$L$：

$$\begin{aligned}\ln L&=\ln\prod_{m=1}^{M}\prod_{n=1}^{N}P\left(d_m,w_n\right)^{n(d_m,w_n)}\\&=\sum_{m=1}^{M}\sum_{n=1}^{N}n\left(d_m,w_n\right)\ln P\left(d_m,w_n\right)\\&=\sum_{m=1}^{M}\sum_{n=1}^{N}n\left(d_m,w_n\right)\left[\ln P\left(d_m\right)+\ln\sum_{k=1}^{K}P\left(z_k\mid d_m\right)P\left(w_n\mid z_k\right)\right]\\&=\sum_{m=1}^{M}\sum_{n=1}^{N}n\left(d_m,w_n\right)\ln\sum_{k=1}^{K}P\left(z_k\mid d_m\right)P\left(w_n\mid z_k\right)\end{aligned}\tag{9.31}$$

由于式（9.31）含有隐变量 z_k，我们自然想到用期望最大化算法求解对数似然函数的参数 $P\left(z_k\mid d_m\right)$ 和 $P\left(w_n\mid z_k\right)$。

期望的求解：假设已知条件概率 $P\left(z_k\mid d_m\right)$ 与 $P\left(w_n\mid z_k\right)$，我们求隐变量 z_k 的后验概率 $P\left(z_k\mid d_m,w_n\right)$。

$$\begin{aligned}P\left(z_k\mid d_m,w_n\right)&=\frac{P\left(z_k,d_m,w_n\right)}{P\left(d_m,w_n\right)}\\&=\frac{P\left(z_k,d_m,w_n\right)}{p\left(d_m,w_n\right)}\\&=\frac{P\left(z_k\mid d_m\right)P\left(w_n\mid z_k\right)}{P\left(w_n\mid d_m\right)}\\&=\frac{P\left(z_k\mid d_m\right)P\left(w_n\mid z_k\right)}{\sum_{i=1}^{K}P\left(z_i\mid d_m\right)P\left(w_n\mid z_i\right)}\end{aligned}\tag{9.32}$$

式中，

$$\frac{P\left(z_k,d_m,w_n\right)}{P\left(d_m,w_n\right)}=\frac{P\left(z_k\mid d_m\right)P\left(w_n\mid z_k\right)}{P\left(w_n\mid d_m\right)}\tag{9.33}$$

式（9.32）利用了式（9.29）到式（9.30）的结果和贝叶斯原理。因此，对数似然函数关于概率分布参数 $P\left(z_k\mid d_m\right)$ 和 $P\left(w_n\mid z_k\right)$ 的部分在隐变量 z_k 概率分布下的期望为：

$$E\left[\ln L\right]=\sum_{m=1}^{M}\sum_{n=1}^{N}n\left(d_m,w_n\right)\sum_{k}^{K}P\left(z_k\mid d_m,w_n\right)\ln\left[P\left(w_n\mid z_k\right)P\left(z_k\mid d_m\right)\right]\tag{9.34}$$

我们求似然函数期望的最大值，实现对概率分布 $P\left(z_k\mid d_m\right)$ 和 $P\left(w_n\mid z_k\right)$ 的求解：

$$\begin{aligned}&\max\sum_{m=1}^{M}\sum_{n=1}^{N}n\left(d_m,w_n\right)\sum_{k=1}^{K}P\left(z_k\mid d_m,w_n\right)\ln\left[P\left(w_n\mid z_k\right)P\left(z_k\mid d_m\right)\right]\\&\text{s.t. }\sum_{k=1}^{K}p\left(z_k\mid d_m\right)=1,\quad m=1,\cdots,M\\&\qquad\sum_{n=1}^{N}P\left(w_n\mid z_k\right)=1,\quad k=1,\cdots,K\end{aligned}\tag{9.35}$$

我们使用拉格朗日乘子法求解带等式约束的目标函数即式（9.35）：

$$L\left[\lambda_k,\lambda_m,P\left(z_k\mid d_m\right),P\left(w_m\mid z_k\right)\right]=\sum_{m=1}^{M}\sum_{n=1}^{N}n\left(d_m,w_n\right)\sum_{k=1}^{K}P\left(z_k\mid d_m,w_n\right)\ln\left[P\left(w_n\mid z_k\right)P\left(z_k\mid d_m\right)\right]+$$
$$\sum_{m=1}^{M}\lambda_m\left[1-\sum_{k=1}^{K}P\left(z_k\mid d_m\right)\right]+\sum_{k=1}^{K}\lambda_k\left[1-\sum_{n=1}^{N}P\left(w_n\mid z_k\right)\right] \tag{9.36}$$

我们求拉格朗日函数即式（9.36）关于概率分布 $P\left(z_k\mid d_m\right)$ 和 $P\left(w_n\mid z_k\right)$ 的偏导数：

$$\begin{aligned}\frac{\partial L\left[\lambda_k,\lambda_m,P\left(z_k\mid d_m\right),P\left(w_m\mid z_k\right)\right]}{\partial P\left(z_k\mid d_m\right)}&=\frac{\sum_{n=1}^{N}n\left(d_m,w_n\right)P\left(z_k\mid d_m,w_n\right)}{P\left(z_k\mid d_m\right)}-\lambda_m\\\frac{\partial L\left[\lambda_k,\lambda_m,P\left(z_k\mid d_m\right),P\left(w_m\mid z_k\right)\right]}{\partial P\left(w_n\mid z_k\right)}&=\frac{\sum_{m=1}^{M}n\left(d_m,w_n\right)P\left(z_k\mid d_m,w_n\right)}{P\left(w_n\mid z_k\right)}-\lambda_k\end{aligned} \tag{9.37}$$

令偏导数即式（9.37）为 0 可得拉格朗日乘子的表达式：

$$\begin{aligned}\lambda_m&=\sum_{k=1}^{K}\sum_{n=1}^{N}n\left(d_m,w_n\right)P\left(z_k\mid d_m,w_n\right)\\\lambda_k&=\sum_{n=1}^{N}\sum_{m=1}^{M}n\left(d_m,w_n\right)P\left(z_k\mid d_m,w_n\right)\end{aligned} \tag{9.38}$$

所以有：

$$P\left(z_k\mid d_m\right)=\frac{\sum_{n=1}^{N}n\left(d_m,w_n\right)P\left(z_k\mid d_m,w_n\right)}{\sum_{k=1}^{K}\sum_{n=1}^{N}n\left(d_m,w_n\right)P\left(z_k\mid d_m,w_n\right)} \tag{9.39}$$

同理有：

$$P\left(w_n\mid z_k\right)=\frac{\sum_{m=1}^{M}n\left(d_m,w_n\right)P\left(z_k\mid d_m,w_n\right)}{\sum_{n=1}^{N}\sum_{m=1}^{M}n\left(d_m,w_n\right)P\left(z_k\mid d_m,w_n\right)} \tag{9.40}$$

将概率分布 $P\left(z_k\mid d_m\right)$ 和 $P\left(w_n\mid z_k\right)$ 回代入式（9.32），我们可以得到隐变量 z_k 的概率分布：

$$P\left(z_k\mid d_m,w_n\right)=\frac{P\left(z_k\mid d_m\right)P\left(w_n\mid z_k\right)}{\sum_{i=1}^{K}P\left(z_i\mid d_m\right)P\left(w_n\mid z_i\right)} \tag{9.41}$$

综上，概率隐语义模型对每个变量以及相应的概率分布和条件概率分布都有明确的物理解释。相比于隐语义分析隐含了高斯分布假设，概率隐语义分析对一个词属于多个话题、一个文档属于多个话题进行的多项分布假设更符合文档特性。下面给出概率隐语义模型算法。

算法 9.4：概率隐语义模型算法

输入：文档集 $\mathcal{D}=\left\{d_1,\cdots,d_j,\cdots,d_N\right\}$；预定义阈值 ε。

输出：条件概率分布 $P\left(z_k|\ d_m\right)$ 和 $P\left(w_n|\ z_k\right)$。

（1）利用算法 9.2 的预处理方法对文档集 $\mathcal{D}$ 进行处理，建立一个“文档-单词”矩阵 $\boldsymbol{A}$。

（2）初始化概率分布 $P\left(z_k|\ d_m\right)$ 和 $P\left(z_k|\ d_m\right)$。

（3）依次计算式（9.39）、式（9.40）和式（9.41）。

（4）计算式（9.31）。

（5）判断似然值是否达到预定义的阈值 ε。如果损失没有达到阈值，算法返回步骤（3）继续优化；否则，算法停止迭代并返回概率分布 $P\left(z_k|\ d_m\right)$ 和 $P\left(w_n|\ z_k\right)$。

【实验 2】利用 scikit-learn 中的 20 news 数据集实现利用隐语义模型算法和概率隐语义模型算法对文档的聚类，并分析文档中关键词是否能表示话题的语义。

解：利用不同的模型得到的话题聚类结果有明显的差别，如图 9-4 和图 9-5 所示。

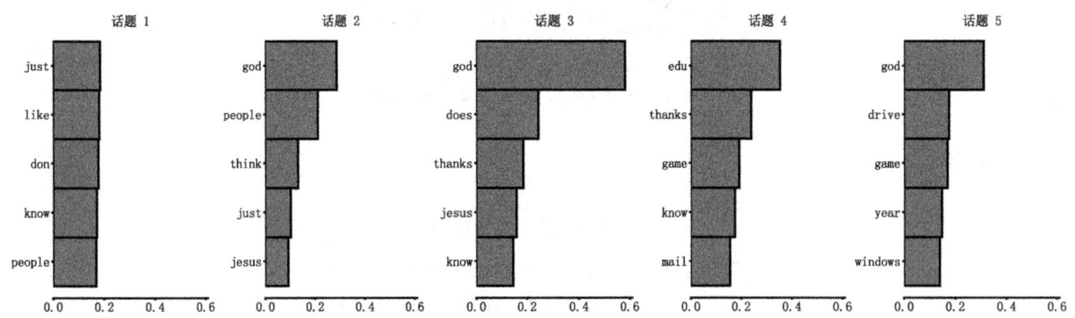

图 9-4 利用隐语义模型得到的话题聚类结果（柱状的长度表示单词对话题的重要度）

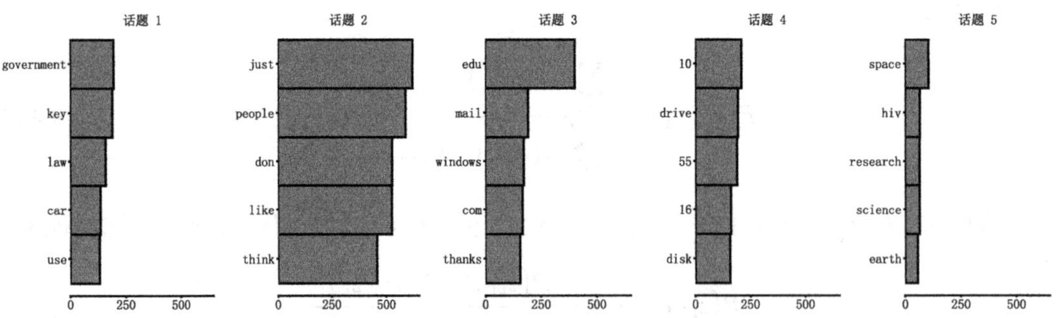

图 9-5 利用概率隐语义模型得到的话题聚类结果（柱状的长度表示单词对话题的重要度，图中出现的非单词字符将被视为单词处理）

显然，从图 9-4 中可以看到，有一些词同时出现在多个话题中（例如，“god”同时出现在话题 2、话题 3、话题 5 中）。这说明隐语义模型得到的话题之间差异较小。

相比较而言，概率隐语义模型不仅实现了对文档的聚类，而且在用单词对话题的描述方向表现要优于隐语义模型，如图 9-5 所示。因此，与隐语义模型相比，利用概率隐语义模型得到的话题具有更好的可解释性。

9.3 非负矩阵分解

依据生物学发现“the firing rates of neurons are never negative and synaptic strengths do not change sign”的结论：神经元响应具有非负性，一种特殊的降维方式是让低维空间内的投影点为非负的。经典的方式是非负矩阵分解（nonnegative matrix factorization，NMF）。非负矩阵分解不但希望能将高维的变量映射到低维空间，还希望低维空间中的投影点在数值上是非负的。

对于任意给定的一个非负矩阵 $\boldsymbol{V}$（$\boldsymbol{V} \in \mathbb{R}^{M\times N}$），如图 9-6 所示，非负矩阵分解寻找两个非负矩阵 $\boldsymbol{W}$（$\boldsymbol{W} \in \mathbb{R}^{M\times K}$）和 $\boldsymbol{H}$（$\boldsymbol{H} \in \mathbb{R}^{K\times N}$），满足：

$$\begin{gathered}\min_{\boldsymbol{W},\boldsymbol{H}} \|\boldsymbol{V}-\boldsymbol{W}\boldsymbol{H}\|_F^2 \\ \text{s.t. } \boldsymbol{W} \geqslant 0, \boldsymbol{H} \geqslant 0\end{gathered} \tag{9.42}$$

式中，运算 $\|\boldsymbol{A}\|_F^2$ 是 $\|\boldsymbol{A}\|_F = \sqrt{\sum_{i,j} a_{ij}^2}$ 的平方，其中，元素 a_{ij} 属于矩阵 $\boldsymbol{A}$（$\boldsymbol{A} \in \mathbb{R}^{M\times N}$），$i=1,\cdots,M$，$j=1,\cdots,N$。

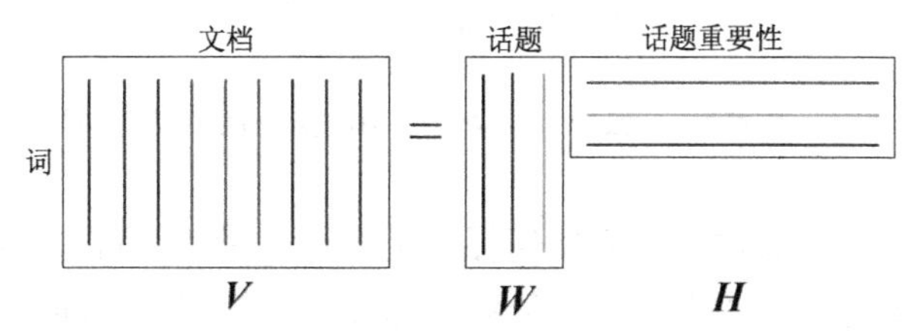

图 9-6　非负矩阵分解在“文档-单词”矩阵分解中的应用

在式（9.42）中，矩阵 $\boldsymbol{V}$ 的列向量是 $\boldsymbol{H}$ 中的所有列向量的加权和，而对应的权重系数则是 $\boldsymbol{W}$ 列向量的元素。我们称 $\boldsymbol{H}$ 为基矩阵而称 $\boldsymbol{W}$ 为系数矩阵。非负矩阵分解的迷人之处在于：

（1）除要求输入矩阵 $\boldsymbol{V}$ 的元素为非负的外，对于矩阵 $\boldsymbol{V}$ 没有做任何别的限制，这为非负矩阵分解的广泛应用奠定了基础；

（2）输入矩阵 $\boldsymbol{V}$ 可分解为两个低秩矩阵 $\boldsymbol{W}$ 和 $\boldsymbol{H}$，这意味着矩阵 $\boldsymbol{V}$ 分解后的矩阵 $\boldsymbol{W}$ 和 $\boldsymbol{H}$ 具有物理含义，比如，由两个独立信号生成的数据，我们期望其分解为秩（rank）为 2 的矩阵。

9.3.1　非负矩阵分解的乘法更新法则

【问题】虽然非负矩阵分解的原理和动机非常简单，但是我们如何实现矩阵的非负分解呢？

我们以最小化两个矩阵之间的 F-范数为例：

$$\begin{gathered}\min_{\boldsymbol{W},\boldsymbol{H}} \|\boldsymbol{V}-\boldsymbol{W}\boldsymbol{H}\|_F^2 \\ \text{s.t. } \boldsymbol{W}\geqslant 0, \boldsymbol{H}\geqslant 0\end{gathered} \tag{9.43}$$

式中，$\boldsymbol{V}$（$\boldsymbol{V} \in \mathbb{R}^{M\times M}$）是待分解的非负矩阵，$\boldsymbol{W}$（$\boldsymbol{W} \in \mathbb{R}^{M\times K}$）和 $\boldsymbol{H}$（$\boldsymbol{H} \in \mathbb{R}^{K\times M}$）是矩阵 $\boldsymbol{V}$ 分解后得到的非负矩阵。当变量 $\boldsymbol{W}$ 和 $\boldsymbol{H}$ 同时变化时，目标函数即式（9.43）是非凸的。只有当变量 $\boldsymbol{W}$ 固定时或当变量 $\boldsymbol{H}$ 固定时目标函数即式（9.43）才是凸的。为了优化上述问

题，我们使用坐标下降法对变量$\boldsymbol{W}$和$\boldsymbol{H}$进行优化。

首先，保持矩阵$\boldsymbol{H}$不变，让目标函数即式（9.43）最小化实现对矩阵$\boldsymbol{W}$的优化；然后，保持矩阵$\boldsymbol{W}$不变，让目标函数即式（9.43）最小化实现对矩阵$\boldsymbol{H}$的优化。

$$\begin{aligned}\|\boldsymbol{V}-\boldsymbol{W}\boldsymbol{H}\|_2^2&=\mathrm{tr}\left[(\boldsymbol{V}-\boldsymbol{W}\boldsymbol{H})^{\mathrm{T}}(\boldsymbol{V}-\boldsymbol{W}\boldsymbol{H})\right]\\&=\mathrm{tr}\left[\left(\boldsymbol{V}^{\mathrm{T}}-\boldsymbol{H}^{\mathrm{T}}\boldsymbol{W}^{\mathrm{T}}\right)(\boldsymbol{V}-\boldsymbol{W}\boldsymbol{H})\right]\\&=\mathrm{tr}\left(\boldsymbol{V}^{\mathrm{T}}\boldsymbol{V}-\boldsymbol{V}^{\mathrm{T}}\boldsymbol{W}\boldsymbol{H}-\boldsymbol{H}^{\mathrm{T}}\boldsymbol{W}^{\mathrm{T}}\boldsymbol{V}+\boldsymbol{H}^{\mathrm{T}}\boldsymbol{W}^{\mathrm{T}}\boldsymbol{W}\boldsymbol{H}\right)\\&=\mathrm{tr}\left(\boldsymbol{V}^{\mathrm{T}}\boldsymbol{V}\right)-\mathrm{tr}\left(\boldsymbol{V}^{\mathrm{T}}\boldsymbol{W}\boldsymbol{H}\right)-\mathrm{tr}\left(\boldsymbol{H}^{\mathrm{T}}\boldsymbol{W}^{\mathrm{T}}\boldsymbol{V}\right)+\mathrm{tr}\left(\boldsymbol{H}^{\mathrm{T}}\boldsymbol{W}^{\mathrm{T}}\boldsymbol{W}\boldsymbol{H}\right)\end{aligned}\tag{9.44}$$

式中，运算$\mathrm{tr}(\boldsymbol{A})$表示求矩阵$\boldsymbol{A}$（$\boldsymbol{A}\in\mathbb{R}^{M\times M}$）的迹，$\mathrm{tr}(\boldsymbol{A})=\sum_{i=1}^{M}a_{ij}$，即矩阵$\boldsymbol{A}$主对角线（从左上方至右下方的对角线）上各个元素的总和。

因此，对式（9.44）求导，变量$\boldsymbol{W}$和$\boldsymbol{H}$的梯度迭代公式为：

$$\boldsymbol{W}\leftarrow\boldsymbol{W}-\eta_{\boldsymbol{W}}\cdot\frac{\partial f(\boldsymbol{W},\boldsymbol{H})}{\partial\boldsymbol{W}}\tag{9.45}$$

$$\boldsymbol{H}\leftarrow\boldsymbol{H}-\eta_{\boldsymbol{H}}\cdot\frac{\partial f(\boldsymbol{W},\boldsymbol{H})}{\partial\boldsymbol{H}}\tag{9.46}$$

式中，函数$f(\boldsymbol{W},\boldsymbol{H})=\|\boldsymbol{V}-\boldsymbol{W}\boldsymbol{H}\|_F^2$，$\eta_{\boldsymbol{W}}$（$\eta_{\boldsymbol{W}}>0$）和$\eta_{\boldsymbol{H}}$（$\eta_{\boldsymbol{H}}>0$）分别为更新变量$\boldsymbol{W}$和$\boldsymbol{H}$的学习率。

【问题】依据梯度下降方法，我们如何保证更新后变量$\boldsymbol{W}$和$\boldsymbol{H}$的非负性?

【猜想】如果导数$\partial f(\boldsymbol{W},\boldsymbol{H})/\partial\boldsymbol{W}$为负数，那么根据迭代公式即式（9.45），变量$\boldsymbol{W}$将永远为正。因此，我们需要研究导数$\partial f(\boldsymbol{W},\boldsymbol{H})/\partial\boldsymbol{W}$的正负性。

首先，对函数$f(\boldsymbol{W},\boldsymbol{H})$关于变量$\boldsymbol{W}$的各项求导，分别为：

$$\frac{\partial\mathrm{tr}\left(\boldsymbol{V}^{\mathrm{T}}\boldsymbol{V}\right)}{\partial\boldsymbol{W}}=0\tag{9.47}$$

$$\begin{aligned}\frac{\partial\mathrm{tr}\left(\boldsymbol{V}^{\mathrm{T}}\boldsymbol{W}\boldsymbol{H}\right)}{\partial\boldsymbol{W}}&=\frac{\partial\mathrm{tr}\left(\boldsymbol{H}\boldsymbol{V}^{\mathrm{T}}\boldsymbol{W}\right)}{\partial\boldsymbol{W}}\\&=\left(\boldsymbol{W}\boldsymbol{V}^{\mathrm{T}}\right)^{\mathrm{T}}\\&=\boldsymbol{V}\boldsymbol{H}^{\mathrm{T}}\end{aligned}\tag{9.48}$$

$$\begin{aligned}\frac{\partial\mathrm{tr}\left(\boldsymbol{H}^{\mathrm{T}}\boldsymbol{W}^{\mathrm{T}}\boldsymbol{V}\right)}{\partial\boldsymbol{W}}&=\frac{\partial\mathrm{tr}\left(\boldsymbol{V}\boldsymbol{H}^{\mathrm{T}}\boldsymbol{W}^{\mathrm{T}}\right)}{\partial\boldsymbol{W}}\\&=\boldsymbol{V}\boldsymbol{H}^{\mathrm{T}}\end{aligned}\tag{9.49}$$

$$\begin{aligned}\frac{\partial\mathrm{tr}\left(\boldsymbol{H}^{\mathrm{T}}\boldsymbol{W}^{\mathrm{T}}\boldsymbol{W}\boldsymbol{H}\right)}{\partial\boldsymbol{W}}&=\frac{\partial\mathrm{tr}\left(\boldsymbol{W}\boldsymbol{H}\boldsymbol{H}^{\mathrm{T}}\boldsymbol{W}^{\mathrm{T}}\right)}{\partial\boldsymbol{W}}\\&=\boldsymbol{W}\left[\left(\boldsymbol{H}\boldsymbol{H}^{\mathrm{T}}\right)^{\mathrm{T}}+\boldsymbol{H}\boldsymbol{H}^{\mathrm{T}}\right]\\&=2\boldsymbol{W}\boldsymbol{H}\boldsymbol{H}^{\mathrm{T}}\end{aligned}\tag{9.50}$$

综合式（9.47）~式（9.50），我们可得目标函数即式（9.44）关于变量$\boldsymbol{W}$的导数：

$$\frac{\partial f(\boldsymbol{W},\boldsymbol{H})}{\partial \boldsymbol{W}} = -2\boldsymbol{V}\boldsymbol{H}^{\mathrm{T}} + 2\boldsymbol{W}\boldsymbol{H}\boldsymbol{H}^{\mathrm{T}} \tag{9.51}$$

同理，我们可得目标函数即式（9.44）关于变量$\boldsymbol{H}$的导数：

$$\frac{\partial f(\boldsymbol{W},\boldsymbol{H})}{\partial \boldsymbol{H}} = -2\boldsymbol{W}^{\mathrm{T}}\boldsymbol{V} + 2\boldsymbol{W}^{\mathrm{T}}\boldsymbol{W}\boldsymbol{H} \tag{9.52}$$

分别将式（9.51）和式（9.52）代入式（9.45）和式（9.46），基于梯度的迭代求解公式为：

$$\boldsymbol{W} \leftarrow \boldsymbol{W} + \eta_{W}\left(\boldsymbol{V}\boldsymbol{H}^{\mathrm{T}} - \boldsymbol{W}\boldsymbol{H}\boldsymbol{H}^{\mathrm{T}}\right) \tag{9.53}$$

$$\boldsymbol{H} \leftarrow \boldsymbol{H} + \eta_{H}\left(\boldsymbol{W}^{\mathrm{T}}\boldsymbol{V} - \boldsymbol{W}^{\mathrm{T}}\boldsymbol{W}\boldsymbol{H}\right) \tag{9.54}$$

不幸的是，我们无法保证$\boldsymbol{V}\boldsymbol{H}^{\mathrm{T}} - \boldsymbol{W}\boldsymbol{H}\boldsymbol{H}^{\mathrm{T}}$（或$\boldsymbol{W}^{\mathrm{T}}\boldsymbol{V} - \boldsymbol{W}^{\mathrm{T}}\boldsymbol{W}\boldsymbol{H}$）总是大于0。不过，学习率还可以参与调整$\boldsymbol{W} + \eta_{W}\left(\boldsymbol{V}\boldsymbol{H}^{\mathrm{T}} - \boldsymbol{W}\boldsymbol{H}\boldsymbol{H}^{\mathrm{T}}\right)$的正负性。因此，我们产生一个大胆的想法：能不能调整学习率η_{W}来保证更新过程$\boldsymbol{W} + \eta_{W}\left(\boldsymbol{V}\boldsymbol{H}^{\mathrm{T}} - \boldsymbol{W}\boldsymbol{H}\boldsymbol{H}^{\mathrm{T}}\right)$的非负性？我们设置合适的学习率让变量$\boldsymbol{W}$和梯度$\partial f(\boldsymbol{W},\boldsymbol{H})/\partial \boldsymbol{H}$中的负数部分$-\boldsymbol{W}\boldsymbol{H}\boldsymbol{H}^{\mathrm{T}}$抵消掉！

$$\boldsymbol{W} - \eta_{W}\boldsymbol{W}\boldsymbol{H}\boldsymbol{H}^{\mathrm{T}} = 0 \Rightarrow \eta_{W} = \frac{\boldsymbol{W}}{\boldsymbol{W}\boldsymbol{H}\boldsymbol{H}^{\mathrm{T}}} \tag{9.55}$$

式中，运算$\dfrac{\boldsymbol{A}}{\boldsymbol{B}}$表示矩阵$\boldsymbol{A}$和矩阵$\boldsymbol{B}$对应元素相除。

因此，对于变量$\boldsymbol{W}$，基于梯度的迭代式即式（9.53）变换为：

$$\boldsymbol{W} \leftarrow \boldsymbol{W} \odot \frac{\boldsymbol{V}\boldsymbol{H}^{\mathrm{T}}}{\boldsymbol{W}\boldsymbol{H}\boldsymbol{H}^{\mathrm{T}}} \tag{9.56}$$

式中，运算$\boldsymbol{A} \odot \boldsymbol{B}$表示矩阵$\boldsymbol{A}$和矩阵$\boldsymbol{B}$对应元素相乘。对于变量$\boldsymbol{H}$，有：

$$\boldsymbol{H} \leftarrow \boldsymbol{H} \odot \frac{\boldsymbol{W}^{\mathrm{T}}\boldsymbol{V}}{\boldsymbol{W}^{\mathrm{T}}\boldsymbol{W}\boldsymbol{H}} \tag{9.57}$$

下面给出非负矩阵分解算法。

算法9.5：非负矩阵分解算法

输入：初始化非负矩阵$\boldsymbol{V}$，迭代次数T。

输出：非负矩阵$\boldsymbol{W}$和$\boldsymbol{H}$。

（1）初始化非负矩阵$\boldsymbol{W}$和$\boldsymbol{H}$；

（2）根据迭代公式分别更新矩阵$\boldsymbol{W}$和$\boldsymbol{H}$；

（3）循环步骤（2）直至达到预先指定的迭代次数。

【实验3】根据迭代公式的推导过程，用KL散度：

$$D(\boldsymbol{V}\|\boldsymbol{W}\boldsymbol{H}) = \sum_{i,j}\left[\boldsymbol{V}_{ij}\log\frac{\boldsymbol{V}_{ij}}{(\boldsymbol{W}\boldsymbol{H})_{ij}} - \boldsymbol{V}_{ij} + (\boldsymbol{W}\boldsymbol{H})_{ij}\right] \tag{9.58}$$

作为目标函数实现对非负矩阵 $\boldsymbol{V}$（$\boldsymbol{V}\in\mathbb{R}^{M\times M}$）的非负矩阵 $\boldsymbol{W}$（$\boldsymbol{W}\in\mathbb{R}^{M\times K}$）和 $\boldsymbol{H}$（$\boldsymbol{H}\in\mathbb{R}^{K\times M}$）的分解。

解：我们忽略推导细节直接给出矩阵 $\boldsymbol{W}$ 和 $\boldsymbol{H}$ 的迭代公式。

$\boldsymbol{H}$ 的更新：$\boldsymbol{H}\leftarrow\boldsymbol{H}\odot\dfrac{\boldsymbol{W}^{\mathrm{T}}\dfrac{\boldsymbol{V}}{\boldsymbol{W}\boldsymbol{H}}}{\boldsymbol{W}^{\mathrm{T}}1}$

$\boldsymbol{W}$ 的更新：$\boldsymbol{W}\leftarrow\boldsymbol{W}\odot\dfrac{\dfrac{\boldsymbol{V}}{\boldsymbol{W}\boldsymbol{H}}\boldsymbol{H}^{\mathrm{T}}}{1\boldsymbol{H}^{\mathrm{T}}}$

式中，运算 $\boldsymbol{W}^{\mathrm{T}}1$ 表示对行进行累加运算，$\boldsymbol{W}^{\mathrm{T}}1=\sum_{m=1}^{M}w_{km}$；运算 $1\boldsymbol{H}^{\mathrm{T}}$ 表示对列进行累加运算，$1\boldsymbol{H}^{\mathrm{T}}=\sum_{m=1}^{M}h_{km}$。

9.3.2 非负矩阵分解的梯度投影

【问题】虽然非负矩阵分解算法能保证更新后分解矩阵的非负性，但是，为了能获得非负性约束，式（9.56）每次梯度下降的迭代学习率都不是最优的。因此，非负矩阵分解算法的收敛速度将变慢很多。是否有新的思路来提高非负矩阵分解算法的收敛速度？

【猜想】我们发现非负矩阵分解问题是目标函数复杂而约束简单的优化问题。因此，一种思路是尽量保留梯度下降过程中的最大迭代学习率，并将简单约束放到每次梯度下降迭代完成后处理。如果迭代后的解在可行解集内，我们就获得一次最优的迭代，如图 9-7（a）所示；如果迭代后的解在可行解集外，如图 9-7（b）所示，我们就将解“拉”到距离最优解最近的约束上，如图 9-7（c）所示。我们可以预见梯度下降和约束分离的策略将提高非负矩阵分解算法的收敛速度。

因此，问题就转化为：如何将解“拉”到距离最优解最近的约束上？

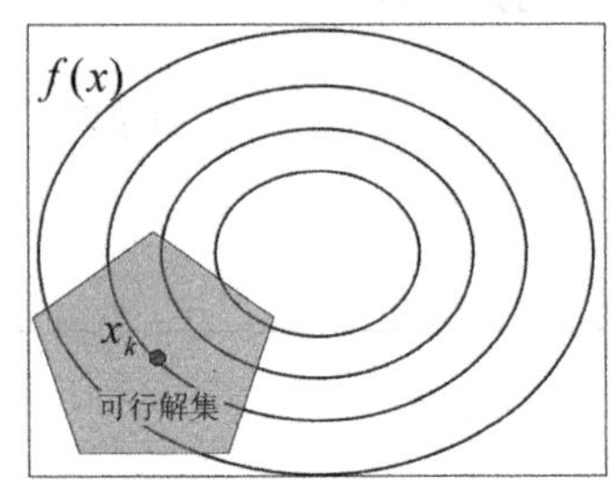

（a）x_k在可行解集内

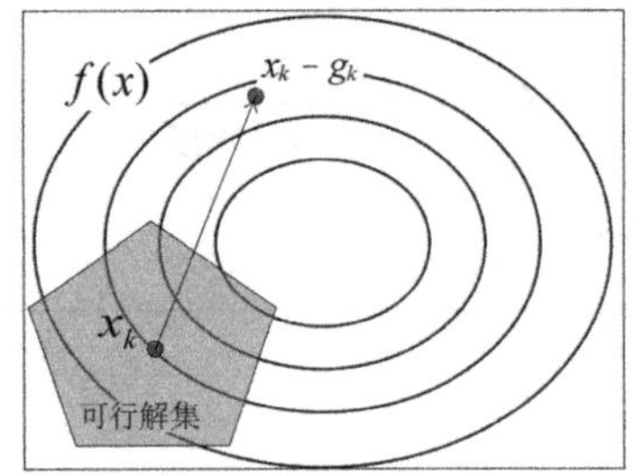

（b）x_k−g_k跳出可行解集

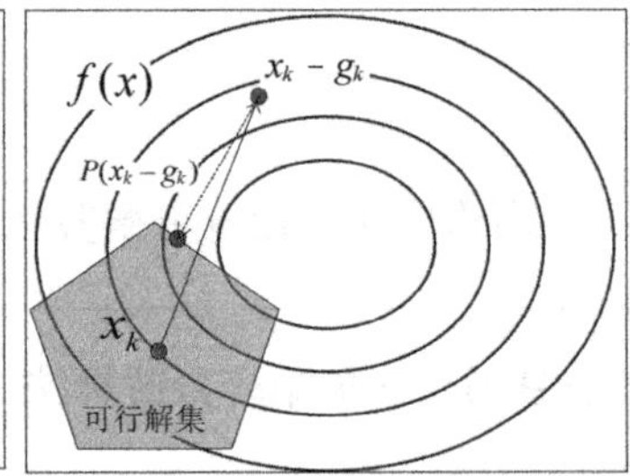

（c）x_k−g_k投影回可行解集内

图 9-7 梯度投影优化带约束问题的过程示意，其中，g_k 为函数 $f(x)$ 在点 x_k 处的梯度，投影算子 $P(x_k-g_k)$ 将点 x_k-g_k 投影回距离可行解集内最近的点，可行解为满足约束条件的所有解

假设 $\mathcal{Q}$ 是任意变量 x 需要满足的约束集，$x\in\mathcal{Q}$，而 $f(x)$ 是目标函数。带约束的优化被表示为：

$$\min_{x\in\mathcal{Q}} f(x) \tag{9.59}$$

首先，设定一个满足可行解的初始点 x_k（$x_k\in\mathcal{Q}$），可以将梯度下降和约束分离的迭代求解过程表示为：

$$x_{k+1} = P_Q\left[x_k - \eta_k \frac{\partial f(x_k)}{\partial x}\right] \tag{9.60}$$

式中，η_k 表示第 k 次梯度下降的学习率，$\partial f(x_k)/\partial x$ 表示目标函数 $f(x_k)$ 在当前点 x_k 对变量 x 求导，索引 k（$k=1,\cdots,K$）表示第 k 次梯度下降，而投影算子 $P_Q(\cdot)$ 表示将解投影到约束 Q 上的算子：

$$P_Q(x_{k+1}) = \arg\min_{x\in Q} \frac{1}{2}\|x - x_{k+1}\|_2^2 \tag{9.61}$$

式中，x_{k+1} 是满足约束 Q 的一个可行解。如果 x 不满足约束 Q，式（9.61）将 x_{k+1} 投影到距离 x_{k+1} 最近的约束 Q 上；如果 x 满足约束 Q，$x_{k+1}=x$。梯度投影算法看起来似乎只是梯度下降方法的一个“补丁”，实际上，梯度投影算法是一个很高效的算法。在这里我们不对梯度投影算法做收敛性和收敛速度的证明。

下面给出梯度投影算法。

算法 9.6：梯度投影算法

输入：初始值 x_k、约束 Q 和目标函数 $f(x)$。

输出：输出 x。

（1）选定学习率 η_k，计算梯度 $\partial f(x_k)/\partial x$；

（2）按照梯度下降的过程 $x_{k+1} = x_k - \eta_k \dfrac{\partial f(x_k)}{\partial x}$ 更新解 x_{k+1}；

（3）按照公式 $x_{k+1} = \arg\min_{x\in Q} \dfrac{1}{2}\|x - x_{k+1}\|_2^2$ 将解 x_{k+1} 投影到约束上；

（4）如果达到停止条件，算法则结束，否则，重复步骤（1）到（3）。

因此，对于非负矩阵分解，只需对矩阵 $\boldsymbol{W}$ 和 $\boldsymbol{H}$ 在进行梯度下降后，求解非负约束 Q 的投影算子：

$$P_Q(\boldsymbol{W}_k) = \arg\min_{\boldsymbol{X}\in Q} \frac{1}{2}\|\boldsymbol{X} - \boldsymbol{W}_k\|_F^2 \tag{9.62}$$

式中，$\boldsymbol{W}_k$ 表示第 k 次梯度下降后矩阵 $\boldsymbol{W}$ 的迭代解。显然，非负约束 Q 的投影算子的最优解就是：将负的点变为 0 而保持正的点不变。这样，式（9.62）可以化简为：

$$P_Q(\boldsymbol{W}_k) = \max(\boldsymbol{W}_k, \boldsymbol{O}) \tag{9.63}$$

式中，$\boldsymbol{O}$ 表示大小和 $\boldsymbol{W}_k$ 一致且内部元素全为 $0+\varepsilon$ 的矩阵，运算 $\boldsymbol{C} = \max(\boldsymbol{A},\boldsymbol{B})$ 表示将矩阵 $\boldsymbol{A}$（$\boldsymbol{A}\in\mathbb{R}^{M\times M}$）和矩阵 $\boldsymbol{B}$（$\boldsymbol{B}\in\mathbb{R}^{M\times M}$）中对应位置元素的最大值赋给运算 $\boldsymbol{C}$（$\boldsymbol{C}\in\mathbb{R}^{M\times M}$），$c_{ij} = \max(a_{ij}, b_{ij})$。此外，为了确保数值上的稳定性，我们将 0 外加非常小的正数。

【实验 4】假设我们用随机数产生一个非负矩阵 $\boldsymbol{V}$（$\boldsymbol{V}\in\mathbb{R}^{M\times M}$）。针对 F-范数的非负矩阵分解问题，请比较梯度投影算法和非负矩阵分解算法的运行时间和重构误差 $\|\boldsymbol{V} - \boldsymbol{W}\boldsymbol{H}\|_F^2$。

解：假设我们每迭代 100 次对算法的运行时间进行一次记录。从图 9-8（a）中，我们可以看出随着数据规模 M 从 1000 增加到 5000 时，梯度投影算法比非负矩阵分解算法的运行效率更高。从图 9-8（b）中，我们可以看出随着数据规模 M 从 0 增加到 5000 时，非负矩阵分解算法有更低的重构误差。

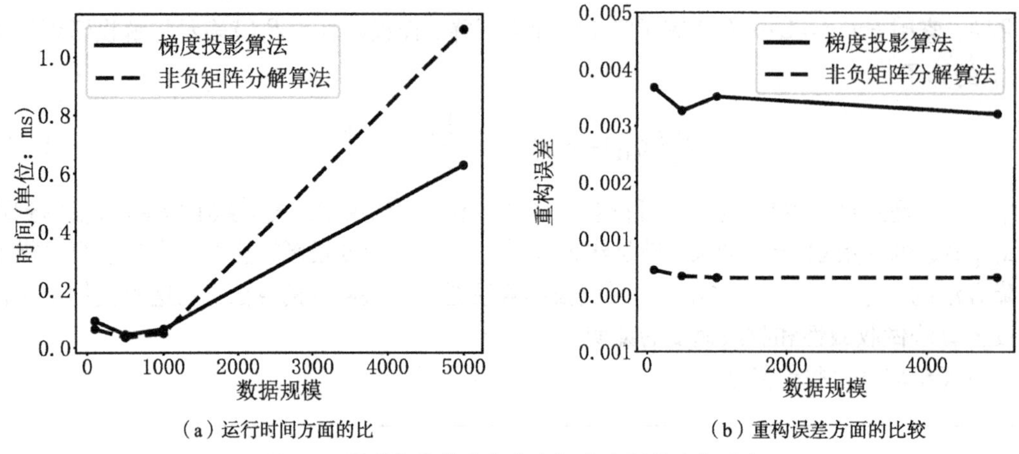

（a）运行时间方面的比　　（b）重构误差方面的比较

图 9-8　梯度投影算法和非负矩阵分解算法的对比

知识梳理与拓展

- 降维分析的动机包括：维向量维度间可能存在相关性，因此可以用一个变量来代替向量中的多个变量；降维是多个变量整合为一个变量，而特征选择是找符合特性（如，判别力）
- 主成分分析中投影矩阵不仅是正交基还是约束解空间性质的手段，能让低维特征互相不相关，获得紧致的特征
- 逆词频向量会考虑“平凡词”对语义的“抹平”效果，逆词频向量可以看作归一化向量
- 共生性可以用文档-单词矩阵来表示。因此，文档可以由单词来表示，单词也可以用文档来表示，对文档和单词维度的压缩表示就是隐语义模型
- 矩阵奇异值分解的特征值与弗罗贝尼乌斯范数的值存在平方和关系
- 概率隐语义模型是典型的生成式模型，此外，概率隐语义模型中的主题是隐变量，因此对概率隐语义模型的求解用期望最大化算法
- 非负矩阵分解是让分解的向量不仅是低秩矩阵还是非负矩阵。非负性会导致分解出的矩阵具有可解释性
- 非负矩阵分解的乘法更新法则等价于调整学习率强制分解后的矩阵为正
- 非负矩阵分解的梯度投影更新法则利用投影算子强制将解投影到非负约束上

9.4 本章小结

（1）降维的意义在于有效信息的提取、综合及无用信息的摈弃。此外，降维的目标是

将高维向量在低维空间中可视化。主成分分析假设低维空间为正交空间。

（2）隐语义模型无监督地从单词-文档的共生矩阵中提取单词和文档之间的双线性表示。

（3）非负矩阵分解仅对低维空间进行稀疏性和非负性约束。

9.5 本章习题

1. 下列方法中，不可以用于特征降维的是（　　）。

A. 主成分分析

B. 随机变换

C. 矩阵奇异值分解

D. 最小二乘法

2. “主成分分析降维后的特征一定是相互独立的，因为所有主成分都是正交的。”这句话是否正确（　　）。

A. 正确

B. 错误

3. 下列关于主成分分析的说法不正确的是（　　）。

A. 在使用主成分分析之前，我们必须对数据进行标准化处理

B. 应该选择具有最大方差的主成分

C. 应该选择具有最小方差的主成分

D. 可以使用主成分分析在低维空间中对数据进行可视化

4. 已知一组数据的协方差矩阵 $\boldsymbol{P}$，下面关于主分量的说法错误的是（　　）。

A. 主成分分析的准则是对一组数据进行正交基分解后，特征值小的分量对样本的重构误差就小

B. 在经主成分分析后，低维空间中样本的协方差矩阵变为对角矩阵

C. 主成分通过求协方差矩阵的特征值得到

D. 主成分分析可以用奇异值分解实现

5. 试简述降维的基本思想，并查阅相关资料比较自编码器（autoencoder）模型与主成分分析的异同。

6. 降维中涉及的投影矩阵通常要求是正交的。试简述正交矩阵、非正交投影矩阵用于降维的优缺点。

7. 进行主成分分析时为什么要对数据进行预处理，常见的预处理操作有哪些？

8. 简述奇异值分解和主成分分析之间的关系。

9. 试给出损失函数是 KL 散度损失时的非负矩阵分解算法。

10. 简述使用梯度投影算法和非负矩阵分解算法有何区别。

11. 在实践中，协方差矩阵的特征值分解常由去中心化后的样本矩阵的奇异值分解代替，试讲述原因。

12. 给出单词-文本矩阵实例 $\boldsymbol{A}$，简述对其进行隐语义分析的过程。

13. 给定样本为 $\boldsymbol{x}_1=[-7.82,-4.58]^{\mathrm{T}}$，$\boldsymbol{x}_2=[-6.68,3.16]^{\mathrm{T}}$，$\boldsymbol{x}_3=[4.36,-2.19]^{\mathrm{T}}$，$\boldsymbol{x}_4=[6.72,0.88]^{\mathrm{T}}$，使用主成分分析对以上 4 个样本组成的数据进行降维。

第10章 神经网络基础

神经元间的相互连接和交互构成了人脑智能的生物基础。人工神经网络（artificial neural network，ANN）是对大脑内神经元的模仿。人工神经网络也被称为连接系统（connectionist system）。本章重要知识点如下。

（1）从神经元到多层前馈神经网络的构造原理。

（2）基于梯度反向传播的神经网络的训练。

（3）梯度消失和梯度爆炸现象产生的原因和影响。

（4）神经网络优化过程中的参数归一化原则和训练算法。

本章学习目标

（1）理解神经元模型与大脑神经元的相互关系；

（2）掌握神经网络的工作原理，并利用现有库函数搭建神经网络；

（3）理解神经网络的反向传播算法，并能编程实现反向传播训练。

人工智能与神经科学

1992年冬，中国科学院院士、国际著名神经生理学家张香桐（见图10-1）收到一封来自国际神经网络学会的邀请函，邀请函中的内容表示该学会将授予他终身成就奖并希望他能够出席授奖仪式。

这是一个突然的邀请，包括张香桐本人在内都无法理解：一个终生致力于医学研究的人如何会与一个计算机领域的学术奖项产生联系。最终揭晓这一疑问的是该奖项的颁奖词。颁奖词中写道，“张先生对于我们在高等脊椎动物感觉运动皮层和脑干系统定位组织的基本概念的发展，起到了关键性作用。他自1950年开始作的多种关于大脑皮层神经元树突电位的研究报告，形成了一种划时代的重要标志。他为树突电流在神经整合作用中起重要作用这一概念，提供了直接证据，这一卓越成就，为我们将来发展使用微分方程和连续时间变数的神经网络，而不再使用数字脉冲逻辑的电子计算机奠定了基础。”在1950年至1955年的这6年间，张香桐一直在进行神经树突功能的研究。他利用电生理手段对大脑皮层锥体神经元顶树突的功能特点进行实验，在国际生理学界造成了广泛影响，并首次发现树突电位。

图10-1 张香桐院士

如图 10-2 所示，神经元之间通过动作电位（action potential，AP）来实现信号的传递。大量的神经元构成了大脑中的神经网络。大脑中的神经网络通过调整节点之间的连接权重而达到处理信息的目的。人们对神经的深入理解和发现极大地促进了人工神经网络技术的发展。

目前，主要的神经网络模型（如第 11 章介绍的卷积神经网络等）在 1980 年左右就已经被提出，直到 2010 年以后，深度神经网络在各种复杂任务上的成功应用才让人们真正意识到人工神经网络强大而灵活的建模能力。

10.1 神经元模型

【问题】在大脑的神经网络中，每个神经元通过神经突触与其他神经元相连而形成一个高度复杂而灵活的信息处理系统。我们该怎么模拟神经网络以实现智能呢？

神经网络的基本单元是神经元。单个神经元包括一个细胞体、多个树突与轴突。细胞体是神经元新陈代谢的中心，也是信息处理的基本单元。树突是细胞体向外延伸的树枝状的纤维体，也是神经元的输入通道，用于接收来自其他神经元的信息。轴突是细胞体向外延伸得最长、最粗的一条树枝状纤维体（称为神经纤维），它有许多向外延伸的树枝状纤维体（称为神经末梢），是神经元信息的输出端。

【猜想】单个神经元的工作过程包括数据输入、数据处理、数据输出 3 个步骤。对图 10-3 所示的“mcculloch-pitts（M-P）神经元模型”描述如下：

$$
\begin{aligned}
y &= f\left(\sum_{i=0}^{D} w_i x_i + b\right) \\
&= f\left(\boldsymbol{w}^{\mathrm{T}}\boldsymbol{x} + b\right)
\end{aligned}
\tag{10.1}
$$

式中，输入向量 $\boldsymbol{x}=[x_1,\cdots,x_i,\cdots,x_D]^{\mathrm{T}}$（$\boldsymbol{x}\in\mathbb{R}^{D\times 1}$）的每个输入 x_i 对应一个权重 w_i。在神经元模型即式（10.1）中，输入 x_i 与权重 w_i（$\boldsymbol{w}\in\mathbb{R}^{D\times 1}$）做乘法后求和，$\boldsymbol{w}^{\mathrm{T}}\boldsymbol{x}=\sum_{i=0}^{D} w_i x_i$。求和结果与偏置 b（$b\in\mathbb{R}^1$）相加后将置信度 $\boldsymbol{w}^{\mathrm{T}}\boldsymbol{x}+b$ 经过激活函数 $f(\cdot)$ 得到输出 y。

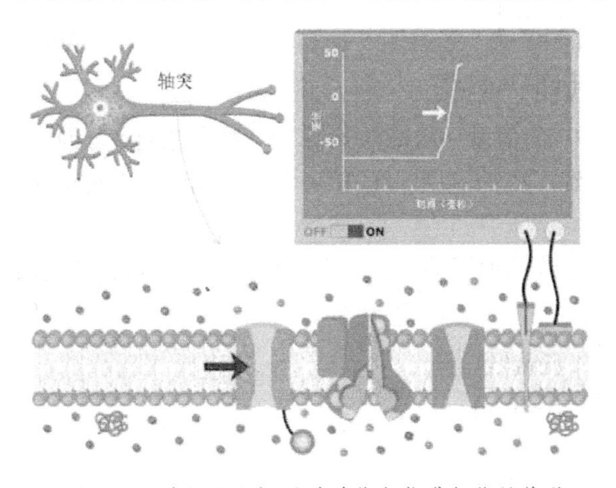

图 10-2　神经元之间通过动作电位进行信号传递

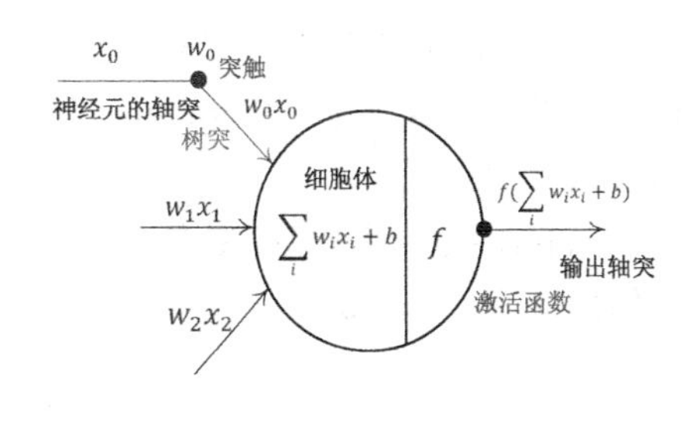

图 10-3　M-P 神经元模型

从式（10.1）可以看出，神经元模型就是“穿上激活函数 $f(\cdot)$ 外衣”的线性函数。另外，如果激活函数 $f(\cdot)$ 是 Sigmoid 函数，神经元模型就转化为 Logistic 回归模型。显然，激活函数 $f(\cdot)$ 决定了神经元被激活的方式。因为真实世界中大部分数据都是非线性的，所以我们希望激活函数 $f(\cdot)$ 也具有非线性能力。

【问题】神经元模型的非线性能力来源于激活函数，有哪些典型的激活函数？激活函数之间有何不同？

【猜想】常见的激活函数有 Sigmoid 函数、tanh 函数和 ReLU 函数，分别如图 10-4（a）、图 10-4（b）和图 10-4（c）所示。

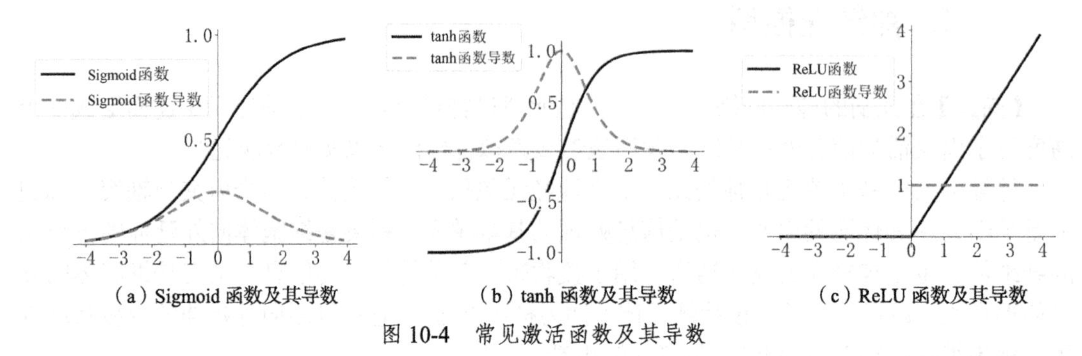

（a）Sigmoid 函数及其导数　（b）tanh 函数及其导数　（c）ReLU 函数及其导数

图 10-4　常见激活函数及其导数

Sigmoid 函数：可用于模拟神经元的动作电位机制并实现神经元的激活的抑制（信号的传递与不传递）。在数学上，Sigmoid 函数用于将实数值 x（$x \in \mathbb{R}^1$）非线性地压缩至 $[0,1]$：

$$\sigma(x) = \frac{1}{1+\mathrm{e}^{-x}} \tag{10.2}$$

Sigmoid 函数有非常好的生物学解释，如图 10-4（a）所示，当动作电位积累到一定程度就会激发神经元输出；反之，当动作电位过高时就会对神经元的输出进行抑制。另外，Sigmoid 函数的导数也非常容易求得：

$$\begin{aligned}\sigma'(x) &= \left(\frac{1}{1+\mathrm{e}^{-x}}\right)' \\ &= \sigma(x)\left[1-\sigma(x)\right]\end{aligned} \tag{10.3}$$

求 Sigmoid 函数的导数只需要将函数 $\sigma(\cdot)$ 的值做一次减法运算和一次乘法运算。因此，在神经网络的设计中，Sigmoid 激活函数得到广泛的应用。图 10-4（a）给出了 Sigmoid 函数及其导数的变化。

tanh 函数：用于将实数值 x（$x \in \mathbb{R}^1$）非线性地压缩到 $[-1,1]$，解决了 Sigmoid 函数输出值的非零中心问题：

$$\begin{aligned}\tanh(x) &= \frac{\sinh(x)}{\cosh(x)} \\ &= \frac{1-\mathrm{e}^{-2x}}{1+\mathrm{e}^{-2x}} \\ &= 2\sigma(2x)-1\end{aligned} \tag{10.4}$$

式（10.4）说明 tanh 函数是通过对 Sigmoid 函数进行伸缩 $2\sigma(2x)$ 后再向下平移一个单位得到的。另外，tanh 函数的导数也非常容易计算：

$$\begin{aligned}\tanh'(x) &= \frac{-\mathrm{e}^{-2x}(-2)\left(1+\mathrm{e}^{-2\tau}\right)-\left(1-\mathrm{e}^{-2x}\right)\mathrm{e}^{-2x}(-2)}{\left(1-\mathrm{e}^{-2x}\right)^2} \\ &= 1-\frac{\left(1-\mathrm{e}^{-2x}\right)^2}{\left(1+\mathrm{e}^{-2x}\right)^2} \\ &= 1-\tanh^2(x)\end{aligned} \tag{10.5}$$

图 10-4（b）给出了 tanh 函数及其导数的变化，我们可以从中发现以下特点：

（1）在 $x \geqslant 2.5$ 或 $x \leqslant -2.5$ 的区域内，tanh 函数的导数几乎等于 0，即 $\tanh'(x) \approx 0$；

（2）tanh 函数的导数和 Sigmoid 函数的导数有着相同的计算复杂度。

ReLU 函数：用于对实数值 x（$x \in \mathbb{R}^1$）小于 0 的部分进行变换，而保持大于 0 的部分保持不变：

$$\begin{aligned}\mathrm{ReLU}(x) &= \max(0, x) \\ &= \begin{cases} 0, & x \leqslant 0 \\ x, & x > 0 \end{cases}\end{aligned} \tag{10.6}$$

ReLU 函数的导数计算也非常简单：

$$\mathrm{ReLU}'(x) = \begin{cases} 0, & (x \leqslant 0) \\ 1, & (x > 0) \end{cases} \tag{10.7}$$

图 10-4（c）给出了 ReLU 函数及其导数的变化。下面给出单神经元模型。

算法 10.1：单神经元模型

输入：数据集 $\mathcal{D} = \{(\boldsymbol{x}_i, y_i)\}_{i=1}^N$，$\boldsymbol{x}_i \in \mathbb{R}^{D\times 1}$，$y_i \in \{-1, +1\}$，$i = 1, \cdots, N$。

输出：$y = f\left(\boldsymbol{w}^{\mathrm{T}}\boldsymbol{x} + b\right)$。

（1）利用梯度下降方法优化参数 $\boldsymbol{w}$ 和 b；

（2）返回神经元模型 $y = f\left(\boldsymbol{w}^{\mathrm{T}}\boldsymbol{x} + b\right)$。

【实验 1】将月牙形数据集作为二元分类问题的数据集，观察 Sigmoid 函数、tanh 函数、ReLU 函数能否给 M-P 神经元模型带来非线性分类能力。

解：构建单神经元模型并设置不同的激活函数。图 10-5（a）、图 10-5（b）和图 10-5（c）分别给出了使用不同激活函数得到的分类超平面。尽管我们使用了非线性激活函数，单神经元模型最终还是线性分类模型。

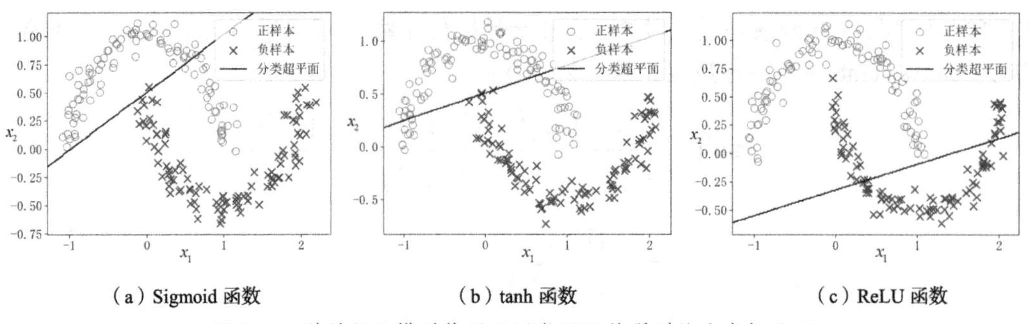

图 10-5　单神经元模型使用不同激活函数得到的分类超平面

10.2 多层前馈神经网络

10.2.1　多层前馈神经网络的结构

【问题】由实验 1 可知，单神经元模型没有非线性分类能力。那么，我们怎样才能让神经网络获得非线性能力？我们能不能使用多个神经元构建出拟合能力更强的神经网络？

【猜想】回顾第 4 章中的实验 3，特征的非线性变换让分类模型具有非线性可分的能力。因此，我们是否可以将多个神经元模型堆叠在一起而获得非线性能力？一种向前“堆叠”的神经网络就是前馈神经网络（feed-forward neural network），其结构示意如图 10-6 所示。在前馈神经网络中，数据的流动没有循环或回路。

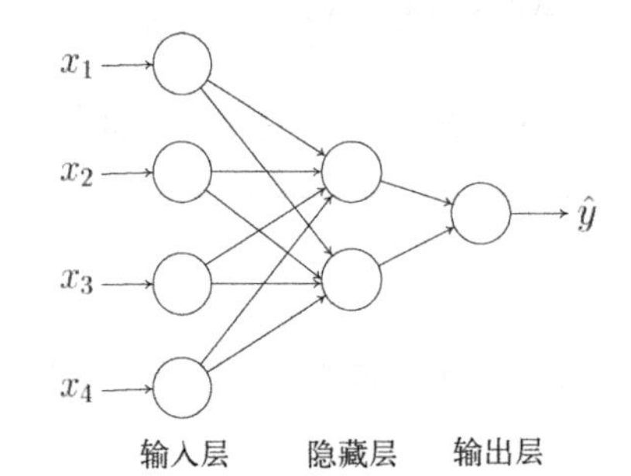

图 10-6　前馈神经网络结构示意（箭头表示数据流动方向）

图 10-6 所示为 2 层前馈神经网络，包括输入层、隐藏层和输出层。输入层仅作为数据输入接口而无非线性变换。所以，我们在描述网络层数时一般不计入输入层。在数据流动方向中，数据从输入层到达隐藏层，再向前传递到输出层。因为前馈神经网络的每层都会对数据进行非线性变换，所以，前馈神经网络的非线性能力随着层数的增加而逐步提高。针对不同的问题，前馈神经网络的结构都会随之改变。但是，前馈神经网络中每个神经元的计算过程基本都一样。

相对于第 2～9 章所介绍的内容（如决策树、支持向量机等），以前馈神经网络为代表的神经网络有着更灵活的建模能力。

10.2.2　多层神经网络的前向传播

【问题】一个已训练好的前馈神经网络按照什么方式进行预测？

以多层前馈神经网络为例，如图 10-7 所示，神经网络激活函数为 $f(\cdot)$ [1]。假设 $\boldsymbol{x}=\left[x_1,\cdots,x_k,\cdots,x_{D_i}\right]^{\mathrm{T}}$（$\boldsymbol{x}\in\mathbb{R}^{D_{in}\times 1}$）为前馈神经网络输入特征向量，其中，$k=1,\cdots,D_i$，$D_i$ 为输入特征向量的维度。$\hat{\boldsymbol{y}}=[\hat{y}_1,\ldots,\hat{y}_{D_o}]^{\mathrm{T}}$ 为神经网络的输出向量。矩阵变量 $\boldsymbol{W}^{(l)}=\begin{bmatrix} w_{11}^{(l)}, & \cdots, & w_{1D_{l-1}}^{(l)} \\ \vdots, & w_{ij}^{(l)}, & \vdots \\ w_{D_l1}^{(l)}, & \cdots, & w_{D_lD_{l-1}}^{(l)} \end{bmatrix}$ 为第 l 层神经元的权重（$\boldsymbol{W}^{(l)}\in\mathbb{R}^{D_l\times D_{l-1}}$），$D_l$ 和 D_{l-1} 分别为第 l 和 $l-1$ 层神经元数量。$\boldsymbol{W}^{(l)}$ 中的 $w_{ij}^{(l)}$ 为第 $l-1$ 层第 j 个神经元连接到第 l 层第 i 个神经元的权重，$i=1,\cdots,D_l$，$j=1,\cdots,D_{l-1}$。矩阵向量 $\boldsymbol{b}^{(l)}=\left[b_1^{(l)},\cdots,b_i^{(l)},\cdots,b_{D_l}^{(l)}\right]^{\mathrm{T}}$ 为第 l 层神经元的偏置。$b_i^{(l)}$ 为第 l 层第 i 个神经元的偏置，$i=1,\cdots,D_l$。基于上述符号表示，第 l 层第 i 个神经元的输入值 $h_i^{(l)}$ 为：

$$
\begin{aligned}
h_i^{(l)} &= \sum_{j=1}^{D_{l-1}} w_{ij}^{(l)} a_j^{(l-1)} + b_i^{(l)} \\
\boldsymbol{h}^{(l)} &= \boldsymbol{W}^{(l)}\boldsymbol{a}^{(l-1)} + \boldsymbol{b}^{(l)}
\end{aligned}
\tag{10.8}
$$

式中，向量 $\boldsymbol{h}^{(l)}=\left[h_1^{(l)},\cdots,h_i^{(l)},\cdots,h_{D_l}^{(l)}\right]^{\mathrm{T}}$（$\boldsymbol{h}^{(l)}\in\mathbb{R}^{D_l\times 1}$）为第 l 层神经元的输入向量，$\boldsymbol{a}^{(l-1)}=\left[a_1^{(l-1)},\cdots,a_j^{(l-1)},\cdots,a_{D_{l-1}}^{(l-1)}\right]^{\mathrm{T}}$（$\boldsymbol{a}^{(l-1)}\in\mathbb{R}^{D_{l-1}\times 1}$）为第 $l-1$ 层神经元的输出向量。

第 l 层第 i 个神经元的输出 $a_i^{(l)}$ 可表示为：

$$
\begin{aligned}
a_i^{(l)} &= f\left(\sum_j w_{ij}^{(l)} a_j^{(l-1)} + b_i^{(l)}\right) \\
&= f\left(h_i^{(l)}\right) \\
\boldsymbol{a}^{(l)} &= f\left(\boldsymbol{h}^{(l)}\right)
\end{aligned}
\tag{10.9}
$$

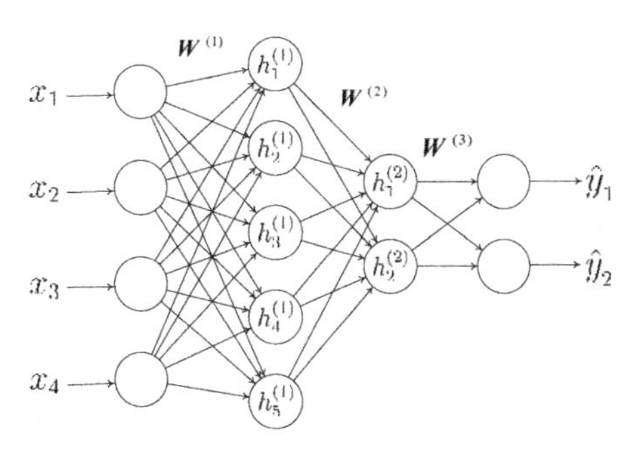

图 10-7　多层前馈神经网络的前向传播示意

【猜想】多层前馈神经网络对输入特征向量 $\boldsymbol{x}$ 进行多次复合变换。因此，可将图 10-7 所示的神经网络的前向传播过程归纳为：

1 为了表述的简洁性，这里用函数 $f(\cdot)$ 对激活函数进行表示。

$$\hat{y}=\text{forward}(\boldsymbol{x})$$

$$=f\underbrace{\left\{\boldsymbol{W}^{(3)}\overbrace{f\left[\boldsymbol{W}^{(2)}\left(\underbrace{f\left(\boldsymbol{W}^{(1)}\boldsymbol{x}+\boldsymbol{b}^{(1)}\right)}_{\text{隐藏层1神经元}}\right)+\boldsymbol{b}^{(2)}\right]}^{\text{隐藏层2神经元}}+\boldsymbol{b}^{(3)}\right\}}_{\text{输出层神经元}} \tag{10.10}$$

实质上，前馈神经网络的前向传播过程就是复合函数的嵌套过程。多层前馈神经网络能够让数据在不同隐藏层分别获得不同的处理。在各个隐藏层的配合下，前馈神经网络完成数据所需的各类非线性变换。相应地，不同的神经网络构造方式就意味着我们对问题有着不同处理方式。下面给出 2 层前馈神经网络的前向传播算法。

算法 10.2：2 层前馈神经网络的前向传播算法

输入：测试样本 $\boldsymbol{x}_i$（$\boldsymbol{x}_i \in \mathbb{R}^{D\times 1}$），$i=1,2,\cdots,N$。

输出：$\hat{y}$。

按照式（10.10）计算样本 $\boldsymbol{x}_i$ 的前向传播，获得预测 $\hat{\boldsymbol{y}}=\text{forward}(\boldsymbol{x})$。

【实验 2】将实验 1 中月牙形数据集作为二元分类问题的数据集，搭建具有两个隐藏层的前馈神经网络，并利用不同的激活函数进行分类。

解：具有两个隐藏层的前馈神经网络的分类准确度达到 100%，如图 10-8 所示。对比实验 1，我们可以发现 2 层前馈神经网络已具有非线性拟合能力。其中，第 1 个隐藏层对特征进行非线性变换，而第 2 个隐藏层利用非线性变换后的特征进行预测。因此，我们可以猜到，当数据分布更为复杂时，增加隐藏层可以让神经网络获得更强的非线性拟合能力。

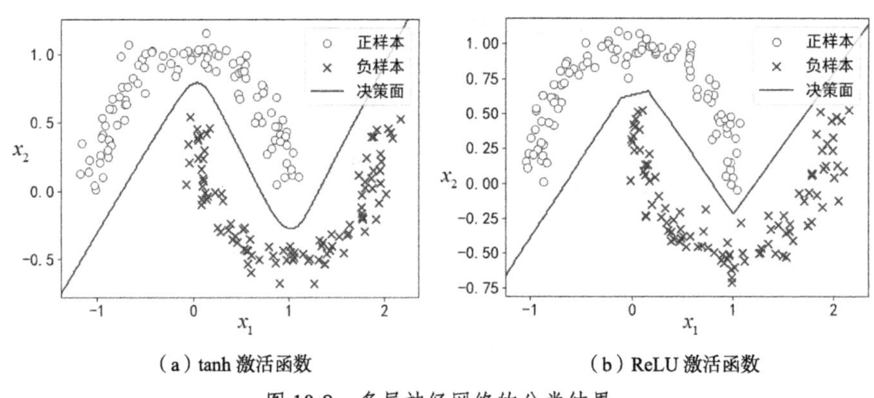

（a）tanh 激活函数　　（b）ReLU 激活函数

图 10-8　多层神经网络的分类结果

10.3 神经网络的反向传播算法

在多层前馈神经网络的前向传播过程中，如图 10-7 所示，我们需要用神经网络权重 $\boldsymbol{W}^{(1)}$、$\boldsymbol{W}^{(2)}$ 和 $\boldsymbol{W}^{(3)}$ 计算出预测结果 $\hat{\boldsymbol{y}}=\left[\hat{y}_1,\hat{y}_2\right]^{\mathrm{T}}$。如何才能获得有效的神经网络权重 $\boldsymbol{W}^{(1)}$、

$\boldsymbol{W}^{(2)}$和$\boldsymbol{W}^{(3)}$呢?

如果需要最小化神经网络预定义的损失函数，我们可参考第 1 章中基于梯度下降的优化方法对前馈神经网络的参数进行优化。因此，计算神经网络权重$\boldsymbol{W}^{(1)}$、$\boldsymbol{W}^{(2)}$和$\boldsymbol{W}^{(3)}$的梯度是问题的关键。

既然式（10.10）说明前馈神经网络的前向传播过程是复合函数的嵌套过程，我们可以使用链式求导法则来计算权重$\boldsymbol{W}^{(1)}$、$\boldsymbol{W}^{(2)}$和$\boldsymbol{W}^{(3)}$的梯度。

链式求导法则

在微分中，若复合函数为$u=g[f(x)]$，假设$y=f(x)$，那么有：

$$\frac{\mathrm{d}u}{\mathrm{d}x}=\frac{\mathrm{d}u}{\mathrm{d}y}\cdot\frac{\mathrm{d}y}{\mathrm{d}x}$$

以图 10-9 中的前馈神经网络为例，假设神经网络第l层的激活函数为$f^{(l)}(\cdot)$，简记为$f^{(l)}$，其导数记为$f^{(l)\prime}$。输入特征向量为$\boldsymbol{x}=\left[x_1,x_2,\cdots,x_{D_i}\right]^{\mathrm{T}}$（$\boldsymbol{x}\in\mathbb{R}^{D_{in}\times1}$），其中，$D_i$为输入特征向量的维度。在图 10-9 中，输入特征的维度$D_i=4$。输出结果$\hat{\boldsymbol{y}}=\left[\hat{y}_1,\hat{y}_2,\cdots,\hat{y}_{D_o}\right]^{\mathrm{T}}$（$\hat{\boldsymbol{y}}\in\mathbb{R}^{D_o\times1}$），而对应的真值$\boldsymbol{y}=\left[y_1,y_2,\cdots,y_{D_o}\right]^{\mathrm{T}}$（$\boldsymbol{y}\in\mathbb{R}^{D_o\times1}$），$D_o$为输出向量的维度。在图 10-9 中，输出特征的维度$D_o=2$。我们用均方误差作为输出结果$\hat{\boldsymbol{y}}$和真值$\boldsymbol{y}$之间的代价函数（目标函数）J：

$$J=\frac{1}{2}\sum_{i=1}^{D_o}\left(y_i-\hat{y}_i\right)^2 \tag{10.11}$$

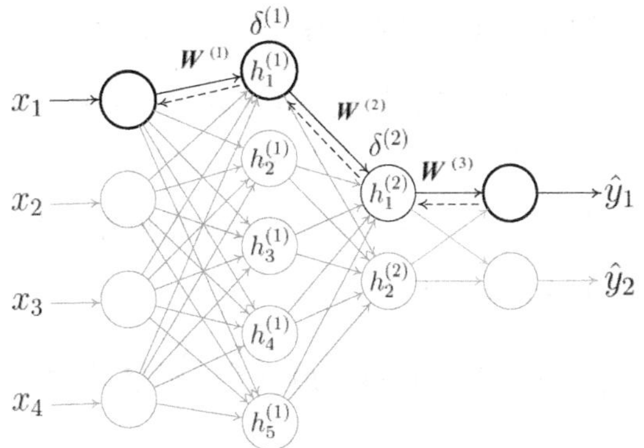

图 10-9 神经网络反向传播算法示意（实线表示数据的前向传播过程，虚线表示梯度的反向传播过程）

1. 计算输出层参数$\boldsymbol{W}^{(3)}$的梯度

根据链式求导法则，我们先计算输出层权重$\boldsymbol{W}^{(3)}$的梯度：

$$\frac{\partial J}{\partial\boldsymbol{W}^{(3)}}=\frac{\partial J}{\partial\boldsymbol{a}^{(3)}}\cdot\frac{\partial\boldsymbol{a}^{(3)}}{\partial\boldsymbol{h}^{(3)}}\cdot\frac{\partial\boldsymbol{h}^{(3)}}{\partial\boldsymbol{W}^{(3)}} \tag{10.12}$$

式中，$\partial J/\partial \boldsymbol{a}^{(3)}$ 为目标函数 J 关于输出层输出 $\boldsymbol{a}^{(3)}$ 的偏导数，即 $\partial J/\partial \boldsymbol{a}^{(3)} = -(\boldsymbol{y}-\hat{\boldsymbol{y}})$。偏导数 $\partial \boldsymbol{a}^{(3)}/\partial \boldsymbol{h}^{(3)}$ 为输出层输出 $\boldsymbol{a}^{(3)}$ 关于输出层参数 $\boldsymbol{h}^{(3)}$ 的偏导数，即 $\partial \boldsymbol{a}^{(3)}/\partial \boldsymbol{h}^{(3)} = \boldsymbol{f}^{(3)\prime}$，$\boldsymbol{f}^{(3)\prime} = \left[f_1^{(3)\prime}, f_2^{(3)\prime}, \cdots, f_{D_3}^{(3)\prime}\right]^{\mathrm{T}}$，$\boldsymbol{f}^{(3)\prime} \in \mathbb{R}^{D_3 \times 1}$，$D_3$ 为输出层神经元的数量。由于输出层神经元数量与输出结果维度相一致，则 $D_3 = D_o = 2$。$\partial \boldsymbol{h}^{(3)}/\partial \boldsymbol{W}^{(3)}$ 为输出层参数 $\boldsymbol{h}^{(3)}$ 关于权重 $\boldsymbol{W}^{(3)}$ 的偏导数。根据式（10.8），$\boldsymbol{h}^{(3)} = \boldsymbol{W}^{(3)}\boldsymbol{a}^{(2)} + \boldsymbol{b}^{(3)}$，我们有 $\partial \boldsymbol{h}^{(3)}/\partial \boldsymbol{W}^{(3)} = \boldsymbol{a}^{(2)}$，$\boldsymbol{a}^{(2)} = \left[a_1^{(2)}, a_2^{(2)}, \cdots, a_{D_2}^{(2)}\right]^{\mathrm{T}}$（$\boldsymbol{a}^{(2)} \in \mathbb{R}^{D_2 \times 1}$）为第 2 层神经元输出矩阵。在图 10-9 中，前馈神经网络的 $D_2 = 2$。

因此，式（10.12）可改写为：

$$\frac{\partial J}{\partial \boldsymbol{W}^{(3)}} = \left[-(\boldsymbol{y}-\hat{\boldsymbol{y}}) \odot \boldsymbol{f}^{(3)\prime}\right]\boldsymbol{a}^{(2)} \tag{10.13}$$

运算 $\boldsymbol{A} \odot \boldsymbol{B}$ 表示矩阵 $\boldsymbol{A}$ 和矩阵 $\boldsymbol{B}$ 对应元素相乘，并要求参与运算的矩阵 $\boldsymbol{A}$ 和矩阵 $\boldsymbol{B}$ 的维度相同。

2．计算隐藏层 2 参数 $\boldsymbol{W}^{(2)}$ 的梯度

接下来，我们需要计算第 2 个隐藏层中网络权重 $\boldsymbol{W}^{(2)}$ 的梯度。参考网络权重 $\boldsymbol{W}^{(3)}$ 梯度的计算过程，我们也使用链式求导法则计算 $\boldsymbol{W}^{(2)}$ 的梯度：

$$\frac{\partial J}{\partial \boldsymbol{W}^{(2)}} = \underbrace{\frac{\partial J}{\partial \boldsymbol{a}^{(3)}} \cdot \frac{\partial \boldsymbol{a}^{(3)}}{\partial \boldsymbol{h}^{(3)}}}_{\text{与输出层的计算一致}} \cdot \frac{\partial \boldsymbol{h}^{(3)}}{\partial \boldsymbol{a}^{(2)}} \cdot \frac{\partial \boldsymbol{a}^{(2)}}{\partial \boldsymbol{h}^{(2)}} \cdot \frac{\partial \boldsymbol{h}^{(2)}}{\partial \boldsymbol{W}^{(2)}} \tag{10.14}$$

式中，偏导数 $\partial J/\partial \boldsymbol{a}^{(3)}$ 和 $\partial \boldsymbol{a}^{(3)}/\partial \boldsymbol{h}^{(3)}$ 与输出层公式即式（10.12）的计算一致。根据式（10.8）有 $\boldsymbol{h}^{(3)} = \boldsymbol{W}^{(3)}\boldsymbol{a}^{(2)} + \boldsymbol{b}^{(3)}$，我们得到 $\partial \boldsymbol{h}^{(3)}/\partial \boldsymbol{a}^{(2)} = \boldsymbol{W}^{(3)}$。偏导数 $\partial \boldsymbol{a}^{(2)}/\partial \boldsymbol{h}^{(2)}$ 为图 10-9 所示隐藏层 2 中激活函数 $\boldsymbol{a}^{(2)}$ 关于参数 $\boldsymbol{h}^{(2)}$ 的导数，记作 $\partial \boldsymbol{a}^{(2)}/\partial \boldsymbol{h}^{(2)} = \boldsymbol{f}^{(2)\prime}$，其中，$\boldsymbol{f}^{(2)\prime} = \left[f_1^{(2)\prime}, f_2^{(2)\prime}, \cdots, f_{D_2}^{(2)\prime}\right]^{\mathrm{T}}$（$\boldsymbol{f}^{(2)\prime} \in \mathbb{R}^{D_2 \times 1}$），$D_2$ 为隐藏层 2 神经元的数量。偏导数 $\partial \boldsymbol{h}^{(2)}/\partial \boldsymbol{W}^{(2)}$ 为隐藏层 2 参数 $\boldsymbol{h}^{(2)}$ 关于权重 $\boldsymbol{W}^{(2)}$ 的导数。根据式（10.8）有 $\boldsymbol{h}^{(2)} = \boldsymbol{W}^{(2)}\boldsymbol{a}^{(1)} + \boldsymbol{b}^{(2)}$，$\partial \boldsymbol{h}^{(2)}/\partial \boldsymbol{W}^{(2)} = \boldsymbol{a}^{(1)}$，$\boldsymbol{a}^{(1)} = \left[a_1^{(1)}, a_2^{(1)}, \cdots, a_{D_1}^{(1)}\right]^{\mathrm{T}}$，$\boldsymbol{a}^{(1)} \in \mathbb{R}^{D_1 \times 1}$ 为第 1 层神经元输出矩阵，在图 10-9 中，前馈神经网络的 $D_1 = 5$。因此，式（10.14）可简化为：

$$\frac{\partial J}{\partial \boldsymbol{W}^{(2)}} = \left[\boldsymbol{W}^{(3)^{\mathrm{T}}}\left(-(\boldsymbol{y}-\hat{\boldsymbol{y}}) \odot \boldsymbol{f}^{(3)\prime}\right) \odot \boldsymbol{f}^{(2)\prime}\right]\boldsymbol{a}^{(1)} \tag{10.15}$$

3．计算隐藏层 1 参数 $\boldsymbol{W}^{(1)}$ 的梯度

参考式（10.14）的计算过程，我们计算第 1 个隐藏层中网络权重 $\boldsymbol{W}^{(1)}$ 的梯度：

$$\frac{\partial J}{\partial \boldsymbol{W}^{(1)}} = \underbrace{\frac{\partial J}{\partial \boldsymbol{a}^{(3)}} \cdot \frac{\partial \boldsymbol{a}^{(3)}}{\partial \boldsymbol{h}^{(3)}} \cdot \frac{\partial \boldsymbol{h}^{(3)}}{\partial \boldsymbol{a}^{(2)}} \cdot \frac{\partial \boldsymbol{a}^{(2)}}{\partial \boldsymbol{h}^{(2)}}}_{\text{与隐藏层2的计算一致}} \cdot \frac{\partial \boldsymbol{h}^{(2)}}{\partial \boldsymbol{a}^{(1)}} \cdot \frac{\partial \boldsymbol{a}^{(1)}}{\partial \boldsymbol{h}^{(1)}} \cdot \frac{\partial \boldsymbol{h}^{(1)}}{\partial \boldsymbol{W}^{(1)}} \tag{10.16}$$

式中，偏导数 $\partial J/\partial \boldsymbol{a}^{(3)}$、$\partial \boldsymbol{a}^{(3)}/\partial \boldsymbol{h}^{(3)}$、$\partial \boldsymbol{h}^{(3)}/\partial \boldsymbol{a}^{(2)}$ 和 $\partial \boldsymbol{a}^{(2)}/\partial \boldsymbol{h}^{(2)}$ 与隐藏层 2 的计算一致。根据式（10.8）有 $\boldsymbol{h}^{(2)} = \boldsymbol{W}^{(2)}\boldsymbol{a}^{(1)} + \boldsymbol{b}^{(2)}$，可得 $\partial \boldsymbol{h}^{(2)}/\partial \boldsymbol{a}^{(1)} = \boldsymbol{W}^{(2)}$。偏导数 $\partial \boldsymbol{a}^{(1)}/\partial \boldsymbol{h}^{(1)}$ 为图 10-9 所

示隐藏层 1 中激活函数 $\boldsymbol{a}^{(1)}$ 关于参数 $\boldsymbol{h}^{(1)}$ 的导数，记 $\partial\boldsymbol{a}^{(1)}/\partial\boldsymbol{h}^{(1)}=\boldsymbol{f}^{(1)\prime}$ ，其中 $\boldsymbol{f}^{(1)\prime}=\left[f_1^{(1)\prime},f_2^{(1)\prime},\ldots,f_{D_1}^{(1)\prime}\right]^{\mathrm{T}}$（$\boldsymbol{f}^{(1)\prime}\in\mathbb{R}^{D_1\times1}$），$D_1$ 为隐藏层 1 神经元的数量。偏导数 $\partial\boldsymbol{h}^{(1)}/\partial\boldsymbol{W}^{(1)}$ 为隐藏层 1 参数 $\boldsymbol{h}^{(1)}$ 关于权重 $\boldsymbol{W}^{(1)}$ 的导数。根据式（10.8）有 $\boldsymbol{h}^{(1)}=\boldsymbol{W}^{(1)}\boldsymbol{a}^{(0)}+\boldsymbol{b}^{(1)}$ ，可得 $\partial\boldsymbol{h}^{(1)}/\partial\boldsymbol{W}^{(1)}=\boldsymbol{a}^{(0)}$ ，其中，$\boldsymbol{a}^{(0)}=\boldsymbol{x}=\left[x_1,x_2,\cdots,x_{D_{in}}\right]^{\mathrm{T}}$（$\boldsymbol{a}^{(0)}\in\mathbb{R}^{D_0\times1}$）为输入层神经元输出矩阵。在图 10-9 中，前馈神经网络的 $D_0=D_{in}=4$ 。

因此，式（10.16）可改写为：

$$\frac{\partial J}{\partial\boldsymbol{W}^{(1)}}=\left\{\boldsymbol{W}^{(2)\mathrm{T}}\left[\boldsymbol{W}^{(3)\mathrm{T}}\left(-(\boldsymbol{y}-\hat{\boldsymbol{y}})\odot\boldsymbol{f}^{(3)\prime}\right)\odot\boldsymbol{f}^{(2)\prime}\right]\odot\boldsymbol{f}^{(1)\prime}\right\}\boldsymbol{a}^{(0)}\tag{10.17}$$

【问题】虽然通过式（10.13）、式（10.15）、式（10.17）计算出了图 10-9 所示前馈神经网络参数的梯度，但是神经网络的结构（隐藏层的层数和每层的节点数）会随着实际问题的变化而变化。当神经网络的结构改变时，我们就不得不重新推导梯度公式。一个自然的问题是：我们能不能给出任意前馈神经网络参数的梯度公式？

【猜想】我们将式（10.13）、式（10.15）和式（10.17）放在一起观察：

$$\begin{aligned}\frac{\partial J}{\partial\boldsymbol{W}^{(3)}}&=\left(-(\boldsymbol{y}-\hat{\boldsymbol{y}})\odot\boldsymbol{f}^{(3)\prime}\right)\boldsymbol{a}^{(2)}\\\frac{\partial J}{\partial\boldsymbol{W}^{(2)}}&=\left[\boldsymbol{W}^{(3)\mathrm{T}}\left(-(\boldsymbol{y}-\hat{\boldsymbol{y}})\odot\boldsymbol{f}^{(3)\prime}\right)\odot\boldsymbol{f}^{(2)\prime}\right]\boldsymbol{a}^{(1)}\\\frac{\partial J}{\partial\boldsymbol{W}^{(1)}}&=\left\{\boldsymbol{W}^{(2)\mathrm{T}}\left[\boldsymbol{W}^{(3)\mathrm{T}}\left(-(\boldsymbol{y}-\hat{\boldsymbol{y}})\odot\boldsymbol{f}^{(3)\prime}\right)\odot\boldsymbol{f}^{(2)\prime}\right]\odot\boldsymbol{f}^{(1)\prime}\right\}\boldsymbol{a}^{(0)}\end{aligned}\tag{10.18}$$

我们发现 3 个公式等号右侧部分相同的结构都可以用 variable $\cdot\,\boldsymbol{a}$ 的形式表示。因此，我们分别引入中间变量 $\boldsymbol{\Delta}^{(3)}$ 、$\boldsymbol{\Delta}^{(2)}$ 、$\boldsymbol{\Delta}^{(1)}$ 来进一步简化式（10.18）。我们定义：

$$\begin{aligned}\boldsymbol{\Delta}^{(3)}&=-\left(\boldsymbol{y}-\hat{\boldsymbol{y}}\right)\odot\boldsymbol{f}^{(3)\prime}\\\boldsymbol{\Delta}^{(2)}&=\boldsymbol{W}^{(3)\mathrm{T}}\left[-\left(\boldsymbol{y}-\hat{\boldsymbol{y}}\right)\odot\boldsymbol{f}^{(3)\prime}\right]\odot\boldsymbol{f}^{(2)\prime}\\\boldsymbol{\Delta}^{(1)}&=\boldsymbol{W}^{(2)\mathrm{T}}\left\{\boldsymbol{W}^{(3)\mathrm{T}}\left[-\left(\boldsymbol{y}-\hat{\boldsymbol{y}}\right)\odot\boldsymbol{f}^{(3)\prime}\right]\odot\boldsymbol{f}^{(2)\prime}\right\}\odot\boldsymbol{f}^{(1)\prime}\end{aligned}\tag{10.19}$$

将式（10.19）代入式（10.18）可得：

$$\begin{aligned}\frac{\partial J}{\partial\boldsymbol{W}^{(3)}}&=\boldsymbol{\Delta}^{(3)}\boldsymbol{a}^{(2)}\\\frac{\partial J}{\partial\boldsymbol{W}^{(2)}}&=\boldsymbol{\Delta}^{(2)}\boldsymbol{a}^{(1)}\\\frac{\partial J}{\partial\boldsymbol{W}^{(1)}}&=\boldsymbol{\Delta}^{(1)}\boldsymbol{a}^{(0)}\end{aligned}\tag{10.20}$$

式（10.20）实现了对前馈神经网络参数梯度的统一表示。接下来观察式（10.19），我们发现前馈神经网络前后层的中间变量存在递归关系：

$$\begin{aligned}\boldsymbol{\Delta}^{(3)}&=-\left(\boldsymbol{y}-\hat{\boldsymbol{y}}\right)\odot\boldsymbol{f}^{(3)\prime}\\\boldsymbol{\Delta}^{(2)}&=\boldsymbol{W}^{(3)\mathrm{T}}\boldsymbol{\Delta}^{(3)}\odot\boldsymbol{f}^{(2)\prime}\\\boldsymbol{\Delta}^{(1)}&=\boldsymbol{W}^{(2)\mathrm{T}}\boldsymbol{\Delta}^{(2)}\odot\boldsymbol{f}^{(1)\prime}\end{aligned}\tag{10.21}$$

基于式（10.20）和式（10.21）的推导，我们可以归纳出第 l 层权重 $\boldsymbol{W}^{(l)}$ 的梯度为：

$$\frac{\partial J}{\partial \boldsymbol{W}^{(l)}}=\boldsymbol{\Delta}^{(l)}\boldsymbol{a}^{(l-1)} \tag{10.22}$$

式中，$\boldsymbol{\Delta}^{(l)}$ 为第 l 层的误差值，$\boldsymbol{\Delta}^{(l)}=\left[\delta_1^{(l)},\delta_2^{(l)},\cdots,\delta_{D_l}^{(l)}\right]^{\mathrm{T}}$（$\boldsymbol{\Delta}^{(l)}\in\mathbb{R}^{D_l\times 1}$），$D_l$ 为第 l 层神经元的数量。

$$\boldsymbol{\Delta}^{(l)}=\begin{cases}-(\boldsymbol{y}-\hat{\boldsymbol{y}}), & l=D_l\\ \boldsymbol{W}^{(l+1)^{\mathrm{T}}}\boldsymbol{\Delta}^{(l+1)}\odot \boldsymbol{f}^{(l)\prime}, & l<D_l\end{cases} \tag{10.23}$$

式（10.23）告诉我们，第 l 层的误差 $\boldsymbol{\Delta}^{(l)}$ 等于后一层的误差 $\boldsymbol{\Delta}^{(l+1)}$、后一层的权重转置 $\boldsymbol{W}^{(l+1)^{\mathrm{T}}}$ 和当前层激活函数 $\boldsymbol{f}^{(l)\prime}$ 之积。这意味着我们可以高效地对任意多层的前馈神经网络计算参数的梯度。同理，第 l 层偏置 $\boldsymbol{b}^{(l)}$ 的梯度为：

$$\frac{\partial J}{\boldsymbol{b}^{(l)}}=\boldsymbol{\Delta}^{(l)} \tag{10.24}$$

4．更新梯度

基于式（10.22）和式（10.24）计算的梯度，我们通过梯度下降进行参数更新：

$$\begin{aligned}\boldsymbol{W}^{(l)}&\leftarrow \boldsymbol{W}^{(l)}-\eta\boldsymbol{\Delta}^{(l)^{\mathrm{T}}}\boldsymbol{a}^{(l-1)}\\ \boldsymbol{b}^{(l)}&\leftarrow \boldsymbol{b}^{(l)}-\eta\boldsymbol{\Delta}^{(l)^{\mathrm{T}}}\end{aligned} \tag{10.25}$$

式中，η 为学习率。下面给出前馈神经网络梯度反向传播算法。

算法 10.3：前馈神经网络梯度反向传播算法

输入：数据集 $\mathcal{D}=\left\{(\boldsymbol{x}_i,\boldsymbol{y}_i)\right\}_{i=1}^{N}$，$\boldsymbol{x}_i\in\mathbb{R}^{D\times 1}$，$i=1,2,\cdots,N$；网络结构；学习次数。

输出：前馈神经网络的参数 $\boldsymbol{W}^{(l)}$ 和 $\boldsymbol{b}^{(l)}$。

（1）随机初始化前馈神经网络中的参数 $\boldsymbol{W}^{(l)}$ 和 $\boldsymbol{b}^{(l)}$；

（2）通过算法 10.2 输出预测值 $\hat{\boldsymbol{y}}$；

（3）根据 $\hat{\boldsymbol{y}}$ 和 $\boldsymbol{y}$ 按照式（10.22）和式（10.24）计算每一层参数的梯度；

（4）按照式（10.25）更新权重 $\boldsymbol{W}^{(l)}$ 和偏置 $\boldsymbol{b}^{(l)}$；

（5）重复步骤（2）~（4）直到学习次数大于指定次数。

【实验 3】给定任意层数和任意结构的前馈神经网络，用均方误差作为损失函数实现梯度反向传播算法并用所实现的算法对 MNIST 手写数字进行识别。

解：实验结果如图 10-10 所示。

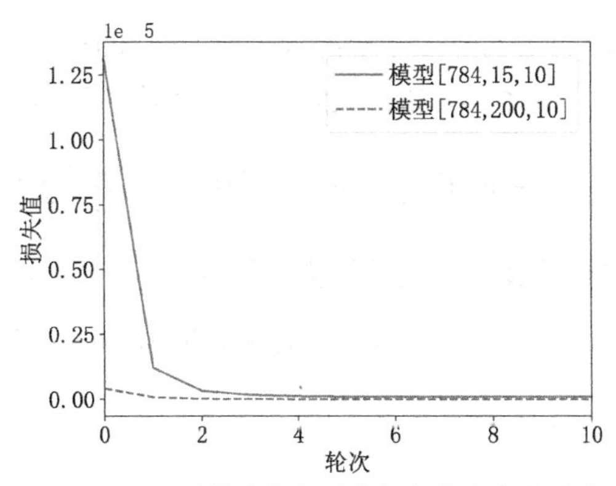

图 10-10　不同前馈神经网络损失值的变化曲线

实验 3 的训练参数及预测正确率如表 10-1 所示。

表 10-1　实验 3 的训练参数及预测正确率

序号	训练参数	正确率
1	学习率为 0.3；隐藏层数为 2；网络结构为 [784,15,10] [1]	0.95
2	学习率为 0.3；隐藏层数为 2；网络结构为 [784,200,10]	0.98

如图 10-10 所示，在前馈神经网络被训练 4 个轮次[2]之后，均方误差损失基本保持不变，达到收敛状态。对比表 10-1 中两个神经网络的参数，我们发现在保证隐藏层的层数和学习率相同的情况下，增加隐藏层神经元的数量可以获得更快的收敛速度和更高的正确率。

10.3.1　梯度消失和梯度爆炸

【问题】在前馈神经网络的训练过程中，为什么有时候误差反向传播算法难以学到有效的参数？

【猜想】通过基于梯度下降的优化方法每次对参数的更新都和梯度的大小和方向有关。因此，我们需要深入理解梯度在算法 10.3 的优化过程中发生了什么问题。我们用图 10-11 中每层只有 1 个神经元的深度神经网络为例进行讨论。

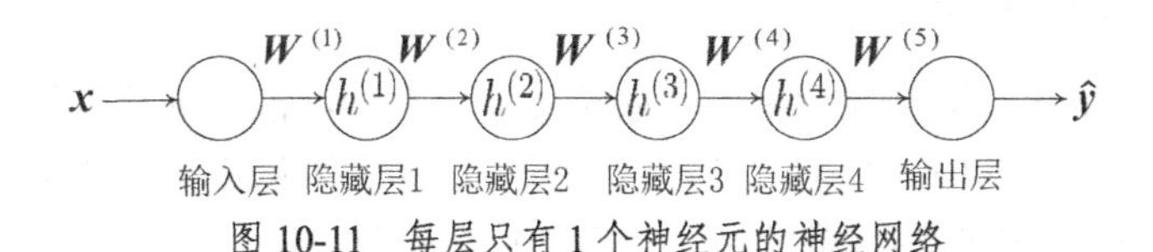

图 10-11　每层只有 1 个神经元的神经网络

假设图 10-11 中神经网络各层的权重分别为 $\boldsymbol{W}^{(5)}$、$\boldsymbol{W}^{(4)}$、$\boldsymbol{W}^{(3)}$、$\boldsymbol{W}^{(2)}$ 和 $\boldsymbol{W}^{(1)}$（$\boldsymbol{W}^{(5)},\boldsymbol{W}^{(4)},\boldsymbol{W}^{(3)},\boldsymbol{W}^{(2)},\boldsymbol{W}^{(1)} \in \mathbb{R}^1$），各层激活函数的导数分别为 $\boldsymbol{f}^{(5)\prime}$、$\boldsymbol{f}^{(4)\prime}$、$\boldsymbol{f}^{(3)\prime}$、$\boldsymbol{f}^{(2)\prime}$ 和 $\boldsymbol{f}^{(1)\prime}$（$\boldsymbol{f}^{(5)\prime},\boldsymbol{f}^{(4)\prime},\boldsymbol{f}^{(3)\prime},\boldsymbol{f}^{(2)\prime},\boldsymbol{f}^{(1)\prime} \in \mathbb{R}^1$），网络的输入向量为 $\boldsymbol{x}$（$\boldsymbol{x} \in \mathbb{R}^1$），网络输出向量为 $\hat{\boldsymbol{y}}$

1 [784,15,10]表示 2 层前馈神经网络，其中，输入神经元数为 784，第一个隐藏层神经元数为 15，第二个隐藏层的神经元数为 10。

2 在神经网络的训练中，我们通常采用最小批量梯度下降方法。当所有的样本都被用于更新模型参数后，神经网络被记为训练了一个轮次（epoch）。为了避免样本顺序对参数的影响，我们再次将样本随机排列进行第 2 轮神经网络的训练，直到达到预先指定的轮次数。

（$\hat{\boldsymbol{y}} \in \mathbb{R}^1$）。此外，我们假设$\boldsymbol{y}$（$\boldsymbol{y} \in \mathbb{R}^1$）为输入$\boldsymbol{x}$对应的真值。

依据式（10.22）和式（10.23），我们求解神经网络第 1 层参数$\boldsymbol{W}^{(1)}$的梯度：

$$\frac{\partial J}{\partial \boldsymbol{W}^{(1)}} = -(\boldsymbol{y} - \hat{\boldsymbol{y}})\boldsymbol{W}^{(5)}\boldsymbol{f}^{(5)\prime}\boldsymbol{W}^{(4)}\boldsymbol{f}^{(4)\prime}\boldsymbol{W}^{(3)}\boldsymbol{f}^{(3)\prime}\boldsymbol{W}^{(2)}\boldsymbol{f}^{(2)\prime}\boldsymbol{f}^{(1)\prime}\boldsymbol{x} \tag{10.26}$$

假设神经网络所有层权重$\boldsymbol{W}^{(l)}$的初始值都满足$\left|\boldsymbol{W}^{(l)}\right| < 1$（$l = 1, \cdots, 5$），神经网络各层都使用 Sigmoid 激活函数$\boldsymbol{\sigma}^{(l)}(\cdot)$（简记为$\boldsymbol{\sigma}^{(l)}$），其导数记为$\boldsymbol{\sigma}^{(l)\prime}$。我们会有$\left|\boldsymbol{W}^{(l)}\boldsymbol{\sigma}^{(l)\prime}\right| < 1/4$和$\left|\boldsymbol{\sigma}^{(l)\prime}\right| < 1/4$，那么式（10.26）将变换为：

$$\begin{aligned}\left|\frac{\partial J}{\partial \boldsymbol{W}^{(1)}}\right| &= \left|-(\boldsymbol{y} - \hat{\boldsymbol{y}})\boldsymbol{W}^{(5)}\boldsymbol{\sigma}^{(5)\prime}\boldsymbol{W}^{(4)}\boldsymbol{\sigma}^{(4)\prime}\boldsymbol{W}^{(3)}\boldsymbol{\sigma}^{(3)\prime}\boldsymbol{W}^{(2)}\boldsymbol{\sigma}^{(2)\prime}\boldsymbol{\sigma}^{(1)\prime}\boldsymbol{x}\right| \\ &< \left|-(\boldsymbol{y} - \hat{\boldsymbol{y}})\boldsymbol{x} \cdot \left(\frac{1}{4}\right)^5\right|\end{aligned} \tag{10.27}$$

我们设$k = \left|-(\boldsymbol{y} - \hat{\boldsymbol{y}})\boldsymbol{x}\right|$，则式（10.27）可化简为：

$$\begin{aligned}\left|\frac{\partial J}{\partial \boldsymbol{W}^{(1)}}\right| &< k \cdot \left(\frac{1}{4}\right)^5 \\ &\approx 0.00098k\end{aligned} \tag{10.28}$$

式（10.28）说明当神经网络隐藏层数量增加时，第 1 个隐藏层权重$\boldsymbol{W}^{(1)}$的梯度大小$\left|\partial J / \partial \boldsymbol{W}^{(1)}\right|$将趋近于 0。梯度大小趋近于 0 意味着神经网络的参数$\boldsymbol{W}^{(1)}$将无法被优化。我们称这种现象为梯度消失（gradient vanishing）。

相反，如果神经网络初始化权重和激活函数的乘积出现$\left|\boldsymbol{W}^{(l)}\boldsymbol{\sigma}^{(l)\prime}\right| > 1$的情况，依据式（10.27）的推导过程，梯度$\left|\partial J / \partial \boldsymbol{W}^{(1)}\right|$将变得特别大。梯度过大将导致第 1 个隐藏层的权重$\boldsymbol{W}^{(1)}$无法被优化。我们称这种现象为梯度爆炸（gradient exploding）。

有效避免梯度消失和梯度爆炸才能高效率地优化神经网络参数！

10.3.2 权重参数的初始化

为了尽可能避免神经网络在训练的开始阶段就出现梯度消失或梯度爆炸，在神经网络权重初始化时我们应遵守如下规则：神经网络每一层的输入值都应落入激活函数的最大梯度范围内。我们以常见的激活函数为例（如图 10-12 和图 10-13 所示），分别进行讨论。

Sigmoid 函数：如图 10-12 所示，Sigmoid 函数的导数在$x \leqslant 3$或$x \geqslant -3$的区域内几乎等于 0，即导数$\sigma'(\cdot) \approx 0$。在训练阶段，导数$\sigma'(\cdot) \approx 0$意味着模型无法利用训练样本对参数进行更新。因此，我们应该让每一层的输入值$\boldsymbol{h}^{(l)}$尽可能地保持在激活函数的活跃区间，即$-3 \leqslant \boldsymbol{h}^{(l)} \leqslant 3$。

tanh 函数：与 Sigmoid 函数类似，如图 10-13 所示，tanh 函数的输入在 0 附近时梯度近似等于 1。因此，我们需要让每一层的输入值尽可能地保持在 0 的周围，因为 0 的周围代表 tanh 函数近似线性变换区间。

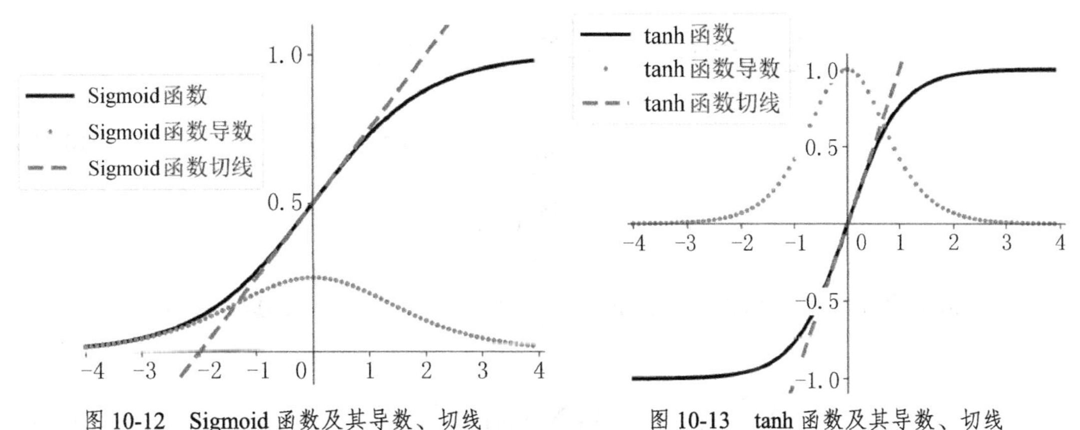

图 10-12　Sigmoid 函数及其导数、切线　　　图 10-13　tanh 函数及其导数、切线

ReLU 函数：与 Sigmoid 函数和 tanh 函数都不同，ReLU 函数（见图 10-4（c））以恒定的梯度进行参数更新。因此，ReLU 函数对权重初始化的要求没有那么高。

下面我们将以 Sigmoid 函数和 tanh 函数为例来说明激活函数对权重参数初始化的要求。Sigmoid 函数和 tanh 函数的最佳响应区间都在 0 附近的区域内。在该区域内，激活函数的响应曲线趋近于线性，如图 10-12 和图 10-13 所示。因此，在神经网络的训练过程中，我们尽量将输入激活函数的响应值 $\boldsymbol{h}^{(l)}$ 拉入线性区间内。假设响应值 $\boldsymbol{h}^{(l)}$ 落入线性区间[−1,1]，我们观察图 10-12 和图 10-13 中函数的切线，我们会认为式（10.29）近似成立：

$$\boldsymbol{a}^{(l)}=\sigma\left(\boldsymbol{h}^{(l)}\right)\approx\boldsymbol{h}^{(l)} \tag{10.29}$$

因此，根据响应值 $\boldsymbol{h}^{(l)}$ 应该在“0 附近的区域内”，我们引入第 1 个假设：权重矩阵 $\boldsymbol{W}^{(l)}$ 是独立同分布的且其均值为 0。

【问题】一个直观的想法是让权重矩阵 $\boldsymbol{W}^{(l)}$ 服从均值为 0 的高斯分布。但是，高斯分布的方差该如何设计？另外，根据前馈神经网络的式（10.8），我们还需要考虑到前馈神经网络不同层权重的相互影响。

【猜想】基于式（10.8）和式（10.9），假设第 l 层第 i 个神经元的输入 $h_i^{(l)}$ 和输出 $a_i^{(l)}$ 分别表示为 $h_i^{(l)}=\sum_{j=1}^{D_{l-1}}w_{i,j}^{(l)}a_j^{(l-1)}$ 和 $a_i^{(l)}=\sigma\left(h_i^{(l)}\right)$，其中，$\sigma(\cdot)$ 为激活函数，D_l（$D_l\in\mathbb{R}^1$）为第 l 层的神经元数量。第 l 层神经元的方差可表示为：

$$\begin{aligned}\operatorname{Var}\left(a_i^{(l)}\right)&=\operatorname{Var}\left[\sigma\left(h_i^{(l)}\right)\right]\\&\approx\operatorname{Var}\left(h_i^{(l)}\right)\\&\approx\operatorname{Var}\left(\sum_{j=1}^{D_{l-1}}w_{i,j}^{(l)}a_j^{(l-1)}\right)\\&\approx\sum_{j=1}^{D_{l-1}}\operatorname{Var}\left(w_{i,j}^{(l)}a_j^{(l-1)}\right)\end{aligned} \tag{10.30}$$

参考 7.2.1 小节泛化误差的偏差-方差分解过程，对于两个相互独立的随机变量 x 和 y，x 和 y 的方差为：$\operatorname{Var}(x,y)=\operatorname{Var}(x)\operatorname{Var}(y)+\operatorname{Var}(x)E[y]^2+\operatorname{Var}(y)E[x]^2$。式（10.30）可进一步化简为：

$$\sum_{j=1}^{D_{l-1}}\mathrm{Var}\left(w_{i,j}^{(l)}h_j^{(l-1)}\right)=\sum_{j=1}^{D_{l-1}}E\left[w_{i,j}^{(l)}\right]^2\mathrm{Var}\left(a_j^{(l-1)}\right)+\sum_{j=1}^{D_{l-1}}E\left[a_j^{(l-1)}\right]^2\mathrm{Var}\left(w_{i,j}^{(l)}\right)+\sum_{j=1}^{D_{l-1}}\mathrm{Var}\left(w_{i,j}^{(l)}a_j^{(l-1)}\right) \quad (10.31)$$

由初始化均值为 0 的假设可推出 $E\left[w_{i,j}^{(l)}\right]=0$， $E\left[a_j^{(l-1)}\right]=0$。因此，式（10.31）可被简化为：

$$\sum_{j=1}^{D_{l-1}}\mathrm{Var}\left(w_{i,j}^{(l)}a_j^{(l-1)}\right)=\sum_{j=1}^{D_{l-1}}\mathrm{Var}\left(w_{i,j}^{(l)}\right)\mathrm{Var}\left(a_j^{(l-1)}\right) \quad (10.32)$$

由“权重矩阵$\boldsymbol{W}^{(l)}$是独立同分布的”假设我们可以得出：

$$\mathrm{Var}\left(w_{1,1}^{(l)}\right)=\mathrm{Var}\left(w_{1,2}^{(l)}\right)=\cdots=\mathrm{Var}\left(w_{i,j}^{(l)}\right)=\mathrm{Var}\left(\boldsymbol{W}^{(l)}\right) \quad (10.33)$$

为保证每层非线性变换的一致性，我们引入第 2 个假设：每一层神经元输入的方差都一致。

$$\mathrm{Var}\left(a_1^{(l-1)}\right)=\mathrm{Var}\left(a_2^{(l-1)}\right)=\cdots=\mathrm{Var}\left(a_j^{(l-1)}\right)=\mathrm{Var}\left(\boldsymbol{a}^{(l-1)}\right) \quad (10.34)$$

因此，根据式（10.33）和式（10.34），式（10.32）可以改写为：

$$\sum_{j=1}^{D_{l-1}}\mathrm{Var}\left(w_{i,j}^{(l)}a_j^{(l-1)}\right)=D_{l-1}\mathrm{Var}\left(w_{i,j}^{(l)}\right)\mathrm{Var}\left(a_j^{(l-1)}\right) \quad (10.35)$$

将式（10.35）代入式（10.30），则：

$$\mathrm{Var}\left(a_i^{(l)}\right)\approx D_{l-1}\mathrm{Var}\left(w_{i,j}^{(l)}\right)\mathrm{Var}\left(a_j^{(l-1)}\right) \quad (10.36)$$

基于式（10.36），我们将输出层的方差$\mathrm{Var}\left(a_i^{(L)}\right)$与输入层的方差$\mathrm{Var}\left(a_i^{(l)}\right)$联系起来。我们假设第$L$层为网络的输出层，而输入变量为$\boldsymbol{x}$：

$$\begin{aligned}\mathrm{Var}\left(a_i^{(L)}\right)&\approx D_{L-1}\mathrm{Var}\left(w_{i,j}^{(L)}\right)\mathrm{Var}\left(a_j^{(L-1)}\right)\\&\approx D_{L-1}\mathrm{Var}\left(w_{i,j}^{(L)}\right)D_{L-2}\mathrm{Var}\left(w_{i,j}^{(L-1)}\right)\mathrm{Var}\left(a_j^{(L-2)}\right)\\&\cdots\\&\approx\left(\prod_{l=1}^{L-1}D_{l-1}\mathrm{Var}\left(w_{i,j}^{(l)}\right)\right)\mathrm{Var}(\boldsymbol{x})\end{aligned} \quad (10.37)$$

由式（10.37）推导可知，深度神经网络的输入$\boldsymbol{x}$和输出$\boldsymbol{a}^{(L)}$之间存在以下 3 种情况：

$$D_{l-1}\mathrm{Var}\left(w_{i,j}^{(l)}\right)\begin{cases}<1\Rightarrow\mathrm{Var}\left(a_i^{(L)}\right)\to 0 & \Rightarrow \text{输出}a_i^{(L)}\text{将很难改变}\\=1\Rightarrow\mathrm{Var}\left(a_i^{(L)}\right)=\mathrm{Var}(\boldsymbol{x}) & \Rightarrow \text{输出方差与输入方差一致}\\>1\Rightarrow\mathrm{Var}\left(a_i^{(L)}\right)\to+\infty & \Rightarrow \text{输出}a_i^{(L)}\text{有很大的取值范围}\end{cases} \quad (10.38)$$

其中，第 3 种情况$D_{l-1}\mathrm{Var}\left(w_{i,j}^{(l)}\right)>1$将导致神经网络出现梯度消失或梯度爆炸。因此，神经网络权重的初始值应满足如下要求：

$$\boldsymbol{W}^{(l)} \sim \mathcal{N}\left(0, \frac{1}{D_{l-1}}\right)$$
$$\boldsymbol{b}^{(l)} = 0 \tag{10.39}$$

事实上，式（10.30）到式（10.39）的变换过程需要对激活函数进行假设不同的假设将会产生不同的初始化方法（如 Xavier 初始化、He 初始化等）。由于篇幅限制，我们不再针对不同激活函数进行详细讨论。

10.3.3 批归一化

在训练神经网络时，前一层神经网络权重 $\boldsymbol{W}^{(l)}$ 的改变会导致后一层神经网络输入值 $\boldsymbol{a}^{(l)}$ 的分布也随之而改变。显然，输入值 $\boldsymbol{a}^{(l)}$ 的改变可能会带来梯度爆炸或消失，从而导致神经网络训练变难。

一个很容易想到的解决方案：将神经网络每层的输入值 $\boldsymbol{a}^{(l)}$ 都进行归一化处理，从而让输入值总是处在激活函数梯度最“活跃”的区间内以避免梯度消失。

假设第 l 层神经网络的响应值为 $\boldsymbol{h}^{(l-1)}$，权重和偏差分别为 $\boldsymbol{W}^{(l)}$ 和 $\boldsymbol{b}^{(l)}$，激活函数为 $\sigma^{(l)}(\cdot)$，而第 $l+1$ 层神经网络的输入向量为 $\boldsymbol{a}^{(l)}$（$\boldsymbol{a}^{(l)} \in \mathbb{R}^{D_l}$）。因为神经网络每一次迭代都用 M 个样本组成小批量样本进行训练，所以，归一化层对输入向量 $\boldsymbol{a}^{(l)}$ 的每一维特征分别进行处理：

$$\hat{a}_{i,j}^{(l)} = \frac{a_{i,j}^{(l)} - \mu_j}{\sqrt{\sigma_j^2 + \epsilon}} \tag{10.40}$$

式中，i 表示样本在批次中的索引，j 表示特征向量维度的索引，ϵ（$\epsilon > 0$）是一个很小的常数以避免 $\sigma_j = 0$ 时分母为 0，均值 μ_j 和方差 σ_j^2 分别为：

$$\mu_j = \frac{1}{M}\sum_{i=1}^{M} a_{i,j}^{(l)}$$
$$\sigma_j^2 = \sum_{i=1}^{M}\left(a_{i,j}^{(l)} - \mu_j\right)^2 \tag{10.41}$$

因此，μ_j 和 σ_j^2 是 M 个样本在输入 $\boldsymbol{a}^{(l)}$ 第 j 维度上的均值和方差。经过式（10.40）归一化处理后，第 l 层输入特征每个维度服从均值为 0 和方差为 1 的高斯分布。式（10.40）本质上是零均值归一化的应用。

【问题】在每次迭代时，神经网络都只用一小部分样本进行小批量随机梯度下降。不同批次数据的差别将导致批次间样本均值和方差的不同，如图 10-14 所示。当下一批次的样本进入神经网络后，用上一批次样本学习到的权重 $\boldsymbol{W}^{(l)}$ 和偏差 $\boldsymbol{b}^{(l)}$ 将无法对新的数据进行预测！

【猜想】我们可以强制让零均值归一化后的数据再进行一次归一化处理。后一次归一化需要将不同批次样本的均值和方差进行统一，如图 10-14 中箭头所示。批归一化（batch normalization，BN）用平移和尺度变换让每批次输入 $\boldsymbol{a}^{(l)}$ 的均值和方差都相等，即平移变换保证不同批次样本的均值一致，而尺度变换保证不同批次样本的方差一致！

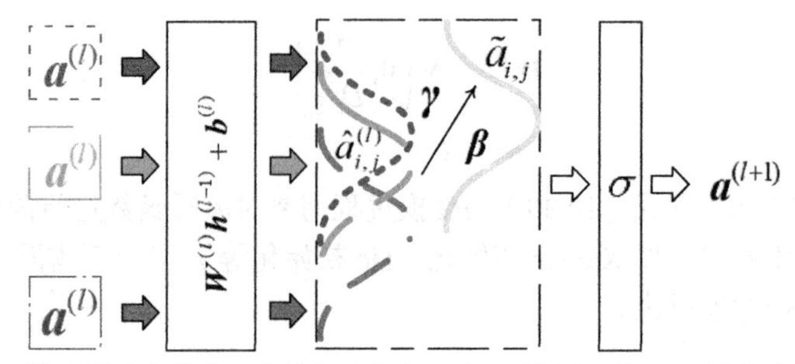

图 10-14 不同批次样本的均值和方差都不完全一致。不同线型表示不同批次神经网络的输入

因此，对式（10.40）批归一化后，输入 $\hat{\boldsymbol{a}}^{(l)}$ 进行线性变换：

$$\tilde{a}_{i,j}=\gamma_j\hat{a}_{i,j}^{(l)}+\beta_j \tag{10.42}$$

式中，参数 $\boldsymbol{\gamma}=\left[\gamma_1,\cdots,\gamma_j,\cdots,\gamma_{D_l}\right]^{\mathrm{T}}$ 用于对输入向量 $\hat{\boldsymbol{a}}_i^{(l)}$ 的每一维度 $\hat{a}_{i,j}^{(l)}$ 进行尺度变换，$\boldsymbol{\beta}=\left[\beta_1,\cdots,\beta_j,\cdots,\beta_{D_l}\right]^{\mathrm{T}}$ 用于对输入向量的每一维度 $\hat{a}_{i,j}^{(l)}$ 进行平移变换，$\tilde{a}_{i,j}$ 为批归一化层的输出结果。可学习参数 $\boldsymbol{\gamma}$ 与 $\boldsymbol{\beta}$ 通过梯度反向传播算法学习得到，我们在这里不再展开讨论。

显然，零均值归一化应该用所有样本的均值和方差才合理，因为不同批次样本之间均值和方差是不同的。在对样本进行组织时，我们应尽量保证数据被均匀采样。另外，我们可以利用滑动平均（moving average）策略近似求解所有样本的均值 $\tilde{\boldsymbol{\mu}}$ 和方差 $\tilde{\boldsymbol{\sigma}}$：

$$\tilde{\boldsymbol{\mu}}=\frac{1}{T}\sum_{t=1}^{T}\boldsymbol{\mu}_t \tag{10.43}$$

$$\tilde{\boldsymbol{\sigma}}^2=\frac{1}{T-1}\sum_{t=1}^{T}\boldsymbol{\sigma}_t^2 \tag{10.44}$$

式中，参数 T 表示批次数，$\boldsymbol{\mu}_t$ 表示用式（10.41）计算的第 t 批次样本的均值，$\boldsymbol{\mu}_t=\left[\mu_{t_1},\cdots,\mu_{t_j},\cdots,\mu_{t_{D_l}}\right]^{\mathrm{T}}$，$\tilde{\boldsymbol{\sigma}}$ 表示用式（10.41）计算的第 t 批次样本的方差，$\tilde{\boldsymbol{\sigma}}_t=\left[\sigma_{t_1},\cdots,\sigma_{t_j},\cdots,\sigma_{t_{D_l}}\right]^{\mathrm{T}}$，$t=1,\cdots,T$。

因此，批归一化的过程包括输入 $\boldsymbol{a}^{(l)}$ 的零均值归一化、零均值归一化输入 $\hat{\boldsymbol{a}}^{(l)}$ 的平移和尺度变换，以及所有样本均值和方差的计算，如图 10-15 所示。假设批归一化的运算符为 $BN(\cdot)$，为了能让第 $l+1$ 层的输入向量处于激活函数梯度的活跃区间，批归一化被放置在激活函数 $\sigma^{(l+1)}(\cdot)$ 之前：

$$\boldsymbol{h}^{(l+1)}=\sigma^{(l)}\left[BN\left(\boldsymbol{a}^{(l)}\right)\right] \tag{10.45}$$

式中，第 $l+1$ 层的输入向量 $\boldsymbol{a}^{(l)}=\boldsymbol{W}^{(l)}\boldsymbol{h}^{(l-1)}+\boldsymbol{b}^{(l)}$。

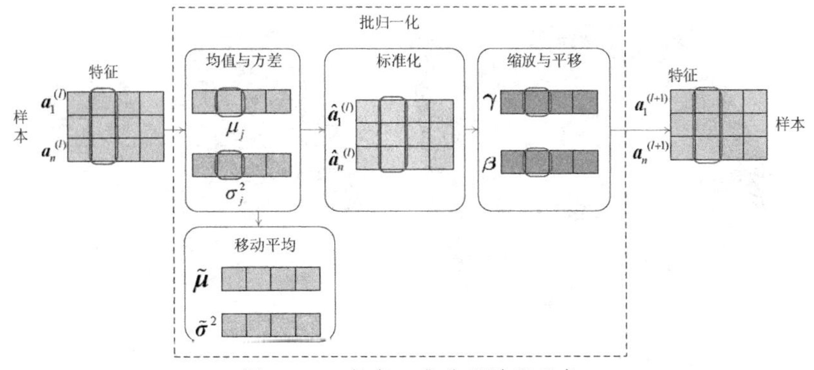

图 10-15　批归一化处理过程示意

10.4 基于梯度下降的神经网络优化

【问题】对凸/凹函数而言，梯度下降方法是实现参数优化的高效解决方案。但是，对于深度神经网络的参数优化问题，基于梯度下降的参数优化会遇到以下困难。

（1）由于多层非线性激活函数的多次嵌套，多层神经网络的目标函数变为非凸非凹函数而存在多个局部极小值，如图 10-16 所示。

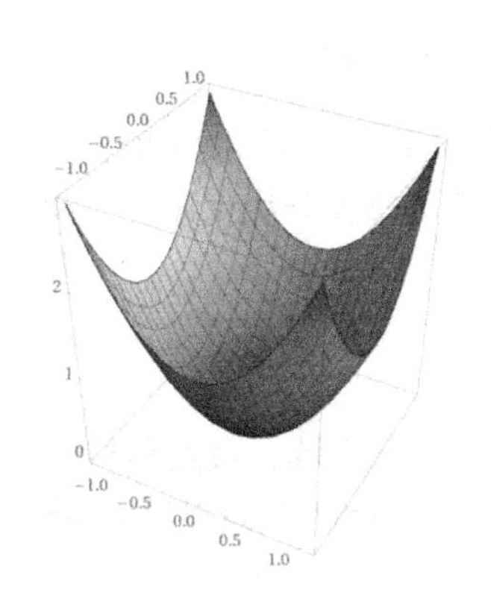

（a）只有一个全局最小值的凹函数

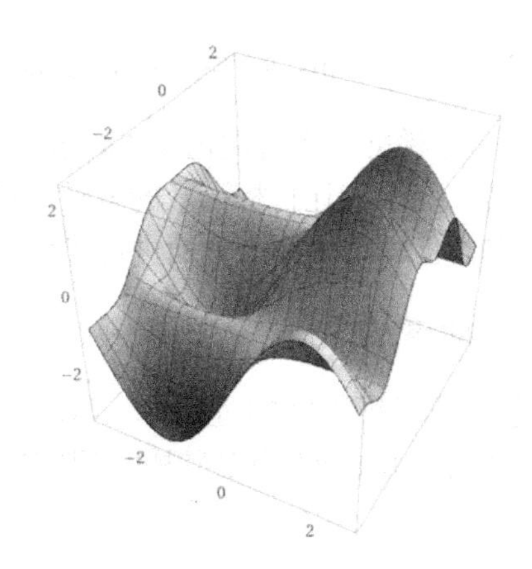

（b）有多个局部最小值的目标函数

图 10-16　凹函数和非凸非凹函数的比较

（2）在基于梯度下降的参数优化过程中，神经网络参数的解可能会陷入“峡谷地带”。如图 10-17 所示，两个经典的深度神经网络的目标函数包含大量的“峡谷地带”和局部最小值。当我们利用随机梯度下降对神经网络进行优化时，如果参数的一个解在左右两侧都是“峭壁”的峡谷中，准确的梯度方向应该是沿着坡的方向，在这个方向寻找最优解。但是，不准确的梯度方向会导致稍有偏离就撞向两侧的“峭壁”，从而在两个“峭壁”间来回振荡。

（3）每个批次计算的梯度方向和整体样本的梯度方向的不同会将神经网络参数推向一个局部极小值。例如，如图 10-18 所示，参数可能会被推向沿着 x 轴的最小值点，但是这个点却可以继续沿着 y 轴方向到达另一个最小值点。

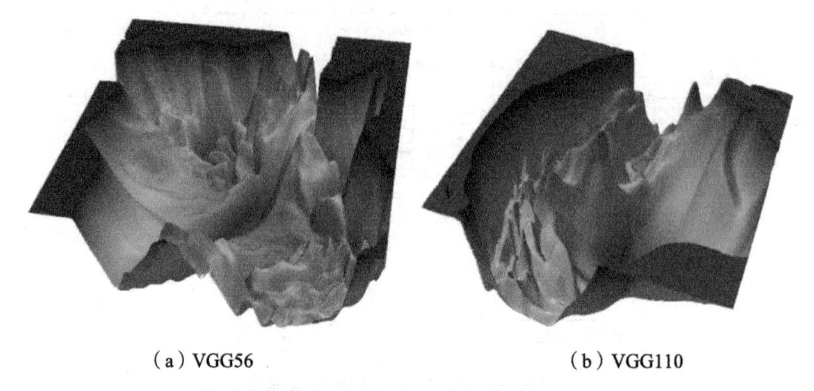

（a）VGG56　　（b）VGG110

图 10-17　深度神经网络 VGG56 和 VGG110 目标函数的可视化结果

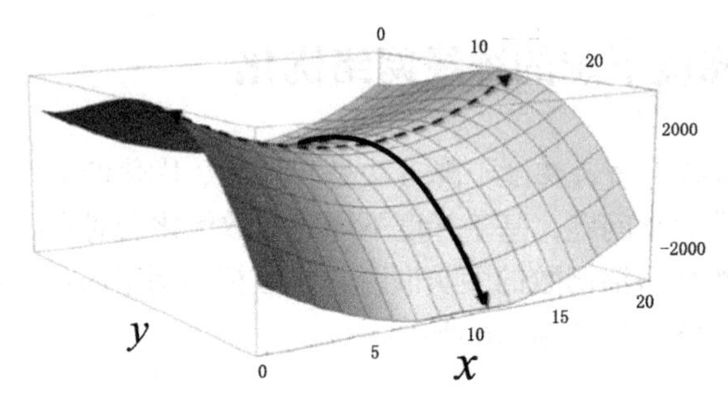

图 10-18　鞍点（saddle point）将误导最优解的寻找方向

【猜想】基于梯度下降的优化算法应包含两个重要方面：一是梯度下降方向，二是每一步调整的步幅。为了能让目标函数的解跳出局部最小值点或提升优化速度，我们分别在梯度下降方向和梯度学习率两个方面进行优化。

10.4.1　动量法

【问题】随机梯度下降的过程中，当前解会出现在平坦区域、鞍点和局部最小点，如图 10-19（a）所示。我们该如何调整梯度下降的大小和方向让当前解继续对目标函数进行优化？

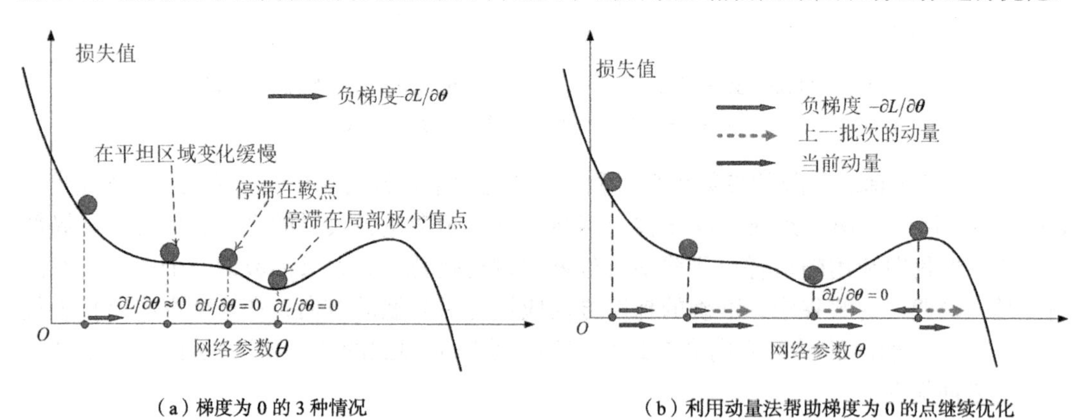

（a）梯度为 0 的 3 种情况　　（b）利用动量法帮助梯度为 0 的点继续优化

图 10-19　动量法假设目标函数总体上是连续下降的函数

【猜想】如果假设目标函数总体上是下降的函数，我们能不能利用前面多个批次的梯度对下一批次的梯度进行引导，从而加速梯度下降过程。

指数权重滑动平均（exponentially weighted moving average）

给定观测样本 $\boldsymbol{x}_t$（$\boldsymbol{x}_t \in \mathbb{R}^{D\times 1}$），用指数权重滑动平均法对噪声进行滑动抑制。

$$\boldsymbol{v}_t = \begin{cases} \boldsymbol{x}_1, & t=1 \\ \beta \boldsymbol{v}_{t-1} + (1-\beta)\boldsymbol{x}_t, & t>1 \end{cases} \tag{10.46}$$

式中，遗忘系数 β（$0<\beta<1$）表示对样本的记忆程度，β 值越大，式（10.46）对当前时刻 t 的观测样本 $\boldsymbol{x}_t$ 忽略就越快，$\boldsymbol{v}_t$ 表示对到当前时刻 t 为止所有观测样本的指数平均。公式 $\boldsymbol{v}_t = \beta \boldsymbol{v}_{t-1} - \boldsymbol{x}_t$ 可以看作指数权重滑动平均即式（10.46）的一个变种。不同遗忘系数下指数权重滑动平均对噪声的抑制作用如图 10-20 所示。

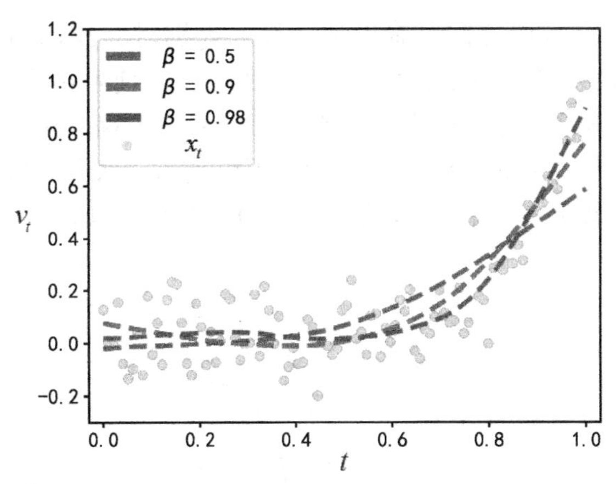

图 10-20　不同遗忘系数下指数权重滑动平均对噪声的抑制作用

给定参数为 $\boldsymbol{\theta}$ 的目标函数 $L(\boldsymbol{\theta})$，我们求目标函数 $L(\boldsymbol{\theta})$ 对参数 $\boldsymbol{\theta}_t$ 的梯度为：

$$\boldsymbol{g}_t = \nabla_{\boldsymbol{\theta}} L\big|_{\boldsymbol{\theta}_t} \tag{10.47}$$

利用指数权重滑动平均的思想，我们将平坦区域点、鞍点和局部极小值点看作噪声点。因此，我们用动量法将上一次的梯度信息 $\boldsymbol{v}_{t-1}$ 融入当前梯度 $\boldsymbol{g}_t$：

$$\begin{aligned} \boldsymbol{v}_t &= \rho \boldsymbol{v}_{t-1} - \eta \boldsymbol{g}_t \\ \boldsymbol{\theta}_{t+1} &= \boldsymbol{\theta}_t + \boldsymbol{v}_t \end{aligned} \tag{10.48}$$

式中，η 为学习率，ρ（$\rho \in \mathbb{R}^1$）为动量因子，$\boldsymbol{v}_{t-1}$ 为上一时刻的梯度信息。

动量因子 ρ 通常被设置为 0.8 到 0.99 之间的一个实数。通常，神经网络开始训练时动量因子 ρ 会被设置为较小的值，随着神经网络训练次数增大，动量因子 ρ 也相应地增大。动量算法即式（10.48）中的动量因子 ρ 决定了之前梯度方向衰减的快慢：

$$\begin{aligned} \boldsymbol{v}_t &= \rho \boldsymbol{v}_{t-1} - \eta \boldsymbol{g}_t \\ &= \rho\left(\rho \boldsymbol{v}_{t-2} - \eta \boldsymbol{g}_{t-1}\right) - \eta \boldsymbol{g}_t \\ &= \rho^2 \boldsymbol{v}_{t-2} - \rho\eta \boldsymbol{g}_{t-1} - \eta \boldsymbol{g}_t \\ &\cdots \\ &= -\rho^{t-1}\eta \boldsymbol{g}_1 - \cdots - \rho^k \eta \boldsymbol{g}_{t-k} - \cdots - \rho\eta \boldsymbol{g}_{t-1} - \eta \boldsymbol{g}_t \end{aligned} \tag{10.49}$$

训练过程中，如图 10-19（b）所示，动量法通过指数权重滑动平均让我们估计一个在目标函数总体趋势上更为准确的梯度！

（1）如果相邻多个批次的移动方向相似，动量的引入会将多次相似的方向进行叠加，从而增大梯度方向的移动量以达到加速收敛的目的。

（2）如果相邻多个批次的移动方向不相似，动量的引入会得到一个指数“平均”化的梯度方向而远离错误梯度方向，从而保证目标函数沿正确方向前进。

（3）如果某个批次的梯度接近 0，即 $\nabla_{\theta}L|_{\theta_t} \to 0$ 或有梯度不为 0 的移动方向，那么动量的指数叠加可以协助跃出局部最小值点。

10.4.2 自适应学习率

【问题】当参数不同维度之间的梯度值有较大差别时，我们通常需要选择足够小的学习率使得参数在梯度值较大的维度上不发散。但是，当前解出现在图 10-21 所示的“峡谷”中时，不合适的学习率会让解在“峡谷”两壁来回振荡前进。然而，我们期望梯度能够沿着峡谷中间的方向（如虚线箭头所示）下降前进，如图 10-21（b）所示。因此，一个问题是：给定参数为 $\boldsymbol{\theta}$ 的目标函数 $L(\boldsymbol{\theta})$（$\boldsymbol{\theta} \in \mathbb{R}^{D\times 1}$），如何对参数 $\boldsymbol{\theta}$ 的不同维度设置不同的学习率？

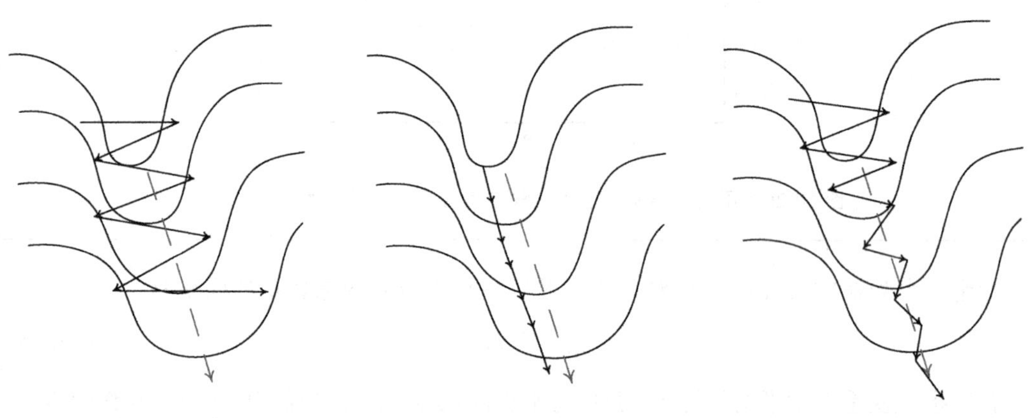

（a）实际中的梯度下降方向（折线）　（b）期望的梯度方向（直线）　（c）自适应学习率的梯度方向

图 10-21　实际中的梯度下降方向（折线）、期望的梯度方向（直线）和自适应学习率的梯度方向的比较

【猜想】在训练的整个阶段，参数 $\boldsymbol{\theta}$ 的所有维度都被设置相同的学习率是不明智的。一个自然的想法是：为参数 $\boldsymbol{\theta}$ 的每一维度独立地设置学习率，从而减缓“峡谷”区域内的振荡过程，加快神经网络的参数沿着“峡谷”底部区域下降，如图 10-21（c）所示。

假设目标函数 $L(\boldsymbol{\theta})$ 对于参数 $\boldsymbol{\theta}$ 的梯度为 $\boldsymbol{g}_t = \nabla_{\theta}L|_{\theta_t}$。令 $\boldsymbol{s}_t$（$\boldsymbol{s}_t \in \mathbb{R}^{D\times 1}$，其中，$D$ 为参数的维度）表示到 t 次迭代为止参数 $\boldsymbol{\theta}$ 梯度的平方和。如果参数初始化为 $\boldsymbol{s}_0 = [0,\cdots,0]^{\mathrm{T}}$，那么自适应梯度下降（adaptive gradient descent，AdaGrad）的参数更新公式为：

$$
\begin{aligned}
\boldsymbol{s}_t &= \boldsymbol{s}_{t-1} + \boldsymbol{g}_t \odot \boldsymbol{g}_t \\
\boldsymbol{\theta}_{t+1} &= \boldsymbol{\theta}_t - \frac{\eta}{\sqrt{\boldsymbol{s}_t + \epsilon}} \odot \boldsymbol{g}_t
\end{aligned} \tag{10.50}
$$

式中，运算符 $\odot$ 表示向量之间按元素乘，$\sqrt{\boldsymbol{x}}$ 表示对向量 $\boldsymbol{x}$ 按元素求平方根，η 为学习率。

初始学习率η一般设置为 0.01，ϵ（$\epsilon \in \mathbb{R}^{D\times 1}$）通常取很小的数，如 10^{-6}。式（10.50）中开平方函数能够对较大的值进行抑制而对较小的值进行提高。因此，在值$\boldsymbol{s}_t + \epsilon \geqslant 1$时，梯度$\boldsymbol{g}_t$中频繁变化的维度被操作$\eta / \sqrt{\boldsymbol{s}_t + \epsilon}$抑制；反之，不常变化的维度将被提高。

知识梳理与拓展

- 单神经元模型利用不同的激活函数抽象为感知机、Logistic 回归等模型；单神经元模型是欧式空间中线性证据的累积和非线性变换的叠加；典型的非线性变换包括 Sigmoid 函数，tanh 函数，ReLU 函数
- 前馈神经网络本质是复合函数的多次嵌套。多层前馈神经网络是由多层单神经元堆叠而成。从特征的变换角度看，多层前馈神经网络的底层神经元对特征进行以激活函数为特点的非线性变换，而次层的神经元对非线性变换进行组合和第二次非线性变换。逐步进行特征的非线性变换和组合最终赋予多层前馈神经网络非线性能力
- 对隐藏层网络结构（如神经元的数量，神经元之间的连接方式）的设计体现了神经网络对不同任务的理解。例如，降维分析要求神经网络呈现出漏斗形状（隐藏层的神经元数量会比输入层和输出层都少），分类问题需要神经元呈现纺锤形（隐藏层神经元的数量比输入层更多以获得更多的特征）等
- 反向传播算法中，对于第 i 层网络参数梯度的求解与第 i+1 层网络的加权误差呈现出 i+1 层的权重乘 i+1 层的梯度模式
- 梯度消失和梯度爆炸的根源是前馈神经网络的嵌套复合引起的
  - 梯度消失和梯度爆炸要求激活函数的梯度能控制在 1 附近的有效激活区间，具体区间大小应该由神经网络层数的决定。
  - 学习率过大会让随机梯度下降天然具有高方差性。对于非凹非凸函数而言，梯度的高方差是优化器跳出局部最优点进入另一个局部最小点的关键原因之一。
  - 深度神经网络仍然利用基于梯度下降的算法，梯度下降方法属于误差修正学习（error-correction learning），目前还有赫布学习（Hebbian learning）和竞争学习（competitive learning）两种策略，但是这两种策略目前还没有被成功地用于深度神经网络。
- 初始化权重参数的原则是神经网络每一层输入值都应落入激活函数的最大梯度范围内，因此，不同的激活函数应该用不同的初始化方法，典型的初始化方法如 Xavier、He 初始化
- 多层神经网络中，前一层神经元学习得到的特征需要经过归一化才能保证特征在语义的对齐和语义强度单位的归一；此外，归一化能保证激活函数的梯度在最优的激活区间；批归一化本质上解决了特征在语义尺度上的原点和语义强度单位的归一
- 神经网络是凹凸函数的复杂组合，神经网络损失函数的“地形地貌”（landscape）会影响神经网络算法设计的学习率和梯度更新方法
- 理解“鞍点”是一种部分维度的局部最小值；理解“峡谷”“尖锐”和“扁平”类型局部最小值损失函数的“地形地貌”
- 动量法假设鞍点可以利用梯度的“惯性”去避免陷入“部分”局部最小值，也可以

将局部最小值理解为“噪声”，动量法是指数滑动平均的应用对噪声进行平滑后进入局部更优解，需要指出动量法不能逃脱所有的局部最小点

- 自适应学习率是对各个维度学习率不一致情况的求解

10.5 本章小结

（1）本章强调神经网络源于对大脑神经元生物特性的模拟，神经元模型用激活函数和多层网络结构模拟大脑神经元实现非线性建模能力。

（2）在数学上，反向传播算法是多层复合函数链式求导法则的应用。对激活函数梯度变化和神经网络结构进行分析有助于理解梯度消失和梯度爆炸现象。

（3）避免梯度消失和梯度爆炸是神经网络激活函数、权重参数初始化、批归一化等网络参数正则化的主要动机和出发点。

（4）分布在神经网络各层的多个激活函数让神经网络成为具有多个局部最小值的函数。从学习率和梯度方向的角度出发，动量法和自适应学习率能加快神经网络的优化。

10.6 本章习题

1. 神经网络的层数和每层神经元的数量（　　）。

A. 可随意设定

B. 可人为进行设计

C. 可通过经验多次试验确定

D. 可通过强化算法学习出来

2. 下列选项中可使神经网络具有非线性的是（　　）。

A. 随机梯度下降

B. 线性整流函数

C. 全连接网络结构

D. 隐藏层的节点数大于输入层的节点数

3. 神经网络的基本结构包括：______、______和______。

4. 举例讨论梯度消失和梯度爆炸的本质原因。查阅相关资料，判断是否可以通过网络结构的设计避免梯度消失或梯度爆炸。

5. 如果梯度消失或梯度爆炸无法避免，以前馈神经网络为例，说明哪些编程技巧可降低梯度消失或梯度爆炸的影响。

6. 证明如果隐藏层的激活函数是线性的，那么 3 层网络等价于 2 层网络。利用该结论解释为什么具有线性隐单元的 3 层网络不能解决非线性可分问题，如 XOR 问题。

7. 在以下两种情况下，将 Sigmoid 函数的导数用 Sigmoid 函数本身来表示。

（a）完全为正的 Sigmoid 函数：$f(\text{net})=\dfrac{1}{1+\mathrm{e}^{a\text{net}}}$。

（b）反对称的 Sigmoid 函数：$f(\text{net})=a\tanh(b\text{net})$

8. 从建模的方便性上比较神经网络和支持向量机。

9. 搭建一个多层前馈神经网络，对比不同的网络层数、不同的激活函数对网络的非线性能力的影响。

10. 不借用第三方编程平台（如 PyTorch）实现一个针对多层前馈神经网络的梯度反向传播程序。该程序能够实现任意层数前馈神经网络的参数训练。

11. 搭建神经网络模型，通过实验分析批归一化方法中参数对性能的影响。

12. 搭建神经网络模型，从收敛速度、收敛结果等方面，对比不同的自适应学习率算法的效果。

第11章 深度神经网络模型

面对不同类型的数据，多层深度前馈神经网络在神经元的定义、连接结构和参数更新方式上都进行了变化和创新。本章重要知识点如下。

（1）卷积核和池化。

（2）循环单元或更为复杂的上下文保留和遗忘操作。

（3）生成对抗网络。

本章学习目标

（1）理解卷积神经网络的工作原理及各组件（层）的作用，可针对不同的问题使用不同的网络结构;

（2）理解循环神经网络的工作原理及梯度反向传播算法在循环神经网络中的作用，并理解梯度不稳定的原因和处理策略;

（3）理解生成对抗网络的基本原理，并理解对抗学习获得最优解的条件和约束。

11.1 卷积神经网络

人脑对信号的智能处理与理解包括视、听等过程。其中，人类获取的信息中约有 80% 通过视觉获得。理解人脑处理视觉信息的神经通道是构建高效视觉信号处理系统的重要途径。

人类视觉系统将光信号渐进地从视网膜（retina）神经传入外侧膝状体核（lateral geniculate nucleus，LGN）进行处理，如图 11-1 所示，其中，外侧膝状体核是由多个阶段细胞构成的区域，包括感知区域 V1、感知区域 V2、感知区域 V4、脑后部时序推断区域（posterior inferior temporal area，PIT）、脑前部时序推断区域（anterior inferior temporal area，AIT）。信号经过外侧膝状体核的逐级处理后，人脑细胞将视觉信号中的点、线、面等基本视觉元素解码并组合成复杂的语义实体。

在图 11-1 所示的生物学基础上，大卫 · 胡贝尔（David Hubel）和托尔斯滕 · 维泽尔（Torsten Wiesel）指出大脑中存在两种视觉细胞，如图 11-2 所示。

（1）简单细胞（simple cell）：用于识别视觉中一定感受野（receptive field）内具有特定模式的信号。

（2）复杂细胞（complex cell）：具有更大感受野，用于对简单细胞处理后的信号进行组合叠加。复杂细胞通过权重求和或取最大值的操作将简单细胞组合成能完成复杂功能的细胞。

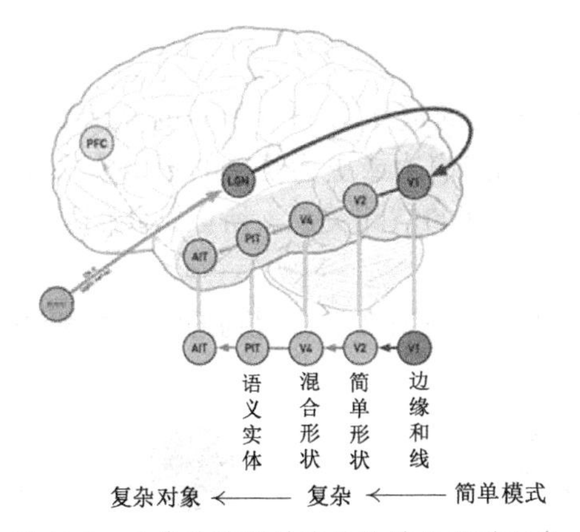

图 11-1　人类处理视觉信号的神经通道示意

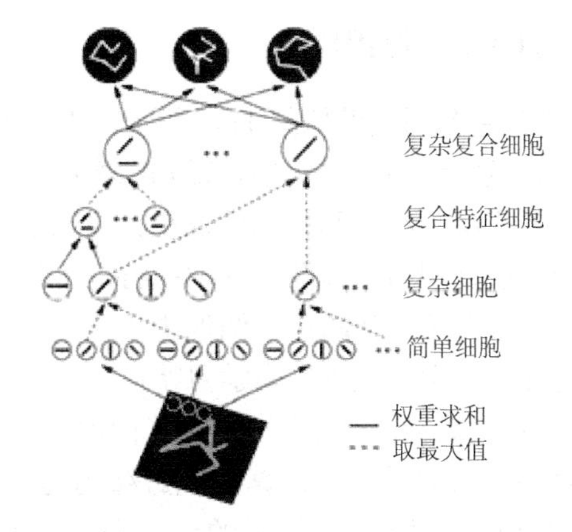

图 11-2　在外侧膝状体核内自底向上层次经由简单细胞、复杂细胞、复合特征细胞和复杂复合细胞进行视觉信息处理

【问题】如何利用这些神经学的发现设计出针对视觉任务的高效神经网络？

【猜想】卷积神经网络（convolutional neural network，CNN）由多个包含卷积层（convolutional layer）和池化层（pooling layer）的网络构成。卷积层通过模仿简单细胞的功能完成图像特征的提取。池化层通过模仿复杂细胞的功能实现特征抽取的不变性。多个卷积层和池化层的交替组合可实现外侧膝状体核对视觉信息的渐进式处理。

神经网络 LeNet5 是第一个利用生物学发现而构造的卷积神经网络[1]。如图 11-3 所示，LeNet5 先对手写字符图像的像素值进行归一化处理，通过卷积层 C1 提取图像特征形成 6 个特征图（feature map），对 C1 经过下采样生成 C2 特征图，接着通过卷积层 C2 提取多种组合特征后进行下采样，生成与卷积核大小相同的特征图。通过 C2 到 C3，C3 到 C4，C4 到 C5 的特征逐阶段变换此时特征图通过卷积层 C5 后形成的特征图谱大小为1×1。最后经过全连接层 F6 和高斯连接层，得到网络识别的结果。

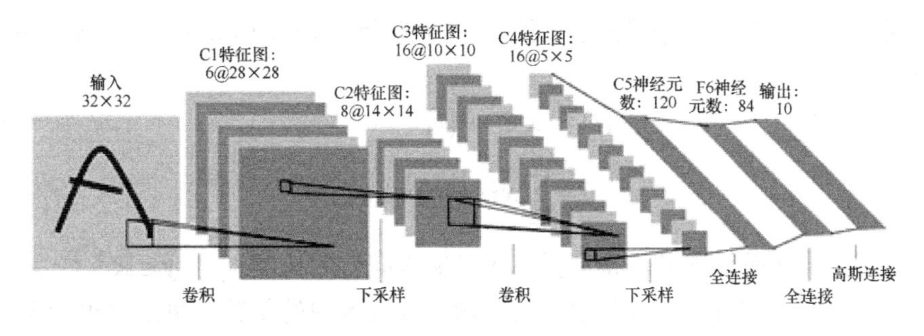

图 11-3　用于手写字符识别的 LeNet5。图中，符号“6@28×28”表示通道数为 6、尺寸是 28×28 的特征图，C 表示卷积层，S 表示池化层，F 表示全连接层，C1、C2、C3、C4、C5 表示前后相接的特征层

1 尽管神经网络 LeNet5 是 20 世纪 90 年代提出的，但当代卷积神经网络的基本元素与 LeNet5 的相差无异。

与前馈神经网络相比，卷积神经网络实现了从原始信号的特征提取到分类器的训练，前馈神经网络需要输入人工预先抽取的特征。

11.1.1 卷积层

【问题】通过模拟图 11-1 所示的人脑处理视觉信号的通道和图 11-2 所示的复杂细胞，卷积神经网络利用卷积层来感知图像中的基本元素（如点、边或更为复杂的图像模式等），再用卷积层的组合和叠加抽取更为复杂的特征和特征之间的空间关系。所以，我们可以想到卷积层就相当于图像处理中的特征工程。

一个自然的问题是：图像中用于表示物体的复杂特征是怎么学习得到的？卷积神经网络为什么选用卷积操作来学习特征？

【猜想】在图像处理中，我们用索贝尔边缘检测算子对每个像素做卷积运算实现边缘的提取和增强，如图 11-4 所示。图 11-4 所示的结果表明用不同方向的算子能提取到不同方向的图像特征。因此，一个自然的想法是让固定参数的算子变成参数化的算子以解决特征学习的问题。

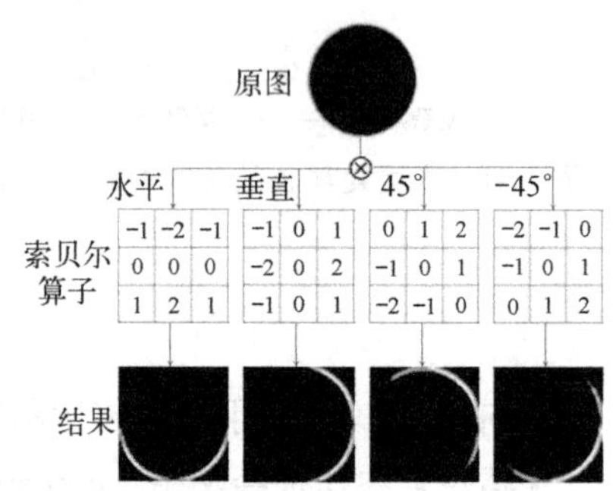

图 11-4 不同方向索贝尔（Sobel）边缘检测算子的运算结果

卷积神经网络中的卷积层由一组参数化的卷积核（convolutional kernel）组成。不同的卷积核将提取图像中不同类型的特征。我们将以一维数据为例说明卷积核的工作原理。如图 11-5 所示，卷积核的参数为 $\boldsymbol{w}=[1/2,1/3,1/3]$，步幅（stride）为 5。

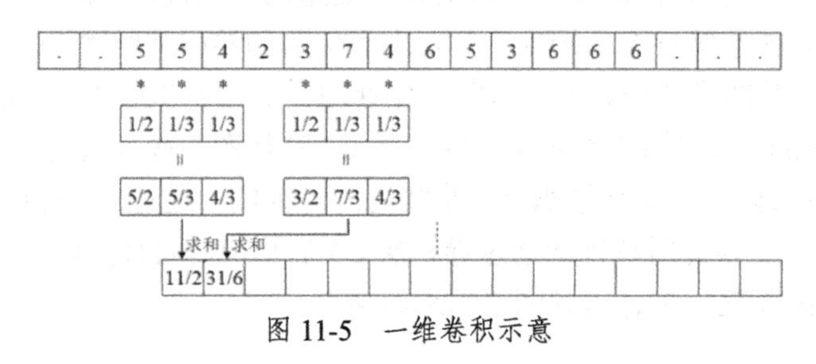

图 11-5 一维卷积示意

为了书写和计算简单，卷积神经网络中的卷积操作用互相关函数[1]（cross correlation function）表示：

$$\begin{aligned}\boldsymbol{y}(i)&=(\boldsymbol{x}\otimes\boldsymbol{w})(i)\\&=\sum_{m=1}^{K}\boldsymbol{x}(i+m)\boldsymbol{w}(m)+b\end{aligned}\tag{11.1}$$

式中，$\boldsymbol{x}$（$\boldsymbol{x}\in\mathbb{R}^{N\times1}$）是输入的一维向量，$N$是输入向量的长度，$\boldsymbol{y}$（$\boldsymbol{y}\in\mathbb{R}^{(N-2)\times1}$）是卷积结果，$\boldsymbol{w}$（$\boldsymbol{w}\in\mathbb{R}^{K\times1}$）是卷积核，$i$是卷积核在输入数组 $\boldsymbol{x}$ 中的位置，m是卷积计算单元相对于卷积核的位置，b（$b\in\mathbb{R}^{1}$）是卷积核的偏置项。

1 在信息处理领域，为了使得卷积操作满足可交换性，卷积要求对卷积核 $\boldsymbol{w}$ 进行翻转：$\boldsymbol{y}(i)=(\boldsymbol{x}\otimes\boldsymbol{w})(i)=\sum_{m=1}^{K}\boldsymbol{x}(m)\boldsymbol{w}(i-m)+b=\sum_{m=1}^{K}\boldsymbol{x}(i-m)\boldsymbol{w}(m)+b$。在卷积神经网络中，卷积核 $\boldsymbol{w}$ 是通过学习得到的，因此卷积核是否翻转不重要。

【问题】虽然我们利用有参数的卷积核解决了特征的可学习问题，但是，我们又将遇到另一个现实问题：如何将这些以卷积核形式存在的神经元组成神经网络？

【猜想】为了减少神经网络参数的数量，卷积神经网络采用了局部连接和权重共享的策略。

局部连接是指神经网络第 l 层与第 $l+1$ 层之间仅部分神经元节点相连接，如图 11-6（a）所示，第 $l+1$ 层的每个节点只与第 l 层的两个节点相连接。与局部连接相反，如图 11-6（b）所示，全连接是指第 $l+1$ 层的每个节点都与第 l 层的所有节点相连接。

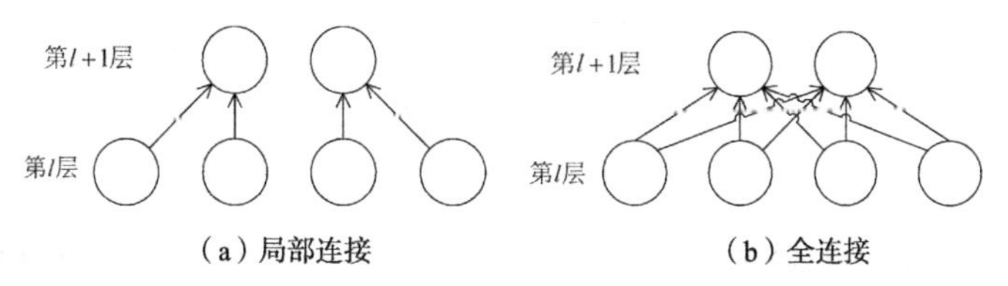

图 11-6　局部连接与全连接的对比

与全连接方式相比，局部连接只需要 $2\times3=6$ 个权重参数，而全连接需要 $4\times2=8$ 个权重参数。因此，局部连接的神经网络将减少 25%的参数量，即 $(8-6)/8=25\%$ 。此外，局部连接还能加速神经网络的训练速度；同时，局部连接在一定程度上减少了神经网络过拟合的可能性。

在对同一信号进行特征提取的过程中，权重共享是指不同空间位置卷积核 $\boldsymbol{w}$ 的参数应该保持一致，如图 11-7 所示。我们期望同一类卷积核提取到的特征应具有一致性。如果需要提取更多类型的特征，我们可以让神经网络学习更多数量的卷积核 $\boldsymbol{w}$；如果我们还需要学习更为复杂的特征，我们可以增加神经网络的深度。例如，在图 11-3 中，第一层卷积得到 6 个 28×28 特征图说明 LeNet5 用了 6 种不同的卷积核。

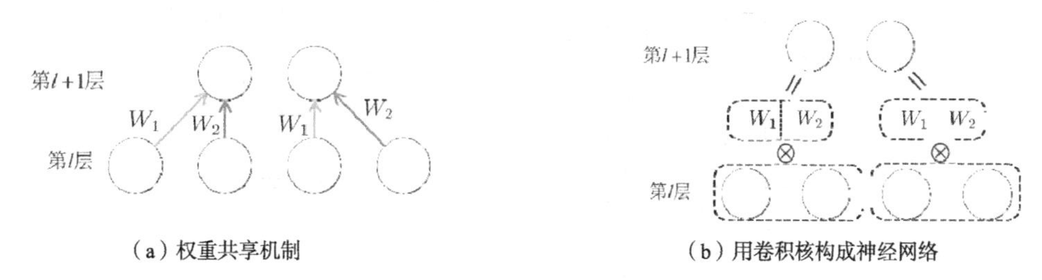

图 11-7　卷积核体现局部连接和权重共享机制

【实验 1】用卷积核 $\begin{bmatrix}1 & -1 & -1\\-1 & 1 & -1\\-1 & -1 & 1\end{bmatrix}$ 对 6×6 的矩阵 $\boldsymbol{X}=\begin{bmatrix}1&0&0&0&0&1\\0&1&0&0&1&0\\0&0&1&1&0&0\\0&0&1&1&0&0\\0&1&0&0&1&0\\1&0&0&0&0&1\end{bmatrix}$ 进行卷积操作。请观察不同步幅和零填充下的实验结果。

解：我们分别用步幅为 1 和 2 的 3×3 的卷积核对矩阵 $\boldsymbol{X}$ 进行卷积运算。在图 11-8（a）和图 11-8（b）中，左边为原始矩阵，中间矩阵为 3×3 的卷积核，而右边矩阵为经过卷积得到的结果图（或称为特征图）。我们可以看到以下两点。

（1）卷积核的步幅越大，卷积后得到的特征图越小。步幅越大就意味着卷积核会“错过”矩阵中某些细节特征。如果我们需要通过卷积减小特征图的尺寸，可以选择通过增大步幅实现。

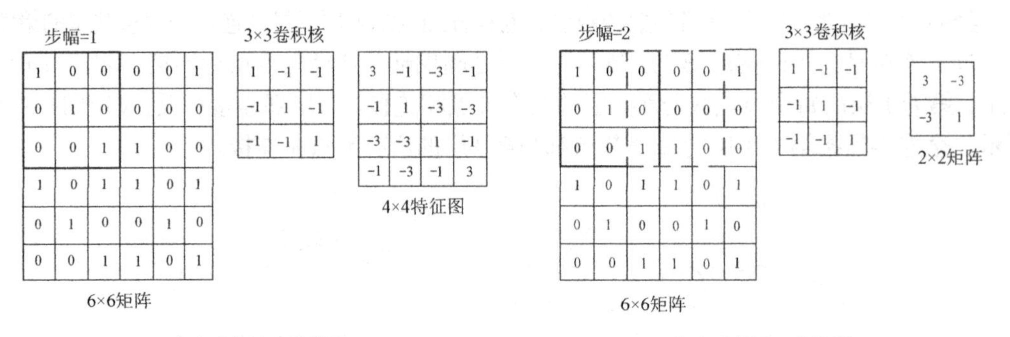

（a）步幅为 1 的卷积　　（b）步幅为 2 的卷积

图 11-8　二维卷积操作过程及特征图

（2）为了让输出矩阵[1]与输入矩阵保持相同大小，我们可以借用图像处理中的填充处理。我们为图 11-9 中矩阵的最外围填充（padding）了一圈 0 值，如图 11-9 所示。实际上，填充值也不一定要全为 0，有多种不同的填充方法，这里不做介绍。填充的边界宽度取决于卷积核的大小。$K \times K$ 大小的卷积核，填充宽度应该为 $(K-1)/2$。例如，图 11-9 中的原始矩阵从 6×6 填充为 8×8。当使用 3×3 卷积核之后，输出的特征图缩小到为 6×6。由此可见，中间像素点参与了多次计算，而边界像素点只参与了一次计算。

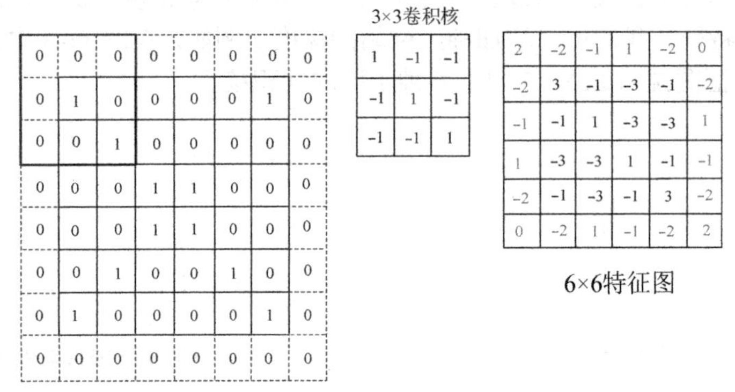

图 11-9　边界填充为 0 的二维卷积操作过程及特征图

假设输入图像宽度为 M，卷积核的尺寸为 $K \times K$，填充宽度为 p，步幅为 s，那么输出图像的宽度 $\hat{M}$ 为：

$$\hat{M} = \frac{M - K + 2 \times p}{s} + 1 \tag{11.2}$$

11.1.2　池化层

【问题】利用卷积神经网络如何实现对图 11-2 中复杂细胞对信号聚集和融合功能的模拟？

【猜想】平均运算和最大化运算是实现视觉信号聚集和融合的重要方法。我们考虑到卷积操作的局部性，平均运算和最大化运算也应该在局部空间区域内进行，我们称之为池化

1 在神经网络的编码实现中，我们常用张量来表示多个通道的输入和输出。

（pooling）。池化可分为平均池化（mean-pooling）和最大池化（max-pooling）两种，如图 11-10 所示。平均池化输出每个子区域的平均值，而最大池化则输出每个子区域的最大值。图 11-3 中的下采样操作就对应于池化操作。理论上，最大池化能比平均池化获得更好的平移不变性（平移不变性可参见图 11-12（b））。

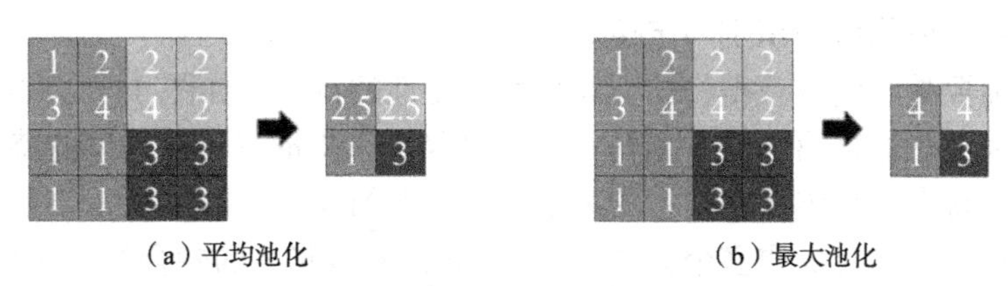

图 11-10　池化操作获得局部空间内信号的聚集和抽象

此外，我们可以看出池化层可以迅速减小图像或特征图的空间分辨率，如图 11-10 所示。如果神经网络采用步幅为 2 且大小为 2×2 的池化操作，特征图的分辨率经过一轮池化操作后将变成原来尺寸的 1/4。因此，卷积神经网络模型的参数量和计算量都将减小。以图 11-3 为例，LeNet5 的 C2 特征层有 8 个 14×14 的特征图，说明第 1 层卷积后进行了 2×2 的池化操作。

11.1.3　感受野

【问题】以图 11-3 为例，卷积神经网络的卷积层和池化层会前后叠加来模拟简单细胞和复杂细胞。一个问题是：在卷积神经网络这种网络结构中，每一个神经元有何物理含义？

人类视觉系统能处理视觉信号的不变性问题。不变性是指感兴趣目标在外界环境（如光照等）的影响下和目标自身因素（如部分遮挡、姿态变化、部分形态的变化等）的变化下，我们对目标所提取的特征都具有统计意义下的低方差，如图 11-11（a）所示。然而，传统的方法依靠人工经验来降低不同影响和变化下特征的不一致性，但是由于特征提取过程的非线性，人工经验很难获得分布具有一致性的特征，如图 11-11（b）所示。与传统的线性特征提取过程不同，我们也期望卷积神经网络能对不同变换后的视觉信号提取一致性（或不变性）的表示。所以，在特征提取表示上，我们期望卷积神经网络能够实现不变性特征的提取。

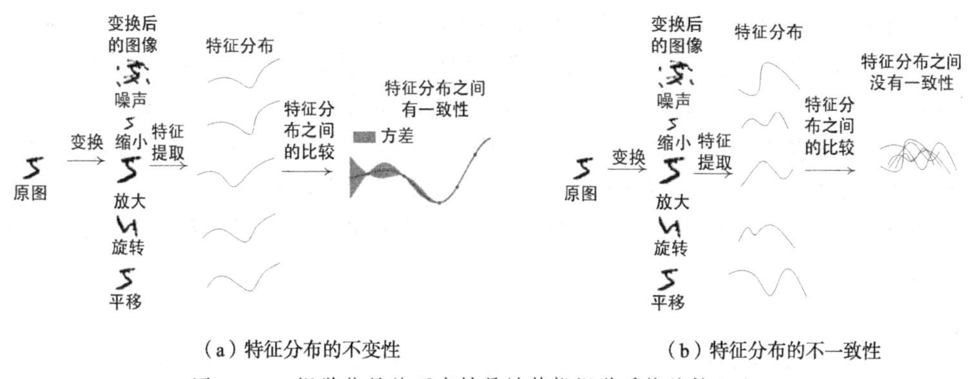

图 11-11　视觉信号的不变性是计算机视觉系统的核心之一

【猜想】在卷积神经网络中，感受野表示上层（high level）神经元所能影响到下层（low

level）神经元的范围。如图 11-12（a）所示，我们用 3×3 的卷积核进行连续两次卷积操作后，第 3 层中每个神经元的感受野对应于第 2 层中 3×3 区域，同时也对应于第 1 层中 5×5 区域，即第 3 层的一个神经元能控制第 1 层中 5×5 区域。如果我们将第 1 层中 3×3 区域看作识别某个物体（图中为圆）的最有效特征提取区域，如图 11-12（a）所示，第 3 层的一个神经元就可以完成物体的识别与定位。

如果我们需要神经网络获得物体空间平移不变性的特征，如图 11-12（b）所示，我们可直观地用最大池化选择第 2 层中响应最大的神经元来提取平移后物体的特征。如果我们需要神经网络获得多个物体在空间上的共生关系，如图 11-12（c）所示，我们可用平均池化在第 3 层神经元上同时提取多个物体（圆、三角形和菱形）的融合特征和空间相对关系。如果我们需要神经网络能提取不同大小物体的特征，如图 11-12（d）所示，我们可用多层卷积在不同层的神经元上提取感兴趣物体（圆）的最优特征。由此可见，多层卷积操作和池化操作的相互配合能让卷积神经网络在不同的空间尺度上对大小不同、位置各异、上下文[1]不同的物体进行多方面非线性的特征抽取。

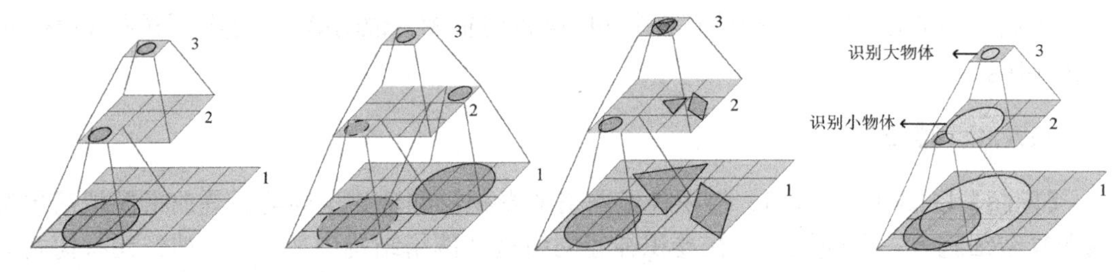

（a）卷积层之间感受野的关系　（b）获取平移不变性的过程　（c）对空间共生上下文的建模　（d）处理不同大小的物体

图 11-12　连续两个 3×3 的卷积核和 3×3 的池化操作实现感受野控制区域的变化和特征的建模

【实验 2】以经典一阶段（one stage）目标检测经典模型 YOLOV1[2]（you only look once version 1）为例，分析卷积神经网络的设计原理和目标函数的设计方法。

解：基于视觉的物体检测包含目标定位和目标分类两个子任务。目标定位是指确定物体的位置参数。通常，我们用物体的中心坐标(x,y)与边框的长 H 和宽 W 来定位物体。目标分类是指判别物体所属的类别，如图 11-13（a）所示。

YOLOV1 将一幅图的输出特征变为 7×7 的空间分辨率，如图 11-13（a）所示。YOLOV1 假设如果目标的中心落在了某个格子中，则由该格子所对应的特征来定位目标的边框和确认类别。因此，针对 20 类物体的检测，YOLOV1 神经网络最终输出 7×7×30 的预测张量。其中，7×7 对应 7×7 个网格，而 30 由 5×2+20 构成，5 分别表示边框相对所属网格的中心坐标(x,y)、边框的高度 H、边框的宽度 W 和边框内物体的置信度（confidence），2 表示一个网格可以预测两种边框（因为现实世界中，即使同一类物体的长宽比 H/W 也不止 1 种），20 表示目标的类别数量，即 YOLOV1 假设每个边框最多可以预测 20 类物体，而每个物体最多只有两种可能的边框。因此，在一幅图中，YOLOV1 最多可以实现 $7\times7\times2\times20=1960$ 个物体的检测。

---

1 上下文是指视觉中与待分析物体有关的外部线索。比如，“船”这个视觉概念的上下文可以是除船自身外的海水、河水、河岸等。

2 J. Redmon, S. Divvala, R. Girshick, et al. You Only Look Once: Unified, Real-Time Object Detection[C]//2016 IEEE Conference on Computer Vision and Pattern Recognition (CVPR), 2016: 779-788.

图 11-13（b）给出了 YOLOV1 所用神经网络结构的配置。YOLOV1 先将输入图像缩放到 $448\times448\times3$ 大小作为神经网络的输入。为了保持空间分辨率和提取更丰富的特征，YOLOV1 不再采用图 11-3 中 LeNet5 的“卷积-池化”网络结构。YOLOV1 使用多个空间分辨率连续保持的“卷积-卷积”网络结构以扩大感受野。

YOLOV1 的核心网络结构是 1×1 卷积核连接 3×3 的卷积核模块。1×1 卷积核对同一位置不同通道的特征进行加权求和操作。因此，1×1 卷积核对通道间特征进行融合并减少通道数目，从而减少神经网络的参数量。3×3 卷积核提取局部区域内的特征，如图 11-12（a）所示，越深的卷积层越能提取到越大感受野内的特征。因此，YOLOV1 用多个连续的卷积就能为待检测物体建模更大的空间上下文关系。例如，第 3 层将 $56\times56\times192$ 的特征张量用 $1\times1\times128$ 的卷积核输出 $56\times56\times128$ 的特征张量，第 4 层再利用 $3\times3\times256$ 的卷积核输出 $56\times56\times256$ 的特征张量。

为了能够将特征图转换为预测结果，YOLOV1 将所提取的 $7\times7\times1024$ 特征张量输入两个全连接层[1]进行预测。YOLOV1 将 $7\times7\times1024$ 的特征张量重排列为 1×50176 的特征向量并传入第 1 个全连接层输出 1×4096 向量，随后将 1×4096 向量传入第 2 个全连接层输出 1×1470 预测向量，最后将 1×1470 的预测向量重排列得到最终 $7\times7\times30$ 的预测向量。

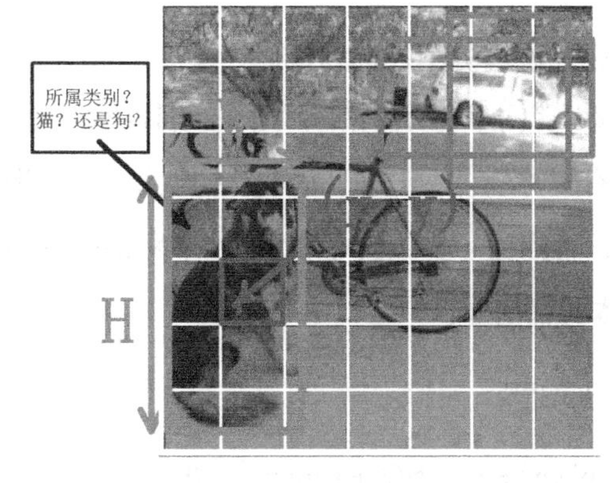

（a）YOLOV1 目标检测的基本思路

输入：448×448×3			
网络层	卷积核	步幅	输出
卷积层	7×7×64	2	224×224×64
最大池化	2×2	2	112×112×64
卷积层	3×3×192	1	112×112×192
最大池化	2×2	2	56×56×192
卷积层	1×1×128	1	56×56×128
卷积层	3×3×256	1	56×56×256
卷积层	1×1×256	1	56×56×256
卷积层	3×3×512	1	56×56×512
最大池化	2×2	2	28×28×512
卷积层	1×1×256	1	28×28×256
卷积层	3×3×512	1	28×28×512
卷积层	1×1×256	1	28×28×256
卷积层	3×3×512	1	28×28×512
卷积层	1×1×256	1	28×28×256
卷积层	3×3×512	1	28×28×512
卷积层	1×1×256	1	28×28×256
卷积层	3×3×512	1	28×28×512
卷积层	1×1×256	1	28×28×256
卷积层	3×3×512	1	28×28×512
卷积层	1×1×512	1	28×28×512
卷积层	3×3×1024	1	28×28×1024
最大池化	2×2	2	14×14×1024
卷积层	1×1×512	1	14×14×512
卷积层	3×3×1024	1	14×14×1024
卷积层	1×1×512	1	14×14×512
卷积层	3×3×1024	1	14×14×1024
卷积层	3×3×1024	1	14×14×1024
卷积层	3×3×1024	1	7×7×1024
卷积层	3×3×1024	1	7×7×1024
卷积层	3×3×1024	1	7×7×1024
全连接层			4096
全连接层			7×7×30

（b）YOLOV1 的神经网络结构配置

图 11-13 YOLOV1 实现物体检测的基本思路和相应的神经网络结构配置

1 为了尊重 YOLOV1 发明人的观点，图 11-13（b）中最后两层仍被定义为卷积层。

与卷积神经网络结构相匹配的是 YOLOV1 的损失函数。YOLOV1 的损失函数由边框位置损失、边框大小损失、定位置信度损失和类别损失 4 部分构成。

$$
\begin{aligned}
\text{Loss} = & \underbrace{\lambda_{\text{coord}} \sum_{i=0}^{S^2} \sum_{j=0}^{B} 1_{ij}^{\text{obj}} \left[\left(x_i - \hat{x}_i \right) + \left(y_i - \hat{y}_i \right) \right]}_{\text{边框位置损失}} + \\
& \underbrace{\lambda_{\text{coord}} \sum_{i=0}^{S^2} 1_{ij}^{\text{obj}} \left[\left(\sqrt{w_i} - \sqrt{\hat{w}_i} \right)^2 + \left(\sqrt{h_i} - \sqrt{\hat{h}_i} \right)^2 \right]}_{\text{边框大小损失}} + \\
& \underbrace{\sum_{i=0}^{S^2} \sum_{j=0}^{B} 1_{ij}^{\text{obj}} \left[\left(C_i - \hat{C}_i \right)^2 \right] + \lambda_{\text{noord}} \sum_{i=0}^{S^2} \sum_{j=0}^{B} 1_{ij}^{\text{noobj}} \left[\left(C_i - \hat{C}_i \right)^2 \right]}_{\text{定位置信度损失}} + \\
& \underbrace{\sum_{i=0}^{S^2} 1_{i}^{\text{obj}} \left\{ \sum_{c \in \text{classes}} \left[P_i(c) - \hat{P}_i(c) \right]^2 \right\}}_{\text{类别损失}}
\end{aligned}
\tag{11.3}
$$

式中，参数 λ_{coord} 和 λ_{noord} 分别表示有物体和无物体网格的权重。在式（11.3）的边框位置损失项中，S^2 表示一幅图像中网格的数量，B 表示预测的边框数，(x_i, y_i) 和 $(\hat{x}_i, \hat{y}_i)$ 分别表示边框坐标的真值和预测值。在 YOLOV1 中，边框数量 B 设为 2，网格数量 S^2 设为 7×7。此外，为了更好地对坐标 (x_i, y_i) 进行预测，YOLOV1 给有物体的网格设置更大权重。因此，YOLOV1 将 λ_{coord} 设为 5 而对无物体的网格将 λ_{noord} 设为 0.5。

在式（11.3）的边框大小损失项中，(w_i, h_i) 和 $(\hat{w}_i, \hat{h}_i)$ 分别表示物体边框宽和高的真值和预测值。相比于大物体边框，小物体边框的预测偏差会带来极高的错误率。因此，边框大小损失函数使用开根号[1]的形式 $\left[\left(\sqrt{w_i} - \sqrt{\hat{w}_i} \right)^2 + \left(\sqrt{h_i} - \sqrt{\hat{h}_i} \right)^2 \right]$ 代替均方误差损失 $\left[\left(w_i - \hat{w}_i \right)^2 + \left(h_i - \hat{h}_i \right)^2 \right]$。开根号技巧能抑制大物体边框对损失函数即式（11.3）的影响而加强小物体边框对损失函数（11.3）的影响，从而更好地检测小目标物体。

在式（11.3）的定位置信度损失项中，指示函数 $1_{ij}^{\text{obj}}(\cdot)$ 和指示函数 $1_{ij}^{\text{noobj}}(\cdot)$ 分别表示第 i 个网格和第 j 个边框之间是否存在目标物体，如果有目标物体，$1_{ij}^{\text{obj}}(\cdot)$ 为 1，否则为 0；如果目标物体没有出现在第 i 个网格中，$1_{ij}^{\text{noobj}}(\cdot)$ 为 1，否则为 0。参数 C_i 表示第 i 个网格的置信度真值，真值为 1，$\hat{C}_i$ 表示第 i 个网格预测有物体的置信度：

$$
\hat{C}_i = P(\text{object}) \times \text{IOU}_{\text{pred}}^{\text{truth}} \tag{11.4}
$$

式中，如果第 i 个网格中存在任何类的物体，$P(\text{object}) = 1$，否则 $P(\text{object}) = 0$，$\text{IOU}_{\text{pred}}^{\text{truth}}$ 表示第 i 个网格中预测（pred）的边框与真值（truth）边框面积的交并比值：

---

1 利用开根号技巧实现压抑大的值、提高小的值在自适应学习率中已经用过。

$$\text{IOU}_{\text{pred}}^{\text{truth}} = \frac{\text{area}(\text{truth}) \cap \text{area}(\text{pred})}{\text{area}(\text{truth}) \cup \text{area}(\text{pred})} \tag{11.5}$$

在式（11.3）的类别损失项中，c 表示被检测物体的类别索引，$c=1,\cdots,M$，M（在YOLOV1 中，$M=20$）表示被检测物体的类别数。$P_i(c)$ 表示第 i 个网格中第 c 类物体出现的概率，$\hat{P}_i(c)$ 表示第 i 个网格中第 c 类物体出现的预测概率。当第 c 类物体出现在第 i 个网格中时，$P_i(c)=1$，否则，$P_i(c)=0$。预测概率 $\hat{P}_i(c)$ 可以通过归一化指数函数输出相应独热向量。

11.2 循环神经网络

【问题】在现实生活中，我们不仅需要对图像等二维数据进行分析和理解，还需要对序列数据进行处理。语音、视频、自然语言都属于序列数据。一个自然的问题是：如何设计高效的神经网络来解决序列数据的建模问题？

【猜想】以自然语言处理中词性标注任务（即判断某个单词是动词、名词还是介词）为例。对句子“I like apples”而言，如果我们使用多层前馈神经网络，词性标注任务将独立的单词（如“apples”）作为输入，然后分类判断输出单词的词性。显然，当前单词的上下文对词性的预测影响很大。如果我们已经知道“like”是动词，那么单词“apples”为名词的概率将远大于其为动词的概率。

因此，我们可以猜测到将上下文信息融入神经网络模型是处理序列数据的核心。但是，问题的关键是：我们该如何建模上下文？如何利用好上下文？循环神经网络（recurrent neural network，RNN）是一类建模上下文信息的神经网络。

11.2.1 循环神经网络的结构

【问题】对上下文建模能提高神经网络对序列数据的分析能力。因此，在神经网络的设计中，我们面临着两个问题。

（1）怎么表示上下文信息？例如，对于“I like apples”这句话，“apples”需要将上下文“I”和“like”的特征信息传递到“apples”的特征表示中。

（2）怎么将上下文信息用于特定的任务（如分类任务，语言翻译任务等）？例如，对于“I like apples”这句话，神经网络需要将“I”“like”和“apples”都看见后才能用分类的方法来确定“apples”的词性。

【猜想】我们需要先将上下文信息进行编码，然后将编码后的信息传递到特定的任务。假设序列 $\boldsymbol{X}=[\boldsymbol{x}_0,\cdots,\boldsymbol{x}_t,\cdots,\boldsymbol{x}_T]^{\mathrm{T}}$ 由 T 个时刻的样本 $\boldsymbol{x}_t$（$\boldsymbol{x}_t \in \mathbb{R}^{D_x \times 1}$）组成，其中，$t$ 表示时刻的索引值，$t=0,\cdots,T$。循环神经网络用一个隐藏层 $\boldsymbol{s}$（$\boldsymbol{s} \in \mathbb{R}^{D_s \times 1}$）来建立 T 个样本 $\boldsymbol{x}_t$（$t=0,\cdots,T$）之间隐含的上下文信息，然后将上下文信息 $\boldsymbol{s}$ 和输入样本 $\boldsymbol{x}_t$ 共同合作完成特定的任务。因此，循环神经网络由编码层（输入层）、上下文传递层（隐藏层）和解码层（输出层）构成，如图 11-14 所示。

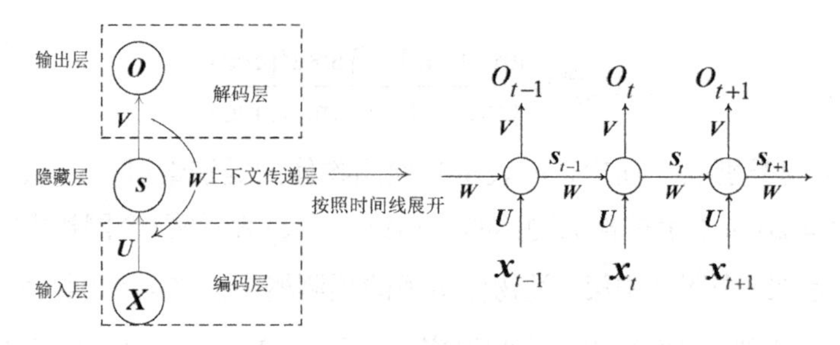

图 11-14　循环神经网络按时间线展开

假设输入层神经元的数量为 D_x（$D_x \in \mathbb{R}^1$），隐藏层的神经元数量为 D_s（$D_s \in \mathbb{R}^1$），输出层的神经元数量为 D_o（$D_o \in \mathbb{R}^1$）。此外，我们还假设[1]：

（1）向量 $\boldsymbol{x}_t$（$\boldsymbol{x}_t \in \mathbb{R}^{D_x \times 1}$）表示 t 时刻的输入向量；

（2）向量 $\boldsymbol{s}$（$\boldsymbol{s} \in \mathbb{R}^{D_s \times 1}$），又名隐状态（hidden state），用于存储上下文信息，表示循环神经网络的隐藏层；

（3）权重矩阵 $\boldsymbol{U}$（$\boldsymbol{U} \in \mathbb{R}^{D_x \times D_s}$）表示输入层到隐藏层的连接权重，而权重矩阵 $\boldsymbol{W}$（$\boldsymbol{W} \in \mathbb{R}^{D_s \times D_s}$）表示将前一时刻隐藏层的信息传入当前时刻的权重，如图 11-14 所示；

（4）向量 $\boldsymbol{O}$（$\boldsymbol{O} \in \mathbb{R}^{D_o \times 1}$）表示神经网络的输出向量，而权重矩阵 $\boldsymbol{V}$（$\boldsymbol{V} \in \mathbb{R}^{D_s \times D_o}$）表示隐藏层到输出层的连接权重，如图 11-14 所示。

如图 11-14 所示，t 时刻的隐藏层 $\boldsymbol{s}_t$ 不仅与时刻 t 的输入向量 $\boldsymbol{x}_t$ 有关，还与上一时刻隐藏层的隐状态 $\boldsymbol{s}_{t-1}$ 有关：

$$\boldsymbol{s}_t = f\left(\boldsymbol{U}^{\mathrm{T}}\boldsymbol{x}_t + \boldsymbol{W}^{\mathrm{T}}\boldsymbol{s}_{t-1} + \boldsymbol{b}\right) \tag{11.6}$$

式中，函数 $f(\cdot)$ 为激活函数，向量 $\boldsymbol{b}$（$\boldsymbol{b} \in \mathbb{R}^{D_s \times 1}$）是激活函数的偏置。向量 $\boldsymbol{s}_t$（$\boldsymbol{s} \in \mathbb{R}^{D_s \times 1}$）用于对上下文信息进行存储。此外，向量 $\boldsymbol{s}_t$ 通过式（11.6）将 $t-1$ 时刻的隐状态 $\boldsymbol{s}_{t-1}$ 传递到下一时刻的隐状态 $\boldsymbol{s}_t$。

在式（11.6）中，隐状态 $\boldsymbol{s}_{t-1}$ 和输入向量 $\boldsymbol{x}_t$ 通过线性变换矩阵 $\boldsymbol{W}$ 和 $\boldsymbol{U}$ 分别变换到同一子空间后再进行线性相加 $\boldsymbol{U}^{\mathrm{T}}\boldsymbol{x}_t + \boldsymbol{W}^{\mathrm{T}}\boldsymbol{s}_{t-1}$，产生新的上下文 $\boldsymbol{s}_t$。因此，式（11.6）具有上下文的编码和传递功能。

隐状态 $\boldsymbol{s}_t$ 到输出层的向量 $\boldsymbol{O}_t$ 的计算过程为：

$$\boldsymbol{O}_t = g\left(\boldsymbol{V}^{\mathrm{T}}\boldsymbol{s}_t + \boldsymbol{c}\right) \tag{11.7}$$

式中，函数 $g(\cdot)$ 是激活函数，权重矩阵 $\boldsymbol{V}$（$\boldsymbol{V} \in \mathbb{R}^{D_s \times D_o}$）是与特定任务相关的解码矩阵，向量 $\boldsymbol{c}$（$\boldsymbol{c} \in \mathbb{R}^{D_o \times 1}$）是激活函数的偏置。公式（11.7）通过矩阵 $\boldsymbol{V}$ 将上下文解码后形成和特定任务相关的输出向量 $\boldsymbol{O}_t$（$\boldsymbol{O}_t \in \mathbb{R}^{D_o \times 1}$）。即输出向量 $\boldsymbol{O}_t$ 相当于融合上下文信息 $\boldsymbol{s}_{t-1}$ 和输入信息 $\boldsymbol{x}_t$ 后经过解码矩阵 $\boldsymbol{V}$ 形成的特征编码。

式（11.6）中的激活函数 $f(\cdot)$ 通常为 tanh 函数，而式（11.7）中的激活函数 $g(\cdot)$ 通常为 Sigmoid 函数，因为 tanh 函数能保证非线性变换后的数据仍然服从以 0 为均值的分布，而 Sigmoid 函数可将响应值 $\boldsymbol{V}^{\mathrm{T}}\boldsymbol{s}_t + \boldsymbol{c}$ 转换为概率。

1 我们需要提前给读者指出式（11.6）和式（11.7）所描述的是十分简单的循环神经网络。实际上，任何具有建模上下文状态的神经网络在不引起歧义的情况下都被统称为循环神经网络，例如 11.2.3 小节的长短期记忆网络也是一种循环神经网络。

我们对t时刻的输出向量$\boldsymbol{O}_t$即式（11.7）进行展开（为了表达简洁，这里忽略了偏置项$\boldsymbol{c}$）得到输出向量$\boldsymbol{O}_t$的计算过程：

$$\begin{aligned}\boldsymbol{O}_t &= g\left(\boldsymbol{V}^{\mathrm{T}}\boldsymbol{s}_t\right)\\&= g\left[\boldsymbol{V}^{\mathrm{T}}\underbrace{f\left(\boldsymbol{U}^{\mathrm{T}}\boldsymbol{x}_t+\boldsymbol{W}^{\mathrm{T}}\boldsymbol{s}_{t-1}\right)}_{\boldsymbol{s}_t}\right]\\&= g\left\{\boldsymbol{V}^{\mathrm{T}}\underbrace{f\left[\boldsymbol{U}^{\mathrm{T}}\boldsymbol{x}_t+\boldsymbol{W}^{\mathrm{T}}\underbrace{f\left(\boldsymbol{U}^{\mathrm{T}}\boldsymbol{x}_{t-1}+\boldsymbol{W}^{\mathrm{T}}\boldsymbol{s}_{t-2}\right)}_{\boldsymbol{s}_{t-1}}\right]}_{\boldsymbol{s}_t}\right\}\end{aligned} \tag{11.8}$$

式（11.8）说明循环神经网络的输出向量$\boldsymbol{O}_t$受到输入值$\boldsymbol{x}_t,\boldsymbol{x}_{t-1},\boldsymbol{x}_{t-2},\cdots$的影响。因此，输出向量$\boldsymbol{O}_t$相当于从$t=0$时刻到$t$时刻所有输入向量$\boldsymbol{x}_t$的$t+1$次复合后的函数值。

通过循环神经网络的展开式即式（11.8），我们可以看到以下 3 点。

（1）隐状态$\boldsymbol{s}_t$将之前的输入信息（上下文）用激活函数$f(\cdot)$变换后传入时刻t。因此，本质上，循环神经网络利用深度为t的复合函数为输入向量$\boldsymbol{x}_t$建立了从 0 时刻到t时刻的上文信息。

（2）循环神经网络的展开深度随着序列长度T的增加而增加。这意味着循环神经网络会比传统的前馈神经网络更难以训练。

（3）循环神经网络采用权重共享机制，即不同时间步的权重矩阵$\boldsymbol{U}$、$\boldsymbol{W}$和$\boldsymbol{V}$是共享的。

【实验 3】探究随着序列$\boldsymbol{X}=\left[\boldsymbol{x}_0,\cdots,\boldsymbol{x}_t,\cdots,\boldsymbol{x}_T\right]^{\mathrm{T}}$按长度$T$展开后，循环神经网络对输入变量$\boldsymbol{x}_t$扰动的传递性。

假设输入变量$\boldsymbol{x}$（$\boldsymbol{x}\in\mathbb{R}^{D\times1}$）服从高斯分布，循环神经网络的权重参数$\boldsymbol{\theta}=\{\boldsymbol{U},\boldsymbol{V},\boldsymbol{W}\}$，通过 Xavier 权重初始化$U\left[-\sqrt{6}/(n+m),\sqrt{6}/(n+m)\right]$，其中，$U[\cdot,\cdot]$为均匀分布，$n$为输入神经元的个数，$m$为输出神经元的个数。

如果我们在第一时刻的输入$\boldsymbol{x}_0$上增加极小的扰动$\delta\boldsymbol{x}$，$\boldsymbol{x}_0\leftarrow\boldsymbol{x}_0+\delta\boldsymbol{x}$，如图 11-15 所示，循环神经网络将得到扰动后的输出$\hat{0}$。请观察按不同层数T展开后，循环神经网络的输出$\hat{0}$和真值$\boldsymbol{y}$的均方误差（mean square error，MSE）：

$$\mathrm{MSE}=\left\|\hat{\boldsymbol{y}}-\boldsymbol{y}\right\|_2 \tag{11.9}$$

下面来探究层数L、扰动$\delta\boldsymbol{x}$和输出$\hat{0}$之间的关系。

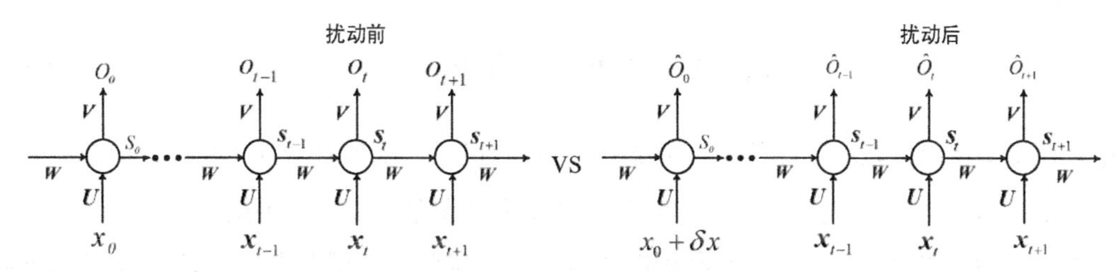

图 11-15 在第一个输入$\boldsymbol{x}_0$上增加扰动$\delta\boldsymbol{x}$

解：假设输入变量$\boldsymbol{x}_t$的维度为 1，$\boldsymbol{x}_t$服从$\mathcal{N}(0,1)$，扰动为$\delta \boldsymbol{x} \leftarrow 0.4$，循环神经网络中权重矩阵为$\boldsymbol{U} \in \mathbb{R}^{1\times 15}$，$\boldsymbol{W} \in \mathbb{R}^{15\times 15}$，$\boldsymbol{V} \in \mathbb{R}^{15\times 1}$，而隐状态为$\boldsymbol{s} \in \mathbb{R}^{15\times 1}$。我们将式（11.6）和式（11.7）中的激活函数$f(\cdot)$设置为 tanh 函数。循环神经网络输出$\hat{0}$、真值$\boldsymbol{y}$、均方误差随层数L的变化结果如图 11-16 所示。

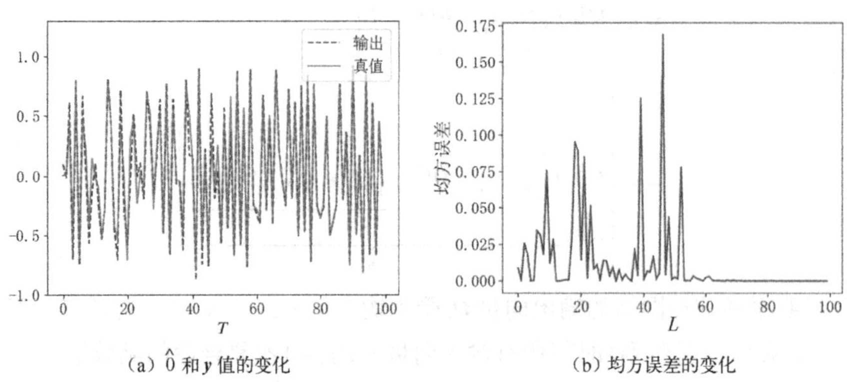

（a）$\hat{0}$ 和y值的变化　　（b）均方误差的变化

图 11-16　循环神经网络输出$\hat{0}$、真值$\boldsymbol{y}$和均方误差随层数L的变化结果

经过多个时间步以后，如图 11-16 所示，扰动对输出的影响一直减小直到为 0。虽然循环神经网络设计了信息传递的机制，但是扰动带来的信息并没有如我们所期望地进行长距离的传递。

11.2.2　循环神经网络的训练算法

假设序列$\boldsymbol{X}=[\boldsymbol{x}_0,\cdots,\boldsymbol{x}_t,\cdots,\boldsymbol{x}_T]^{\mathrm{T}}$由$T$个时刻的样本$\boldsymbol{x}_t$（$\boldsymbol{x}_t \in \mathbb{R}^{D_x\times 1}$）组成，与序列$\boldsymbol{X}$对应的真值序列为$\boldsymbol{Y}=[\boldsymbol{y}_0,\cdots,\boldsymbol{y}_t,\cdots,\boldsymbol{y}_T]^{\mathrm{T}}$（$\boldsymbol{y}_t \in \mathbb{R}^{D_y\times 1}$），预测值序列为$\hat{\boldsymbol{Y}}=[\hat{\boldsymbol{y}}_0,\cdots,\hat{\boldsymbol{y}}_t,\cdots,\hat{\boldsymbol{y}}_T]^{\mathrm{T}}$（$\hat{\boldsymbol{y}}_t \in \mathbb{R}^{D_y\times 1}$），其中，$t$表示时刻的索引值，$0 \leqslant t \leqslant T$。因此，式（11.8）说明循环神经网络可被转换为深度为T的前馈神经网络。所以，对于循环神经网络的训练，我们自然会有一个想法：先将循环神经网络展开为前馈神经网络，再利用梯度反向传播算法对展开后的前馈神经网络进行训练。我们称这种想法为基于时间的反向传播（back propagation through time，BPTT）算法。

【问题】如果序列$\boldsymbol{X}$的长度非常长，比如，$T \geqslant 10000$，难道我们需要训练深度为 10000 的前馈神经网络吗?

【猜想】根据式（11.8），真值序列$\boldsymbol{Y}=[\boldsymbol{y}_0,\cdots,\boldsymbol{y}_t,\cdots,\boldsymbol{y}_T]^{\mathrm{T}}$（$\boldsymbol{y}_t \in \mathbb{R}^{D_y\times 1}$），与预测值序列$\hat{\boldsymbol{Y}}$之间的损失函数为：

$$L(\boldsymbol{X},\boldsymbol{Y};\boldsymbol{U},\boldsymbol{V},\boldsymbol{W})=\frac{1}{T}\sum_{t=1}^{T} l(\boldsymbol{y}_t,\hat{\boldsymbol{y}}_t) \tag{11.10}$$

式中，函数$l(\boldsymbol{y}_t,\hat{\boldsymbol{y}}_t)$表示预测值$\boldsymbol{y}_t$与真值$\hat{\boldsymbol{y}}_t$之间的损失。函数$l(\boldsymbol{y}_t,\hat{\boldsymbol{y}}_t)$可以是均方误差。式（11.10）将序列的损失转化为对应时刻真值$\boldsymbol{y}_t$和预测值$\hat{\boldsymbol{y}}_t$之间的误差。

以对参数$\boldsymbol{U}$的优化为例，我们利用链式求导法则求解目标函数$L(\boldsymbol{X},\boldsymbol{Y};\boldsymbol{U},\boldsymbol{V},\boldsymbol{W})$对参数$\boldsymbol{U}$的梯度：

$$\begin{aligned}\frac{\partial L}{\partial \boldsymbol{U}} &= \frac{1}{T}\sum_{t=1}^{T}\frac{\partial l\left(\boldsymbol{y}_t,\hat{\boldsymbol{y}}_t\right)}{\partial \boldsymbol{U}} \\ &= \frac{1}{T}\sum_{t=1}^{T}\frac{\partial l\left(\boldsymbol{y}_t,\hat{\boldsymbol{y}}_t\right)}{\partial \hat{\boldsymbol{y}}_t}\frac{\partial g(\boldsymbol{s}_t,\boldsymbol{V})}{\partial \boldsymbol{s}_t}\frac{\partial \boldsymbol{s}_t}{\partial \boldsymbol{U}}\end{aligned} \tag{11.11}$$

式中，第 1 项偏导数 $\partial l\left(\boldsymbol{y}_t,\hat{\boldsymbol{y}}_t\right)/\partial \hat{\boldsymbol{y}}_t$ 和第 2 项偏导数 $\partial g\left(\boldsymbol{s}_t,\boldsymbol{V}\right)/\partial \boldsymbol{s}_t$ 易于计算。但是，第 3 项偏导数 $\partial \boldsymbol{s}_t/\partial \boldsymbol{U}$ 需要计算参数 $\boldsymbol{U}$ 对隐状态 $\boldsymbol{s}_t$ 的影响。根据式（11.6）中 $\boldsymbol{s}_t$ 取决于隐状态 $\boldsymbol{s}_{t-1}$ 和权重矩阵 $\boldsymbol{U}$ 的递归计算过程，我们使用链式求导法则可得：

$$\frac{\partial \boldsymbol{s}_t}{\partial \boldsymbol{U}} = \frac{\partial f\left(\boldsymbol{x}_t,\boldsymbol{s}_{t-1},\boldsymbol{U}\right)}{\partial \boldsymbol{U}} + \frac{\partial f\left(\boldsymbol{x}_t,\boldsymbol{s}_{t-1},\boldsymbol{U}\right)}{\partial \boldsymbol{s}_{t-1}}\frac{\partial \boldsymbol{s}_{t-1}}{\partial \boldsymbol{U}} \tag{11.12}$$

式（11.12）是一个递归计算过程。式（11.12）中的梯度计算满足递归式，即 $a_t = b_t + c_t a_{t-1}$，其中，3 个中间变量序列 $\{a_t\}$、$\{b_t\}$ 和 $\{c_t\}$ 分别满足 $a_0 = 0$ 和 $a_t = b_t + c_t a_{t-1}$，$t = 1,2,\cdots$。当时刻索引 $t \geqslant 1$ 时，我们很容易推出：

$$a_t = b_t + \sum_{i=1}^{t-1}\left(\prod_{j=i+1}^{t} c_j\right) b_i \tag{11.13}$$

我们再替换掉式（11.13）中的中间变量 a_t、b_t 和 c_t：

$$\begin{aligned} a_t &= \frac{\partial \boldsymbol{s}_t}{\partial \boldsymbol{U}} \\ b_t &= \frac{\partial f\left(\boldsymbol{x}_t,\boldsymbol{s}_{t-1},\boldsymbol{U}\right)}{\partial \boldsymbol{U}} \\ c_t &= \frac{\partial f\left(\boldsymbol{x}_t,\boldsymbol{s}_{t-1},\boldsymbol{U}\right)}{\partial \boldsymbol{s}_{t-1}} \end{aligned} \tag{11.14}$$

因此，根据式（11.13）我们得到：

$$\frac{\partial \boldsymbol{s}_t}{\partial \boldsymbol{U}} = \frac{\partial f\left(\boldsymbol{x}_t,\boldsymbol{s}_{t-1},\boldsymbol{U}\right)}{\partial \boldsymbol{U}} + \sum_{i=1}^{t-1}\left[\prod_{j=i+1}^{t}\frac{\partial f\left(\boldsymbol{x}_j,\boldsymbol{s}_{j-1},\boldsymbol{U}\right)}{\partial \boldsymbol{s}_{j-1}}\right]\frac{\partial f\left(\boldsymbol{x}_i,\boldsymbol{s}_{j-1},\boldsymbol{U}\right)}{\partial \boldsymbol{U}} \tag{11.15}$$

式中，偏导数 $\partial \boldsymbol{s}_t/\partial \boldsymbol{U}$ 需要计算 t 时刻之前梯度 $\partial f\left(\boldsymbol{x}_j,\boldsymbol{s}_{j-1},\boldsymbol{U}\right)/\partial \boldsymbol{s}_{j-1}$ 的乘积 $\prod_{j=i+1}^{t}\frac{\partial f\left(\boldsymbol{x}_j,\boldsymbol{s}_{j-1},\boldsymbol{U}\right)}{\partial \boldsymbol{s}_{j-1}}$ 与加和 $\sum_{i=1}^{t-1}\left[\prod_{j=i+1}^{t}\frac{\partial f\left(\boldsymbol{x}_j,\boldsymbol{s}_{j-1},\boldsymbol{U}\right)}{\partial \boldsymbol{s}_{j-1}}\right]\frac{\partial f\left(\boldsymbol{x}_i,\boldsymbol{s}_{j-1},\boldsymbol{U}\right)}{\partial \boldsymbol{U}}$。因此，偏导数 $\partial \boldsymbol{s}_t/\partial \boldsymbol{U}$ 的计算将面临以下两个方面的问题。

（1）数值计算的不稳定性。梯度 $\partial f\left(\boldsymbol{x}_j,\boldsymbol{s}_{j-1},\boldsymbol{U}\right)/\partial \boldsymbol{s}_{j-1}$ 或权重矩阵 $\boldsymbol{U}$ 初始化的一点点改变经过多次乘积运算后能让梯度 $\partial \boldsymbol{s}_t/\partial \boldsymbol{U}$ 发生极大的变化。例如，$1.01^{100} \approx 2.7$，而 $1.01^{1000} \approx 20959.2$，$0.9901^{1000} = 4.78\text{e}-05$。其中，1000 可以看成展开后循环神经网络的层数。因此，式（11.15）中连续乘积运算极易导致循环神经网络的梯度消失或梯度爆炸。

（2）式（11.15）中梯度的计算复杂度为 $O\left(t^2\right)$，其中，t 为序列 $\boldsymbol{X}$ 当前展开的长度。$O\left(t^2\right)$ 的计算复杂度无法解决循环神经网络的快速优化问题。

因此，我们需要找到提高梯度 $\partial f\left(\boldsymbol{x}_j,\boldsymbol{s}_{j-1},\boldsymbol{U}\right)/\partial \boldsymbol{s}_{j-1}$ 计算稳定性的手段和减小梯度 $\partial \boldsymbol{s}_t/\partial \boldsymbol{U}$ 计算复杂度的策略。

针对第 1 个问题，假设我们用梯度下降方法对循环神经网络的参数 $\boldsymbol{\theta}=\{\boldsymbol{U},\boldsymbol{V},\boldsymbol{W}\}$ 进行更新：

$$\boldsymbol{\theta}\leftarrow\boldsymbol{\theta}-\eta\boldsymbol{g} \tag{11.16}$$

式中，η 是梯度下降的学习率，$\boldsymbol{g}$ 是循环神经网络中参数 $\boldsymbol{\theta}$ 的梯度。

显然，如果想要用梯度下降方法对参数 $\boldsymbol{\theta}$ 进行持续、有效的优化，我们需要将梯度 $\boldsymbol{g}$ 缩放到激活函数 $f(\cdot)$ 的活跃区间（可参考 10.3.2 小节回顾激活函数活跃区间的概念）。因此，我们必须对梯度 $\boldsymbol{g}$ 进行归一化。一种对梯度 $\boldsymbol{g}$ 进行归一化的策略是梯度裁减（gradient clipping）：

$$\boldsymbol{g}\leftarrow\min\left(1,\frac{\delta}{\|\boldsymbol{g}\|_2}\right)\boldsymbol{g} \tag{11.17}$$

式中，参数 δ（$0\leqslant\delta\leqslant1$）约束了梯度 $\boldsymbol{g}$ 的大小。虽然梯度裁减减缓了梯度爆炸，但是，梯度 $\boldsymbol{g}$ 在每次使用之前就需要被检查。

针对第 2 个问题，我们可以采用策略：全序列按照式（11.17）计算梯度；对时间序列先截断，然后计算梯度。针对第 2 种策略，我们可将长的序列 $\boldsymbol{X}$ 随机划分为长度不同的子序列和长度相同的子序列，如图 11-17 所示。

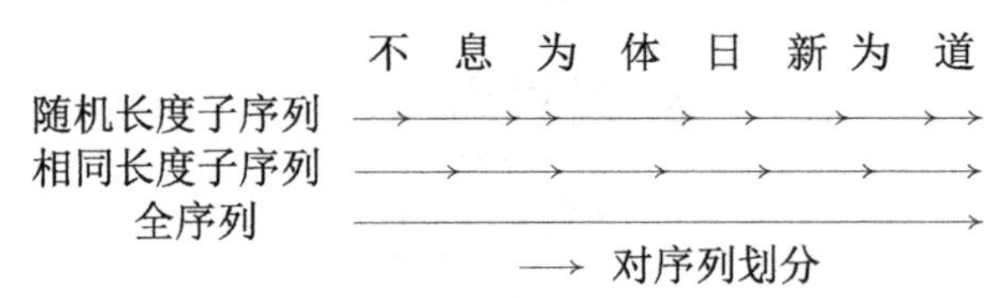

图 11-17　循环神经网络中对序列的不同划分策略

对于第 1 种策略，梯度的计算不仅复杂度高而且可能会带来梯度消失或梯度爆炸，因为初始输入的细微变化可能会通过式（11.8）中的多次复合后对结果产生巨大的影响。例如，初始条件的细微变化会导致梯度计算结果不成比例的变化，这实际上是非常不可取的。

对于第 2 种策略，式（11.15）可计算 t 时刻之前的 τ（$\tau\leqslant t$）时间步，即反向计算从 $t+\tau$ 时刻到第 t 时刻的序列。从理论上讲，第 2 种策略使得循环神经网络关注短期的上下文而忽略长期的上下文。但是，在实践中，第 2 种策略能有效地训练循环神经网络的参数。下面给出循环神经网络的训练过程。

算法 11.1：循环神经网络的训练过程

输入：输入序列 $\boldsymbol{X}=\left[\boldsymbol{x}_1,\cdots,\boldsymbol{x}_t,\cdots,\boldsymbol{x}_T\right]^{\mathrm{T}}$ 和对应的真值序列 $\boldsymbol{Y}=\left[\boldsymbol{y}_1,\cdots,\boldsymbol{y}_t,\cdots,\boldsymbol{y}_T\right]^{\mathrm{T}}$，$\boldsymbol{x}_t\in\mathbb{R}^{D_x\times1}$，$\boldsymbol{y}_t\in\mathbb{R}^{D_o\times1}$；迭代次数 T。

输出：循环神经网络的参数 $\boldsymbol{\theta}=\{\boldsymbol{U},\boldsymbol{V},\boldsymbol{W}\}$。

（1）初始化循环神经网络参数 $\boldsymbol{\theta}$，并定义式（11.10）中的目标函数；

（2）选择使用图 11-17 中的“随机长度子序列”或“相同长度子序列”策略将输入序列 $\boldsymbol{X}$ 和真值 $\boldsymbol{Y}$ 序列划分成对应的短序列；

（3）用式（11.15）计算出循环神经网络参数 $\boldsymbol{\theta}$ 的梯度，并用式（11.17）对参数的梯度进行裁减；

（4）利用梯度下降方法（如 10.4 节的动量法、自适应学习率）对循环神经网络的参数 $\boldsymbol{\theta}$ 进行优化，直到迭代次数达到预定义迭代次数 T 。

我们可以利用循环神经网络解决以下 3 类问题。

一对多（one-to-many）问题：假设输入 $\boldsymbol{X}=\left[\boldsymbol{x}_1,\cdots,\boldsymbol{x}_i,\cdots,\boldsymbol{x}_N\right]^{\mathrm{T}}$（$\boldsymbol{x}_i\in\mathbb{R}^{D_x\times1}$），对应真值为 $\boldsymbol{\mathcal{Y}}=\left\{\boldsymbol{Y}_1,\cdots,\boldsymbol{Y}_i,\cdots,\boldsymbol{Y}_N\right\}$（$\boldsymbol{Y}_i\in\mathbb{R}^{D_y\times T}$），矩阵变量 $\boldsymbol{Y}_i=\left[\boldsymbol{y}_{i0},\cdots,\boldsymbol{y}_{it},\cdots,\boldsymbol{y}_{iT}\right]$ 由 T 个序列 $\boldsymbol{y}_{it}$（$\boldsymbol{y}_{it}\in\mathbb{R}^{D_y\times1}$）组成，$i=0,\cdots,N$，$t=0,\cdots,T$ 。一个输入向量 $\boldsymbol{x}_i$ 与输出序列向量 $\boldsymbol{Y}_i$ 组成一个有监督的训练集合 $\left\{\left(\boldsymbol{x}_i,\boldsymbol{Y}_i\right)\right\}_{i=0}^{N}$，$i=0,\cdots,N$，$N$ 为样本对的数量。

如图 11-18 所示，我们需要解决一个输入 $\boldsymbol{x}_i$ 得到多个输出 $\left[\boldsymbol{y}_{i0},\cdots,\boldsymbol{y}_{it},\cdots,\boldsymbol{y}_{iT}\right]$ 的问题。对一对多问题采用“输出上下文建模”方式，即用循环神经网络对输出序列 $\boldsymbol{Y}_i$ 的上下文进行建模。在现实生活中，一对多问题包括公交到站时间预测问题、物体运动轨迹的长期预测问题、事件发展的长期变化规律建模问题等。

【实验 4】 假设输入序列 $\boldsymbol{X}=\left[4n,\cdots\right]^{\mathrm{T}}$，对应真值 $\boldsymbol{Y}=\left[(4n+1,4n+2),\cdots\right]^{\mathrm{T}}$，其中，$n=1,2,\cdots$ 。例如，$\boldsymbol{X}=\left[4,8,12\right]^{\mathrm{T}}$，真值为 $\boldsymbol{Y}=\left[(5,6),(9,10),(13,14)\right]^{\mathrm{T}}$ 。请用循环神经网络实现一对多预测函数 $f(x)$：$\left(4n+1,4n+2\right)=f\left(4n\right)$，$n=1,2,\cdots$ 。

解：输入 $\boldsymbol{x}_i\in\mathbb{R}^{1\times1}$ 而输出矩阵 $\boldsymbol{Y}_i\in\mathbb{R}^{2\times1}$，将循环神经网络中权重矩阵的维度设置为：$\boldsymbol{s}\in\mathbb{R}^{50\times1}$，$\boldsymbol{U}\in\mathbb{R}^{1\times50}$，$\boldsymbol{W}\in\mathbb{R}^{50\times50}$ 。我们随机生成 3000 个服从均匀分布 $U[0,3000]$ 的集合 $\boldsymbol{X}$，将每个整数的连续后两个自然数作为预测值。我们把集合 $\boldsymbol{X}$ 随机拆分出 2900 个样本作为训练集而将剩下 100 个作为测试集。此外，我们采用式（11.9）作为损失函数，以 0.001 的学习率训练 1000 次。观察预测值与真值之间的均方误差变化。最后，我们将循环神经网络输出的独热编码反向编码，转化为具体的数字，从而输出预测结果

多对多（many-to-many）问题：假设一个输入序列为 $\boldsymbol{X}_i=\left[\boldsymbol{x}_{i0},\cdots,\boldsymbol{x}_{it},\cdots,\boldsymbol{x}_{iT}\right]^{\mathrm{T}}$（$\boldsymbol{x}_{it}\in\mathbb{R}^{D_x\times1}$），对应一个真值序列 $\boldsymbol{Y}_i=\left[\boldsymbol{y}_{i0},\cdots,\boldsymbol{y}_{it},\cdots,\boldsymbol{y}_{iT}\right]^{\mathrm{T}}$（$\boldsymbol{y}_{it}\in\mathbb{R}^{D_y\times1}$），$t=0,\cdots,T$，$T$ 为序列的长度。多个输入序列 $\boldsymbol{X}_i$ 与多个真值序列 $\boldsymbol{Y}_i$ 组成一个有监督的训练集合 $\left\{\left(\boldsymbol{X}_i,\boldsymbol{Y}_i\right)\right\}_{i=0}^{N}$，$i=0,\cdots,N$，$N$ 为样本对的数量。如图 11-19 所示，我们需要解决多个输入 $\left[\boldsymbol{x}_{i0},\cdots,\boldsymbol{x}_{it},\cdots,\boldsymbol{x}_{iT}\right]$ 得到多个输出 $\left[\boldsymbol{y}_{i0},\cdots,\boldsymbol{y}_{it},\cdots,\boldsymbol{y}_{iT}\right]$ 的问题。在现实生活中，多对多问题的典型例子是自然语言处理中的将一种语言翻译成另一种语言。

对多对多问题可以用两种方式对上下文进行建模。第 1 种是“同步建立输入、输出上下文”的方式，即用循环神经网络同时对输入、输出上下文进行建模，如图 11-19 所示。第 2 种是“先建立输入上下文后建立输出上下文”的方式，即用循环神经网络先对输入序列建立上下文再对输出序列建立上下文，如图 11-20 所示。

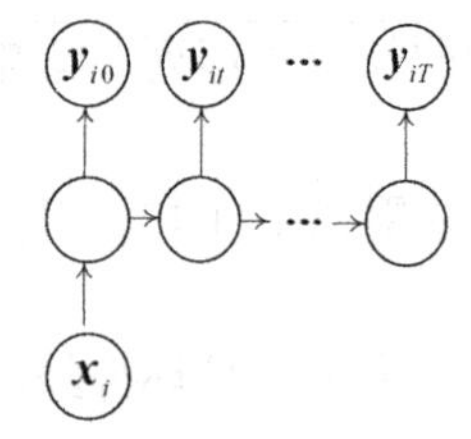

图 11-18　一对多问题中输出序列上下文建模

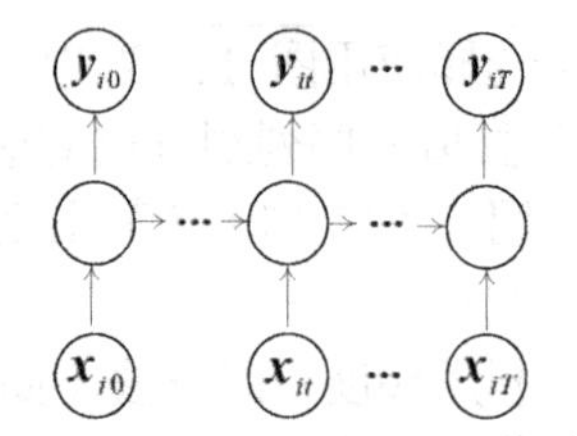

图 11-19　同步建立输入、输出上下文

多对多问题的一个简单例子是递推序列预测问题。假设输入序列 $\boldsymbol{x}_{it}=\left[\mathrm{randi}(n),\cdots\right]^{\mathrm{T}}$，对应真值 $\boldsymbol{y}_{it}=\left[\mathrm{randi}(n)+1,\cdots\right]^{\mathrm{T}}$，其中，函数 randi$(n)$ 表示产生随机整数值，$n=1,2,\cdots$。例如，$\boldsymbol{X}_i=\left[[2,5,3],[11,7,9]\right]^{\mathrm{T}}$，真值为 $\boldsymbol{Y}_i=\left[[3,6,4],[12,8,10]\right]^{\mathrm{T}}$。感兴趣的读者可参考实验 4 自行编程实现多对多问题的两种方式。

多对一（many-to-one）问题：假设一个输入序列 $\boldsymbol{X}_i=\left[\boldsymbol{x}_{i0},\cdots,\boldsymbol{x}_{it},\cdots,\boldsymbol{x}_{iT}\right]^{\mathrm{T}}$（$\boldsymbol{x}_{it}\in\mathbb{R}^{D_x\times1}$），对应一个真值 $\boldsymbol{y}_i$（$\boldsymbol{y}_i\in\mathbb{R}^{D_y\times1}$），$t=0,\cdots,T$，$T$ 为序列的长度。多个输入序列 $\boldsymbol{X}_i$ 与多个真值 $\boldsymbol{y}_i$ 组成一个有监督的训练集合 $\left\{\left(\boldsymbol{X}_i,\boldsymbol{y}_i\right)\right\}_{i=0}^{N}$，$i=0,\cdots,N$，$N$ 为样本对的数量。如图 11-21 所示，我们需要解决多个输入 $\boldsymbol{X}_i=\left[\boldsymbol{x}_{i0},\cdots,\boldsymbol{x}_{it},\cdots,\boldsymbol{x}_{iT}\right]^{\mathrm{T}}$ 得到一个输出 $\boldsymbol{y}_i$ 的问题。在现实生活中，多对一问题的典型形式是自然语言处理中词性的判别和句子情感的分析。

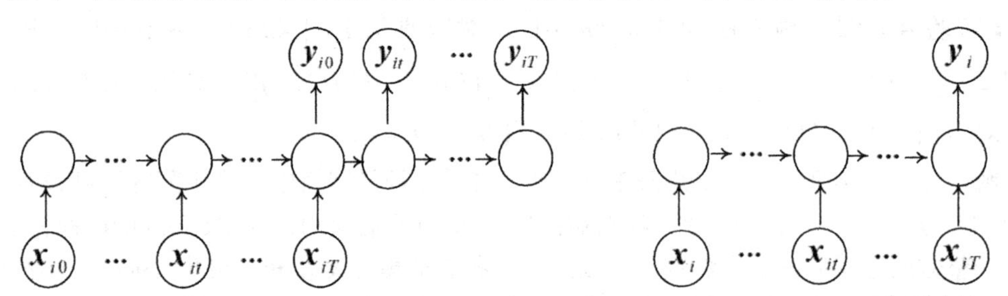

图 11-20　先建立输入上下文后建立输出上下文　　图 11-21　利用循环神经网络解决多对一问题

解决多对一问题时，先对上下文进行建模再进行预测，如图 11-21 所示。多对一问题的一个简单例子是递推序列求和问题。假设输入序列 $\boldsymbol{x}_{it}=\left[\mathrm{randi}(n),\cdots\right]^{\mathrm{T}}$，对应真值 $\boldsymbol{y}_i=\sum_{t=0}^{T}x_{it}$，其中，函数 randi$(n)$ 表示产生随机整数值，$n=1,2,\cdots$。例如，$\boldsymbol{X}_i=\left[1,5,6\right]^{\mathrm{T}}$，输出 $\boldsymbol{y}_i=\left[12\right]^{\mathrm{T}}$。

11.2.3　长短期记忆网络

在算法 11.1 中，我们利用梯度裁减和序列划分等方法缓解了梯度爆炸问题。但是，循环神经网络梯度消失的问题并没有被解决。

此外，循环神经网络中权重共享机制会带来参数梯度更新的冲突。我们可以想象：如果权重的梯度在较早时间步时为正，但在后面的时间步时可能为负，那么权重的梯度方向将在多个时间步上相互冲突，从而降低循环神经网络的训练速度。

【问题】在循环神经网络中，我们怎样才能避免梯度消失，从而有效地对长距离的上下文进行建模呢？

【猜想】展开后循环神经网络的隐状态 $\boldsymbol{s}_{t+1}$ 用激活函数 $f(\cdot)$ 和前一时间步的隐状态 $\boldsymbol{s}_t$ 更新：

$$\boldsymbol{s}_{t+1}=f\left(\boldsymbol{s}_t\right) \tag{11.18}$$

因此，式（11.18）说明循环神经网络本质上和前馈神经网络一样是复合函数的深度嵌套！

为了减少式（11.18）中非线性激活函数 $f(\cdot)$ 对上下文 $\boldsymbol{s}_t$ 的扭曲，一种直观处理方式是将隐状态 $\boldsymbol{s}_t$ "记录"下来直接传递给下一个隐状态 $\boldsymbol{s}_{t+1}$，而隐状态 $\boldsymbol{s}_{t+1}$ 在隐状态 $\boldsymbol{s}_t$ 的基础上进行微调：

$$\boldsymbol{s}_{t+1}=\boldsymbol{s}_t+\Delta\boldsymbol{s}_{t+1} \tag{11.19}$$

式中，$\Delta\boldsymbol{s}_{t+1}$ 表示隐状态 $\boldsymbol{s}_{t+1}$ 的可加性增量。式（11.19）能让上下文状态 $\boldsymbol{s}_t$ 以无偏差的方式传递到下一个状态 $\boldsymbol{s}_{t+1}$。此外，如果隐状态 $\boldsymbol{s}_{t+1}$ 由参数为 $\boldsymbol{\theta}$ 的函数 $g(\boldsymbol{\theta})$ 来表示，即 $\boldsymbol{s}_{t+1}=g(\boldsymbol{\theta})$，那么理论上，我们可以对式（11.19）的参数 $\boldsymbol{\theta}$ 进行基于梯度的参数优化：

$$\frac{\partial\boldsymbol{s}_{t+1}}{\partial\boldsymbol{\theta}}=\frac{\partial\boldsymbol{s}_t}{\partial\boldsymbol{\theta}}+\frac{\partial\Delta\boldsymbol{s}_{t+1}}{\partial\boldsymbol{\theta}} \tag{11.20}$$

式（11.20）说明梯度 $\partial\boldsymbol{s}_t/\partial\boldsymbol{\theta}$ 将会一直向后传播而避免梯度经过多个非线性激活函数而消失的风险。

式（11.20）虽然在理论上解决了梯度消失的问题，但是，我们对隐状态 $\boldsymbol{s}_t$ 的忠实"记录"会造成隐状态 $\boldsymbol{s}_{t+1}$ 无差别地保留所有上下文。因此，我们可以猜想到上下文不应该从头到尾都保留下来。我们必须要改进式（11.19），从而让隐状态 $\boldsymbol{s}_t$ 和增量 $\Delta\boldsymbol{s}_{t+1}$ 都随条件来"遗忘"和"记录"。

一个自然的想法是：让式（11.19）具有"遗忘"和"记录"隐状态 $\boldsymbol{s}_t$ 的能力。

长短期记忆（long short-term memory，LSTM）神经网络通过增加一种选择性让信息通过的机制来实现上下文的"遗忘"和"记录"，而用式（11.19）中的可加性方式实现上下文的"传递"。

具体而言，长短期记忆神经网络用一个单元模块[1]来模拟循环神经网络中的隐藏层。假设当前 t 时刻单元模块的状态（简称单元状态）用向量 $\boldsymbol{c}_t$（$\boldsymbol{c}_t\in\mathbb{R}^{D_s\times 1}$）表示，当前 t 时刻单元状态的信息用 $\tilde{\boldsymbol{c}}_t$（$\tilde{\boldsymbol{c}}_t\in\mathbb{R}^{D_s\times 1}$）表示（$\tilde{\boldsymbol{c}}_t$ 又被称为 t 时刻候选单元状态（candidate memory cell state））。按照式（11.19）的状态更新机制，长短期记忆神经网络对单元状态 $\boldsymbol{c}_t$ 的更新为：

$$\boldsymbol{c}_t=\boldsymbol{f}_t\odot\boldsymbol{c}_{t-1}+\boldsymbol{i}_t\odot\tilde{\boldsymbol{c}}_t \tag{11.21}$$

式中，向量 $\boldsymbol{f}_t$（$\boldsymbol{f}_t\in\mathbb{R}^{D_s\times 1}$）表示遗忘门的输出向量[2]，向量 $\boldsymbol{i}_t$（$\boldsymbol{i}_t\in\mathbb{R}^{D_s\times 1}$）表示输入门的输出向量，运算 $\boldsymbol{A}\odot\boldsymbol{B}$ 表示两个相同维度的矩阵 $\boldsymbol{A}$ 和 $\boldsymbol{B}$ 之间对应元素相乘。其中，遗忘门和输入门的输出向量 $\boldsymbol{f}_t$ 和 $\boldsymbol{i}_t$ 都是由 0 ~ 1 的数值构成的向量。因此，$\boldsymbol{f}_t\odot\boldsymbol{c}_{t-1}$ 表示上一时刻单

---

1 长短期记忆神经网络的发明者在原始论文中称该模块为"memory cell"（记忆细胞）。根据中文习惯和后期人们对神经网络结构的理解，我们用单元模块（module）作为翻译来说明将特定的神经网络作为一个神经元放入另一个神经网络中。

2 $\boldsymbol{f}_t$ 来自英文 forget 第一个字母。以此类推，$\boldsymbol{i}_t$ 来自英文 input 的第一个字母，而 $\boldsymbol{o}_t$ 来自英文 output 的第一个字母。

元状态 $\boldsymbol{c}_{t-1}$ 的信息需要“遗忘”多少（或保留多少），而 $\boldsymbol{i}_t \odot \tilde{\boldsymbol{c}}_t$ 表示当前时刻状态 $\tilde{\boldsymbol{c}}_t$ 需要“记录”多少到单元状态 $\boldsymbol{c}_t$ 中，如图 11-22 所示。

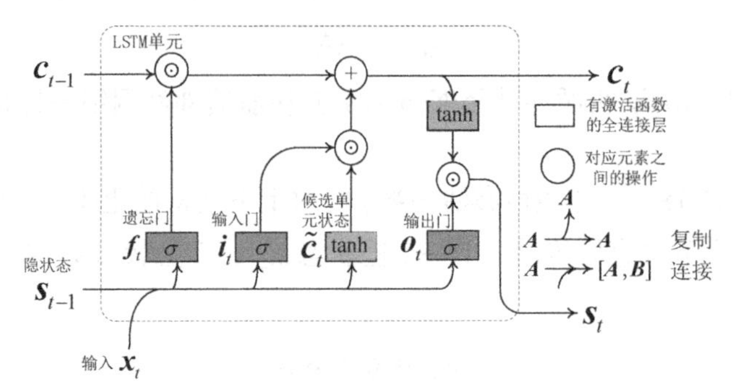

图 11-22　长短期记忆神经网络的单元构造

式（11.21）中，如果向量 $\boldsymbol{f}_t$ 不为 0 向量，向量 $\boldsymbol{c}_t$ 总会累加以前时刻的单元状态 $\boldsymbol{c}_{t-1}$，从而记录长期上下文。相反，如果向量 $\boldsymbol{f}_t$ 全为 0 向量，向量 $\boldsymbol{c}_t$ 将只受到当前时刻单元状态 $\tilde{\boldsymbol{c}}_t$ 的影响，这个时候，向量 $\boldsymbol{c}_t$ 将遗忘长期的上下文而只记录短期的上下文。

遗忘门：长短期记忆神经网络通过遗忘门决定我们要从单元状态 $\boldsymbol{c}_{t-1}$ 中丢弃哪些信息，如图 11-22 所示。遗忘门输出向量 $\boldsymbol{f}_t$ 的计算如下：

$$\boldsymbol{f}_t = \sigma\left(\boldsymbol{W}_{fx}^{\mathrm{T}}\boldsymbol{x}_t + \boldsymbol{W}_{fs}^{\mathrm{T}}\boldsymbol{s}_{t-1} + \boldsymbol{b}_f\right) \tag{11.22}$$

式中，函数 $\sigma(\cdot)$ 为 Sigmoid 激活函数，隐状态 $\boldsymbol{s}_{t-1}$（$\boldsymbol{s}_{t-1} \in \mathbb{R}^{D_s \times 1}$）用于对上下文信息进行传递，向量 $\boldsymbol{x}_t$（$\boldsymbol{x}_t \in \mathbb{R}^{D_x \times 1}$）表示 t 时刻的输入，向量 $\boldsymbol{b}_f$（$\boldsymbol{b}_f \in \mathbb{R}^{D_s \times 1}$）表示激活函数的偏置。式（11.22）利用权重矩阵 $\boldsymbol{W}_{fx}$（$\boldsymbol{W}_f \in \mathbb{R}^{D_x \times D_s}$）和 $\boldsymbol{W}_{fs}$（$\boldsymbol{W}_{fs} \in \mathbb{R}^{D_s \times D_s}$）根据上一时刻的隐状态 $\boldsymbol{s}_t$ 和当前输入 $\boldsymbol{x}_t$ 决定遗忘多少上一时刻的单元状态 $\boldsymbol{c}_{t-1}$ 的过程。遗忘门用 Sigmoid 激活函数后输出一个由 0 ~ 1 的数值构成的向量 $\boldsymbol{f}_t$（$\boldsymbol{f}_t \in \mathbb{R}^{D_s \times 1}$）。

输入门：长短期记忆神经网络的输入门决定添加哪些新的信息。输入门输出向量 $\boldsymbol{i}_t$ 利用上一时刻的隐藏状态 $\boldsymbol{s}_{t-1}$ 和当前时刻的输入 $\boldsymbol{x}_t$，通过一个 Sigmoid 层，决定将更新哪些值：

$$\boldsymbol{i}_t = \sigma\left(\boldsymbol{W}_{ix}^{\mathrm{T}}\boldsymbol{x}_t + \boldsymbol{W}_{is}^{\mathrm{T}}\boldsymbol{s}_{t-1} + \boldsymbol{b}_i\right) \tag{11.23}$$

式中，函数 $\sigma(\cdot)$ 为 Sigmoid 激活函数，隐状态 $\boldsymbol{s}_{t-1}$（$\boldsymbol{s}_{t-1} \in \mathbb{R}^{D_s \times 1}$）用于对上下文信息进行传递，向量 $\boldsymbol{x}_t$（$\boldsymbol{x}_t \in \mathbb{R}^{D_x \times 1}$）表示 t 时刻的输入，向量 $\boldsymbol{b}_i$（$\boldsymbol{b}_i \in \mathbb{R}^{D_s \times 1}$）表示激活函数的偏置。式（11.23）利用权重矩阵 $\boldsymbol{W}_{ix}$（$\boldsymbol{W}_{ix} \in \mathbb{R}^{D_x \times D_s}$）和 $\boldsymbol{W}_{is}$（$\boldsymbol{W}_{is} \in \mathbb{R}^{D_s \times D_s}$）根据上一时刻的隐状态 $\boldsymbol{s}_{t-1}$ 和当前输入 $\boldsymbol{x}_t$ 决定输入多少当前时刻 t 的单元状态 $\tilde{\boldsymbol{c}}_t$ 的过程。输入门用 Sigmoid 激活函数后输出一个由 0 ~ 1 的数值构成的向量 $\boldsymbol{i}_t$（$\boldsymbol{i}_t \in \mathbb{R}^{D_s \times 1}$）。

候选单元状态：当前时刻 t 的单元状态 $\tilde{\boldsymbol{c}}_t$（$\tilde{\boldsymbol{c}}_t \in \mathbb{R}^{D_s \times 1}$）利用前一时刻的隐状态 $\boldsymbol{s}_{t-1}$ 和当前输入向量 $\boldsymbol{x}_t$ 通过一个 tanh 函数得到：

$$\tilde{\boldsymbol{c}}_t = \tanh\left(\boldsymbol{W}_{cx}^{\mathrm{T}}\boldsymbol{x}_t + \boldsymbol{W}_{cs}^{\mathrm{T}}\boldsymbol{s}_{t-1} + \boldsymbol{b}_c\right) \tag{11.24}$$

式中，tanh 函数将候选单元状态 $\tilde{\boldsymbol{c}}_t$ 的数值定义到 $(-1,1)$ 区间，隐状态 $\boldsymbol{s}_{t-1}$（$\boldsymbol{s}_{t-1} \in \mathbb{R}^{D_s \times 1}$）用

于对上下文信息进行传递，向量$\boldsymbol{x}_t$（$\boldsymbol{x}_t \in \mathbb{R}^{D_x \times 1}$）表示$t$时刻的输入，向量$\boldsymbol{c}_{t-1}$（$\boldsymbol{c}_{t-1} \in \mathbb{R}^{D_s \times 1}$）表示$t-1$时刻单元状态，向量$\boldsymbol{b}_c$（$\boldsymbol{b}_c \in \mathbb{R}^{D_s \times 1}$）表示激活函数的偏置。式（11.24）利用权重矩阵$\boldsymbol{W}_{cx}$（$\boldsymbol{W}_{cx} \in \mathbb{R}^{D_x \times D_s}$）和$\boldsymbol{W}_{cs}$（$\boldsymbol{W}_{cs} \in \mathbb{R}^{D_s \times D_s}$）根据上一时刻的隐状态$\boldsymbol{s}_{t-1}$和当前输入$\boldsymbol{x}_t$决定输入多少当前时刻$t$的单元状态$\tilde{\boldsymbol{c}}_t$的过程。

输出门：长短期记忆神经网络的输出门决定哪些信息被输出。输出门的输出向量$\boldsymbol{o}_t$利用上一时刻的隐状态$\boldsymbol{s}_{t-1}$和当前时刻的输入$\boldsymbol{x}_t$通过一个 Sigmoid 层决定将更新哪些值：

$$\boldsymbol{o}_t = \sigma\left(\boldsymbol{W}_{ox}^{\mathrm{T}}\boldsymbol{x}_t + \boldsymbol{W}_{os}^{\mathrm{T}}\boldsymbol{s}_{t-1} + \boldsymbol{b}_o\right) \tag{11.25}$$

式中，函数$\sigma(\cdot)$为 Sigmoid 激活函数，隐状态$\boldsymbol{s}_{t-1}$（$\boldsymbol{s}_{t-1} \in \mathbb{R}^{D_s \times 1}$）用于对上下文信息进行传递，向量$\boldsymbol{x}_t$（$\boldsymbol{x}_t \in \mathbb{R}^{D_x \times 1}$）表示$t$时刻的输入，向量$\boldsymbol{s}_{t-1}$（$\boldsymbol{s}_{t-1} \in \mathbb{R}^{D_s \times 1}$）表示$t-1$时刻单元状态，向量$\boldsymbol{b}_o$（$\boldsymbol{b}_o \in \mathbb{R}^{D_s \times 1}$）表示激活函数的偏置。式（11.24）利用权重矩阵$\boldsymbol{W}_{ox}$（$\boldsymbol{W}_{ox} \in \mathbb{R}^{D_x \times D_s}$）和$\boldsymbol{W}_{os}$（$\boldsymbol{W}_{os} \in \mathbb{R}^{D_s \times D_s}$），根据上一时刻的隐状态$\boldsymbol{s}_{t-1}$和当前输入$\boldsymbol{x}_t$决定输入多少当前时刻$t$的单元状态$\tilde{\boldsymbol{c}}_t$的过程。输入门用 Sigmoid 激活函数后输出一个由 0 ~ 1 的数值构成的向量$\boldsymbol{o}_t$（$\boldsymbol{o}_t \in \mathbb{R}^{D_s \times 1}$）。

隐状态：长短期记忆神经网络的隐状态由输出门向量$\boldsymbol{o}_t$与当前的单元状态$\boldsymbol{c}_t$决定：

$$\boldsymbol{s}_t = \boldsymbol{o}_t \odot \tanh(\boldsymbol{c}_t) \tag{11.26}$$

式中，tanh 函数将单元状态$\boldsymbol{c}_t$的数值定义到$(-1,1)$区间，向量$\boldsymbol{o}_t$（$\boldsymbol{o}_t \in \mathbb{R}^{D_s \times 1}$）表示$t$时刻的输出门向量。式（11.26）说明隐状态$\boldsymbol{s}_t$（$\boldsymbol{s}_{t-1} \in \mathbb{R}^{D_s \times 1}$）保留多少单元状态$\boldsymbol{c}_t$由输出门向量$\boldsymbol{o}_t$决定。

从式（11.21）中，我们可以看出长短期记忆神经网络中一旦长期的上下文$\boldsymbol{c}_{t-1}$在某个时刻被遗忘，向量$\boldsymbol{c}_t$将从该时刻起遗忘0到$t-1$时刻所有的长期上下文而只记录短期的上下文，即$\boldsymbol{c}_t = \boldsymbol{i}_t \odot \tilde{\boldsymbol{c}}_t$，如图 11-23 所示。

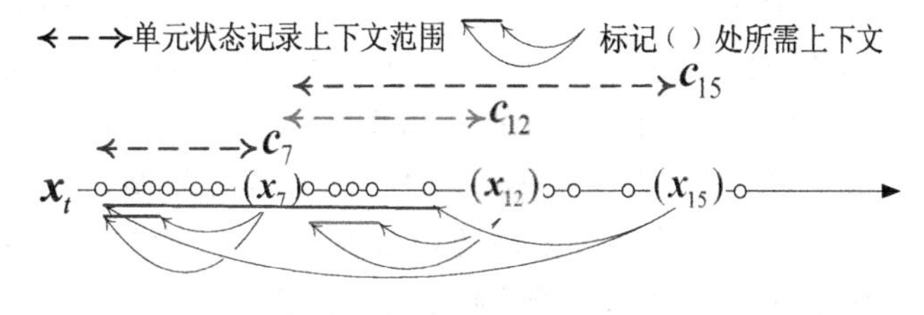

图 11-23　长短期记忆神经网络无法协调上下文冲突

因此，长短期记忆神经网络适合语言建模或文本生成等自然语言处理任务。通常，我们可以认为段落之间几乎没有上下文的关联。

此外，长短期记忆神经网络在理论上可以解决梯度消失的问题。但事实证明，长短期记忆神经网络并不能完全避免梯度消失的问题，因为控制门的输出向量（$\boldsymbol{f}_t$、$\boldsymbol{i}_t$和$\boldsymbol{o}_t$）和隐状态$\boldsymbol{s}_t$之间仍然是深度复合函数关系。

【实验 5】以1+2=3为例，我们将加法看作一个输入字符串['1','+','2']到另一个输出字符串['3']的多对多问题。请用长短期记忆神经网络实现浮点数的加、减、乘和除运算。

解：第一步，将数字和运算符号转换为字符串，并对字符串用特殊符号（token）进行填充以确保每个输入和输出序列具有相同长度。在实验中，我们可用空格字符填充（' '），在字符串的最左侧填充而将有用的信息保留在最右侧。以 1 位数的加法为例，我们将真值['3']填充为[' ','3']。

第二步，对填充后的字符串进行独热编码。我们先定义由 16 个字符构成的字母表，['0', '1', '2', '3', '4', '5', '6', '7', '8', '9', '+', '−', '*', '/', ' ', '.']，然后进行独热编码。例如，"1" 字符将被编码为长度为 16 的向量[0,1,0,0,0,0,0,0,0,0,0,0,0,0,0,0]。填充后的[' ','3']可以表示为独热编码[[0,0,0,0,0,0,0,0,0,0,0,0,0,0,1,0],[0,0,0,1,0,0,0,0,0,0,0,0,0,0,0,0]]。

第三步，将输入、输出序列的编码放入长短期记忆神经网络中进行训练。根据浮点运算的特点，我们采用图 11-20 中先建立输入上下文后建立输出上下文的多对多网络结构。此外，因为独热编码相当于进行多元分类，所以我们可以用交叉熵损失公式建模损失函数。

第四步，我们需要将长短期记忆神经网络输出的独热编码反向编码转化为具体的数字，从而输出预测结果。

11.2.4 循环神经网络的各类架构

【问题】假设循环神经网络（包括长短期记忆神经网络）被用于解决图 11-24 所示的选择问题。循环神经网络对时序只能从左到右建模。因此，循环神经网络无法从上文"主教练下半场战术的调整"推测出正确答案。但是，从（ ）后面的下文"女足 3：2 反超制胜"，我们能轻易地选择出正确答案（B）。

在 2022 年女足亚洲杯决赛中，经过中国主教练下半场战术的调整，中国女足最终（ ）韩国队。详细经过为张琳艳在第 71 分钟头球破门，中国女足 2:2 扳平比分！第 93 分钟，肖裕仪踢进绝杀球，中国女足 3:2 反超制胜！

A. 惜败　　B. 反胜　　C. 逼平

图 11-24　根据上下文内容进行选择

因此，我们会想到一个问题：能否像前馈神经网络一样，也建立将多个隐变量 $\boldsymbol{s}_t$ 叠加在一起的循环神经网络从而建模隐状态 $\boldsymbol{s}_t$ 和真值 $\boldsymbol{y}_t$ 之间任意关系的上下文？

【猜想】事实上，我们可以将多个循环神经网络堆叠在一起，并建立不同层隐状态 $\boldsymbol{s}^{(l)}$ 之间的交互来实现复杂而灵活的上下文建模，其中，l 表示第 l 层循环神经网络，如图 11-25 所示。图 11-25 中的每个隐状态都连续地传递到当前层的下一个时间步和下一层的当前时间步，从而避免图 11-23 中的上下文冲突问题。简单地讲，当上下文冲突发生时，多层的循环神经网络可以将冲突的上下文传递到下一层循环神经网络进行保存和传递。图 11-26 给出了一个同时具有从后向前和从前向后传递上下文的双向循环神经网络（bidirectional RNN）。双向循环神经网络能够通过反向的循环神经网络将上下文从序列的末端传递到前面进行分析。例如，图 11-24 中的"女足 3:2 反超制胜"可以通过反向的隐藏层 $\overleftarrow{\boldsymbol{s}}_T$ 传递到 $\overleftarrow{\boldsymbol{s}}_1$ 后和 $\overrightarrow{\boldsymbol{s}}_1$ 共同决策。

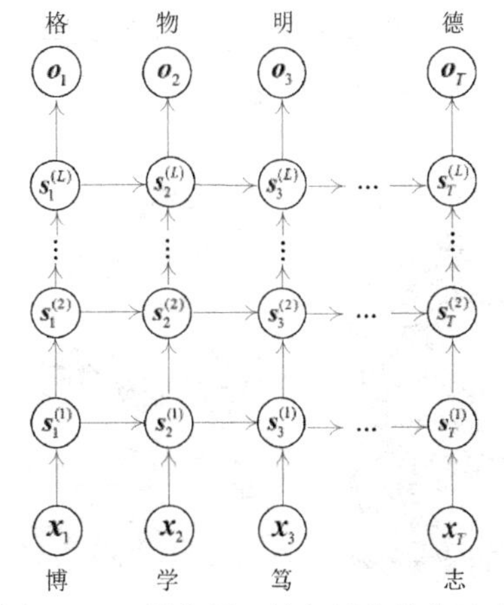

图 11-25　深度循环神经网络结构示意

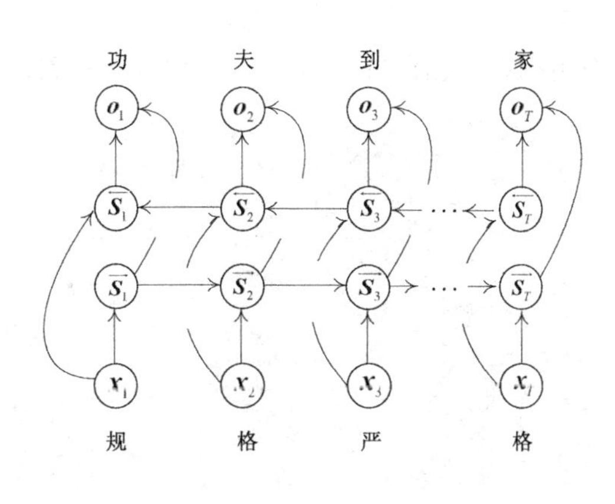

图 11-26　双向循环神经网络结构示意

假设一个输入序列 $\boldsymbol{X}=\left[\boldsymbol{x}_0,\cdots,\boldsymbol{x}_t,\cdots,\boldsymbol{x}_T\right]^{\mathrm{T}}$（$\boldsymbol{x}_t\in\mathbb{R}^{D_x\times 1}$），对应一个真值 $\boldsymbol{y}_t$（$\boldsymbol{y}_t\in\mathbb{R}^{D_y\times 1}$），$t=0,\cdots,T$，$T$ 为序列的长度。隐状态 $\boldsymbol{s}_{t-1}^{(l)}$（$\boldsymbol{s}_{t-1}^{(l)}\in\mathbb{R}^{D_{sl}\times 1}$）表示第 l 层（$l=1,\cdots,L$）的隐状态，向量 $\boldsymbol{x}_t$ 表示 t 时刻的输入，向量 $\boldsymbol{o}_t$（$\boldsymbol{o}_t\in\mathbb{R}^{D_o\times 1}$）表示神经网络的输出向量。设 $\boldsymbol{s}_{t-1}^{(1)}=\boldsymbol{x}_t$，第 l 层的隐状态使用的激活函数为 $\phi_l(\cdot)$，则深度循环神经网络第 l 层隐状态 $\boldsymbol{s}_t^{(l)}$ 为：

$$\boldsymbol{s}_t^{(l)}=\phi_l\left(\boldsymbol{W}_{xs}^{(l-1)^{\mathrm{T}}}\boldsymbol{s}_t^{(l-1)}+\boldsymbol{W}_{ss}^{(l)^{\mathrm{T}}}\boldsymbol{s}_{t-1}^{(l)}+\boldsymbol{b}_s^{(l)}\right)\tag{11.27}$$

式中，$\boldsymbol{W}_{xs}^{(l)}$（$\boldsymbol{W}_{xs}^{(l)}\in\mathbb{R}^{D_s\times D_{sl}}$）表示输入向量 $\boldsymbol{x}_t$ 到第 $l-1$ 层隐状态 $\boldsymbol{s}_t^{(l-1)}$ 的权重矩阵，$\boldsymbol{W}_{ss}^{(l)}$（$\boldsymbol{W}_{ss}^{(l)}\in\mathbb{R}^{D_s\times D_{sl}}$）表示第 $l-1$ 层隐状态 $\boldsymbol{s}_t^{(l-1)}$ 到第 l 层隐状态 $\boldsymbol{s}_t^{(l)}$ 的权重矩阵，$\boldsymbol{b}_s^{(l)}$（$\boldsymbol{b}_s^{(l)}\in\mathbb{R}^{D_{sl}\times 1}$）表示激活函数的偏置。

最后，深度循环神经网络输出向量 $\boldsymbol{o}_t$（$\boldsymbol{o}_t\in\mathbb{R}^{D_o\times 1}$）的计算仅基于第 l 层的隐状态 $\boldsymbol{s}_t^{(l)}$：

$$\boldsymbol{o}_t=\phi_o\left(\boldsymbol{W}_{so}^{(l)^{\mathrm{T}}}\boldsymbol{s}_t^{(l)}+\boldsymbol{b}_o^{(l)}\right)\tag{11.28}$$

式中，$\boldsymbol{W}_{so}^{(l)^{\mathrm{T}}}$（$\boldsymbol{W}_{xs}^{(l)}\in\mathbb{R}^{D_o\times D_{sl}}$）表示第 l 层隐状态 $\boldsymbol{s}_t^{(l)}$ 到输出向量 $\boldsymbol{o}_t$ 的权重矩阵，$\boldsymbol{b}_o^{(l)}$（$\boldsymbol{b}_o\in\mathbb{R}^{D_o\times 1}$）表示激活函数 $\phi_o(\cdot)$ 的偏置。此外，隐状态 $\boldsymbol{s}_t^{(l-1)}$ 可以用长短期记忆网络的隐状态来代替。本书只给出深度循环神经网络的数学表达式即式（11.27）和式（11.28）。事实上，由于现实问题的多样性，循环神经网络的结构远不止图 11-25 和图 11-26 所示的两个。但是，复杂的网络结构意味着我们需要大量的计算资源、样本和训练时间来训练模型。

实际上，为了能避免上下文消失问题，注意力机制（attention mechanism）作为一种直接建立全局上下文的思想被提出。本书由于篇幅有限，不对其进行介绍，感兴趣的读者可以参考相关学术论文。

11.3 生成对抗网络

【问题】在机器学习问题中，我们还需要生成符合某种分布的高维数据。当我们研究了若干幅毕加索的作品（见图 11-27（a）和图 11-27（b））后，我们想让神经网络学会将其他风格的图像（见图 11-27（c））转化为毕加索风格的作品（见图 11-27（d））。

（a）《镜前少女》（b）《哭泣的女人》（c）《蒙娜丽莎》（d）毕加索画风的《蒙娜丽莎》

图 11-27　计算机视觉中的风格变换问题

【问题】数学上，我们将样本 $\boldsymbol{x}_i$（$\boldsymbol{x}_i \in \mathbb{R}^{D\times 1}$）看作 D_x 维空间中的一个点，$\boldsymbol{x}_i \in \mathcal{X}$，$i=1,\cdots,N$，其中，$N$ 是样本数量，$\mathcal{X}$ 表示所有样本 $\boldsymbol{x}_i$ 构成的集合。假设样本 $\boldsymbol{x}_i$ 从数据分布 $P_{\mathcal{X}}$ 中抽样获得，即 $\boldsymbol{x}_i \sim P_{\mathcal{X}}$。我们怎样生成新的数据 $\mathcal{X}'=\left\{\boldsymbol{x}_1',\cdots,\boldsymbol{x}_i',\cdots,\boldsymbol{x}_N'\right\}$ 满足数据点 $\boldsymbol{x}_i'$（$\boldsymbol{x}_i' \in \mathbb{R}^{D\times 1}$）也服从分布 $P_{\mathcal{X}}$，即 $\boldsymbol{x}_i' \sim P_{\mathcal{X}}$？

直觉上，我们用样本 $\boldsymbol{x}_i$ 的似然最大来产生数据点 $\boldsymbol{x}_i'$：

$$\begin{aligned}&\min_{\boldsymbol{\theta}} \operatorname{Loss}\left(\boldsymbol{x}_i',\boldsymbol{x}_i;\boldsymbol{\theta}\right)\\&\text{s.t.: } \boldsymbol{x}_i'=G\left(\boldsymbol{z}\right)\end{aligned} \tag{11.29}$$

式中，带参数 $\boldsymbol{\theta}$ 的损失函数 $\operatorname{Loss}\left(\boldsymbol{x}_i',\boldsymbol{x}_i;\boldsymbol{\theta}\right)$ 度量了样本 $\boldsymbol{x}_i'$ 和 $\boldsymbol{x}_i$ 之间的相似性，约束 $\boldsymbol{x}_i'=G\left(\boldsymbol{z}\right)$ 表示数据点 $\boldsymbol{x}_i'$ 由向量 $\boldsymbol{z}$（$\boldsymbol{z}_i \in \mathbb{R}^{D_z\times 1}$）作为输入通过生成函数 $G(\cdot)$ 得到。

在理论上，式（11.29）是可行的。我们该如何定义式（11.29）中的 3 个基本元素：生成函数 $G(\cdot)$、输入向量 $\boldsymbol{z}$ 和损失函数 $\operatorname{Loss}\left(\boldsymbol{x}_i',\boldsymbol{x}_i;\boldsymbol{\theta}\right)$？

【猜想】鉴于深度神经网络的拟合能力，生成对抗网络（generative adversarial network，GAN）定义生成函数 $G(\cdot)$ 为深度神经网络，用服从分布 $P_{\mathcal{Z}}$ 的随机噪声 $\boldsymbol{z}$（$\boldsymbol{z}_i \in \mathbb{R}^{D_z\times 1}$）作为输入，并将损失函数 $\operatorname{Loss}\left(\boldsymbol{x}_i',\boldsymbol{x}_i;\boldsymbol{\theta}\right)$ 进一步定义为分类损失 $\operatorname{Loss}\left[D\left(\boldsymbol{x}_i',\boldsymbol{x}_i;\boldsymbol{\theta}\right)\right]$，其中，$D(\boldsymbol{x}_i',\boldsymbol{x}_i;\boldsymbol{\theta})$ 代表了判别函数在参数 $\boldsymbol{\theta}$ 下对样本 $\boldsymbol{x}_i'$ 和 $\boldsymbol{x}_i$ 之间的相似与否进行判断。原因如下。

（1）生成函数 $G(\cdot)$ 利用神经网络的拟合能力生成数据 $\boldsymbol{x}_i'$。如图 11-27 所示，生成函数生成与真实图像（见图 11-27（a）和图 11-27（b））风格相似的图像（见图 11-27（d））。

（2）二元分类损失（如交叉熵）下的判别函数 $D(\boldsymbol{x}_i',\boldsymbol{x}_i;\boldsymbol{\theta})$ 能让生成数据 $\boldsymbol{x}_i'$ 和真实数据 $\boldsymbol{x}_i$ 尽量无法区分。

生成函数 $G(\cdot)$ 期望产生更加真实的数据来欺骗判别函数 $D\left(\boldsymbol{x}_i',\boldsymbol{x}_i;\boldsymbol{\theta}\right)$，而判别函数区分真实数据和生成数据以提高生成函数 $G(\cdot)$ 的数据生成能力。这样，在判别函数的监督信息下，生成函数生成的数据将会不断接近于真实数据从而实现对真实数据分布的建模。生成对抗网络的基本逻辑结构如图 11-28 所示。

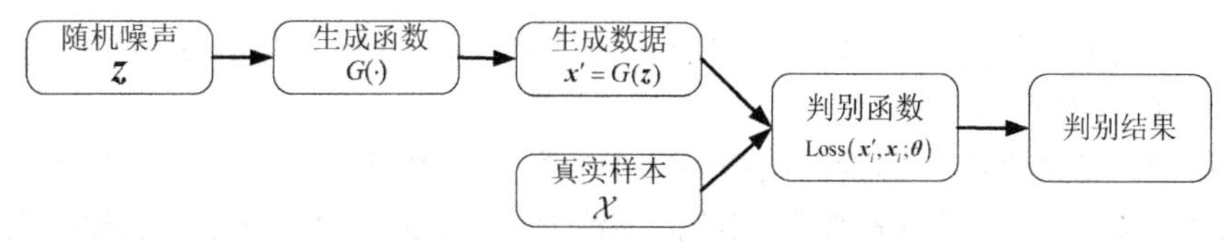

图 11-28 生成对抗网络的基本逻辑结构

11.3.1 判别性损失函数和生成函数

【问题】我们如何实现式（11.29）中的判别性损失函数 $\mathrm{Loss}(\boldsymbol{x}_i', \boldsymbol{x}_i; \boldsymbol{\theta})$ 和生成函数 $G(\cdot)$？

【猜想】判别性损失函数用于评估真实数据 $\boldsymbol{x}_i$ 和生成数据 $\boldsymbol{x}_i'$ 的相似性：

（1）当输入生成数据 $\boldsymbol{x}_i$ 时，判别性损失函数 $\mathrm{Loss}(\boldsymbol{x}_i', \boldsymbol{x}_i; \boldsymbol{\theta})$ 返回 0，即 $\mathrm{Loss}(\boldsymbol{x}_i', \boldsymbol{x}_i; \boldsymbol{\theta}) = 0$；

（2）当输入真实数据 $\boldsymbol{x}_i'$ 时，判别性损失函数 $\mathrm{Loss}(\boldsymbol{x}_i', \boldsymbol{x}_i; \boldsymbol{\theta})$ 返回 1，即 $\mathrm{Loss}(\boldsymbol{x}_i', \boldsymbol{x}_i; \boldsymbol{\theta}) = 1$。

当判别性损失函数 $\mathrm{Loss}(\boldsymbol{x}_i', \boldsymbol{x}_i; \boldsymbol{\theta})$ 用深度神经网络实现时，我们称之为判别网络并记为 $DN(\cdot; \boldsymbol{\theta})$，其中，$\boldsymbol{\theta}$ 代表判别网络的结构设计和网络参数。

假设样本 $\hat{\boldsymbol{x}}_i$（$\hat{\boldsymbol{x}}_i \in \{\mathcal{X}', \mathcal{X}\}$）表示从生成数据集 $\mathcal{X}'$ 和真实数据集 $\mathcal{X}$ 中随机抽取获得，标签 $\hat{y}_i$（$\hat{y}_i \in \{0,1\}$）表示如果样本 $\hat{\boldsymbol{x}}_i$ 是从真实数据集 $\mathcal{X}$ 中抽取获得的，则 $\hat{y}_i = 1$，反之，$\hat{y}_i = 0$。我们将样本 $\hat{\boldsymbol{x}}_i$ 和标签 $\hat{y}_i$ 组成二元分类问题 $\mathcal{D} = \{(\hat{\boldsymbol{x}}_i, \hat{y}_i)\}_{i=1}^{2N}$（$i = 1, \cdots, 2N$），其中，$N$ 为真实数据集的样本数，即 $|\mathcal{X}| = N$。生成数据和真实数据的交叉熵如下：

$$
\begin{aligned}
L(\boldsymbol{\theta}) &= \underbrace{-\frac{1}{N}\sum_{i=1}^{N} \hat{y}_i \ln \mathrm{DN}(\hat{\boldsymbol{x}}_i; \boldsymbol{\theta})}_{\hat{y}_i = 1, \hat{\boldsymbol{x}}_i \in \mathcal{X}} \underbrace{- \frac{1}{N}\sum_{i=1}^{N} (1 - \hat{y}_i) \ln\left[1 - \mathrm{DN}(\hat{\boldsymbol{x}}_i; \boldsymbol{\theta})\right]}_{\hat{y}_i = 0, \hat{\boldsymbol{x}}_i \in \mathcal{X}'} \\
&= -\frac{1}{N}\sum_{i=1}^{N} \ln \mathrm{DN}(\boldsymbol{x}_i; \boldsymbol{\theta}) - \frac{1}{N}\sum_{i=1}^{N} \ln\left[1 - \mathrm{DN}(\boldsymbol{x}_i; \boldsymbol{\theta})\right] \\
&= -E_{\boldsymbol{x} \sim P_{\mathcal{X}}}\left[\ln \mathrm{DN}(\boldsymbol{x}; \boldsymbol{\theta})\right] - E_{\boldsymbol{x}' \sim P_{\mathcal{X}'}}\left\{\ln\left[1 - \mathrm{DN}(\boldsymbol{x}'; \boldsymbol{\theta})\right]\right\}
\end{aligned} \tag{11.30}
$$

式中，$E[\cdot]$ 表示期望，$P_{\mathcal{X}}$ 和 $P_{\mathcal{X}'}$ 分别表示真实数据 $\mathcal{X}$ 和生成数据 $\mathcal{X}'$ 的分布，参数 $\boldsymbol{\theta}$ 表示判别网络的参数。

式（11.30）中的生成数据 $\boldsymbol{x}_i'$ 可以通过生成网络 $\mathrm{GN}(\boldsymbol{z}; \boldsymbol{\theta}')$ 实现。其中，参数 $\boldsymbol{\theta}'$ 代表生成网络的结构和参数。因此，式（11.30）变为：

$$
\begin{aligned}
L(\boldsymbol{\theta}, \boldsymbol{\theta}') &= -E_{\boldsymbol{x} \sim P_{\mathcal{X}}}\left[\log \mathrm{DN}(\boldsymbol{x}; \boldsymbol{\theta})\right] - E_{\boldsymbol{x}' \sim P_{\mathcal{X}'}}\left\{\log\left[1 - \mathrm{DN}(\boldsymbol{x}'; \boldsymbol{\theta})\right]\right\} \\
&= -E_{\boldsymbol{x} \sim P_{\mathcal{X}}}\left[\log \mathrm{DN}(\boldsymbol{x}; \boldsymbol{\theta})\right] - E_{\boldsymbol{x}' \sim P_{\mathcal{X}'}}\left[\log\left(1 - \mathrm{DN}\left(\mathrm{GN}(\boldsymbol{z}; \boldsymbol{\theta}'); \boldsymbol{\theta}\right)\right)\right]
\end{aligned} \tag{11.31}
$$

式中，生成网络 $\mathrm{GN}(\boldsymbol{z}; \boldsymbol{\theta}')$ 将随机噪声 $\boldsymbol{z}$ 作为输入得到生成数据。

如果生成数据 $\boldsymbol{x}_i'$ 与真实数据 $\boldsymbol{x}_i$ 足够相似，意味着判别网络 $\mathrm{DN}(\cdot; \boldsymbol{\theta})$ 将生成数据视为真实数据，即 $\mathrm{DN}(\boldsymbol{x}_i, \boldsymbol{x}_i'; \boldsymbol{\theta}) = \mathrm{DN}(\boldsymbol{x}_i, \mathrm{GN}(\boldsymbol{z}_i; \boldsymbol{\theta}'); \boldsymbol{\theta}) \approx 1$。因此，式（11.31）可进一步化简为：

$$
\begin{aligned}
L(\boldsymbol{\theta}, \boldsymbol{\theta}') &= L(\boldsymbol{\theta}') \\
&= E_{\boldsymbol{z} \sim P_{\boldsymbol{z}}}\left[\log\left(1 - \mathrm{DN}\left(\mathrm{GN}(\boldsymbol{z}; \boldsymbol{\theta}'); \boldsymbol{\theta}\right)\right)\right]
\end{aligned} \tag{11.32}
$$

式（11.32）本质上就是判别网络 $\mathrm{DN}(\cdot;\boldsymbol{\theta})$ 和生成网络 $\mathrm{GN}(z;\boldsymbol{\theta}')$ 的复合函数。一个自然的问题是随机噪声 z 的作用是什么？

第 9 章中的特征降维告诉我们高维空间中的数据可以用低维空间中的点来表示。我们可以想象随机噪声 z 可以看作高维数据的低维流形[1]（manifold）。因此，当随机噪声 z 的维度过小时，噪声将无法完全重构真实数据进而将导致生成数据 $\boldsymbol{x}'$ 模式坍塌（mode collapse）；当随机噪声的维度过大时，生成网络将消耗大量的计算资源。

11.3.2 生成对抗网络的训练

根据式（11.31）和式（11.32），生成对抗网络的损失函数为：

$$L(\boldsymbol{x},z;\boldsymbol{\theta}',\boldsymbol{\theta})=E_{\boldsymbol{x}\sim P_{\mathcal{X}}}\left[\log \mathrm{DN}(\boldsymbol{x};\boldsymbol{\theta})\right]+E_{z\sim P_{\mathcal{Z}}}\left[\log\left(1-\mathrm{DN}\left(\mathrm{GN}(z;\boldsymbol{\theta}');\boldsymbol{\theta}\right)\right)\right] \quad (11.33)$$

显然，生成对抗网络的损失函数是由生成网络 $\mathrm{GN}(z;\boldsymbol{\theta}')$ 和判别网络 $\mathrm{DN}(\cdot;\boldsymbol{\theta})$ 构成的复合函数。优化损失函数需要交替优化生成网络和判别网络的参数 $\boldsymbol{\theta}'$ 和 $\boldsymbol{\theta}$。

（1）让判别网络 $\mathrm{DN}(\cdot;\boldsymbol{\theta})$ 的判别能力越来越强：

$$\max_{\boldsymbol{\theta}} L(\boldsymbol{x},z,\boldsymbol{\theta}';\boldsymbol{\theta})=\max_{\boldsymbol{\theta}} E_{\boldsymbol{x}\sim P_{\mathcal{X}}}\left[\ln \mathrm{DN}(\boldsymbol{x};\boldsymbol{\theta})\right]+E_{z\sim P_{\mathcal{Z}}}\left[\ln\left(1-\mathrm{DN}\left(\mathrm{GN}(z;\boldsymbol{\theta}');\boldsymbol{\theta}\right)\right)\right] \quad (11.34)$$

式（11.34）说明判别网络 $\mathrm{DN}(\boldsymbol{x};\boldsymbol{\theta})$ 本质上就是实现二元分类的神经网络。

（2）让生成网络 $\mathrm{GN}(z;\boldsymbol{\theta}')$ 的生成能力越来越强。如果生成数据与真实数据足够相似，意味着判别网络 $\mathrm{DN}(\cdot;\boldsymbol{\theta})$ 将生成数据 $\boldsymbol{x}_i'$ 视为真实数据，即 $\mathrm{DN}(\boldsymbol{x}_i,\boldsymbol{x}_i';\boldsymbol{\theta})=\mathrm{DN}(\boldsymbol{x}_i,\mathrm{GN}(z_i;\boldsymbol{\theta}');\boldsymbol{\theta})\approx 1$。因此，目标函数为：

$$\min_{\boldsymbol{\theta}'} L(\boldsymbol{x},z,\boldsymbol{\theta};\boldsymbol{\theta}')=\min_{\boldsymbol{\theta}'} E_{z\sim P_{\mathcal{Z}}}\left[\ln\left(1-\mathrm{DN}\left(\mathrm{GN}(z;\boldsymbol{\theta}');\boldsymbol{\theta}\right)\right)\right] \quad (11.35)$$

式（11.35）说明生成网络 $\mathrm{GN}(z;\boldsymbol{\theta}')$ 本质上就是让判别网络 $\mathrm{DN}(\cdot;\boldsymbol{\theta})$ 无法区分真实样本和生样本。因此，判别网络让似然函数最大，而生成网络让损失函数最小。

【问题】 交替优化参数 $\boldsymbol{\theta}'$ 和 $\boldsymbol{\theta}$ 能否保证判别网络 $\mathrm{DN}(\boldsymbol{x};\boldsymbol{\theta})$ 和生成网络 $\mathrm{GN}(z;\boldsymbol{\theta}')$ 都获得最优解？如果有最优解，判别网络和生成网络最优解的形式是什么？

【猜想】 假设已经获得最优生成网络，即 $\boldsymbol{x}=\mathrm{GN}(z;\boldsymbol{\theta}')$，我们对式（11.33）进行化简：

$$\begin{aligned}L(\boldsymbol{x},z;\boldsymbol{\theta}',\boldsymbol{\theta})&=E_{\boldsymbol{x}\sim P_{\mathcal{X}}}\left[\ln \mathrm{DN}(\boldsymbol{x};\boldsymbol{\theta})\right]+E_{z\sim P_{\mathcal{Z}}}\left[\ln\left(1-\mathrm{DN}\left(\mathrm{GN}(z;\boldsymbol{\theta}');\boldsymbol{\theta}\right)\right)\right]\\&=E_{\boldsymbol{x}\sim P_{\mathcal{X}}}\left[\ln \mathrm{DN}(\boldsymbol{x};\boldsymbol{\theta})\right]+E_{z\sim P_{\mathcal{X}'}}\left[\ln\left(1-\mathrm{DN}(\boldsymbol{x};\boldsymbol{\theta})\right)\right]\\&=\int\left(P_{\mathcal{X}}(\boldsymbol{x})\ln \mathrm{DN}(\boldsymbol{x};\boldsymbol{\theta})+P_{\mathcal{X}'}(\boldsymbol{x})\ln\left(1-\mathrm{DN}(\boldsymbol{x};\boldsymbol{\theta})\right)\right)\mathrm{d}\boldsymbol{x}\end{aligned} \quad (11.36)$$

式（11.34）中的判别网络 $\mathrm{DN}(\cdot;\boldsymbol{\theta})$ 是否有最优解？假设损失函数即式（11.36）中分布 $P_{\mathcal{X}}(\boldsymbol{x})$ 和 $P_{\mathcal{X}'}(\boldsymbol{x})$ 为常量。我们为了表示方便，令 $P_{\mathcal{X}}(\boldsymbol{x})=a$ 和 $P_{\mathcal{X}'}(\boldsymbol{x})=b$（$a,b\in[0,1]$），$\mathrm{DN}(\boldsymbol{x};\boldsymbol{\theta})=\beta$（$\beta\in\mathbb{R}^1$），则式（11.36）可以被写为：

$$f(\beta)=a\ln(\beta)+b\ln(1-\beta) \quad (11.37)$$

我们对式（11.37）求关于 β 的导数并令导数为 0：

---

1 流形是局部具有欧氏空间性质的空间，在数学中用于描述几何形体。在降维分析中，我们认为流形表示数据点在局部范围内保持欧氏空间关系。

$$f'(\beta)=\frac{a}{\beta}-\frac{b}{1-\beta}=0 \Rightarrow \beta=\frac{a}{a+b} \tag{11.38}$$

如果$a+b\neq 0$，我们继续求函数$f(\beta)$的二阶导数：

$$f''(\beta)=-\frac{a}{\beta^2}-\frac{b}{(1-\beta)^2} \Rightarrow f\left(\frac{a}{a+b}\right)=-\frac{a}{\left(\frac{a}{a+b}\right)^2}-\frac{b}{\left(1-\frac{a}{a+b}\right)^2}<0 \tag{11.39}$$

式（11.39）说明当$a,b\in[0,1]$时函数$f(\beta)$为凹函数。所以式（11.37）可以在$a/(a+b)$时取得极大值。因此，判别网络$\text{DN}(\boldsymbol{x};\boldsymbol{\theta})$在理论上的最优解为$\text{DN}(\boldsymbol{x};\boldsymbol{\theta})-P_{\mathcal{X}}(\boldsymbol{x})/\left[P_{\mathcal{X}}(\boldsymbol{x})+P_{\mathcal{X}'}(\boldsymbol{x})\right]$。虽然，分布$P_{\mathcal{X}}(\boldsymbol{x})$和$P_{\mathcal{X}'}(\boldsymbol{x})$并不能被直接求解，但判别网络$\text{DN}(\boldsymbol{x};\boldsymbol{\theta})$可以通过第 10 章中神经网络的优化方法进行优化。

假设已经获得最优判别网络$\text{DN}(\boldsymbol{x};\boldsymbol{\theta})$，我们优化损失函数即式（11.35）中的生成网络。显然，生成网络$\text{GN}(\boldsymbol{z};\boldsymbol{\theta}')$的最终目标是$P_{\mathcal{X}}(\boldsymbol{x})=P_{\mathcal{X}'}(\boldsymbol{x})$。因此，最优判别网络$\text{DN}(\boldsymbol{x};\boldsymbol{\theta})=P_{\mathcal{X}}(\boldsymbol{x})/\left[P_{\mathcal{X}}(\boldsymbol{x})+P_{\mathcal{X}'}(\boldsymbol{x})\right]=1/2$。目标函数即式（11.35）简化为：

$$\begin{aligned}\min L(\boldsymbol{x},\boldsymbol{z};\boldsymbol{\theta}',\boldsymbol{\theta})&=\int\left[P_{\mathcal{X}}(\boldsymbol{x})\ln\frac{1}{2}+P_{\mathcal{X}'}(\boldsymbol{x})\ln\frac{1}{2}\right]\mathrm{d}\boldsymbol{x}\\&=-2\ln 2\end{aligned} \tag{11.40}$$

式（11.40）给出的目标函数最小值说明我们有希望化简目标函数即式（11.36）。因此，我们将$\text{DN}(\boldsymbol{x};\boldsymbol{\theta})$的最优解$P_{\mathcal{X}}(\boldsymbol{x})/\left[P_{\mathcal{X}}(\boldsymbol{x})+P_{\mathcal{X}'}(\boldsymbol{x})\right]$代入式（11.35）可得：

$$\begin{aligned}L(\boldsymbol{x},\boldsymbol{z};\boldsymbol{\theta}',\boldsymbol{\theta})&=E_{\boldsymbol{x}\sim P_{\mathcal{X}}}\left[\ln\frac{P_{\mathcal{X}}(\boldsymbol{x})}{P_{\mathcal{X}}(\boldsymbol{x})+P_{\mathcal{X}'}(\boldsymbol{x})}\right]+E_{\boldsymbol{z}\sim P_{\mathcal{Z}}}\left[\ln\frac{P_{\mathcal{X}'}(\boldsymbol{x})}{P_{\mathcal{X}}(\boldsymbol{x})+P_{\mathcal{X}'}(\boldsymbol{x})}\right]\\&=\int P_{\mathcal{X}}(\boldsymbol{x})\ln\frac{P_{\mathcal{X}}(\boldsymbol{x})}{P_{\mathcal{X}}(\boldsymbol{x})+P_{\mathcal{X}'}(\boldsymbol{x})}\mathrm{d}\boldsymbol{x}+\int P_{\mathcal{X}'}(\boldsymbol{x})\ln\frac{P_{\mathcal{X}'}(\boldsymbol{x})}{P_{\mathcal{X}}(\boldsymbol{x})+P_{\mathcal{X}'}(\boldsymbol{x})}\mathrm{d}\boldsymbol{x}\end{aligned} \tag{11.41}$$

显然，式（11.40）与式（11.41）是同一个等式。我们需要为式（11.41）构造出一个$-2\ln 2$项：

$$\begin{aligned}L(\boldsymbol{x},\boldsymbol{z};\boldsymbol{\theta}',\boldsymbol{\theta})&=-2\ln 2+\int P_{\mathcal{X}}(\boldsymbol{x})\left[\ln\frac{2P_{\mathcal{X}}(\boldsymbol{x})}{P_{\mathcal{X}}(\boldsymbol{x})+P_{\mathcal{X}'}(\boldsymbol{x})}\right]\mathrm{d}\boldsymbol{x}+\int P_{\mathcal{X}'}(\boldsymbol{x})\left[\ln\frac{2P_{\mathcal{X}'}(\boldsymbol{x})}{P_{\mathcal{X}}(\boldsymbol{x})+P_{\mathcal{X}'}(\boldsymbol{x})}\right]\mathrm{d}\boldsymbol{x}\\&=-2\ln 2+\text{KL}\left(P_{\mathcal{X}}\mid\frac{P_{\mathcal{X}}+P_{\mathcal{X}'}}{2}\right)+\text{KL}\left(P_{\mathcal{X}'}\mid\frac{P_{\mathcal{X}}+P_{\mathcal{X}'}}{2}\right)\\&=-2\ln 2+2\text{JSD}(P_{\mathcal{X}}\mid P_{\mathcal{X}'})\end{aligned} \tag{11.42}$$

式中，$\text{JSD}(\cdot|\cdot)$为 JS 散度（Jensen-Shannon divergence，JSD）：

$$\text{JSD}(P|Q)=\frac{1}{2}\text{KL}(P|M)+\frac{1}{2}\text{KL}(Q|M) \tag{11.43}$$

式中，概率$M=(P+Q)/2$。JS 散度是度量两个概率分布相似性的一种方式。

当判别网络最优时，优化生成网络$\text{GN}(\boldsymbol{z};\boldsymbol{\theta}')$实际上是优化生成数据分布$P_{\mathcal{X}'}$与真实数据分布$P_{\mathcal{X}}$的 JS 散度。由于 JS 散度是非负的，所以只有当分布一致即$P_{\mathcal{X}}=P_{\mathcal{X}'}$时，式（11.42）中 JSD 取值为 0，$L(\boldsymbol{x},\boldsymbol{z};\boldsymbol{\theta}',\boldsymbol{\theta})$取得最小值$-2\ln 2$。也就是说，当判别网络对从分布$P_{\mathcal{X}}$和$P_{\mathcal{X}'}$

中采样得到的样本预测结果都是0.5时，优化生成网络达到以假乱真的地步。

式（11.40）和式（11.42）也说明了我们完全可以交替训练判别网络$\mathrm{DN}(\boldsymbol{x};\boldsymbol{\theta})$和生成网络$\mathrm{GN}(\boldsymbol{z};\boldsymbol{\theta}')$。下面给出生成对抗网络算法。

> **算法 11.2：生成对抗网络算法**
>
> 输入：数据集$\mathcal{D}=\{(\boldsymbol{x}_i,\boldsymbol{y}_i)\}_{i=1}^{N}$，训练轮数$T$，判别网络$\mathrm{DN}(\cdot;\boldsymbol{\theta})$，生成网络$\mathrm{GN}(z;\boldsymbol{\theta})$，判别网络在一轮训练中的迭代次数$k$，学习率$\eta$和批数据的样本数$m$。
>
> 循环训练整个网络T次。
>
> 循环训练判别网络k次。
>
> （1）选取m个真实样本$\{\boldsymbol{x}_1,\cdots,\boldsymbol{x}_m\}$；
>
> （2）生成m个噪声向量$\{\boldsymbol{z}_1,\cdots,\boldsymbol{z}_m\}$；
>
> （3）将生成的m个噪声向量$\{\boldsymbol{z}_1,\cdots,\boldsymbol{z}_m\}$输入生成网络生成数据$\{\boldsymbol{x}_1',\cdots,\boldsymbol{x}_m'\}$；
>
> （4）通过式（11.36）采用梯度上升法优化判别网络$\mathrm{DN}(\cdot;\boldsymbol{\theta})$。
>
> 生成m个噪声向量$\{\boldsymbol{z}_1,\cdots,\boldsymbol{z}_m\}$。
>
> 通过式（11.35）采用梯度下降法优化生成网络$GN(\boldsymbol{z};\boldsymbol{\theta}')$。
>
> 输出：生成网络$\mathrm{GN}(\boldsymbol{z};\boldsymbol{\theta}')$。

【实验 6】 MNIST数据集的每幅图像（大小为28像素×28像素）见图11-29（a）或图11-30（a），可以将每幅图像表示为向量$\boldsymbol{x}$（$\boldsymbol{x}\in\mathbb{R}^{784\times1}$）。生成神经网络为4层前馈神经网络，生成图像$\boldsymbol{y}\in\mathbb{R}^{784\times1}$，而将服从高斯分布的随机噪声$\boldsymbol{z}$（$\boldsymbol{z}\in\mathbb{R}^{D_z\times1}$）作为输入。判别神经网络为3层前馈神经网络，输出判别结果[0,1]。请利用算法11.2，改变随机噪声$\boldsymbol{z}$的维度D_z，观察生成的图像和损失随迭代次数变化的曲线。

解：在图11-29（b）中，生成网络和判别网络的损失函数值在训练过程中的不断波动说明了训练的对抗性。如果我们将噪声$\boldsymbol{z}$的维度D_z降低到2后，生成的图像具有重复性而且有噪声，如图11-30（b）所示，因为噪声$\boldsymbol{z}$的维度过低将导致生成对抗网络训练时出现坍塌现象。

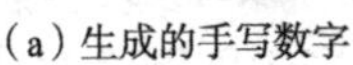

（a）生成的手写数字

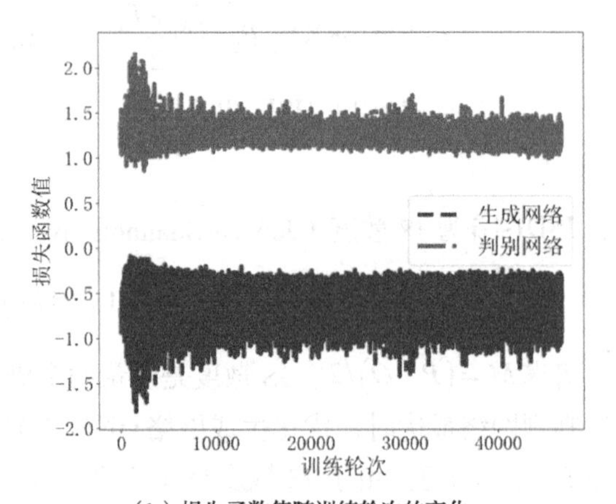

（b）损失函数值随训练轮次的变化

图11-29　参数$\boldsymbol{z}\in\mathbb{R}^{100\times1}$时生成对抗网络的结果

(a) 生成的手写数字

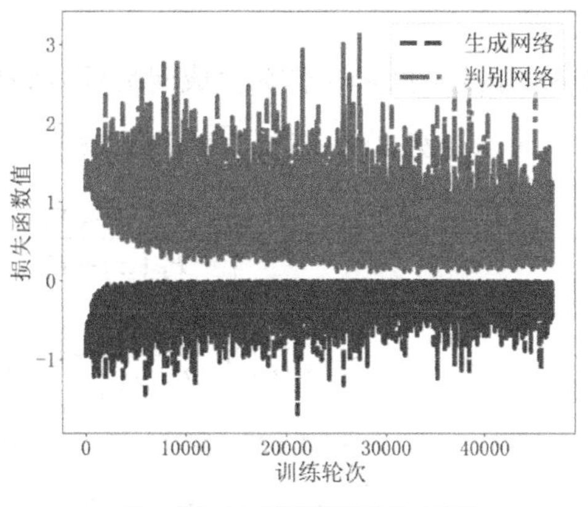

(b) 损失函数值随训练轮次的变化

图 11-30 参数 $z \in \mathbb{R}^{2\times1}$ 时生成对抗网络的结果

11.3.3 生成对抗网络训练的稳定性

【问题】 $\ln\left[1-\mathrm{DN}(\boldsymbol{x};\boldsymbol{\theta})\right]$ 和 $-\ln\mathrm{DN}(\boldsymbol{x};\boldsymbol{\theta})$ 的变化趋势如图 11-31 所示，在训练的初期，判别网络 $\mathrm{DN}(\boldsymbol{x};\boldsymbol{\theta})$ 很容易识别生成数据，即 $\mathrm{DN}(\boldsymbol{x};\boldsymbol{\theta})\approx 0$。当我们更新生成网络 $\mathrm{GN}(\boldsymbol{z};\boldsymbol{\theta}')$ 时，如果判别网络 $\mathrm{DN}(\boldsymbol{x};\boldsymbol{\theta})$ 接近于 0，$\ln\left[1-\mathrm{DN}(\boldsymbol{x};\boldsymbol{\theta})\right]$ 就会处于平滑区域，判别网络 $\mathrm{DN}(\boldsymbol{x};\boldsymbol{\theta})$ 的导数将接近于 0。因此，生成网络 $\mathrm{GN}(\boldsymbol{z};\boldsymbol{\theta}')$ 在训练初期参数更新缓慢。

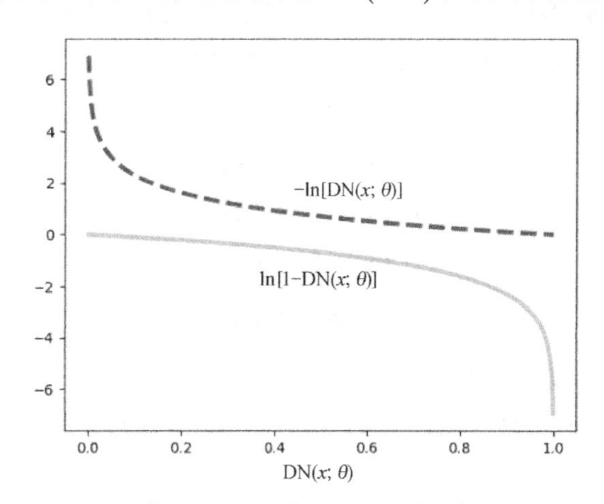

图 11-31 $\ln\left[1-\mathrm{DN}(\boldsymbol{x};\boldsymbol{\theta})\right]$ 和 $-\ln\mathrm{DN}(\boldsymbol{x};\boldsymbol{\theta})$ 的变化趋势

【猜想】 生成网络 $\mathrm{GN}(\boldsymbol{z};\boldsymbol{\theta}')$ 需要找到一个替代 $\ln\left[1-\mathrm{DN}(\boldsymbol{x};\boldsymbol{\theta})\right]$ 的函数，让其在 0 点处有更大的梯度来训练生成网络。此外，因为损失函数需要被最小化，这个替代函数应该是函数 $\ln\left[1-\mathrm{DN}(\boldsymbol{x};\boldsymbol{\theta})\right]$ 的上界。一个解决方法是将 $\ln\left[1-\mathrm{DN}(\boldsymbol{x};\boldsymbol{\theta})\right]$ 替换为 $-\ln\mathrm{DN}(\boldsymbol{x};\boldsymbol{\theta})$，如图 11-31 所示。因此，生成网络的损失函数转换为：

$$L(\boldsymbol{x},\boldsymbol{z};\boldsymbol{\theta}',\boldsymbol{\theta}) = -E_{\boldsymbol{z}\sim P_{\boldsymbol{z}}}\left[\ln\left(\mathrm{DN}\left(\mathrm{GN}(\boldsymbol{z};\boldsymbol{\theta}');\boldsymbol{\theta}\right)\right)\right] \tag{11.44}$$

如果判别网络 $\mathrm{DN}(\boldsymbol{x};\boldsymbol{\theta})$ 接近于 0，传入生成网络 $\mathrm{GN}(\boldsymbol{z};\boldsymbol{\theta}')$ 的梯度就大，从而参数更新速度更快。当 $\mathrm{DN}(\boldsymbol{x};\boldsymbol{\theta})$ 越来越大时，传入生成网络 $\mathrm{GN}(\boldsymbol{z};\boldsymbol{\theta}')$ 的梯度就越小，从而参数更新

速度就越慢。

如果采用式（11.44）作为生成网络 $\mathrm{GN}(z;\boldsymbol{\theta}')$ 的损失函数，我们有：

$$
\begin{aligned}
L(\boldsymbol{x},z;\boldsymbol{\theta}',\boldsymbol{\theta}) &= -E_{x\sim P_{\mathcal{X}'}}\left[\ln \mathrm{DN}(\boldsymbol{x};\boldsymbol{\theta})\right] \\
&= -E_{x\sim P_{\mathcal{X}'}}\left[\ln \frac{P_{\mathcal{X}}(\boldsymbol{x})}{P_{\mathcal{X}}(\boldsymbol{x})+P_{\mathcal{X}'}(\boldsymbol{x})}\cdot\frac{P_{\mathcal{X}'}(\boldsymbol{x})}{P_{\mathcal{X}'}(\boldsymbol{x})}\right] \\
&= E_{x\sim P_{\mathcal{X}'}}\left[\ln \frac{P_{\mathcal{X}'}(\boldsymbol{x})}{P_{\mathcal{X}}(\boldsymbol{x})}\right] - E_{x\sim P_{\mathcal{X}'}}\left[\ln \frac{P_{\mathcal{X}'}(\boldsymbol{x})}{P_{\mathcal{X}}(\boldsymbol{x})+P_{\mathcal{X}'}(\boldsymbol{x})}\right] \\
&= \mathrm{KL}\left(P_{\mathcal{X}'}\,|\,P_{\mathcal{X}}\right) - E_{x\sim P_{\mathcal{X}'}}\left[\ln\left(1-\mathrm{DN}(\boldsymbol{x};\boldsymbol{\theta})\right)\right] \\
&= \mathrm{KL}\left(P_{\mathcal{X}'}\,|\,P_{\mathcal{X}}\right) - 2\mathrm{JSD}\left(P_{\mathcal{X}'}\,|\,P_{\mathcal{X}}\right) + 2\ln 2 + E_{x\sim P_{\mathcal{X}'}}\left[\ln \mathrm{DN}(\boldsymbol{x};\boldsymbol{\theta})\right]
\end{aligned}
\tag{11.45}
$$

式（11.45）中，散度 $\mathrm{KL}\left(P_{\mathcal{X}'}\,|\,P_{\mathcal{X}}\right)$ 使真实数据分布 $P_{\mathcal{X}}$ 和生成数据分布 $P_{\mathcal{X}'}$ 的差异尽可能小，而 $-2\mathrm{JSD}\left(P_{\mathcal{X}'}\,|\,P_{\mathcal{X}}\right)$ 使真实数据分布 $P_{\mathcal{X}}$ 和生成数据分布 $P_{\mathcal{X}'}$ 的差异尽可能大。这种不一致的目标将导致生成网络难以被训练。此外，判别网络 $\mathrm{DN}(\boldsymbol{x};\boldsymbol{\theta})$ 和生成网络 $\mathrm{GN}(z;\boldsymbol{\theta}')$ 是分开进行优化的。因此，我们很难保证两个网络同时取得最优解。

我们可以想到下面的情况：

（1）如果判别网络 $\mathrm{DN}(\boldsymbol{x};\boldsymbol{\theta})$ 的性能差，则判别网络不能有效区分真实数据和生成数据，也无法为生成网络 $\mathrm{GN}(z;\boldsymbol{\theta})$ 传入有效的梯度；

（2）如果判别网络 $\mathrm{DN}(\boldsymbol{x};\boldsymbol{\theta})$ 的性能太好甚至是最优判别网络，优化生成网络 $\mathrm{GN}(z;\boldsymbol{\theta})$ 相当于优化真实数据分布 $P_{\mathcal{X}}$ 和生成数据分布 $P_{\mathcal{X}'}$ 的散度。

对于第 2 种情况，任意的样本 $\hat{\boldsymbol{x}}$ 存在以下 4 种情况。

$$
\begin{cases}
P_{\mathcal{X}}(\hat{\boldsymbol{x}})=0, P_{\mathcal{X}'}(\hat{\boldsymbol{x}})=0 \\
P_{\mathcal{X}}(\hat{\boldsymbol{x}})\neq 0, P_{\mathcal{X}'}(\hat{\boldsymbol{x}})=0 \\
P_{\mathcal{X}}(\hat{\boldsymbol{x}})=0, P_{\mathcal{X}'}(\hat{\boldsymbol{x}})\neq 0 \\
P_{\mathcal{X}}(\hat{\boldsymbol{x}})\neq 0, P_{\mathcal{X}'}(\hat{\boldsymbol{x}})\neq 0
\end{cases}
\tag{11.46}
$$

① 当 $P_{\mathcal{X}}(\hat{\boldsymbol{x}})=0$ 、$P_{\mathcal{X}'}(\hat{\boldsymbol{x}})=0$ 时，JS 散度无意义。

② 当 $P_{\mathcal{X}}(\hat{\boldsymbol{x}})\neq 0$ 、$P_{\mathcal{X}'}(\hat{\boldsymbol{x}})=0$ 和 $P_{\mathcal{X}}(\hat{\boldsymbol{x}})=0$ 、$P_{\mathcal{X}'}(\hat{\boldsymbol{x}})\neq 0$ 时，真实数据分布 $P_{\mathcal{X}}$ 和生成数据分布 $P_{\mathcal{X}'}$ 的 JS 散度为：

$$
\begin{aligned}
\mathrm{JSD}\left(P_{\mathcal{X}}|\ P_{\mathcal{X}'}\right) &= \frac{1}{2}D_{\mathrm{KL}}\left(P_{\mathcal{X}}|\frac{P_{\mathcal{X}}+P_{\mathcal{X}'}}{2}\right)+\frac{1}{2}D_{\mathrm{KL}}\left(P_{\mathcal{X}'}|\frac{P_{\mathcal{X}}+P_{\mathcal{X}'}}{2}\right) \\
&= \underbrace{\frac{1}{2}\int P_{\mathcal{X}}(\hat{\boldsymbol{x}})\ln\left(\frac{2P_{\mathcal{X}}(\hat{\boldsymbol{x}})}{P_{\mathcal{X}}(\hat{\boldsymbol{x}})+P_{\mathcal{X}'}(\hat{\boldsymbol{x}})}\right)\mathrm{d}\boldsymbol{x}}_{P_{\mathcal{X}}(\hat{\boldsymbol{x}})\neq 0, P_{\mathcal{X}'}(\hat{\boldsymbol{x}})=0} + \underbrace{\frac{1}{2}\int P_{\mathcal{X}'}(\hat{\boldsymbol{x}})\ln\left(\frac{2P_{\mathcal{X}'}(\hat{\boldsymbol{x}})}{P_{\mathcal{X}}(\hat{\boldsymbol{x}})+P_{\mathcal{X}'}(\hat{\boldsymbol{x}})}\right)\mathrm{d}\boldsymbol{x}}_{P_{\mathcal{X}}(\hat{\boldsymbol{x}})=0, P_{\mathcal{X}'}(\hat{\boldsymbol{x}})\neq 0} \\
&= \frac{1}{2}\int P_{\mathcal{X}}(\hat{\boldsymbol{x}})\ln\left(\frac{2P_{\mathcal{X}}(\hat{\boldsymbol{x}})}{P_{\mathcal{X}}(\hat{\boldsymbol{x}})+0}\right)\mathrm{d}\boldsymbol{x}+\frac{1}{2}\int P_{\mathcal{X}'}(\hat{\boldsymbol{x}})\ln\left(\frac{2P_{\mathcal{X}'}(\hat{\boldsymbol{x}})}{0+P_{\mathcal{X}'}(\hat{\boldsymbol{x}})}\right)\mathrm{d}\boldsymbol{x} \\
&= \frac{1}{2}\ln 2+\frac{1}{2}\ln 2 \\
&= \ln 2
\end{aligned}
\tag{11.47}
$$

③ 当 $P_{\chi}(\hat{x}) \neq 0$、$P_{\chi'}(\hat{x}) \neq 0$ 时，由于真实数据分布 P_{χ} 和生成数据分布 $P_{\chi'}$ 在高维空间中重叠的概率很低，因此该情况可以忽略不计。

因此，如果判别网络 $\mathrm{DN}(\boldsymbol{x};\boldsymbol{\theta})$ 的性能接近最优，真实数据分布 P_{χ} 和生成数据分布 $P_{\chi'}$ 无重叠或重叠部分可忽略时，无论分布 P_{χ} 和 $P_{\chi'}$ 差异有多大，分布 P_{χ} 和 $P_{\chi'}$ 的 JS 散度都为常数 $\ln 2$，如图 11-32（a）所示。此时损失函数的值为 0，判别网络 $\mathrm{DN}(\cdot;\boldsymbol{\theta})$ 不能有效地将误差传递给生成网络 $\mathrm{GN}(\boldsymbol{z};\boldsymbol{\theta}')$。

处理这个问题的一个简单策略是为输入判别网络的数据添加噪声，从而增大分布 P_{χ} 和 $P_{\chi'}$ 的重叠部分，并随着训练的进行，在训练过程中逐渐减小噪声。如图 11-32（b）所示，我们分别给真实数据 P_{χ} 和生成数据 $P_{\chi'}$ 添加噪声使得分布之间出现重叠部分而计算出 JS 散度。

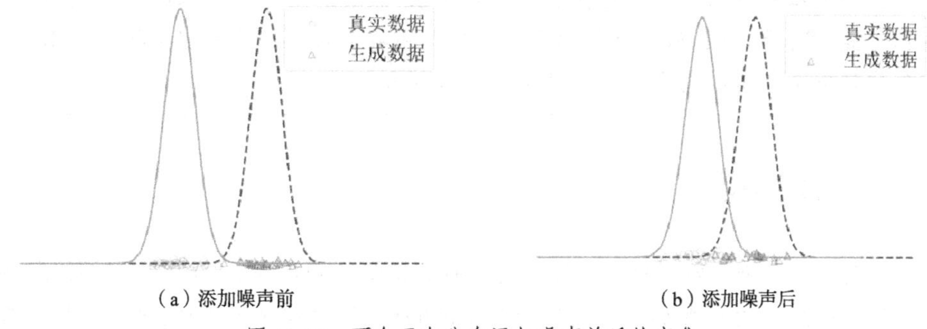

（a）添加噪声前　　（b）添加噪声后

图 11-32　两个正态分布添加噪声前后的变化

知识梳理与拓展

- 人脑处理信号呈现出阶段性，由简单到复杂的过程，而神经元之间也存在由简单细胞复合成复杂细胞的过程。深度神经网络渐进对信号进行处理
- 卷积运算就是利用线性变换对输入进行互相关性的特征抽取；卷积核是待优化的参数；卷积核在数学上等价于权重共享、局部连接的神经网络
- 池化层作用模拟了复杂细胞的功能；最大池化实现了信号的平移不变性，但损失了信息，通常用于特征的快速降维；平均池化实现了信号的平均化，对噪声进行平滑，实现了平均集成的效果，并增强预测的稳定性
- 感受野是一个神经元所能感受到图像特征区域的范围；池化层实现特征的选择和融合，多层卷积神经网络构成了感受野，感受野内能对尺度、平移、共生等关系通过网络结构的设计进行建模
- 理解循环神经网络对时间序列进行建模
- 循环神经网络可以用编码层将多个时间序列步内相关性投影到特征编码空间，在特征编码空间内建立相邻时间步之间的一阶马尔可夫关系，再在解码阶段建立将特征编码空间转换为输出的解码层
- 循环神经网络是在时间步上的复合函数；这意味着序列越长，循环神经网络的深度越深
- 隐藏层实质是对隐含特征按照循环的模式进行存储
- 循环神经网络权重的梯度可以表示成 t 时刻之前梯度乘积的加和。多次乘积会带来数

值的不稳定，包括梯度消失或梯度爆炸；梯度裁剪和序列随机裁剪的方法减少梯度计算的不稳定性，避免梯度发生爆炸或消失

- 循环神经网络可以建模一对多、多对一、多对多问题
- 长短期记忆网络采用可加性的方式对梯度进行传递可避免梯度消失的问题；长短期记忆网络包括遗忘门对数据进行遗忘，对隐藏状态进行选择性的输入，对网络的输出进行输出
- 长短期记忆网络如果在 t 时刻需要遗忘长期上下文，那么在 t+1 时刻后该长期上下文将被彻底遗忘；叠加或双向的长短期记忆网络结构将提高神经网络对上下文范围和方向的建模能力
- 对抗神经网络从随机噪声中生产图像（信号），然后利用真实样本和生产图像进行判别信号是否可靠；KL 散度计算两个概率密度差异会带来计算不稳定性，利用最优传输来实现完全相差异的两个概率密度的计算问题

11.4 本章小结

（1）针对二维数据的各类任务（如目标跟踪、检测、分类等），卷积神经网络利用空间卷积不同形式的叠加可实现不同感受野内的特征的提取，利用高效的优化方法和巧妙设计的损失函数能够有效地实现参数的学习。

（2）针对序列数据的各类任务（如自然语言处理、时间序列等），循环神经网络需要处理上下文的编码、存储和应用。长短期记忆网络利用可加性策略可避免梯度消失和梯度爆炸，实现梯度的长距离反向传播，从而能将上下文信息进行有效的传递。

（3）针对生成高维数据的任务（如生成相同艺术风格的画像等），生成对抗网络利用对抗方式生成数据驱动的高维数据。在生成网络的训练过程中，如何设计生成数据分布和真实数据分布的距离是重要问题。

11.5 本章习题

1. 下面关于卷积神经网络的描述中，错误的是（　　）。

A. 卷积神经网络能提取数据的局部特征，而网络权重共享能大大降低训练难度

B. 卷积核一般是有“厚度”的，即通道数，通道数越多意味着特征图越多

C. 卷积是指对图像和卷积核进行内积的操作，在训练过程中卷积核的大小和值不变

D. 填充操作一般是向图像的边缘添加 0 值

2. 假设输入一幅 3 通道的 300 像素×300 像素彩色图像，第一个隐藏层使用了 100 个 5×5 卷积核。第一个隐藏层的参数（包括偏置参数）数量为（　　）。

A. 7601　　B. 7600　　C. 7500　　D. 2501

3. 假设用大小为 5×5 的 32 个卷积核对 44×44×16 的特征图进行卷积，步幅为 1，无填充。卷积的输出大小是（　　）。

A. 39×39×32　　B. 40×40×32　　C. 44×44×16　　D. 29×29×32

4. 假设某卷积层的输入和输出特征大小分别为 63×63×6 和 31×31×10，卷积核大小是

5×5，步幅为 2，那么填充尺寸应是（　　）。

A. 1　　B. 2　　C. 3　　D. 4

5. 以下有关循环神经网络的说法中，错误的是（　　）。

A. 循环神经网络隐藏层的输入包括历史各个时间点的输出

B. 循环神经网络擅长处理时序数据，例如文本数据

C. 在各个时间点，循环神经网络的输入层、隐藏层与输出层之间的权重是共享的

D. 循环神经网络可使用梯度下降法调整参数来优化损失函数

6. 长短期记忆神经网络中遗忘门的作用是（　　）。

A. 提高训练速度

B. 增加当前时刻输入的影响

C. 控制上一时刻隐藏层的输出影响

D. 使用 Sigmoid 函数控制上一时刻的状态向量对当前时刻的影响

7. 在长短期记忆网络中，输出门的作用是（　　）。

A. 控制状态单元的输出

B. 产生当前时刻单元的输出

C. 保存当前时刻单元的输出

D. 协调与输入门的关系

8. 以下应用不适合使用循环神经网络完成的是（　　）。

A. 看图说话

B. 机器翻译

C. 社交网络用户情感分类

D. 从一张合影照片找到特定的人

9. 关于生成对抗网络，以下说法中错误的是（　　）。

A. 生成对抗网络的输入可以是随机数

B. 生成对抗网络包含生成网络与判别网络

C. 需要输入带有标签的真实样本

D. 生成对抗网络不能用来产生新的图像

10. 在生成对抗网络中，生成网络和判别网络的功能分别是（　　）。

A. 学习真实数据的分布/区别真实数据与合成的虚假数据

B. 学习真实数据的标签分布/区别真实数据与合成的虚假数据

C. 区别真实数据与合成的虚假数据/学习真实数据的分布

D. 区别真实数据与合成的虚假数据/学习真实数据的标签分布

11. 请查阅相关资料，分析实现平均池化/最大池化的梯度反向传播的计算过程。

12. 给定输入的维度为 $c \times h \times w$，池化窗口的大小为 $p_h \times p_w$，对应的填充值为 (p_h, p_w)、步幅为 7，计算此时池化层的时间复杂度。

13. 基于 LeNet5 构造复杂的网络，从以下几个角度进行消融实验：

① 调整卷积核的大小；

② 调整输出通道数量；

③ 调整激活函数；

④ 调整卷积层数量；

⑤ 调整全连接层数量；

⑥ 调整学习率的相关参数（如迭代次数等）。

14. 在利用梯度反向传播优化循环神经网络参数的过程中，不同长度的序列会对参数的梯度带来什么样的影响？

15. 长短期记忆神经网络如何避免梯度消失的问题？

16. 请简述生成对抗网络的结构及其训练过程。

17. 生成对抗网络中的生成网络为什么要输入随机噪声？

18. 生成对抗网络相比其他产生式模型有什么优点？